# Unser Holzhaus planen und bauen

Martin Teibinger • Gerrit Horn

Stiftung Warentest

# Inhaltsverzeichnis

KAPITEL 1

## Warum ein Holzhaus?



KAPITEL 2

## Welche Holzhäuser gibt es?

KAPITEL 3

# Das richtige Holzhaus finden



KAPITEL 4

# Bauen mit Holz

KAPITEL 5

# Wie und mit wem wollen wir bauen?

KAPITEL 6

# Qualitätskontrolle und Nutzungsänderungen



# Service



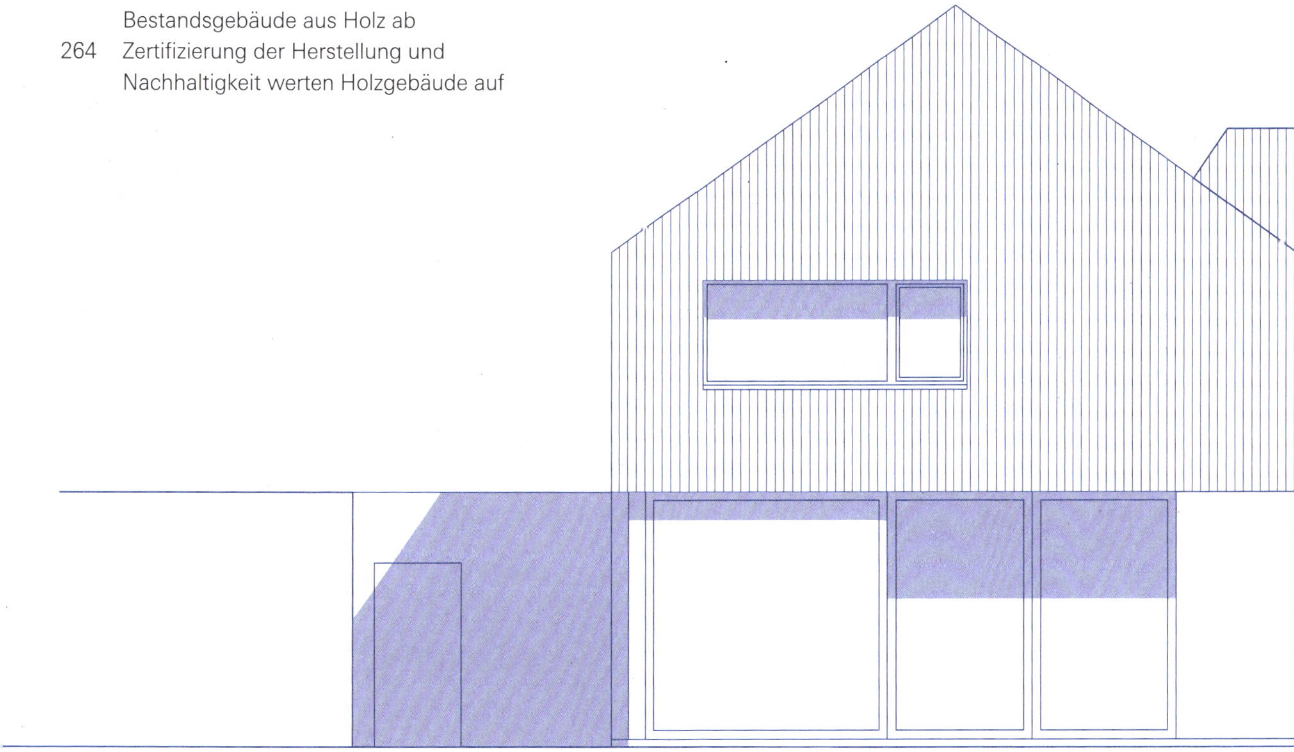

# 1

Holzbau bietet Bauinteressierten vielfältige Gestaltungsmöglichkeiten. Zudem gilt der Baustoff als nachhaltig und wohngesund. Das Bauen mit Holz hat aber auch Eigenheiten, die zu beachten sind. Im Folgenden informieren wir Sie über Vor- und Nachteile eines Holzhauses.

→ **Mit Holz geht (fast) alles:** Holzhausbau ist längst viel mehr als rustikale Blockhausbauweise. Mittlerweile bieten zahllose unterschiedliche Holzkonstruktionen nahezu unerschöpfliche Möglichkeiten für die individuelle Gestaltung des Eigenheims.

**WAS ERFAHRE ICH?**



In den letzten Jahrzehnten hat sich der Holzbau aufgrund technischer Neuentwicklungen im Bereich von Holzwerkstoffen und Bauweisen wesentlich weiterentwickelt. Im Einfamilienhausbau stehen Bauinteressierten heute viele Möglichkeiten offen – vom rustikalen Blockhaus über vormontierte Fertighäuser bis zu individuell geplanten und handwerklich erstellten Häusern. Der architektonischen Fantasie sind dabei kaum Grenzen gesetzt.

Eine Holzfassade ist dabei kein Muss! Es gibt unzählige Holzhäuser, die man auf den ersten Blick nicht als solche erkennt. Träumen Sie von einem großzügigen Bungalow mit sichtgeschütztem Innenhof und einer Holzterrasse? Oder soll es ein kompaktes Niedrigenergiehaus sein? Sind Sie eher für ein klassisches Erscheinungsbild, oder darf der Lebenstraum ein klein wenig extravagant sein? Auch für alle, die sich, zum Beispiel nach einem Urlaub in der Alpenregion, in das rustikale Blockhaus verliebt haben, gibt es natürlich das ideale Einfamilienhaus – in Blockbauweise oder auch in hochwärmegedämmter Holzrahmenbauweise mit einer Blockfassade.

## Bitte kombinieren Sie!

Natürlich besteht auch immer die Möglichkeit, unterschiedliche Holzbauweisen zu kombinieren, zum Beispiel, indem man einen Holzrahmenbau an ein bestehendes Blockhaus anschließt. Jede Bauweise hat ihre technischen Besonderheiten und eigenen Vor- und Nachteile. Näheres dazu lesen Sie im Kapitel „Welche Holzhäuser gibt es? Typen und Bauarten" ab Seite 38.

Und nicht nur Holz kann mit Holz kombiniert werden: Wer mag, kann Teile des Hauses auch in mineralischer Bauweise – also aus Beton, Stein oder Ziegel – ausführen. In diesem Fall ist eine genaue Koordination der beiden unterschiedlichen Gewerke vor allem im Bereich der Schnittstellen erforderlich. Dies betrifft grundsätzlich aber jedes Gebäude, da der Keller oder die Fundamentplatte in der Regel in mineralischer Bauweise errichtet werden. Eine Ausnahme bilden nur „abgehobene" Gebäude, welche auf Streifen oder Punktfundamenten stehen. In diesem Fall kann auch die unterste Decke in Holzbauweise errichtet werden (siehe dazu den Abschnitt zum Kriechkeller in „Bauen mit Holz: Besonderheiten, Möglichkeiten, Grenzen", Seite 152).

Einfamilienhaus in Holzbauweise

Einfamilienhaus in Holzständerbauweise mit Sichtdachstuhl

Einfamilienhaus in Massivholzbauweise

Passivhaus in Holz-Lehm-Bauweise

Blockhaus in Holzmassivbauweise, Oberflächen natur, außen gebrannt

Transformation: von der Scheune zum Wohngebäude

Ein nicht unterkellerter zweigeschossiger Holzbau in Holzrahmenbauweise, Decke über EG in Brettsperrholz, Dach aus vorgefertigten Kastenelementen mit Kiesauflage, Fassade verputzt

Klassisches Einfamilienhaus in Holzrahmenbauweise mit Kombination aus Wärmedämmverbundsystem im Erdgeschoss und Lärchenholzfassade im Obergeschoss

## Fassaden: aus Holz ...

Im Holzbau ist grundsätzlich jede Fassade möglich. Daher kann aufgrund der Fassadenausführung nicht auf eine Bauweise geschlossen werden.

Gerade von Architekten geplante Holzhäuser werden häufig mit Holzfassaden ausgeführt. Damit soll dem Betrachter sofort die Bauweise gezeigt werden. Bei richtiger konstruktiver Ausführung können Fassaden aus Holz eine langlebige Alternative zu Wärmedämmverbundsystemen darstellen. Unbehandelte Holzfassaden müssen nicht gewartet werden, haben aber den „Nachteil", dass sich das Erscheinungsbild über die Jahre ändert: Das Holz vergraut, und zwar in unterschiedlichem Maß, je nachdem, wie der entsprechende Fassadenabschnitt der Witterung ausgesetzt ist. Mithilfe eines Anstriches kann man zwar einen einheitlichen Farbton erzielen, allerdings muss in Kauf genommen werden, dass dieser regelmäßig gewartet und erneuert werden muss. Darüber hinaus ist auch zu berücksichtigen, dass die gestrichenen Bretter nicht mehr ökologisch unbedenklich sind.

Eine interessante Alternative zur natürlichen Vergrauung stellen sogenannte vorvergraute Fassaden dar. Hierbei wird das Holz mit einem grauen Anstrich vorvergraut. In bewitterten Bereichen kreidet der Anstrich ab und das Holz vergraut natürlich, und in geschützten Bereichen ist das Holz bereits vergraut. Bei der Entscheidung für eine Holzfassade sollte auf jeden Fall Klarheit darüber bestehen, dass diese optisch nur über einen sehr kurzen Zeitraum die goldene Patina aufweist und es anschließend sehr lange dauert, bis die Fassade komplett vergraut ist (Näheres dazu unter „Vergrauung und Oberflächenbehandlung" ab Seite 124).

## ... oder verputzt

Eine Alternative zu hinterlüfteten Holzfassaden stellen verputzte Wärmedämmverbundsysteme dar. Auch dafür gibt es unterschiedliche Varianten, die sich vor allem in den verwendeten Dämmstoffen unterscheiden. Während im gewerbemäßigen Holzbau von Zimmereien als

Putzträgerplatten in der Regel Holzweichfaserdämmplatten eingesetzt werden, welche aus ökologischer Sicht gut zum Holzbau passen, verwendet die Fertighausindustrie häufig herkömmliche EPS-Platten, landläufig unter dem Markennamen Styropor bekannt.

## Was ist anders beim Holzhaus?

Kann der Holzbau eins zu eins mit mineralischen Bauweisen gleichgesetzt werden?

Wie die gebauten Beispiele auf diesen Seiten zeigen, ist die Holzbauweise sehr vielseitig. Andererseits unterliegt das Bauen mit Holz gewissen technischen Einschränkungen im Hinblick auf Robustheit und Langlebigkeit. So würde es etwa – zumindest in Mitteleuropa – kaum Sinn ergeben, einen Keller aus Holz zu errichten. Der Holzbau muss vom Erdreich grundsätzlich mindestens 30 Zentimeter entfernt sein. Für geringere Sockelhöhen gibt es zwar technische Lösungen (siehe Kapitel „Bauen mit Holz: Besonderheiten, Möglichkeiten, Grenzen“, Seite 150), mit weniger als 10 Zentimeter Abstand zum angrenzenden Erdniveau sollte ein Holzbau jedoch auf keinen Fall ausgeführt werden.

Holzbau steht mineralischen Bauweisen grundsätzlich in nichts nach, erfordert aber in der Planung die Beachtung spezifischer Regeln. Gerade im Geschossbau zeigt sich, dass es nicht sinnvoll ist, ein in mineralischer Bauweise geplantes Gebäude auf einen Holzbau umzuplanen. Dies ist in der Regel nicht nur teurer, sondern kann mitunter auch zu konstruktiven Schäden führen. Für die einzelnen Holzbauweisen gelten ein paar technische Grundsätze hinsichtlich Lastableitung, Spannweite, Elementhöhen, welche darüber entscheiden, ob der Holzbau preiswert wird oder ob die Kosten explodieren. Welche das sind und was es für Sie dabei zu beachten gilt, finden Sie im Kapitel „Welche Holzhäuser gibt es? Typen und Bauarten“ ab Seite 38.

Es dürfen natürlich auch farbige Fassadenplatten aus anderen Baustoffen verwendet werden.

Terrassenförmiges Einfamilienhaus in Holzbauweise mit Brettsperrholzplatten

Niedrigenergie-Einfamilienhaus in Holzbauweise

# → **Baustoff Holz:** Der natürliche Baustoff Holz weist je nach Art, Standort und Schnittrichtung unterschiedliche Materialeigenschaften auf. Mit umsichtiger Planung können die Herausforderungen des Baustoffs zu Chancen werden.

**WAS ERFAHRE ICH?**



Der Stamm eines Baumes besteht aus verschiedenen Schichten, die unterschiedliche Aufgaben zu erfüllen haben. Grob gesprochen kann man Holzanteil und Rinde unterscheiden. Zwischen diesen beiden liegt das sogenannte Kambium, welches für das Dickenwachstum des Baumes verantwortlich ist. Vereinfacht gesagt, gibt das Kambium nach innen Holzzellen und nach außen „Rindenzellen", welche als Bastzellen bezeichnet werden können, ab. Der Holzanteil lässt sich in das außenliegende **SPLINTHOLZ** und das innenliegende **KERNHOLZ** unterteilen. Das Splintholz ist neben der Festigkeit vor allem für den Wasser- und Nährstofftransport im Baum zuständig. Das ältere Kernholz ist ausschließlich für die Festigkeit verantwortlich. Das Kernholz ist aufgrund von Einlagerungen (Harze, Gerbstoffe, Farbstoffe etc.) dunkler. Es ist härter, schwerer, fester und dauerhafter gegenüber Schädlingen.

Auf der Querschnittsfläche des Holzes sind die einzelnen **JAHRRINGE** deutlich sichtbar. Bei Nadelhölzern und ringporigen Laubhölzern kann man den Unterschied zwischen Früh- und Spätholz gut erkennen. Das Frühholz erscheint heller, da es größere Zellhohlräume für den Wassertransport hat. Das Spätholz weist geringere Zellhohlräume auf und dient primär der Festigkeit. In der Mitte des Baumes ist das sogenannte Mark beziehungsweise die **KERNRÖHRE**, welche über die Jahre mit dem Baum in die Länge wächst und somit eine durchgehende Röhre bildet. Die Markröhre wird in der Regel bei der Verarbeitung des Holzes herausgeschnitten, wodurch feuchtigkeitsbedingte Verformungen minimiert werden können. Es haben sich für Kantholz die Begriffe „kerngetrennt" beziehungsweise „kernfrei" etabliert.

## MIKROSTRUKTUR

Sowohl bei Nadel- als auch bei Laubhölzern liegt grundsätzlich ein in Längsrichtung orientiertes Zellwachstum vor. Im Detail unter dem Mikroskop sind allerdings große Unterschiede erkennbar, welche auch zur Bestimmung verwendet werden können. Während bei **LAUBHÖLZERN** die Längsleitung des Wassers über Gefäße erfolgt, erfüllen bei den **NADELHÖLZERN** sogenannte Tracheiden – langgestreckte, zu

Strängen vereinigte geschlossene Zellen – diese Aufgabe. Die Querverbindung zwischen benachbarten Zellen erfolgt über die sogenannten **TÜPFEL**. Diese haben auf die Imprägnierbarkeit des Holzes großen Einfluss.

Nach dem Fällen des Baumes und dem Abtrocknen verschließen sich die Tüpfel. Während sie bei Fichtenholz verkleben, bleiben bei der Kiefer Spalten offen. Darum kann Kiefernsplintholz viel besser imprägniert werden als Fichtensplintholz.

Die Wasserverteilung in radialer Richtung – also von der Rinde zum Mark – erfolgt bei allen Bäumen über sogenannte Markstrahlen.

### SCHNITTRICHTUNGEN

Man unterscheidet beim Bauholz die in oben stehender Abbildung dargestellten drei Schnittrichtungen des Holzes. Die Querschnittsfläche zeigt die Jahrringe am Stammdurchmesser. Der **RADIALSCHNITT** läuft entlang des Radius des Stammes. Dabei sind die Jahrringe als parallele Linien zu sehen. Der **TANGENTIALSCHNITT** läuft als Tangente (90 Grad) zu einem Jahrring. Dieser Schnitt wird auch als „Fladerschnitt" bezeichnet.

Aufgrund des mikroskopischen Aufbaus des Holzes ergeben sich entlang dieser drei Schnittrichtungen unterschiedliche Eigenschaften, welche in den weiteren Abschnitten noch detailliert behandelt werden.

### CHEMISCHER AUFBAU DES HOLZES

Holz setzt sich im Wesentlichen aus der Zellwandsubstanz Zellulose (40 bis 50 Prozent), der Hemizellulose (20 bis 25 Prozent) und der „Kittsubstanz" Lignin (20 bis 30 Prozent) zusammen. Zusätzlich gibt es noch ein bis zwei Prozent Holzinhaltstoffe, welche Farbe, Geruch und natürliche Dauerhaftigkeit beeinflussen. Die Zellwände bestehen aus mehreren Schichten, wobei deren Bestandteile, die sogenannten Fibrillen, in unterschiedlichen Richtungen zueinander angeordnet sind. Grundelement der Fibrillen stellt die Zellulose – eine Zuckerverbindung (Glukose) – dar, welche sich zu Fäden zusammenlagert. Aufgrund der OH-Gruppen ist die Zellulose hygroskopisch, das heißt, dass sich Wasserdampfmoleküle anlagern können.

## Holzfeuchtigkeit

Im Splintholz eines lebenden Baumes beträgt die Holzfeuchtigkeit weit über 100 Masseprozent. Wenn alle Hohlräume im Holz mit Wasser gefüllt sind, nennt man den Bereich **WASSERSÄTTIGUNG**. Nach dem Fällen trocknet das flüssige Wasser, welches in den Zellhohlräumen vorhanden ist, ab. In den Zellwänden bleiben zu diesem Zeitpunkt die angelagerten Wassermoleküle aber bestehen. Es erfolgt somit in dieser Phase noch keine Volumenänderung des Holzes.

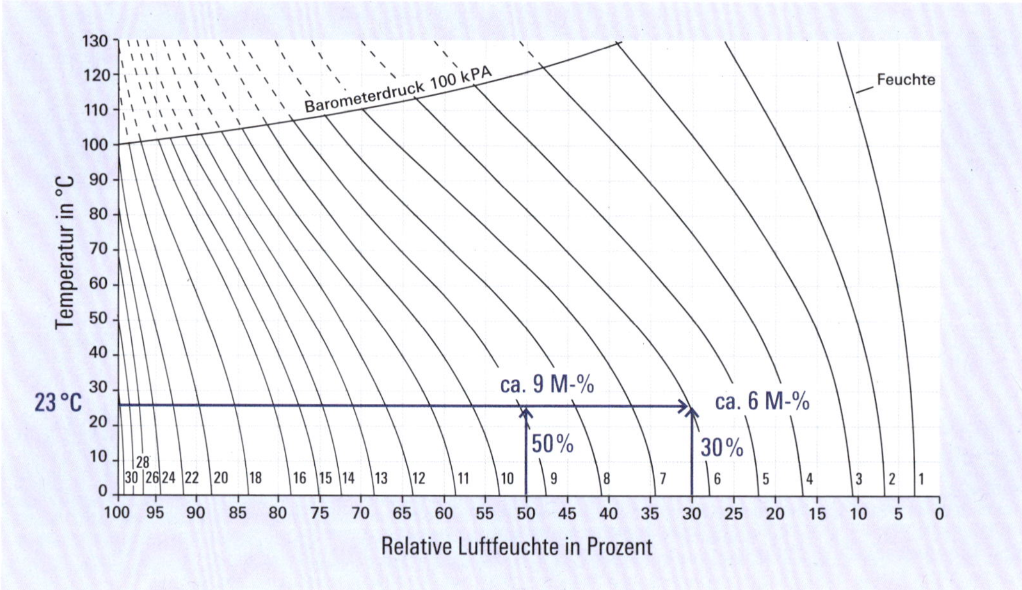


**Diagramm zur Abschätzung der Holzfeuchtigkeit in Abhängigkeit vom Klima**

Einen wichtigen Bereich beim Holzbau stellt der sogenannte **FASERSÄTTIGUNGSBEREICH** dar. Mit diesem Begriff wird der Bereich bezeichnet, in dem sich kein flüssiges Wasser mehr in den Zellhohlwänden befindet, wobei an die OH-Gruppen der Zellwände allerdings Wassermoleküle gelagert sind. Die Fasern sind somit mit Wasser gesättigt, und es liegt aufgrund dieser Anlagerungen und der damit verbundenen Volumenveränderung das maximal mögliche Volumen vor.

Dieser Bereich liegt in Abhängigkeit von der Holzart bei den heimischen Holzarten zwischen 22 und 35 Masseprozent (M-%). Bei Nadelhölzern (dem typischen Bauholz) liegt der Bereich zwischen 26 und 34 M-%. Beim Kernholz ist der Bereich aufgrund der eingelagerten Holzinhaltstoffe etwas geringer.

## HOLZAUSGLEICHSFEUCHTE BEACHTEN

Trocknet nun das Holz weiter ab, so wird die in den Zellwänden gebundene Feuchtigkeit abgegeben, und das Volumen nimmt ab – das Holz schwindet. In Abhängigkeit von der Temperatur und vor allem der relativen Luftfeuchtigkeit stellt sich eine Ausgleichsfeuchtigkeit des Holzes ein. Näherungsweise kann die sich einstellende Holzfeuchtigkeit mit dem oben stehenden Diagramm ermittelt werden:

Bei einem „trockenen Winterklima" von 23 Grad Celsius und 30 Prozent relativer Luftfeuchtigkeit stellt sich eine Holzausgleichsfeuchtigkeit von 6 M-% ein. Bei einer Erhöhung der mittleren relativen Luftfeuchtigkeit auf 50 Prozent erhöht sich die Holzfeuchtigkeit auf 9 M-%.

Beim Holzbau sind daher immer die zu erwartenden mittleren Umgebungsklimata zu beachten, um zu große Holzfeuchtigkeitsschwankungen und dadurch bedingte **VERFORMUNGEN** und Rissbildungen zu vermeiden. Dies gilt ins-

| Anwendungsbereich | Holzfeuchte in M-% |
|---|---|
| Allseitig geschlossene und beheizte Bauwerke | 9 ± 3% |
| Allseitig geschlossene nicht beheizte Bauwerke | 12 ± 3% |
| Überdeckte, offene Bauwerke | 15 ± 3% |
| Allseitig der Witterung ausgesetzte Konstruktionen | 18 ± 6% |

besondere auch für Einrichtungen und Fußböden. Fußböden und Innenbekleidungen aus Holz sollten vor dem Verlegen mehrere Wochen in dem betreffenden Raum liegen, um die Holzausgleichsfeuchtigkeit anzunehmen.

Die Tabelle auf Seite 14 unten stellt für unterschiedliche Anwendungsbereiche in Abhängigkeit vom Klimabereich einzuhaltende Holzfeuchtebereiche dar. Zusätzlich werden von den Verarbeitern die möglichen Dimensionsänderungen durch eine entsprechende Fugenausbildung, zum Beispiel bei Holzfußböden, berücksichtigt. Darüber hinaus besteht die Möglichkeit, durch „Veredelung" des Baustoffes Holz zu Halbprodukten wie Sperrholzplatten beziehungsweise Brettsperrholz die unterschiedlichen Dimensionsänderungen durch eine kreuzweise Verleimung in Plattenebene wesentlich einzuschränken.

Die Holzfeuchtigkeit kann mit elektrischen **WIDERSTANDSMESSGERÄTEN** näherungsweise bestimmt werden. Dabei werden zwei Elektroden mit einem definierten Abstand in das Holz geschlagen. Da es zwischen dem Feuchtegehalt und dem elektrischen Widerstand einen Zusammenhang gibt, kann somit die Feuchtigkeit bestimmt werden. Über dem Fasersättigungsbereich liegen größere Ungenauigkeiten vor. Dies ist allerdings baupraktisch nicht so relevant, da verbautes Holz nie eine derartig hohe Feuchtigkeit aufweisen sollte.

Ist eine exakte Bestimmung des Feuchtegehaltes (u) erforderlich, so ist auf die **DARRMETHODE** zurückzugreifen. Dabei wird das Holz nach dem Abwiegen (Bestimmung der Masse von Holz und Feuchtigkeit $m_u$) in einem Ofen bei 103 °C ± 2 K bis zur Gewichtskonstanz getrocknet. Anschließend wird die Masse des darrtrockenen Holzes bestimmt ($m_0$). Die Holzfeuchtigkeit kann nun folgendermaßen berechnet werden:

$$U = \frac{m_U - m_0}{m_0} \cdot 100\,[\%]$$

Als **DARRTROCKEN** wird somit der Punkt bezeichnet, an dem das Holz komplett trocken ist und auch in den Zellwänden keine Wassermoleküle gebunden sind. Dieser Bereich kann nur mittels technischer Trocknung in einem Ofen erreicht werden.

**Holzfeuchtemessung nach der elektrischen Widerstandsmethode mit Einschlagelektrode**

## Quellen und Schwinden

Da sich in Abhängigkeit von der relativen Luftfeuchtigkeit in den Zellwänden des Holzes Wassermoleküle anlagern, verändern sich natürlich dessen Abmessungen. Man nennt den Vorgang **QUELLEN** (Zunahme der Abmessungen durch Ausdehnen der Zellwand) beziehungsweise **SCHWINDEN** (Abnahme der Abmessungen). Umgangssprachlich spricht man auch vom „Arbeiten" des Holzes. Das Quell- und Schwindverhalten hängt von der Rohdichte, dem Spätholzanteil, dem anatomischen Aufbau und dem Ligninanteil ab. Das Quellen und Schwinden verläuft aufgrund des Holzaufbaus nicht in allen Richtungen konstant. Es verhält sich ungefähr folgendermaßen:

| längs in Stammrichtung | : | tangential | : | radial |
|---|---|---|---|---|
| 1 | : | 10 | : | 20 |

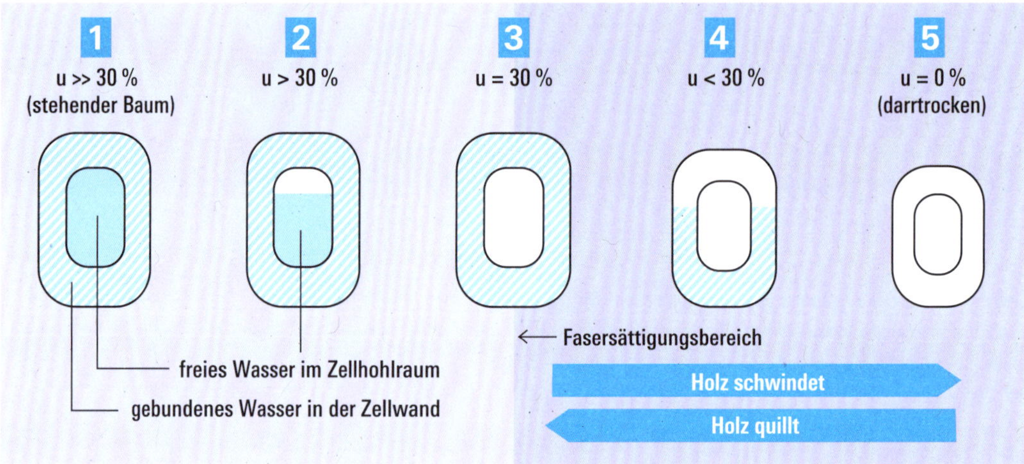


Quell- und Schwindverhalten von Holz unterhalb des Fasersättigungsbereiches

Quelle: Informationsdienst Holz

Da quer zur Stammrichtung weniger Zellen liegen, ist die Formänderung in Längsrichtung im Gegensatz zur tangentialen und radialen Schnittrichtung in der Regel vernachlässigbar gering. Der Unterschied zwischen tangentialer und radialer Richtung ist auf den Zellwandaufbau zurückzuführen.

Häufig wird die Dimensionsänderung als **DIFFERENTIELLES QUELL- UND SCHWINDMASS** in % Dimensionsänderung / % Holzfeuchteänderung angegeben. Die unten stehende Tabelle führt die Richtwerte gemäß der Normung beziehungsweise der Literatur auf. In den nationalen Anwendungsdokumenten von Deutschland und Österreich des Eurocode 5 wird ein Mittelwert für die beiden Schnittrichtungen quer zur Faser angegeben, welcher sich nur geringfügig unterscheidet.

Zur Erläuterung ein **RECHENBEISPIEL**: In einem Wohnraum mit einem mittleren Raumklima im Winter von 23 Grad Celsius und einer relativen Luftfeuchtigkeit von 50 Prozent stellt sich eine Holzfeuchtigkeit von ca. 9 M-% ein (siehe Diagramm auf Seite 12). Würde nun ein 20 Zentimeter hoher Balken mit einer Holzfeuchtigkeit von 16 M-% eingebaut, ergäbe sich eine Dimensionsverringerung in der Höhe um drei Millimeter und in Längsrichtung bei einer Länge von vier Metern um 2,4 Millimeter. Die Berechnung erfolgt gemäß der Tabelle auf Seite 17 mit den Werten aus der Tabelle auf Seite 16 folgendermaßen:

**Es wird ausgerechnet, wie groß die Dimensionsänderung bei 1 % Holzfeuchteänderung ist.**

(200 mm : 100) × 0,25 = 0,5 mm / 1 % Änderung

**RICHTWERTE DES DIFFERENTIELLEN QUELL- UND SCHWINDMASSES**
in % / % Holzfeuchteänderung für Fichtenholz

| längs | radial | tangential | rechtwinkelig zur Faserrichtung | Quelle |
|---|---|---|---|---|
| 0,01 | 0,19 | 0,36 | | [Holzlexikon 2003] |
| 0,01 | | | 0,25 | [DIN EN 1995–1–1/NA: 2013] |
| 0,01 | | | 0,24 | [ÖNORM B 1995–1–1: 2015] |

**Anschließend wird die Änderung bei den vorliegenden 6 % Holzfeuchteänderung berechnet:**

0,5 mm × 6 % = 3 mm

Da das Quell- und Schwindverhalten in tangentialer Richtung **DOPPELT SO GROSS** ist wie in radialer Richtung, kann es in Abhängigkeit von der Schnittrichtung von Brettern oder Kanthölzern zu unterschiedlichen Verformungen kommen, siehe Abbildung rechts.

Bretter mit sogenannten stehenden Jahrringen (Vollriftbretter, Bezeichnung V in Abbildung) verformen sich im Gegensatz zu Fladerbrettern (F in Abbildung) kaum. Aus diesem Grund werden beispielsweise an bewitterten Fassaden **VOLLRIFT- ODER HALBRIFTBRETTER** empfohlen. Da diese bei einem Einschnitt aber in einem wesentlich geringeren Ausmaß anfallen, ergeben sich dadurch höhere Kosten.

Wichtig ist, dass **FLADERBRETTER** mit der „rechten Seite" – der markzugewandten Seite (Unterseite von F in nebenstehender Abbildung) – nach außen montiert werden. Die linke Seite, also die markabgewandte Seite (Oberseite von F in Abbildung), wird schüsseln und die rechte Seite bombieren, wie die Abbildung zeigt.

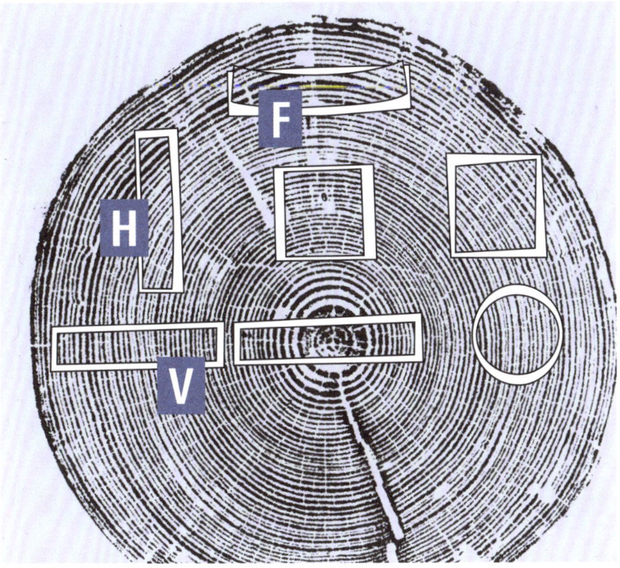


**Verformungen in Abhängigkeit der Schnittrichtung F: Fladerschnitt, H: Halbrift, V: Vollrift**

## Festigkeitseigenschaften

Holz besitzt von den tragenden Baustoffen bezogen auf die Rohdichte die besten Festigkeitseigenschaften. Unter **FESTIGKEIT** wird die Grenzspannung verstanden, bei der ein Prüfkörper unter Belastung bricht. In Abhängigkeit von der Krafteinwirkung wird generell in Zug-, Druck-, Biege-, Scher-, Spalt- und Torsionsfestigkeit unterschieden. Spannung ist definiert als Kraft pro Flächeneinheit, zum Beispiel $N/mm^2$ bzw. $kN/cm^2$.

**ZUM VERGLEICH**: Die Rohdichte von Fichtenholz liegt bei 420 $kg/m^3$, diejenige von Stahl bei 7800 $kg/m^3$. Fichtenholz besitzt eine spezifische Festigkeit von 33,3 Nm/g, während Stahl (S 235) 46,2 Nm/g hat – bei fast 19-mal größerer Rohdichte! Die spezifische Festigkeit von Beton (C25/30) beträgt dagegen nur 0,8 Nm/g bei 2400 $kg/m^3$ Rohdichte, diejenige von Hochlochziegeln 0,3 Nm/g bei 1680 $kg/m^3$ Rohdichte.

**BERECHNUNG DER DIMENSIONSÄNDERUNG**

| Orientierung | Abmessung in mm | Quell-Schwindmaß in % / % Holzfeuchteänderung | Dimensionsänderung / 1 M-% Holzfeuchteänderung in mm | Holzfeuchteänderung in M-% | Gesamte Dimensionsänderung in mm |
|---|---|---|---|---|---|
| rechtwinklig zur Faserrichtung | 200 | 0,25 | 0,5 | 6 | 3 |
| Längsrichtung | 4000 | 0,01 | 0,4 | 6 | 2,4 |

Die Festigkeitseigenschaften des Holzes sind unter anderem von der Holzart, der Rohdichte, dem Feuchtegehalt, dem Winkel der einwirkenden Last zur Faserrichtung, der Temperatur sowie wachstumsbedingten Merkmalen, wie zum Beispiel Ästen, abhängig. Die Holzart hat auf die Festigkeiten einen indirekten Einfluss über Rohdichte, Spätholzanteil, Faserlänge sowie Ligninanteil. Je höher die **ROHDICHTE** des Holzes ist, desto höher ist die Festigkeit. Dies bedeutet, dass ein verhältnismäßig höherer Spätholzanteil zu höheren Festigkeitseigenschaften führt.

Der **FEUCHTEGEHALT** verringert zwischen darrtrocken und dem Fasersättigungsbereich die Festigkeitseigenschaften. Dies wird in den statischen Berechnungen mittels der sogenannten **NUTZUNGSKLASSEN** berücksichtigt, welche auf Basis der Klimata die Holzfeuchtigkeit und in weiterer Folge die Festigkeiten definieren.

Holz weist in Längsrichtung der Faser (also in Stammrichtung) hohe Zug- und Druckfestigkeiten auf. Quer zur Faser verringern sich die Druckfestigkeiten auf etwa ein Fünftel. Querzug, also Zug quer zur Faserrichtung, ist im Holzbau nicht zulässig und wird konstruktiv vermieden.

Mit zunehmender Temperatur – wir sprechen hier praktisch von Temperaturen über 100 Grad Celsius – sinken die Festigkeitseigenschaften. In der Brandschutzbemessung wird diese Abnahme berücksichtigt. Wachstumsbedingte Merkmale, welche die Festigkeitseigenschaften verringern können, werden im Zuge der Holzsortierung beachtet. Grundsätzlich ist festzuhalten, dass Holz als natürlicher Baustoff hinsichtlich seiner Kennwerte Schwankungen unterliegt. Dies wird im Rahmen der statischen Berechnungen unter Verwendung von Festigkeitsklassen basierend auf Holzsortierung und Holzarten mit statistisch abgesicherten Kennwerten mit Sicherheitsfaktoren berücksichtigt.

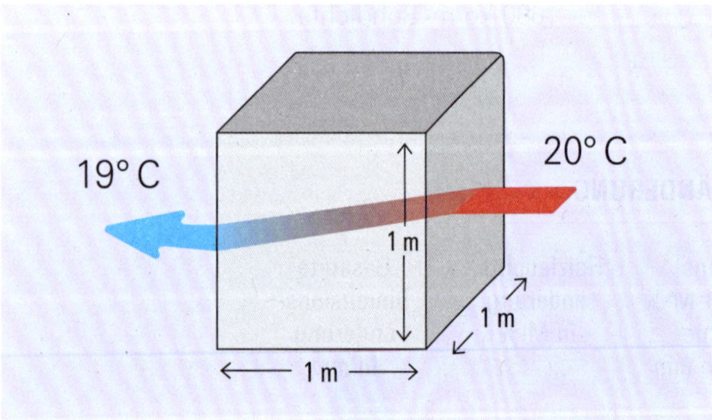


**Wärmeleitfähigkeit: Wärmemenge, welche durch 1 m² Bauteilfläche bei einer Dicke von 1 m und einem Temperaturunterschied von 1 K geleitet wird. Einheit: W/mK**

## Wärmeschutztechnische Kennwerte

Holz besitzt hohe Festigkeitseigenschaften und weist gleichzeitig aufgrund des hohen Porenanteils im Vergleich zu anderen tragenden Baustoffen sehr gute wärmeschutztechnische Kennwerte auf. Das bedeutet, dass Holz sehr gut Wärme **DÄMMT** und sich hervorragend als tragendes Bauteil für Niedrigstenergiehäuser eignet.

### WÄRMELEITFÄHIGKEIT

Die Wärmeleitfähigkeit (λ) in Watt pro Meter und Kelvin (W/mK) definiert, wie gut ein Baustoff Wärme leiten kann. Sie beschreibt die Leistung in Watt, die bei einer Fläche von einem Quadratmeter durch eine Dicke von einem Meter bei einem Temperaturunterschied an den beiden Seiten von einem Kelvin geleitet werden kann. Die Wärmeleitfähigkeit hängt von der Rohdichte, der Struktur und der Feuchtigkeit des Baustoffs ab. Je höher die Rohdichte und die Feuchtigkeit, desto höher ist die Wärmeleitfähigkeit.

Bei Holz kann quer zur Faserrichtung mit einer mittleren Wärmeleitfähigkeit von 0,12 W/mK gerechnet werden. Damit werden sowohl Dichte als auch Feuchteeinflüsse berücksichtigt. In der Regel verläuft der Wärmestrom bei verbautem Holz quer zur Faser. Der Vollständigkeit halber sei an dieser Stelle angeführt, dass die Wärmeleitfähigkeit in Faserrichtung (also in Längsrichtung) 2,2-mal so hoch ist. Dasselbe gilt für Holzwerkstoffplatten: Für eine OSB kann senkrecht zur Plattenebene ein λ von 0,13 W/mK angesetzt werden. In Plattenebene, wie der Wärmestrom beispielsweise bei

Stegen von Holz-Stegträgern verläuft, ist mit einem $\lambda$ von 0,29 W/mK zu rechnen.

Die **POSITIVEN DÄMMEIGENSCHAFTEN** des Baustoffs Holz zeigen sich beim Vergleich der äquivalenten Dämmstoffdicke. Die äquivalente Dämmstoffdicke beschreibt, wie dick ein Baustoff sein muss, um genauso gut zu dämmen wie ein Zentimeter Dämmstoff mit einer Wärmeleitfähigkeit von 0,04 W/mK. Holz erreicht denselben Dämmwert bereits bei einer Dicke von drei Zentimetern. Eine Ziegelwand müsste hingegen für dieselbe Dämmwirkung etwa 12 Zentimeter dick sein, eine Stahlbetonwand gar 60 Zentimeter!

## SPEZIFISCHE WÄRMEKAPAZITÄT

Die spezifische Wärmekapazität c beschreibt die Wärmemenge in Joule (J), die erforderlich ist, um ein Kilogramm eines Stoffes um ein Kelvin zu erwärmen. Die Einheit ist J/kgK.

Holz weist eine etwa viermal so große spezifische Wärmekapazität auf wie Eisen. Diese hohe Wärmekapazität und die geringe Wärmeleitfähigkeit sind der physikalische Hintergrund, warum man anstelle eines metallenen lieber einen hölzernen Kochlöffel verwendet. Die Wärmekapazität von trockenem Holz beträgt 1500 J/kgK.

Da Wasser mit 4190 J/kgK im Vergleich zu allen Baustoffen die mit Abstand höchste spezifische Wärmekapazität aufweist, steigt mit **HÖHEREM FEUCHTEGEHALT** des Baustoffes dessen Wärmekapazität. Entsprechend der sich einstellenden Ausgleichsfeuchtigkeit des Holzes beziehungsweise der Holzwerkstoffplatten ergeben sich bei einer relativen Luftfeuchtigkeit von 50 Prozent spezifische Wärmekapazitäten $c_{50}$ zwischen 1600 und 1800 J/kgK. Die Rohdichteänderungen beim Holz haben im Vergleich hierzu einen geringeren Einfluss.

Die flächenbezogene wirksame Wärmekapazität eines Bauteils kann aus dem Produkt der spezifischen Wärmekapazität, der Rohdichte, der Eindringtiefe in das Bauteil und der Bauteilfläche berechnet werden. Weitere Details zu diesem Thema sind im Kapitel „Bauen mit Holz: Besonderheiten, Möglichkeiten, Grenzen" im Abschnitt „Wärmeschutz im Sommer?"ab Seite 132 angeführt.

## SPEICHERWIRKSAME MASSE

Die speicherwirksame Masse beschreibt das zeitabhängige, instationäre, thermische Verhalten eines Bauteils. Beeinflusst wird sie von der Rohdichte der Bauteile und der Lage der Dämmschichten. Eine höhere Rohdichte erhöht die speicherfähige Masse, wobei allerdings zu berücksichtigen ist, dass die Masse des Rohbauteils thermisch nur wirkt, sofern an der Raumseite **KEINE ZUSÄTZLICHE DÄMMUNG** aufgebracht ist. Dies bedeutet etwa, dass die Grundkonstruktion einer Decke keinen Einfluss auf den darüberliegenden Raum hat, da in der Regel zwischen Estrich und Rohbauteil eine Trittschalldämmung eingebracht wird. Sobald an der Unterseite eine Abhängung mit Hohlraumdämmung (aus Schallschutzgründen erforderlich) angebracht ist, wirkt die Masse der Rohdecke auch nicht auf den darunterliegenden Raum. Untersuchungen in Deutschland, Österreich und der Schweiz haben unabhängig voneinander gezeigt, dass in Bezug auf die Sommertauglichkeit von Gebäuden die speicherwirksame Masse bei gut gedämmten Gebäuden im Vergleich zu Lüftung und Beschattung eine untergeordnete Rolle spielt (siehe Seite 132).

→ Je höher die Rohdichte des Holzes ist, desto höher ist die Festigkeit.

## WÄRMEAUSDEHNUNG

Die Wärmeausdehnungszahl $\alpha$ beschreibt die Längenausdehnung eines Stabs von einem Meter Länge bei einer Temperaturänderung von einem Kelvin. Die Wärmeausdehnung von Holz kann baupraktisch im Gegensatz zur bereits angeführten feuchtebedingten Ausdehnung vernachlässigt werden. Zu berücksichtigen ist die Wärmeausdehnung in erster Linie bei Metallen, etwa bei Fensterbänken.

### VORURTEIL BRANDGEFAHR

Das **BRANDVERHALTEN VON HOLZ** wurde vor allem in der Vergangenheit als große Herausforderung des Holzbaus gesehen. Historische Stadtbrände wurden nur auf die Holzkonstruktion zurückgeführt. Strohdeckungen, zu dichte Bebauungen, Benutzung offenen Feuers durch Handwerksbetriebe und das Fehlen eines organisierten Feuerwehrwesens trugen wesentlich zu den dokumentierten Bränden bei.

Diese Brände und Konstruktionen haben nichts mehr mit der jetzigen Holzbauweise zu tun. Heutzutage liegen geprüfte und klassifizierte **BAUTEILAUFBAUTEN** vor, welche kostenlos in Bauteilkatalogen, wie beispielsweise dataholz.eu, eingesehen werden können. Neben den richtig ausgeführten Bauteilen sind bei den Bauteilanschlüssen unkontrollierte Hohlräume zu vermeiden, eine **PASSGENAUE VERARBEITUNG** und kraftschlüssige Verbindung herzustellen. Durchdringungen durch Trennbauteile sind brandschutztechnisch abzuschotten. Diese technischen Regelungen gelten nicht nur für den Holzbau, sondern für alle Bauweisen. So ist die „beste" brandabschnittsbildende Wand mit nicht abgeschotteten Durchdringungen aus brandschutztechnischer Sicht wertlos. Es liegen hierfür publizierte und genormte Detaillösungen vor, sodass Holzgebäude brandschutzsicher errichtet werden können. Für Einfamilienhäuser sind darüber hinaus die Anforderungen der Baubehörde an den Brandschutz aufgrund kurzer Fluchtwege geringer als im Geschossbau.

### EINTEILUNG DER BRANDVERHALTENSKLASSEN

gemäß EN 13501–1

| Brandverhaltensklasse | | Rauchentwicklungsklassen | | Abtropfverhalten | |
|---|---|---|---|---|---|
| A1 | nicht brennbar | s1 | geringe Rauchentwicklung | d0 | kein brennendes Abtropfen/Abfallen |
| A2 | | | | | |
| B | brennbar | s2 | mittlere Rauchentwicklung | d1 | kein fortdauerndes brennendes Abtropfen/Abfallen |
| C | | | | | |
| D | | s3 | hohe Rauchentwicklung bzw. nicht geprüft | d2 | brennendes Abtropfen/Abfallen |
| E | | | | | |
| F | | | | | |

## Brandschutztechnische Kennwerte

Baustoffe können hinsichtlich des Brandverhaltens **IN SECHS KLASSEN EINGETEILT** werden (siehe Tabelle „Einteilung der Brandverhaltensklassen" links unten). A1 und A2 definieren nicht brennbare Baustoffe, wohingegen die Buchstaben B bis F brennbare Stoffe bezeichnen. Als Zusatzkriterien gibt es noch die Verrauchung s mit den Klassen s1 bis s3 und das Abtropfen mit den Klassen d0 bis d2.

Holz stellt bekanntlich einen brennbaren Baustoff dar. Das üblicherweise verwendete Konstruktionsholz mit einer Mindestdichte von 350 kg/m$^3$ und einer Mindestdicke von 22 Millimetern kann in die Brandverhaltensklasse D-s2, d0 eingeordnet werden.

Holz beginnt je nach Holzart, Rohdichte, Feuchtigkeit, Abmessungen und Erwärmungsdauer zwischen 200 und 400 Grad Celsius zu brennen (**FLAMMPUNKT**). Bei einem über mehrere Stunden andauernden Hitzestau kann der Flammpunkt bei 120 Grad Celsius liegen.
Bei Ofeneinbauten sind daher entsprechende Schutzabstände, Belüftungen und nicht brennbare Bekleidungen zu berücksichtigen.
Brennendes Holz verkohlt von außen. Die dabei entstehende Pyrolyse- und Kohleschicht wirkt isolierend. So können im Inneren der Holzquerschnitte die Temperaturen gering und somit die Festigkeiten hoch gehalten werden.
Der Abbrand ist konstant und kann mit genormten **ABBRANDRATEN** berechnet werden. Bei einer einseitigen Brandbeanspruchung beträgt der Abbrand etwa zwei Zentimeter in 30 Minuten. Bei parallel zur Brandbeanspruchung liegenden Leimfugen kann es in Abhängigkeit von der Klebstoffart aufgrund von temperaturbedingtem Versagen der Klebstoffe zu höheren Abbrandraten kommen.

Kurz gesagt: Holz ist zwar brennbar, aber der Abbrand ist berechenbar und somit sicher. Bei Einhaltung einiger konstruktiver Maßnahmen besteht im Vergleich zu mineralischen Bauweisen **KEINE ERHÖHTE BRANDGEFAHR**.
So bestimmt nicht die Brennbarkeit einer Bauweise die Brandsicherheit, sondern die konstruktive Umsetzung. Details hierzu im Abschnitt „Brandschutz" ab Seite 179.

# → Behaglichkeit und Wohngesundheit: Den Großteil unseres Lebens verbringen wir in geschlossenen Räumen. Holzbauten können unser Wohlbefinden steigern, insbesondere mit unbehandelten Holzoberflächen.

**WAS ERFAHRE ICH?**



Ein angenehmes Zuhause, eine behagliche Wohnung, in der man sich einfach wohlfühlt – wer wünscht sich das nicht? Aber was genau ist eigentlich Behaglichkeit? Und in welchem Zusammenhang steht ein behagliches Wohngefühl mit Baustoffen und Oberflächenmaterialien?

Das Behaglichkeitsempfinden ist subjektiv und hängt unter anderem von Alter, Geschlecht, Physiologie sowie von der Bekleidung und der Art der Tätigkeit ab. Allgemeine Aussagen und absolute Zahlenwerte, mit denen sich etwa Behaglichkeitsgrenzen beschreiben ließen, gibt es daher nicht. Dennoch lassen sich bestimmte Faktoren ausmachen, die beeinflussen, ob wir Behaglichkeit empfinden oder uns unwohl fühlen.

Allgemein gesprochen, beschreibt Behaglichkeit den körperlichen und seelischen Zustand subjektiven Wohlbefindens in Räumen bei einem vorherrschenden Klima. Man kann sie in thermische und nicht-thermische Behaglichkeit unterteilen.

## Thermische Behaglichkeit

Die thermische Behaglichkeit wird bestimmt von der Raumtemperatur und den Oberflächentemperaturen der einzelnen Bauteile, welche als Mittelwert die sogenannte **OPERATIVE (EMPFUNDENE) TEMPERATUR** darstellen. Weitere wichtige Faktoren sind die relative Luftfeuchte, die Luftgeschwindigkeit sowie Turbulenzen in der Luftgeschwindigkeit und die Temperaturschichtung.

Wie man diese thermischen Faktoren empfindet, hängt wiederum von verschiedenen Bedingungen ab: Eine Rolle spielen dabei etwa die körperliche Verfassung, das Geschlecht und das Alter sowie weitere physiologische Bedingungen. Dazu kommen sogenannte intermediäre Bedingungen, wie die Kleidung, der Tätigkeitsgrad oder der Tages- und Jahresrhythmus.

### EMPFUNDENE TEMPERATUR

Entscheidend dafür, ob wir uns in einem Raum behaglich fühlen, ist nicht allein die vom Thermometer angezeigte Lufttemperatur, sondern die empfundene (operative) Temperatur. Diese stellt den Mittelwert der Raumlufttemperatur und der Oberflächentemperaturen der umgrenzenden Bauteile dar. Erinnern wir uns an einen Winterurlaub oder einen Kurzurlaub in einem

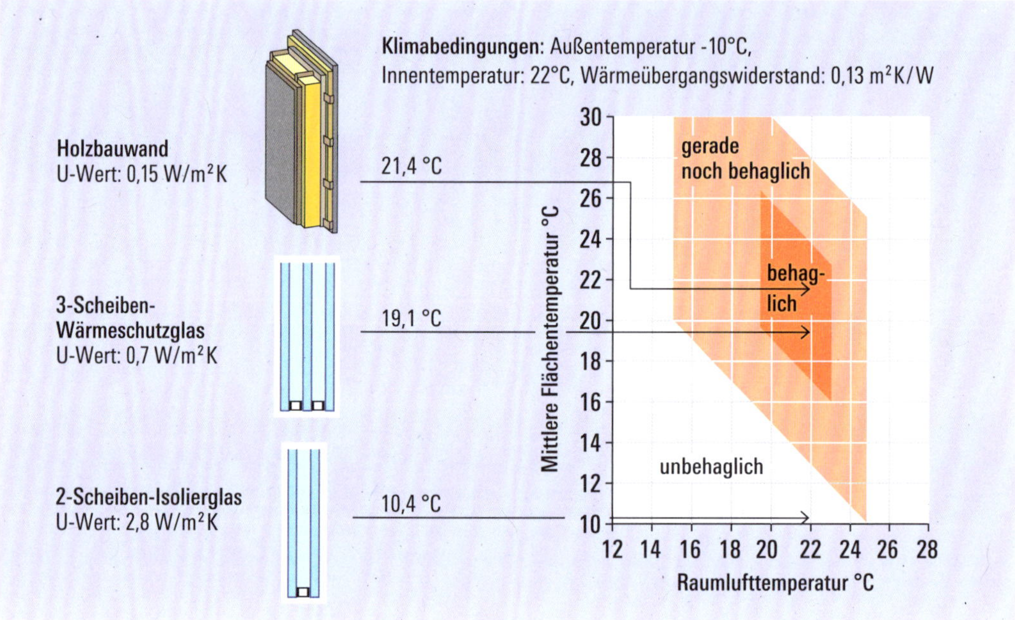


Vergleich der inneren Bauteiloberflächentemperatur

Gebäude, das nicht ausreichend aufgeheizt ist und somit kühle Bauteiltemperaturen aufweist. Obwohl die Heizung eingeschaltet und die Luft bereits gut erwärmt ist, ist uns unbehaglich, und wir frösteln aufgrund der kühlen Oberflächentemperaturen der noch nicht erwärmten Bauteile.

In Holzhäusern lässt sich eine behagliche operative Temperatur **SEHR VIEL SCHNELLER** erreichen als in Stein- oder Betongebäuden, da wegen der geringen Temperaturspeicherfähigkeit von Holz beim Aufheizen schnell angenehme Oberflächentemperaturen erreicht werden.

## STRAHLUNGSASYMMETRIE

Weisen die Oberflächen eines Raumes sehr unterschiedliche Oberflächentemperaturen auf, so wird dies von Personen an den Körperteilen durch unterschiedliche Strahlungstemperaturen wahrgenommen. Dies kann bei schlecht gedämmten kühlen Außenbauteilen (zum Beispiel Fenstern) als unangenehm wahrgenommen werden. Unterschiede in den Strahlungstemperaturen werden aber nicht per se negativ bewertet: Die Strahlungswärme eines Kachelofens etwa wird in der Regel im Winter als angenehm empfunden. Geringe Oberflächentemperaturen führen infolge der größeren Abstrahlung vom Körper zu den Bauteilen schnell zu einem Kälteempfinden. Zudem können sie Kondensat und damit Schimmelprobleme hervorrufen. In der oben stehenden Grafik wird die Oberflächentemperatur einer Holzaußenwand den Oberflächentemperaturen von zwei unterschiedlichen Verglasungen gegenübergestellt. Während bei der heute üblichen Drei-Scheiben-Wärmeschutzverglasung eine Oberflächentemperatur von 19,1 Grad Celsius vorherrscht, liegt sie bei Zwei-Scheiben-Isolierglas bei lediglich 10,4 Grad Celsius. Bei einer relativen Luftfeuchtigkeit von 50 Prozent würde in diesem Fall in der Fläche der Glasscheibe Kondensat ausfallen. Eine möglichst gleichmäßige Oberflächentemperatur der Bauteile garantiert neben einer hohen Behaglichkeit auch Kondensatfreiheit an der inneren Oberfläche.

## LUFTBEWEGUNG

„Tür zu, es zieht!" Zugluft, also bewegte Luft, wird häufig als unangenehm empfunden. Dabei ist es entscheidend, wie schnell die Luft bewegt wird und wie warm es im Raum ist:

Grundsätzlich wird Luftbewegung bei einer Geschwindigkeit der Luft in Körpernähe von mehr als 0,2 Metern pro Sekunde (m/s) als unangenehm empfunden. Bei Temperaturen ab 25 Grad Celsius (etwa im Sommer) werden jedoch auch Luftgeschwindigkeiten bis circa 0,9 m/s als angenehm empfunden. In Neubauten treten infolge der Anforderungen an eine luftdichte Gebäudehülle zur Verringerung unkontrollierter Lüftungswärmeverluste unerwünschte Zugerscheinungen kaum noch auf.

#### LUFTFEUCHTIGKEIT

Große Bedeutung für ein behagliches Wohngefühl hat neben der empfundenen Temperatur die relative Luftfeuchtigkeit. Die absolute Luftfeuchtigkeit wird als Masse Wasserdampf pro Volumeneinheit definiert. In der Regel wird sie in g/m$^3$ Luftvolumen angegeben. Die relative Luftfeuchtigkeit $\varphi$ stellt das Verhältnis aus vorhandener Luftfeuchtigkeit zur maximal möglicher Luftfeuchtigkeit bei einer gewissen Temperatur dar. Je höher die Lufttemperatur ist, desto mehr Feuchtigkeit kann die Luft aufgrund der erhöhten Bewegungsenergie der Moleküle aufnehmen. Somit hängt die relative Luftfeuchtigkeit neben der Lufttemperatur von der Feuchteproduktion im Raum (Feuchteabgabe der Personen, Pflanzen, Kochen etc.) und dem Luftwechsel infolge des Lüftens ab.

Eine **AUSGEWOGENE LUFTFEUCHTIGKEIT** trägt entscheidend zum Wohlbefinden bei: Beträgt die relative Luftfeuchtigkeit weniger als 15 bis 20 Prozent, sind trockene Augen und gereizte Atemwege die Folge. Zu hohe Luftfeuchtigkeiten hingegen werden als unangenehm empfunden. So kann ein Wassergehalt von über 12 g/kg der Luft bei bekleideten Menschen ein Schwülegefühl auslösen. Schimmelpilzwachstum droht bei Temperaturen über 10 Grad Celsius und einer relativen Luftfeuchtigkeit von über 80 Prozent an der Oberfläche.

Feuchteregulierende Oberflächenbekleidungen wie unbehandelte Holzoberflächen, Lehmputze und dergleichen wirken sich positiv auf die Feuchtigkeit im Raum aus. Grundsätzlich haben von den einzelnen Schichten der umschließenden Bauteile die Innenoberflächen (beispielsweise Anstriche) den größten Einfluss auf die Luftfeuchtigkeit. Aus diesem Grund sind, sofern Farben gewünscht werden, natürliche Farbstoffe zu bevorzugen, beispielsweise **LEHMFARBEN**, welche nicht nur feuchteregulierende Eigenschaften aufweisen, sondern auch Gerüche und Schadstoffe absorbieren können. In diesem Zusammenhang sei auf die positive Symbiose von Holz und Lehm hingewiesen. Lehm kann sich außerdem nicht elektrostatisch aufladen und zieht somit keine Schmutzpartikel aus der Luft an. Es wird empfohlen, als Innenfarben grundsätzlich diffusionsoffene, lösemittelfreie und geruchsarme Produkte zu verwenden.

## Nicht-thermische Behaglichkeit

Da wir uns zu einem Großteil (über 90 Prozent) der Lebenszeit in geschlossenen Räumen beziehungsweise Transportmitteln aufhalten, spielt die **RAUMLUFTQUALITÄT** eine große Rolle für die Gesundheit. Die Raumluftqualität wird neben dem $CO_2$-Gehalt der Luft von wahrnehmbaren Spurenstoffen, zum Beispiel Gerüchen, Stäuben, Gasen und Dämpfen, radioaktiven Stoffen sowie biologischen Stoffen (Pilzsporen, Bakterien) bestimmt. Für die Nutzung von Räumen ist es wichtig, dass die Luft nicht als übelriechend oder muffig empfunden wird und dass sich keine Schadstoffe in gefährlicher Konzentration in der Luft befinden.

#### RAUMLUFTQUALITÄT

Die erste Einschätzung ist sehr stark vom individuellen, subjektiven Empfinden abhängig – natürlich vorausgesetzt, dass keine Schadstoffe enthalten sind. In der Normung wird die Erwartungshaltung der Nutzer an die Raumluftqualität in EN 16798-1 in vier Kategorien eingeteilt. Bei neuen und renovierten Gebäuden wird die zweite Klasse mit einem normalen (mittleren) Maß an die Erwartung gelegt. Die erste Kategorie „hoch" kann bei empfindlichen und kranken Nutzern mit besonderen Bedürfnissen angesetzt werden. Die Tabelle auf Seite 24 stellt die Kriterien für Baustoffe für die Kategorien „normal" und „hoch" dar.

Ein Gebäude wird als **SCHADSTOFFARM** definiert, wenn der überwiegende Teil der verwen-

**KRITERIEN FÜR BAUSTOFFE BEI UNTERSCHIEDLICHEN GEBÄUDETYPEN**

| Quelle | Emissionsarme Baustoffe für schadstoffarme Gebäude | Sehr emissionsarme Baustoffe für sehr schadstoffarme Gebäude |
|---|---|---|
| Summe der VOC (TVOC) nach EN 16516 | < 1000 µg/m³ | < 300 µg/m³ |
| Formaldehyd | < 100 µg/m³ | < 30 µg/m³ |
| Alle mit C1 A oder C1 B eingestuften krebserregenden VOC | < 5 µg/m³ | < 5 µg/m³ |
| R-Wert nach EN 16516 | < 1,0 | < 1,0 |

Quelle: EN 16798-1: 2019 11 01

deten Baustoffe emissionsarm ist und Tätigkeiten wie etwa Rauchen nicht zur Verunreinigung des Gebäudes führen. Für die Kategorie „sehr schadstoffarm" ist die Verwendung von größtenteils sehr emissionsarmen Baustoffen für die Innenoberflächen erforderlich (siehe Tabelle). **NATÜRLICHE BAUSTOFFE** bieten grundsätzlich einen Vorteil hinsichtlich der Wohngesundheit und wirken sich auch positiv auf das Raumklima aus – vorausgesetzt, dass die Naturbaustoffe nicht durch Chemikalien, etwa Holzschutzmittel, behandelt wurden.

## AKUSTISCHE EIGENSCHAFTEN

Behaglichkeit wird mit allen Sinnen wahrgenommen. Daher dürfen die **RAUMAKUSTIK** und die schalltechnischen Eigenschaften der Bauteile nicht vernachlässigt werden.

Wer hat nicht schon die Erfahrung gemacht, dass es in unmöblierten Wohnungen hallt? Der Grund dafür sind die „harten" Oberflächen. Fehlen schallschluckende (absorbierende) Oberflächen, kommt es zu einer längeren Nachhallzeit. **SCHALLABSORBIERENDE** Oberflächen wandeln einen Teil der auftreffenden Schallenergie in Wärme um. Hierzu zählt man Baustoffe mit porösen, weichen Oberflächen, wie zum Beispiel Schaumstoffe, Holzweichfaserplatten, Teppiche. Auch abgehängte Decken mit biegeweichen Platten können im Bereich ihrer Resonanzfrequenz den Schall schlucken. Hierbei können Gipsplatten oder Holzwerkstoffplatten mit Bohrungen eingesetzt werden. Zu beachten ist, dass die Platten frei schwingen können und der Hohlraum zur Decke oder Wand mit einem faserigen Dämmstoff ausgefüllt ist.

### VORURTEIL MANGELNDER SCHALLSCHUTZ

Häufig ist zu lesen, dass nur schwere **MINERALISCHE BAUWEISEN** einen guten Schallschutz erreichen können. Je schwerer ein Bauteil, desto besser ist der Schallschutz – so das allgemeine Credo. Diese Aussage ist nur bedingt richtig. Bei monolithischen einschaligen Bauteilen stimmt die Aussage zumindest in Bezug auf die Luftschalldämmung. Die **KÖRPERSCHALLDÄMMUNG** ist beispielsweise bei Stahlbetongebäuden ohne Vorsatzschalen äußerst schlecht. So hört man in Wohngebäuden über viele Geschosse oder Wohnungen einen Nachbarn mit der Bohrmaschine, ohne eruieren zu können, wo genau er sich befindet.

Bei **MEHRSCHALIGEN BAUTEILEN,** wie sie im Holzbau verwendet werden, handelt es sich um sogenannte Masse-Feder-Systeme. Die Bekleidungen stellen eine schwingende Masse dar, deren Schwingung durch eine Feder (zum Beispiel Trittschalldämmung, Dämmschicht bei WDVS, Gefache bei der Holzrahmenbauweise) gedämpft wird. Durch weiche „Federn", technisch gesprochen Baustoffe mit einer geringen dynamischen Steifigkeit und schweren, aber biegeweichen Bekleidungen und der richtigen **BAUAKUSTISCHEN ABSTIMMUNG,** werden im Holzbau nachweislich gute Schallschutzkennwerte erzielt. Der tiefe Frequenzbereich unter 100 Hz, welcher durch städtischen Verkehr, Subwoofer und auch das Gehen verursacht wird, stellt eine Herausforderung für Holzbauweisen dar. Es gibt allerdings auch in diesem Bereich basierend auf Forschungsarbeiten Konstruktionsempfehlungen (siehe dazu das Kapitel "Bauen mit Holz: Besonderheiten, Möglichkeiten, Grenzen", ab Seite 164).

**Holz und Holzwerkstoffe bieten vielfältige Gestaltungsmöglichkeiten.**

In möblierten Räumen stellt die Raumakustik in der Regel jedoch kein Problem dar. Positiv auf die Schallabsorption wirken:

- → Polstermöbel statt glatter Ledermöbel
- → offene Bücherregale anstelle von Metallschränken
- → Teppiche (auch als Wandteppich oder Raumteiler) und Vorhänge
- → blätterreiche Pflanzen
- → Kissen, abwechslungsreiche Dekorationen.

Wesentlich entscheidender wirken sich in Wohnräumen die bauakustischen Eigenschaften von Außen- und Wohnungstrennbauteilen auf die Behaglichkeit aus. Bei Einfamilienhäusern werden grundsätzlich (nur) Anforderungen an den Schallschutz der Außenbauteile gestellt. Gegebenenfalls ist ein Schallschutz innerhalb des Gebäudes zwischen einzelnen Räumen im Vorfeld vertraglich zu vereinbaren. Im Kapitel „Bauen mit Holz: Besonderheiten, Möglichkeiten, Grenzen" wird auf die schallschutztechnischen Besonderheiten von Holzbauteilen detailliert eingegangen (Seite 164 ff.).

## Wohngesundheit durch natürliche Holzoberflächen

Natürliche Holzoberflächen werden von vielen Menschen als angenehm empfunden. Wir fühlen uns beispielsweise in ländlichen Wirtshausstuben wohl, ohne genau zu wissen, warum. Oftmals hilft ein Blick in die Vergangenheit: Welche Baustoffe wurden für welche Objekte eingesetzt? Natürlich spielte die regionale Verfügbarkeit hierbei eine große Rolle. Trotzdem zeigt sich, dass seit Jahrhunderten Innenverkleidungen in Gaststuben, Betten, Kinderwiegen und Truhen für die Aufbewahrung von Lebensmitteln aus Holz hergestellt wurden. Der positive Einfluss von Holzoberflächen auf die Bewohner wurde in unterschiedlichen internationalen Studien nachgewiesen.

## Feuchteregulierung

Organische Baustoffe wie Holz und Lehm passen ihren Feuchtegehalt an die relative Luftfeuchtigkeit an. Bei hoher Luftfeuchtigkeit wird

Wasserdampf an die Zellwände gebunden und bei trockener Raumluft Feuchtigkeit aus dem Holz abgegeben. Man spricht somit von **FEUCHTEREGULIERENDEN EIGENSCHAFTEN**. Untersuchungen des Fraunhofer Institutes für Bauphysik haben gezeigt, dass unbehandelte Holzoberflächen im Gegensatz zu typischen beschichteten Innenputzen in der Lage sind, Feuchtespitzen abzupuffern. Dabei wurde die Feuchteproduktion einer vierköpfigen Familie in einer 65 Quadratmeter großen Wohnung simuliert, mit hohen Feuchtelasten zwischen 6 und 8 Uhr und zwischen 18 und 22 Uhr. Bei holzverschalten Wänden liegt die Schwankungsbreite der sich einstellenden relativen Luftfeuchtigkeit im Raum zwischen 40 und 60 Prozent, bei Innenputz zwischen ca. 30 und 70 Prozent. Die Amplitudenausschläge sind bei der Holzschalung etwa halb so groß wie bei dem Kalk-Gipsinnenputz (siehe unten).

Wichtig zu wissen: Werden Holzoberflächen mit **DIFFUSIONSHEMMENDEN FARBEN** gestrichen, kann dies ihre feuchteregulierende Wirkung wesentlich mindern.

Feuchtigkeitsspitzen können abgefedert, aber nicht vollständig beseitigt werden. Dies bedeutet, dass bei zu hoher Feuchteproduktion in einer Wohnung bei gleichzeitig unzureichender Lüftung das Innenklima nicht gerettet werden kann. Eine entsprechende Lüftung zur Sicherstellung eines hygienischen Raumklimas ist in jedem Fall die Grundvoraussetzung. Durch **FEUCHTEPUFFERNDE OBERFLÄCHEN** kann allerdings die Lüftung zeitversetzt zum Feuchteeintrag, beispielsweise unter Tag bei höheren Außentemperaturen, erfolgen, wodurch aufgrund der verminderten Lüftungswärmeverluste Energie eingespart werden kann.

## Eigenschaften des Holzbaus

Der Einsatz von Holz in Innenräumen wirkt sich nachweislich positiv auf Behaglichkeit und gesundes Wohnklima aus. Mit der unterschiedlichen Farbe, Maserung und Struktur der einzelnen Holzarten können unterschiedliche Geschmacksvarianten bedient werden. Zusätzlich wird Holz aufgrund der geringen Wärmeleitfähigkeit, seiner Porosität, Dichte und Elastizität als „warmer" und „weicher" Baustoff empfunden. Die meisten Menschen empfinden Holzoberflächen als angenehm. Neben der Optik und Haptik und der positiven physikalischen Merkmale wie der Feuchteregulierung weisen Holzoberflächen auch eine antibakterielle Wirkung auf.

Quelle: Fraunhofer Institut für Bauphysik, Holzkirchen

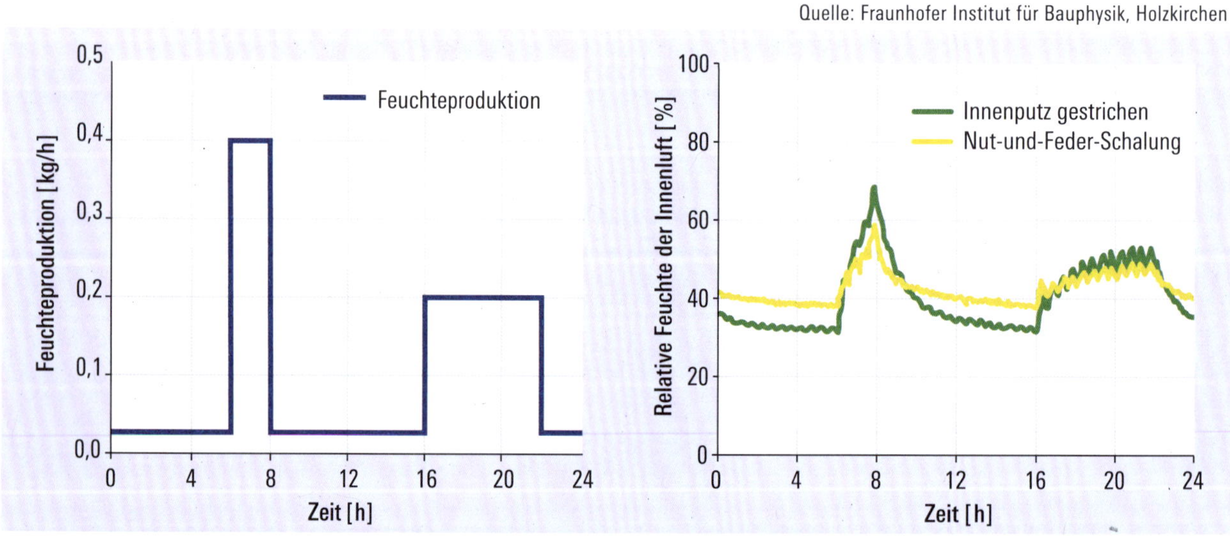


**Tagesverlauf der Feuchteproduktion (links) und daraus resultierende Änderungen der relativen Luftfeuchte (rechts) eines Raumes mit einem mit Wandfarbe beschichteten typischen Innenputz (grüne Linie) und eines Raumes mit einer Nut und Feder (gelbe Linie)**

# → **Ökologie:** Holz ist der regionale, nachwachsende Baustoff schlechthin. Durch den Holzbau kann über die Nutzungsdauer des Gebäudes ein $CO_2$-Puffer geschaffen werden. Trotzdem gibt es zwischen den Holzbauweisen aus ökologischer Sicht Unterschiede.

**WAS ERFAHRE ICH?**



Ökobilanzen stellen quantitative Bewertungsverfahren zur Bilanzierung von Stoff- und Energieflüssen von Bauprodukten, Bauweisen, Prozessen beziehungsweise gesamten Gebäuden dar. Es handelt sich dabei um komplexe, international genormte Berechnungsverfahren, welche einen Vergleich der Umweltwirkungen verschiedener Produkte oder Bauweisen ermöglichen. Eine **ÖKOBILANZIERUNG** eines Gebäudes setzt sich aus zwei Teilbereichen, nämlich der Sach- und der Wirkungsbilanz zusammen.

Im ersten Fall handelt es sich um den Nachweis des Bedarfs an Ressourcen und des Bedarfs an erneuerbarer beziehungsweise nicht erneuerbarer Primärenergie des Stoffstroms und der Energieflüsse. In der Wirkungsbilanz werden Auswirkungen auf Treibhauseffekt, Versauerung, Überdüngung, Ozonschichtabbau, Sommersmog sowie Lärm abgeschätzt. Für Berechnung, Bewertung und Vergleich von Ökobilanzen sind, neben der Baustoffmengenerfassung, die Systemgrenzen und die Datenquellen von großer Bedeutung. Die Bewertung erfolgt gemäß EN 15804.

Die erforderlichen Kennwerte für die Baustoffe sind von den Produzenten im Rahmen ihrer **UMWELTPRODUKTDEKLARATION** (EPD, Enviromental Product Declaration) anzugeben. In der Bauproduktenverordnung wird auf die Notwendigkeit von Umweltproduktdeklarationen von Baustoffen zur Bewertung der nachhaltigen Nutzung der Ressourcen und zur Beurteilung der Auswirkungen von Bauwerken auf die Umwelt hingewiesen. Umweltproduktdeklarationen stellen die wesentliche Grundlage für ökologische Gebäudebewertungen und -zertifizierungen dar. Sie sind aber auch ein wichtiges Merkmal zur Produktoptimierung, können als Vermarktungsargumente genutzt werden und bieten den Verbrauchern und Verbraucherinnen Rechtssicherheit.

Deklarationen enthalten grundsätzlich Fakten und sind Kennwerte ohne Bewertung. Somit kann eine Deklaration im Gegensatz zu einem Zertifikat, welches bewertende Aussagen enthält, kein Umweltzeichen sein. So sagt beispielsweise alleine die Tatsache, dass ein

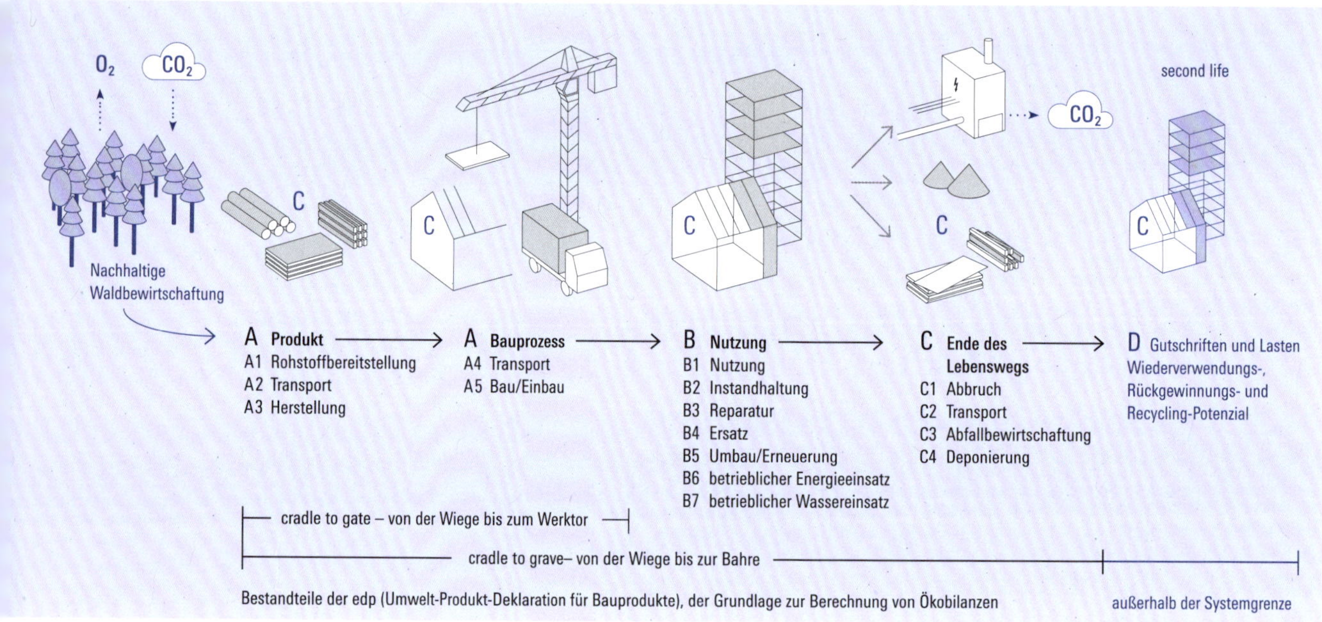


**Lebenszyklus eine Gebäudes und Systemgrenzen**

Produkt eine Umweltproduktdeklaration aufweist, noch nichts über die Umweltfreundlichkeit des Produktes aus. Bei **UMWELTZEICHEN** empfiehlt es sich aufgrund der Vielzahl von Zeichen, darauf zu achten, dass die Bewertung von unabhängigen Stellen stammt. Eigendeklarationen seitens der Hersteller, welche möglicherweise ausschließlich auf einen Aspekt aufmerksam machen möchten und nicht durch unabhängige Dritte geprüft sind, sollten mit Vorsicht behandelt werden.

Für Privatkunden, insbesondere Bauherren und Bauherrinnen, spielt eine Gebäudezertifizierung (noch) eine untergeordnete Rolle. Anders sieht es für die Immobilienbranche aus. Es gibt global eine Vielzahl an kaum vergleichbaren Labels, die teilweise auch von internationalen Konzernen angefordert werden. Trotz der Unterschiede berücksichtigen die wesentlichen Kennzeichen zusätzlich zu Energieverbrauch und Versorgung während der Nutzung die Punkte Standort, Baustoffe, Konstruktion, qualitätssichernde Maßnahmen sowie Einwirkungen auf Gesundheit und Komfort der Bewohnerinnen und Bewohner.

## Lebenszyklusbetrachtung

Der Lebenszyklus eines Gebäudes wird in die Bereiche Projektidee und Planung, Errichtung, Nutzung und Bewirtschaftung, Sanierung sowie Abriss und Recycling unterteilt. Bei einem Vergleich unterschiedlicher Produkte ist es wichtig, darauf zu achten, für welche „Lebensabschnitte" die Kennwerte angegeben sind. In den EPD wird häufig der Wert der Herstellungsphase (von der „Wiege" bis zum Werktor) angegeben. Für den Endverbraucher ist natürlich schlussendlich eine **GESAMTHEITLICHE BETRACHTUNG** bis zu einem allfälligen Rückbau mit Wiederverwendungs- und Recyclingpotenzial entscheidend.

Nach wie vor werden bei vielen Kauf- und Planungsentscheidungen die Kosten über den gesamten Lebenszyklus (von der Wiege bis zur Bahre) eines Produktes oder Objektes zu wenig betrachtet. Gerade im Falle einer Eigenheimerrichtung sind die zu erwartenden Bewirtschaftungskosten in die Überlegungen einzubeziehen, da sie in Summe über den gesamten Lebenszyklus bis zu 80 Prozent der gesamten Lebenszykluskosten ausmachen. In den ersten

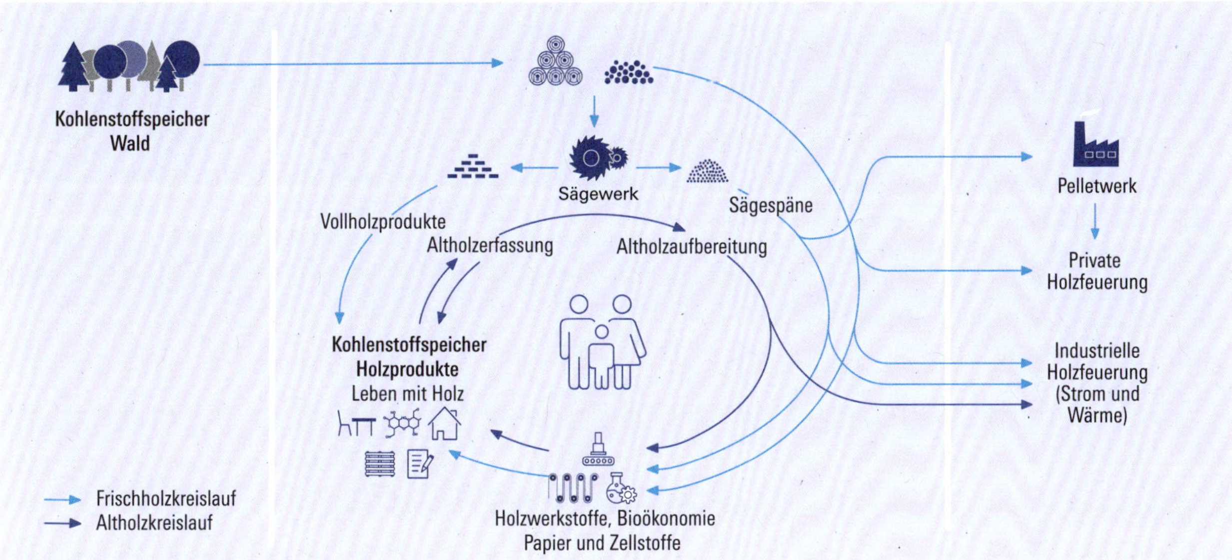


**Prinzip der Kaskadennutzung: Besonders effizient ist es, Holz in mehreren Nutzungskaskaden zunächst stofflich, zur Herstellung von Produkten, und erst anschließend energetisch zu nutzen.**

Planungsphasen können im Gegenzug dazu die Folgekosten wesentlich beeinflusst werden. So erfordern beispielsweise nicht kompakte Gebäudeformen mit vielen Erkern und Verschneidungen besser gedämmte Außenbauteile bei gleichzeitig höheren Flächenanteilen.

## Kennwerte

Umweltindikatoren von Baustoffen können sich auf die Energieträger und die verwendeten Rohstoffe sowie den Anteil an erneuerbaren Energien bei der Herstellung beziehen. Zu den nicht erneuerbaren Energieträgern zählen bekanntlich fossile Energiequellen wie Öl und Erdgas. Zu den erneuerbaren Energiequellen werden Bioenergie, Geothermie, Wasserkraft, Sonnen-, Wind- und Meeresenergie gezählt. Die drei wesentlichen **KENNWERTE** sind:

- → das Treibhauspotenzial
- → das Versauerungspotenzial
- → der Bedarf an nicht erneuerbarer Primärenergie.

Diese drei Faktoren werden auch im sogenannten **OI3-INDEX** zusammengefasst. Basis für die Berechnung des OI3-Index für Baustoffe, Bauteile und ganze Gebäude stellen baubook-Richtwerte und produktspezifische Werte aus Umweltproduktdeklarationen (EPD) dar. Im kostenlosen Online-Tool dataholz.eu werden für Holzbauteile neben den bauphysikalischen Kennwerten von Bauteilen auch die dazugehörigen OI3-Indexe auf Basis von Prüfberichten akkreditierter Prüfinstitute angeführt.

## Unterschiede der Bauweisen

Im Gegensatz zu mineralischen Bauweisen handelt es sich bei dem Baustoff Holz um einen nachwachsenden, regional verfügbaren Rohstoff. Die Bäume entziehen im Rahmen ihres Wachstums der Atmosphäre $CO_2$ und binden den Kohlenstoff. Ein Kubikmeter Holz bindet 250 Kilogramm Kohlenstoff, wodurch der Atmosphäre rund eine Tonne $CO_2$ entzogen wird.

Während der Nutzung des Holzes als Baustoff wirkt sich dieser Puffer als klimaentlastend aus und senkt die Treibhausemissionen des Bausektors. Diese Speicherwirkung bleibt umso länger wirksam, als der Baustoff gege-

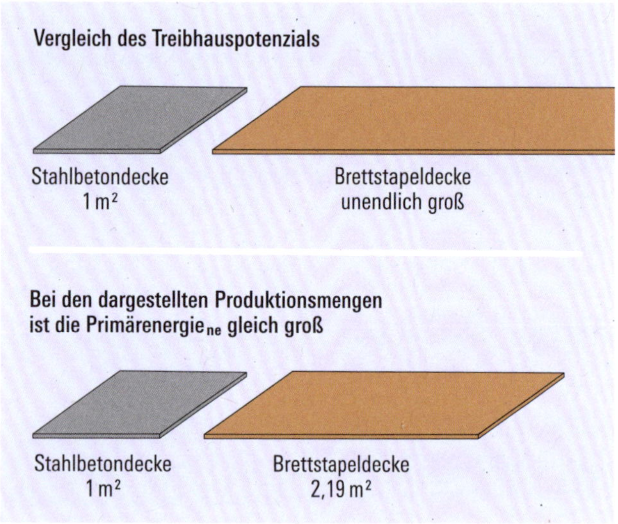


→ Durch den Einsatz von Holz im Bauwesen kann ein wesentlicher klimasenkender Beitrag geleistet werden.

benenfalls auch durch eine sogenannte Kaskadennutzung (Kreislaufwirtschaft) vor dem Verbrennen oder Verrotten geschützt ist. **KASKADENNUTZUNG** bedeutet beispielsweise, dass die Tragkonstruktion eines Holzhauses nach der Nutzungsdauer entweder wieder als tragender Bauteil eingesetzt wird oder in einem Sägewerk zu Brettern aufgetrennt werden kann. In weiterer Folge können diese Bretter nach deren Nutzung in einem Plattenwerk zu Holzwerkstoffen verarbeitet werden und anschließend kann die gespeicherte Energie noch thermisch genutzt werden (siehe Abbildung auf Seite 29). Durch den Einsatz von Holz im Bauwesen kann ein wesentlicher klimasenkender Beitrag geleistet werden.

Eindrücklich belegt wird das durch Vergleichsrechnungen, die die Universität Innsbruck für Geschossdecken mit einer Spannweite von 5,5 Metern durchgeführt hat (siehe Grafik oben). Als Tragstruktur wurden im ersten Beispiel eine 16 Zentimeter dicke Stahlbeton- und eine 18 Zentimeter dicke Brettstapeldecke gewählt. Die Stahlbetondecke wies einen Stahlanteil von 10 kg/m$^2$ auf. Der Fußbodenaufbau wurde in beiden Fällen gleich gewählt. So liegen die Belastungen hinsichtlich der Versauerung und des Primärenergieinhalts bei der Brettstapeldecke unter 50 Prozent. Das bedeutet, dass bei gleicher Belastung eine doppelt so große Decke errichtet werden könnte. Beim Vergleich der Treibhausgase könnte aufgrund der Kohlenstoffspeicherung die Brettstapeldecke unendlich groß sein. Im zweiten Beispiel wurde eine Tramdecke aus einem Brettschichtholzträger (14 cm/26 cm) mit einem IPE-160-Stahlträger verglichen. Beim Holzträger liegt das Verhältnis hinsichtlich der Versauerung beziehungsweise des Primärenergieinhalts sogar nur bei circa einem Zehntel des Stahlträgers.

Es ist an dieser Stelle allerdings zu berücksichtigen, dass es auch innerhalb des Holzbaus aus ökologischer Sicht große Unterschiede geben kann. Nicht jeder Holzbau kann automatisch als „bio" bezeichnet werden. Aus den unterschiedlichen ökologischen Auswirkungen der eingesetzten Dämmstoffe und der Bekleidungen ergeben sich aus ökologischer Sicht Unterschiede zwischen den einzelnen Holzbauweisen (siehe dazu das Kapitel „Bauen mit Holz: Besonderheiten, Möglichkeiten, Grenzen", Seite 130).

Trotz der vorhandenen Unterschiede innerhalb der Holzbauweisen ist für den Endnutzer noch immer entscheidend, dass aus ökologischer Sicht bei jeder Holzbauweise im Vergleich zu mineralischen Bauweisen **VORTEILE** vorliegen. Von einem gesteigerten Holzverbrauch bei einem einzelnen Gebäude, um eine Kohlendioxidsenkung zu erzielen, raten wir allerdings ab. Im Sinne des Ressourcenverbrauchs ist es global betrachtet wichtiger, mehr Objekte in Holzbauweise zu errichten, als bei einem Objekt mehr Holz zu „verbrauchen".

# → **Baukosten und Lebensdauer:** Gute Planung und Koordination wirken sich wesentlich auf Baukosten und Lebensdauer aus.

**WAS ERFAHRE ICH?**



Für den Holzbau sprechen vor allem geringere Bauzeiten durch höhere Vorfertigung sowie dünnere Bauteile. Durch eine robuste, konstruktiv richtige Ausführung kann die gleiche Wertbeständigkeit wie bei mineralischen Häusern erreicht werden.

## Holzbau geht schneller

Der Holzbau verringert durch den hohen Vorfertigungsgrad in witterungsgeschützten Hallen die **BAUZEITEN**. Auch in den Wintermonaten können Bauteile vorgefertigt und auf Lager gehalten werden. Dadurch kann ein Holzhaus schneller errichtet werden als ein Haus in mineralischer Bauweise – entsprechend schneller amortisiert sich das investierte Kapital. Diese heute im Holzbau übliche Umsetzung stellt an und für sich nichts Neues dar. Bereits in den 1930er-Jahren führte der Architekt Konrad Wachsmann in seinem für den Holzbau als Standardwerk zählenden Buch: „Holzhausbau. Technik und Gestaltung" diese Vorteile an. Der Architekt plante unter anderem das Einfamilienhaus von Albert Einstein in Caputh. Das Gebäude wurde 1929 eingereicht, und im selben Jahr wurden die Bauarbeiten abgeschlossen, sodass bereits im Frühjahr 1930 eingezogen werden konnte.

Schon in den 1930er-Jahren erfolgte die Vorfertigung der Holzbauelemente in Hallen, damals noch von Hand. Heute werden die Elemente mit CNC-gesteuerten Maschinen in höchster Präzision vorgefertigt.

## Keine Trocknungszeiten

Neben dem hohen Vorfertigungsgrad können durch die trockene Bauweise die Bauzeiten weiter verkürzt werden. Die Wände und Deckenuntersichten werden in der Regel mit Holzwerkstoff- oder Gipsplatten verkleidet. Der Fußbodenaufbau kann mit sogenannten **TROCKENESTRICHEN**, welche aus Plattenwerkstoffen auf einer entsprechenden Trittschalldämmung bestehen, ausgeführt werden. Durch diese Maßnahme werden Trocknungszeiten vermieden, der Trockenestrich ist sofort begehbar. Gerade die Fertighausindustrie setzt im Einfamilienholzbau aus diesem Grund häufig Trockenestriche ein.

Im Geschosswohnbau kommen bei Wohnungstrenndecken aufgrund des besseren Trittschallschutzes häufiger Zementestriche zum Einsatz. Der bessere Trittschallschutz ist auf das höhere Flächengewicht zurückzuführen. Zudem kann eine weichere Trittschalldämmung als bei einem Trockenestrich verwendet werden (nähere Informationen dazu ab Seite 173). Durch das höhere Flächengewicht des Zementestrichs ergibt sich auch eine höhere speicherwirksame Masse der Decke. Diese kann sich – sofern sie nicht durch Teppichbeläge „weggedämmt" wird – positiv auf die Temperaturentwicklung im Haus auswirken.

## Geringere Dicken der Außenbauteile

Aufgrund der hervorragenden thermischen Eigenschaften von Holz ergeben sich im Vergleich zu mineralischen Bauweisen wesentlich geringere Dicken der Außenbauteile bei gleichen Dämmeigenschaften. So kann beim Holzbau **MEHR NETTONUTZFLÄCHE** erzielt werden – im Vergleich zur Massivbauweise etwa sieben Prozent bei gleichen Außenabmessungen (siehe auch Seite 132). Vor allem bei kleinen Bauplätzen und in engen Baulücken lässt sich mit Holzwänden ein Maximum an Nutzfläche herausholen.

## Lebensdauer

ÖNORM B 2320 führt an, dass Fertighäuser in Holzbauweise „bei ordnungsgemäßer Instandhaltung und widmungsgemäßer Nutzung eine Benützungsdauer von mindestens 100 Jahren" aufweisen müssen. Historische Beispiele von der Stabkirche in Norwegen über die Fachwerkbauten in Hessen, mehrgeschossige Blockhäuser in der Schweiz, historische Gebäude in Freilichtmuseen bis zu Tempeln in Japan belegen die lange Lebenszeit von Holzkonstruktionen. Voraussetzung hierfür ist ein konsequenter **KONSTRUKTIVER HOLZSCHUTZ**. Oberste Prämisse ist: Die Holzkonstruktion muss vor einer lang anhaltenden Durchfeuchtung geschützt werden.

### VORURTEIL KURZE LEBENSDAUER

Holz ist nicht dauerhaft und wird binnen kürzester Zeit durch Pilze abgebaut! Dies ist ein Vorurteil, welches Interessenten von Holzhäusern häufig von Baumeistern zu hören bekommen. Auch an dieser Stelle sind einmal die Fakten genauer zu betrachten. Holzverfärbende und holzzerstörende Pilze benötigen für ihr Wachstum den Nährboden Holz, Sauerstoff und eine **AUSREICHENDE FEUCHTIGKEIT**. Zur Verhinderung eines Befalles bei einem Holzgebäude ist eine lang anhaltende Durchfeuchtung zu vermeiden. Dies kann durch konstruktive Maßnahmen, welche im Vorfeld zu planen sind und bei der Errichtung und Nutzung konsequent umgesetzt werden müssen, sichergestellt werden. Diese konstruktiven Maßnahmen und entsprechende Wartungsmaßnahmen werden in den weiterführenden Abschnitten im Detail erläutert.

## Chemischer Holzschutz nicht erforderlich

Ein chemischer Holzschutz ist aufgrund der Arbeit unzähliger Pioniere im Bereich der Forschung seit mehreren Jahrzehnten sowohl technisch als auch normativ nicht mehr erforderlich. Zum Glück, denn durch chemische Behandlungen wird aus dem nachhaltigen Naturbaustoff Holz **SONDERMÜLL** gemacht. Dies widerspricht den ökologischen und nachhaltigen Grundsätzen und Notwendigkeiten. Darüber hinaus gilt, dass chemische Behandlungen die Folgen eines mangelnden oder fehlenden konstruktiven Holzschutzes nur zeitlich hinauszögern können. Dies unterstreicht die Bedeutung des konstruktiven Holzschutzes, dessen Regeln an historischen Objekten sehr gut beobachtet und analysiert werden können. Nachhaltiges Bauen bedeutet aber auch, die Baustoffe entsprechend ihrer Einsatzmöglichkeiten zu verwenden und nicht zu überfordern.

## Feuchtigkeit sichtbar fernhalten

Beim konstruktiven Holzschutz geht es im Wesentlichen darum, eine lang anhaltende Durchfeuchtung der Holzkonstruktion zu verhindern. Feuchtigkeit, welche zu lange auf das Holz einwirkt, kann zu einem Fäulnisschaden durch einen holzzerstörenden Pilz führen. Durch folgende Maßnahmen wird dies wirkungsvoll verhindert:

- → Schutz vor Niederschlägen
- → Rasche Ableitung von Niederschlagswasser

- → Schutz vor Spritzwasser
- → Schutz des Hirnholzes
- → Schutz vor Kapillarwasser
- → Schutz vor aufsteigender Feuchtigkeit
- → Schutz vor schädlichem Kondensat

Der wesentliche Grundsatz eines langlebigen Holzbaus ist die Planung und Umsetzung robuster, fehlertoleranter Konstruktionen. Dies bedeutet, dass kleine Fehlstellen, die immer entstehen können, keinen Einfluss auf die Lebensdauer haben. Die besten Voraussetzungen bieten nach außen hin diffusionsoffene Holzkonstruktionen mit ihren Trocknungsreserven (Näheres dazu ab Seite 144).

## Insektenschutz

Insekten stellen in unseren Breiten im Vergleich zu holzzerstörenden Pilzen eine untergeordnete Gefahr für Holzkonstruktionen dar. Als gefährlichster Bauholzschädling wird in der Literatur der **HAUSBOCKKÄFER** angeführt, dessen Larven im nährstoffreicheren Splintholz von Dachkonstruktionen knapp unter der Oberfläche ihre Gänge spinnen. Bei den heutigen Dimensionen stellt aus statischer Sicht dieser Befall kein nennenswertes Problem dar. Die bei Ruhe im ausgebauten Dachgeschoss hörbaren Fraßgeräusche können allerdings beunruhigend wirken.

Ein Befall tritt heute im Neubau äußerst selten auf, da die Konstruktionshölzer kammergetrocknet sind. Diese Trocknungsmethode verringert den Gehalt an Nährstoffen und Pheromonen, welche Hausbockweibchen anlocken können. Sollte dennoch ein Befall auftreten, ist die Wahrscheinlichkeit, dass die folgenden Generationen im selben Dachraum ihre Eier ablegen, vernachlässigbar gering.

Anders sieht die Situation bei **NAGEKÄFERN** aus, welche in (antiken) Holzmöbeln in kühlen, feuchten Räumen wie zum Beispiel Kirchen vorkommen können. Diese bleiben in dem Holzstück und können es mit den Jahren komplett zerstören. Durch entsprechende professionelle thermische Behandlung (Aufheizen des Holzes im Inneren) können die Möbel erhalten werden. Bei Häusern kann ein Befall durch Nagekäfer aufgrund der Feuchtebedingungen und eines konsequenten konstruktiven Holzschutzes ausgeschlossen werden.

**AMEISEN** können Holz nicht abbauen. Sie können aber in durch eine Holzfäule befallenem Holz leben. Sie können somit ein Indiz für einen möglichen Fäulnisschaden darstellen.

## Pflege, Wartung, Instandhaltung

Zur Bewahrung der Qualität der Gebäudesubstanz sind bei jedem Objekt in jeder Bauweise entsprechende Instandhaltungsmaßnahmen erforderlich. Die wichtigsten sind:

- → Keller auf Feuchteeintritte untersuchen
- → Dachdeckung auf Beschädigung und starke Verschmutzung untersuchen
- → Lüftungsquerschnitte bei Dächern und hinterlüfteten Fassaden kontrollieren und gegebenenfalls reinigen
- → Dachrinnen und Ablaufrohre freilegen
- → Verblechungen auf mögliche Korrosionsschäden überprüfen
- → Oberflächenbehandelte Holzfassaden gemäß den Pflege- und Wartungsanweisungen des Produktes behandeln
- → Geputzte Fassaden auf Risse untersuchen
- → Fenster und Türen warten und einstellen
- → Sonnenschutz reinigen, warten
- → Balkone und Terrassen pflegen und reinigen
- → Dauerelastische Fugen (Wartungsfugen) regelmäßig kontrollieren und gegebenenfalls erneuern
- → Boden- und Wandbeläge reinigen und warten

Welche Maßnahmen in welchem Abstand bei den einzelnen Komponenten erforderlich sind, erläutern wir unter „Was sollte in welchem Abstand am Haus gemacht werden?"ab Seite 246. Allen, denen bei der angeführten Auflistung schon schwummrig vor den Augen wird und die sich bei diesen Arbeiten überfordert und unwohl fühlen, sei versichert, dass mittlerweile Fertighausfirmen diese Services im Sinne eines Wartungsvertrages anbieten. Natürlich gibt es auch andere Unternehmen aus dem Bereich des Facilitymanagements, welche Ihnen die Überprüfungen und Wartungsarbeiten gerne abnehmen.

# Hybride Harmonie

**NIEDERÖSTERREICH**
**JURI TROY ARCHITECTS**

Gartenansicht vom Pool

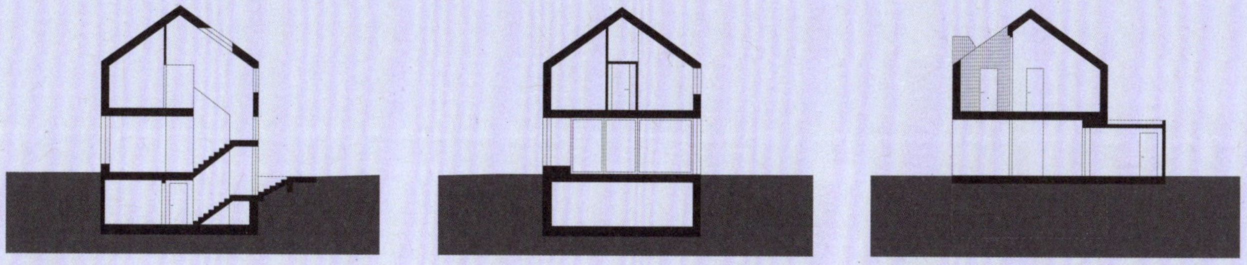

Schnitte

Das in Hybridbauweise errichtete Einfamilienhaus verbindet Sichtbeton mit Holzoberflächen aus Weißtanne und Esche. Es bestätigt, dass Holzbau auch in Kombination mit anderen Bauweisen funktionieren kann.

Auf einem relativ schmalen Grundstück in einer Siedlungsbebauung wurde vom Architekturbüro Juri Troy das unterkellerte, zweigeschossige Einfamilienhaus geplant. Hinter einer zur Straße geschlossenen Fassade verbirgt sich ein großzügiges Wohnhaus, dass sich vom straßenseitigen Zugang im Norden als schmaler Baukörper nach Süden erstreckt.
Das Erdgeschoss präsentiert sich straßenseitig aus einzelnen Betonblöcken, die das in Holzbau errichtete Obergeschoss tragen. Durch das mineralische Erdgeschoss stellt der konstruktive Holzschutz im Sockelbereich bei diesem Haus kein Thema dar. Die beiden Bauweisen werden als klar getrennte Volumen präsentiert. Die ebenerdigen Betonblöcke sind so zueinander versetzt, dass straßenseitig ein eingeschnittener Eingangsbereich und gartenseitig eine eingeschnittene Loggia entstehen. Dazwischen spannt sich ein großzügiger, aber differenzierter Wohnraum auf.

**PROJEKTDATEN**

**Architektur:** juri troy architects
**Wohnfläche:** 171 m$^2$
**Anzahl der Vollgeschosse:** 2
**Energiekonzept:** Erdwärmepumpe, kontrollierte Wohnraumlüftung mit Wärmerückgewinnung
**Konstruktion und Materialien:**
EG und Keller: Betonbau, Fassade aus Faserbetonplatten
OG: Holzmassivbau, Fassade mit vertikaler Holzlattung
**Jahr der Fertigstellung:** 2020

**Überdachte Terrasse und großzügige Verglasungen zum Garten**

**Kinderzimmer mit giebelseitiger Verschränkung**

**Kombination aus Sichtbeton und Holzoberflächen im Eingangsbereich und Stiegenaufgang**

Richtung Süden öffnet sich der Baukörper immer mehr und orientiert sich schließlich komplett in den Garten. Bei Betreten des Gebäudes erschließt sich sofort eine Blickachse ins Grüne. Der verglaste Wohnraum lässt Außen- und Innenraum ineinander übergehen und schafft eine offene Atmosphäre.

→ Durch das mineralische Erdgeschoss stellt der konstruktive Holzschutz im Sockelbereich bei diesem Haus kein Thema dar.

Die Kinderzimmer im Obergeschoss sind durch Hochebenen unter dem Giebel miteinander verschachtelt. Das Schlaf- und das Badezimmer sind über eine eingeschnittenen Terrasse verbunden. Sie lässt Licht in das Innere fluten und bietet einen zusätzlichen versteckten Außenraum.

Erdgeschoss und Keller sind als Betonbau ausgeführt. Der rohe Charakter des Betonbaus ist im Eingangsbereich ablesbar. Hier treffen Sichtbeton und sanfte Holzoberflächen aus Weißtanne und geölter Esche aufeinander. Das Obergeschoss ist als Massivholzbau auf den Betonsockel gestellt. Das Konstruktionsprinzip wird über die Fassaden aus Faserbetonplatten unten und vertikaler Holzlattung oben in den Außenraum getragen.

Eine Erdwärmepumpe sorgt für ein nachhaltiges Energiekonzept, welches von einer kontrollierten Wohnraumlüftung mit Wärmerückgewinnung zusätzlich unterstützt wird.

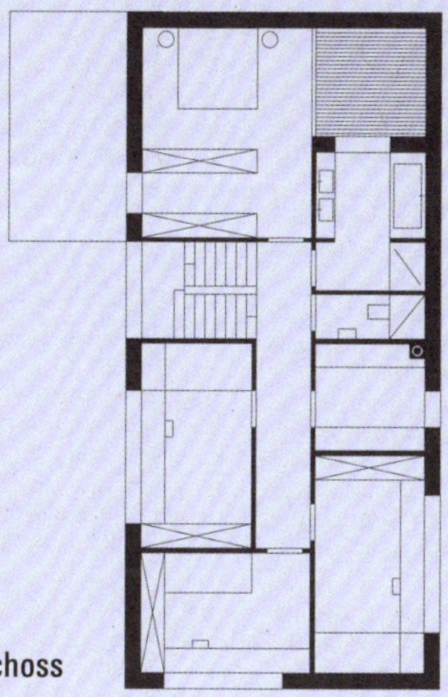
Obergeschoss

Großzügiger, zum Garten hin orientierter Wohnraum

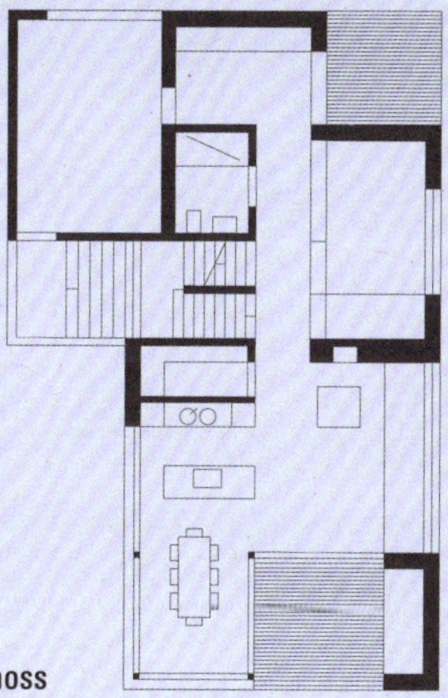
Erdgeschoss

Straßenseitige geschlossene Fassade mit klarer Trennung der beiden Bauweisen

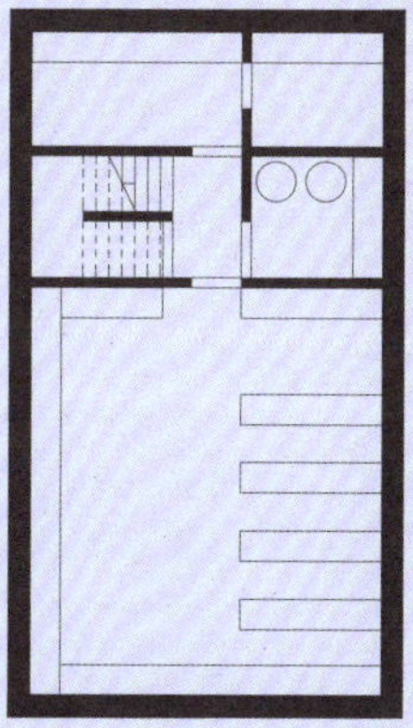
Kellergeschoss

# 2

Holzhaus ist nicht gleich Holzhaus. Sowohl hinsichtlich der Bauweise als auch der eingesetzten Baustoffe gibt es große Unterschiede. In diesem Kapitel werden die Aufbauten und Eigenschaften der verschiedenen Holzbauweisen erklärt.

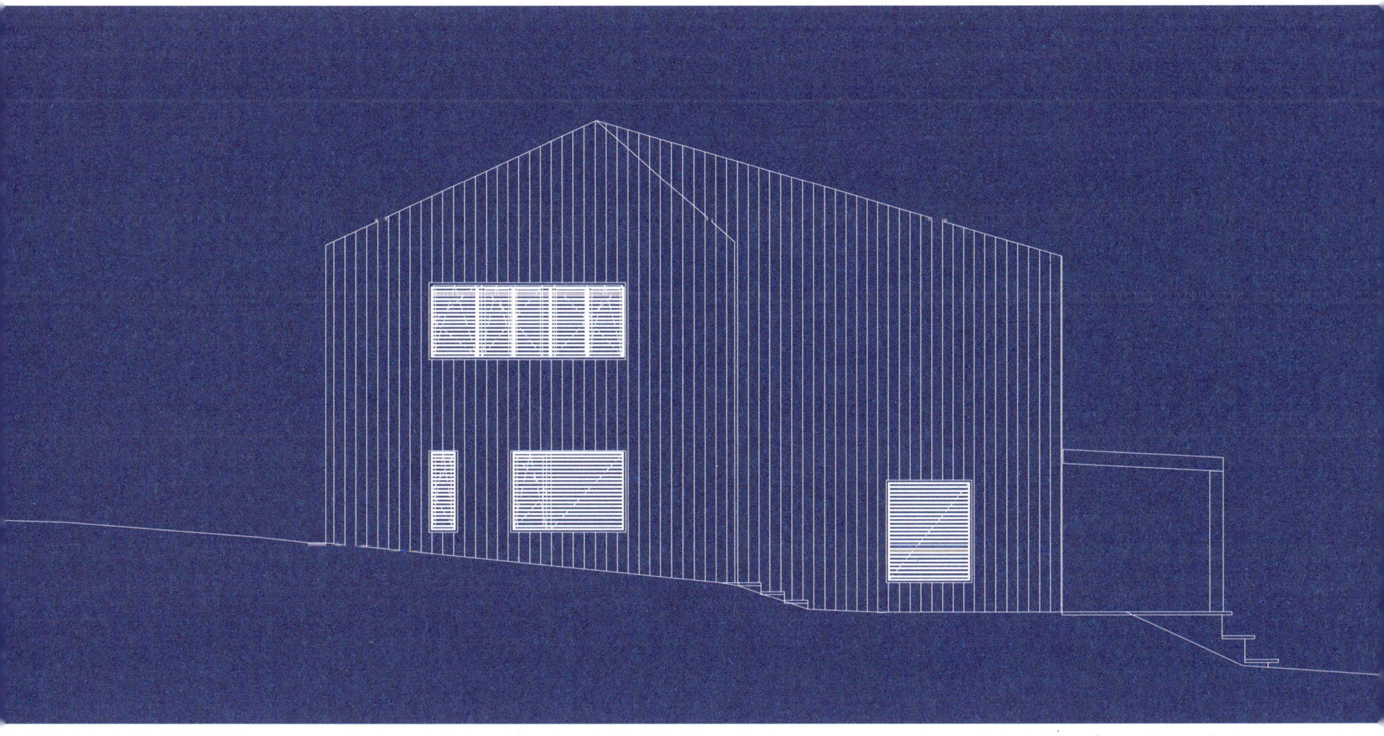

# → **Holzrahmenbau** Die Holzrahmenbauweise stellt gerade im Bereich des Einfamilien- und des Reihenhausbaus die am weitesten verbreitete Holzbauweise dar. Worauf ist zu achten?

**WAS ERFAHRE ICH?**



Holzbau hat eine lange Geschichte: Die ersten von Menschen errichteten festen Häuser waren **PFAHLBAUTEN**. Die Wände dieser zu Beginn der Jungsteinzeit – etwa 3000 v. Chr. – entstandenen Objekte bestanden neben der tragenden Holzkonstruktion aus einem Flechtwerk, das mit Lehm verschmiert wurde – ein Grundprinzip des späteren Fachwerkbaus.

Die eingeschlagenen oder eingegrabenen Stützen des Pfostenbaus hatten zwar hinsichtlich des Tragverhaltens den Vorteil, dass sie als Einspannung der horizontalen Aussteifung dienten. Allerdings ist die Konstruktion im sogenannten „Tag/Nacht"-Bereich – dem Übergang zwischen Erdreich und Luft – sehr stark gefährdet. Selbst starke Eichenstämme mussten nach spätestens 20 bis 30 Jahren ausgetauscht werden. Dies führte bereits in prähistorischer Zeit dazu, dass die Pfosten auf Unterlagen, meist flachen Steinen oder Halbhölzern, gelagert wurden. Aus dem Pfosten- oder Pfahlbau entwickelte sich so die **STÄNDERBAUWEISE**. Die Aussteifung beim Ständerbau wurde mit steifen Wänden beziehungsweise diagonalen Hölzern erzielt. Zum Schutz der Ständer gegen aufsteigende Feuchtigkeit über das Hirnholz setzte sich im Spätmittelalter der durchgehende horizontale Schwellenkranz durch. Das **FACHWERKHAUS** stellt eine Weiterentwicklung des Pfahlbaus dar. Es wurde vor allem in laubholzreichen Regionen errichtet. Die Wahl der Materialien für die Ausfachung war stark von der regionalen Verfügbarkeit geprägt.

Der **BLOCKBAU** entwickelte sich später als der Pfosten- oder Pfahlbau – ab der Erfindung der Metallwerkzeuge in nadelholzreichen Regionen, da für diese Bauweise geradwüchsige Stämme benötigt werden. Neben den Werkzeugen brauchte es vor allem die entsprechenden Zimmermannstechniken, um ein festes Gefüge der Blockbauwände zu erreichen: Die Standsicherheit des Blockbaus wird durch die Eckverbindung gewährleistet. Durch Dübelungen der

Wandhölzer kann diese zusätzlich verbessert werden. Im Laufe der Jahrhunderte haben sich zahlreiche Eckverbindungen entwickelt. Zur Abdichtung der Fugen im Blockbau wurden am häufigsten Moos und Lehm eingesetzt.

## Vom Skelett- zum Rahmenbau

Die Holzskelettbauweise stellt eine Weiterentwicklung der historischen Fachwerkbauweise dar. Dabei wird in der Regel aus Brettschichtholzträgern ein stabförmiges Tragwerk in Form von vertikalen Stützen und horizontalen Trägern errichtet (siehe Bild unten). Zur Gebäudeaussteifung werden Diagonalstreben eingesetzt. Das Tragwerk ermöglicht ein weitgespanntes Raster mit geringem Materialverbrauch und großer Freiheit bei der Grundriss- und Fassadengestaltung. Daher wird die Skelettbauweise vorzugsweise im Geschossbau und hier vor allem im Gewerbe- und Bürobau eingesetzt. Im Einfamilienhausbau spielt sie eine untergeordnete Rolle.

**ÜBERSICHT DER HOLZBAUWEISEN**

| | Holzleichtbau | Holzmassivbau |
|---|---|---|
| **Historisch** | Pfahlbau<br>Fachwerkbau | Blockbau |
| **Aktuell** | Skelettbau<br>Holzrahmenbau<br>(Rippenbauweise,<br>Tafelbauweise) | Blockbau<br>Holzmassivbau<br>(Brettsperrholz,<br>Brettstapel ,...) |
| | **Hybridbau** | |

Die **HOLZRAHMENBAUWEISE** entwickelte sich aus den Pfahlbauten. Sie ist dadurch gekennzeichnet, dass in den Gefachen der Tragebene Dämmung eingebracht wird (siehe Abbildung auf Seite 42). In der Praxis ergeben sich bei dieser Bauweise die schlankesten Außenwandquerschnitte. Der Vorteil: Durch die schlankeren Außenwände bei gleichen bauphysikalischen Eigenschaften erhöht sich die

Die Skelettbauweise ermöglicht die Errichtung mehrgeschossiger Bauten aus Holz mit sehr frei gestaltbaren Grundrissen.

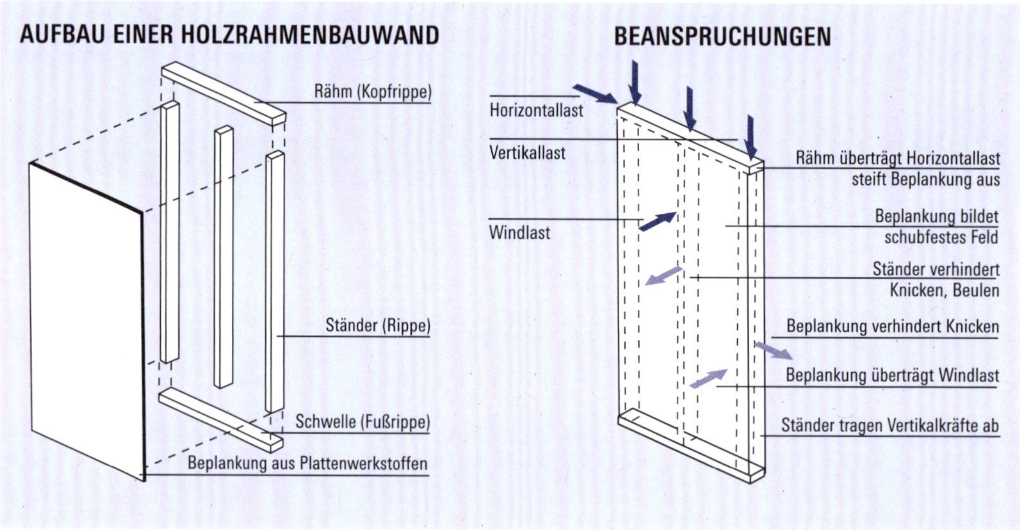


**Konstruktionsprinzip einer Holzrahmenbauwand**

Quelle: Informationsdienst Holz

**NUTZFLÄCHE.** Bei einem Einfamilienhaus lässt sich in Holzrahmenbauweise bei gleicher Grundfläche eine um 5 bis 10 Prozent größere Wohnfläche als bei einem mineralischen Haus erreichen. Näheres dazu im Kapitel „Bauen mit Holz: Besonderheiten, Möglichkeiten, Grenzen" ab Seite 127.

→ Im Holzbau werden die Querschnitte der Konstruktionshölzer ausschließlich in Zwei-Zentimeter-Schritten produziert.

## Rippen- und Tafelbauweise

Die Rahmenbauweise lässt sich in die Rippen- und die Tafelbauweise unterteilen. Bei der **RIPPENBAUWEISE**, welche in der Regel einen geringeren Vorfertigungsgrad aufweist, werden zur Gebäudeaussteifung Diagonalstreben eingebaut. Im nordamerikanischen Raum ist die Bauweise als sogenannte „two by four"-Bauweise (benannt nach dem verwendeten Holzmaß, eine andere Bezeichnung ist „timber framing") weit verbreitet, wobei die Wände vor Ort errichtet werden.

In Europa ist man in den letzten Jahrzehnten im Holzbau einen vollkommen anderen Weg gegangen. Die Vorfertigung der Elemente in witterungsgeschützten Produktionsstätten wurde stetig weiterentwickelt. Bei der **TAFELBAUWEISE** erfolgt die Aussteifung durch die Beplankung der hölzernen Tragstruktur. Es werden hierzu Holzwerkstoff- und Gipsplatten verwendet. Die vertikalen Ständer (auch als Rippen oder Steher bezeichnet) übertragen die Vertikallast aus dem Dach oder darüberliegenden Decken nach unten. Zusätzlich verhindern sie ein Beulen der Beplankungen infolge der Windlasten. Die Beplankungen bilden ein schubfestes Feld zur Übertragung der Horizontallasten, übertragen die Windlasten und verhindern zusätzlich ein Knicken der Ständer infolge der Vertikallast (siehe obenstehende Abbildung).

Die Funktionen und Eigenschaften der einzelnen Baustoffschichten einer Holzrahmenbauwand mit hinterlüfteter Holzfassade macht die Abbildung auf der nebenstehenden Seite nachvollziehbar.

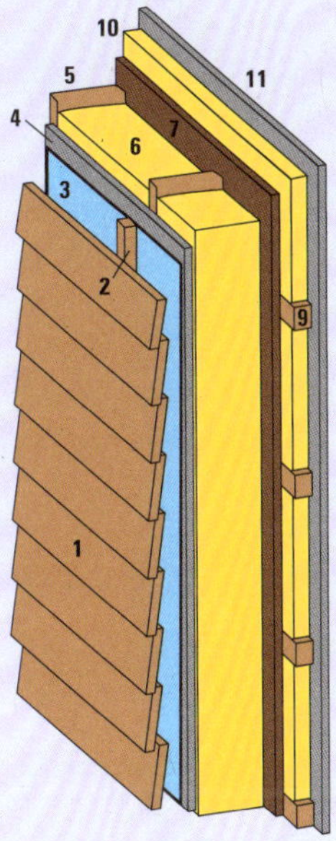


| | | |
|---|---|---|
| 1 | **Putz/Holzschalung** | Witterungsschutz |
| 2 | **Putzträgerplatte/Lattung für Hinterlüftung** | Wärme-, Brand- und Schallschutz; vorteilshaft diffusionsoffen |
| 3 | **Fassadenbahn** | Winddichtheit, bei offenen Fassaden UV-beständig |
| 4 | **äußere Beplankung** | aussteifend, Brand- Schallschutz, vorteilshaft diffusionsoffen; bei WDVS mit Holzfaserdämmplatte nicht erforderlich |
| 5 | **Holzkonstruktion** | Tragfähigkeit, Brand- Schallschutz |
| 6 | **fasriger Gefachdämmstoff** | Wärme-, Brand- und Schallschutz |
| 7 | **innere Bekleidung** | aussteifend, Brand-und Schallschutz; bei OSB: Dampfbremse und luftdichte Ebene; bei anderen Materialien zusätzliche Dampfbremse erforderlich |
| 8 | **Dampfbremse** | Folie, wenn keine OSB als innere Bekleidung |
| 9 | **Lattung Installationsebene** | für nachträgliche Installationen empfehlenswert, Schallschutz entkoppeln oder freistehend |
| 10 | **Dämmung der Installationsebene** | Wärme-, Brand- und Schallschutz |
| 11 | **Innenbekleidung** | Abschluss, Brand- und Schallschutz |

**Funktionen und Eigenschaften der einzelnen Baustoffschichten einer Holzrahmenwand**

## Holzrahmenbau ist ressourceneffizient

Die Holzrahmenbauweise zeichnet sich durch einen ressourceneffizienten Materialeinsatz aus. So wird bei guter Detailplanung nicht mehr Holz verwendet, als konstruktiv erforderlich ist. Üblich ist ein **RASTERABSTAND** der vertikalen Ständer von 62,5 Zentimetern. Damit konnten die früher standardmäßig 125 Zentimeter breiten Platten zur Aussteifung über zwei Gefache befestigt werden. Eine strenge Einhaltung dieses Maßes erlaubt wirtschaftlichere Lösungen, da weniger Konstruktionsholz benötigt wird. Aber keine Angst: Ein Haus in Holzrahmenbauweise muss kein Haus „von der Stange" sein. Eine individuelle Fenstereinteilung ist möglich. Hierzu werden zusätzliche Ständer eingesetzt. Großformatige Holzwerkstoffplatten, wie sie in den letzten Jahren immer häufiger produziert und auch von Großzimmereien und der Fertighausindustrie eingesetzt werden, ermöglichen zusätzlich wirtschaftlichere Vorfertigungen.

Die **MATERIALEINSPARUNG**, die die effiziente Holzrahmenbauweise erlaubt, ist nicht nur gut fürs Budget, sondern auch für die Umwelt: Denn obwohl es sich bei Holz bekanntlich um einen nachwachsenden Baustoff handelt, ist auch mit dieser Ressource nachhaltig umzugehen. Durch die leichte Holzbauweise ergibt sich zudem auch ein Einsparungspotenzial im mineralischen Unterbau.

## Material für tragende Holzrahmen

Für die vertikalen Steher (Ständer) und die horizontalen Schwellen (Rähme) werden festigkeitssortierte, technisch getrocknete Hölzer mit hoher Formstabilität verwendet. In der Regel kommt dabei keilgezinktes Vollholz zum Einsatz. Im Zuge der Sortierung werden „Holzfehler", wie zu große Äste, aus den einzelnen Balken herausgeschnitten und die Stücke mittels Keilzinkung zu bis zu 13 Meter Länge verbunden. Die Produktion wird eigen- und fremdüberwacht, da es sich um verleimte, tragende Bauteile handelt. Zusätzlich sind sie mit einer CE-Kennzeichnung zu versehen. Die Querschnittmaße werden standardisiert in Zwei-Zentimeter-Schritten von 60/120 Millimeter bis 120/240 Millimeter produziert.

**WÄRMETECHNISCHER VERGLEICH VON HOLZTRÄGERN**

| | | mittlerer U-Wert $U_m$ in $W/m^2K$ | Verhältnis |
|---|---|---|---|
| 1 | Gefach (nur Dämmung und Bekleidung) | 0,105 | 100 % |
| 2 | Steg 10 mm OSB $\lambda$ = 0,13 W/mK (falscher Wert) | 0,11 | 102 % |
| 3 | Steg 10 mm OSB $\lambda$ = 0,29 W/mK (realistischer Wert) | 0,116 | 111 % |
| 3a | Steg 10 mm OSB $\lambda$ = 0,29 W/mK (realistischer Wert), Flansche nicht durchgehend gedämmt | 0,14 | 133 % |
| 4 | Vergleich Vollholz b = 60 mm | 0,124 | 119 % |
| 5 | Vergleich Vollholz, 60 x 240 mm und WDVS 120 mm | 0,115 | 110 % |

Randbedingungen: Innenbekleidung 15 mm OSB + 10 mm Gipsplatte;
Außenbekleidung 15 mm MDF, $R_{si} = R_{se}$ = 0,13 $m^2K/W$, 360 mm Dämmung (WLG 040), Achsabstand 625 mm
Quelle: Robert Borsch-Laaks in: „Holzbau – die neue Quadriga" Ausgabe 02/2006

Die keilgezinkten Vollhölzer entsprechen in der Regel der **FESTIGKEITSKLASSE** C 24. Die Hölzer werden entsprechend der Anforderungen mit einer Holzfeuchtigkeit von 15 ± 3 M-% ausgeliefert. Der Einsatzbereich von keilgezinktem Vollholz liegt grundsätzlich in den Nutzungsklassen 1 und 2, also trocken (Aufenthaltsräume) und feucht (Badezimmer oder im nicht bewitterten Außenbereich). Nutzungsklasse 3 (bewitterter Außenbereich) ist für den Einsatz normativ ausgenommen.

Im Bereich von **ÜBERLAGERN BEI FENSTERN** werden baupraktisch auch Brettschichtholzträger (BSH) eingesetzt. Bei Brettschichtholz werden Lamellen mit Dicken zwischen 6 und 45 Millimeter faserparallel miteinander zu Trägern verklebt. Brettschichtholzträger können je nach verwendetem Klebstoff auch in der Nutzungsklasse 3 eingesetzt werden.

Auch **BALKENSCHICHTHÖLZER**, zum Beispiel Duolambalken oder Doppel-T-Profile, können die Tragkonstruktion bilden. Bei Doppel-T-Profilen empfiehlt es sich, Einblasdämmstoffe zu verwenden, um eine hohlraumfreie Ausdämmung sicherzustellen.

## Dämmung beim Holzrahmenbau

Holz stellt aufgrund seiner geringen Wärmeleitfähigkeit im Vergleich zu anderen tragenden Baustoffen eine äußerst geringe Wärmebrücke dar. Trotzdem ist ein Einfluss auf den U-Wert der Außenbauteile gegeben, welcher gerade in der Niedrigstenergiebauweise zu berücksichtigen ist.

### SO LÄSST SICH DER HOLZANTEIL BERECHNEN

In diversen Energieausweisberechnungen wird als Holzanteil in der Außenwand häufig lediglich der Anteil der Steher (Ständer) im ungestörten Wandelement herangezogen. Dabei werden zusätzliche Hölzer etwa im Bereich von Fenstern nicht berücksichtigt. Es ergibt sich somit bei einem 60 Millimeter breiten Steher und einem üblichem Achsmaß von 625 Millimeter ein Holzanteil von 0,096, also etwa 10 Prozent.

Aber: Allein durch die liegenden Schwellenhölzer und die Hölzer im Bereich der Fenster ist realistischerweise mit einem Mindestholzanteil von 15 Prozent zu rechnen. In der Praxis kann der Holzanteil durch zusätzlich statisch-konstruktive Hölzer, wie beispielsweise Diagonalstreben, auf 20 Prozent ansteigen. Daniel Kehl hat in einem Beitrag in der Zeitschrift „Holzbau – die neue Quadriga" dargestellt, mit welchen **ZUSÄTZLICHEN DÄMMDICKEN** bei einem höheren Holzanteil zu rechnen ist (siehe Grafik auf Seite 45). Liegt bei einem mittleren U-Wert ($U_m$) von 0,24 $W/m^2K$ ein Holzanteil von 13 Prozent vor, so ergibt sich im Gegensatz zur reinen

Dämmstoffdicke eine Erhöhung von vier Zentimetern des Gefaches (durchgezogene Linie). Bei Einsatz eines Dämmstoffs mit einer Wärmeleitfähigkeit von 0,035 W/mK anstelle von 0,04 W/mK kann die Dämmdicke um 1,5 Zentimeter verringert werden (gestrichelte Linie). Details zur einfachen U-Wert-Abschätzung bei Holzrahmenbauteilen finden Sie im Kapitel „Bauen mit Holz: Besonderheiten, Möglichkeiten, Grenzen" ab Seite 128.

Gerade in der Passivhaus- und Niedrigstenergiebauweise werden als tragende Elemente in der Rahmenbauweise gerne **HOLZ-STEG-TRÄGER** (Doppel-T-Träger) verwendet. Dabei gehen manche Planende aufgrund des geringeren Holzanteils durch den Steg, welcher häufig in Form von Holzwerkstoffplatten ausgeführt wird, von geringeren U-Werten aus. Ganz so einfach ist es allerdings nicht, da sich die U-Werte bei den Stegen aufgrund der Anisotropie der Wärmeleitfähigkeit von 0,13 W/mK auf 0,29 W/mK erhöhen (siehe dazu das Kapitel „Warum ein Holzhaus?", Seite 18).

Anhand der Tabelle „Wärmetechnischer Vergleich von Holzträgern" auf Seite 44 lässt sich erkennen: Bei einer realistischen Betrachtung der Wärmeleitfähigkeit der Holzwerkstoffplatte des Stegs ergibt sich im Vergleich zum U-Wert des Gefaches ohne Tragstruktur ein Wert von 111 Prozent. Bei einem Vollholzträger mit einer Breite von 60 Millimeter wären es 119 Prozent. Durch ein 120 Millimeter dickes Wärmedämmverbundsystem und eine Rahmenbreite von 240 Millimeter, wodurch dieselbe Wanddicke gegeben ist, ergibt sich ein Verhältnis von 110 Prozent. Die **ÜBERDÄMMUNG** durch das Wärmedämmverbundsystem könnte somit den Einfluss des Konstruktionsholzes auf die Höhe eines Stegträgers mit OSB-Steg reduzieren.

Es gibt am Markt auch Stegträger, welche nur Holzdübel oder Leisten als Steg besitzen, dadurch wird der Wärmedurchgang auf ein Minimum reduziert. Die Produkte eignen sich für den Neubau, aber auch für eine thermische Sanierung von Bestandsgebäuden. Dabei werden Justierständer eingesetzt, wodurch Unebenheiten im Bestand ausgeglichen werden können.

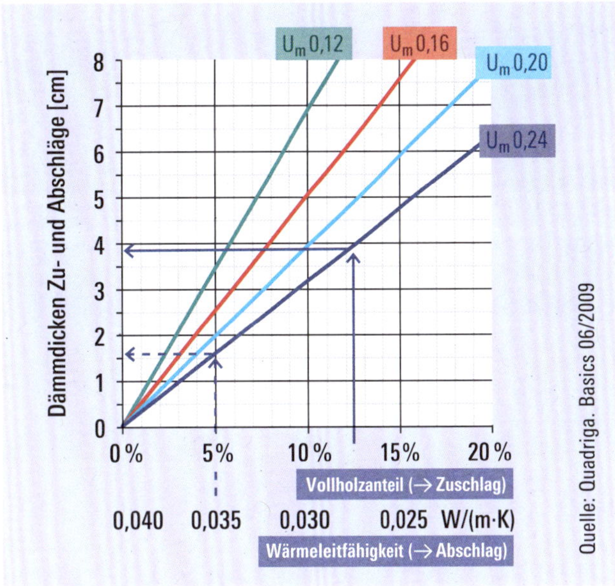


**Ermittlung der zusätzlichen Dämmstoffdicken durch den Vollholzanteil im Holzrahmenbauteil**

## GEFACHDÄMMUNG

Als Gefachdämmung zwischen den vertikalen Stehern (Ständern) können prinzipiell alle fasrigen Dämmstoffe verwendet werden. Von geschäumten Dämmstoffen (EPS, XPS, PUR) im Gefach, wie sie vereinzelt von Systemherstellern angeboten werden, raten wir aus brand- und schallschutztechnischen sowie aus ökologischen Gründen ab.

Gedämmt werden kann zum Beispiel mit **MINERALWOLLE**. Dazu werden aus einzelnen mineralischen Glas- oder Steinwollefäden wollartige Dämmrollen oder Dämmplatten produziert. Die Produkte werden mit unterschiedlichen Rohdichten angeboten, welche einen direkten Einfluss auf die Wärmeleitfähigkeit, die Steifigkeit, aber auch die Verarbeitung haben. Sofern die Dämmung im Gefach **BRANDSCHUTZTECHNISCH** relevant ist – dies ist eher ein Thema des mehrgeschossigen Holzbaus –, bietet Dämmung mit einem Schmelzpunkt ≥ 1 000 Grad Celsius einen technischen Vorteil. In der Regel handelt es sich dabei um Steinwolledämmung, welche auch eine höhere Rohdichte aufweist.

Einblasautomat für Zellulosedämmung in Holzbaubetrieb

Für den nachhaltigen Holzbau empfiehlt es sich, auch **ÖKOLOGISCHE DÄMMSTOFFE** zu verwenden. In den letzten Jahrzehnten hat sich als Marktführer dabei die **ZELLULOSE** herauskristallisiert. Diese Dämmung wird aus Altpapier hergestellt und in den meisten Fällen als Einblasdämmung ausgeführt. Es gibt aber auch plattenförmige Zellulosedämmstoffe am Markt. Der Einbau erfolgt bei kleineren Holzbaubetrieben vor Ort. Größere Holzbaubetriebe bringen die Einblasdämmung in der Produktion gefachweise ein.

Einblasdämmstoffe besitzen den Vorteil, dass sie hohlraumfrei eingebracht werden können. Dies bietet vor allem bei Bestandssanierungen und Konstruktionen mit Stegträgern einen großen Vorteil. Setzungen des Dämmstoffs im Gefach – auch während des Transports – können aufgrund der hohen Einblasdichte von circa 55 kg/m$^3$ und der langjährigen Erfahrung der Verarbeiter ausgeschlossen werden. Als Einblasdämmstoffe werden mittlerweile auch Holzfasern und Stroh verwendet.

**VERGLEICHSMESSUNGEN** zwischen Mineralwolle, Zellulose, Holzfaser und Stroh als Einblasdämmung an einer zweischaligen Trennwand haben gezeigt, dass Zellulose und Mineralwolle aufgrund der niedrigen dynamischen Steifigkeit ein gleich gutes, hoch bewertetes Schalldämm-Maß von 66 dB erreichten. Die Holzfaserdämmung erreichte 56 dB und die Stroheinblasdämmung aufgrund der wesentlich höheren dynamischen Steifigkeit nur 47 dB.

Holzfaserdämmstoffe werden auch plattenförmig als flexible Dämmung im Gefach eingesetzt. Sie stellen neben der Zellulosedämmung einen ökologischen und mit dem Holzbau „verwandten“ Dämmstoff dar.

Als weitere ökologische Dämmstoffe sind Hanf- und Schafwolledämmungen am Markt vertreten. Diese weisen ebenfalls niedrige dynamische Steifigkeiten auf.

### EINFLUSS DER GEFACHDÄMMUNG AUF DAS SCHALLDÄMMMASS ZWEISCHALIGER TRENNWÄNDE

| Hohlraumdämmung | Rohdichte in kg/m$^3$ | dynamische Steifigkeit s in MN/m$^3$ | $R_w$ ($C$; $C_{tr}$) in dB |
|---|---|---|---|
| Mineralwolle | 13 | 1 | 66 (-3; –10) dB |
| Zellulose | 46 | 3 bis 7 | 66 (-3; –9) dB |
| Holzfaser | 40 | 10 bis 15 | 56 (-3; –10) dB |
| Stroh | 128 | > 50 | 47 (-3; –9) dB |

Quelle: TGM

## HOHLRAUMFREIE EINBRINGUNG DES DÄMMATERIALS

Aus wärme- und feuchteschutztechnischen Gründen müssen die Dämmstoffe hohlraumfrei eingebracht werden. Hierzu eignen sich am besten **EINBLASDÄMMSTOFFE**, die zur Vermeidung von Setzungen mit höheren Rohdichten eingebracht werden und auch bei Stegträgern die Rücksprünge im Bereich der Stege ausdämmen. Alternativ müssten für die beiden Stegflansche Dämmmatten zugeschnitten und eingelegt werden.

Das Einlegen eines Klemmfilzes und die Hoffnung, dass dieser den Hohlraum durch Expansion ausdämmt, funktioniert in der Praxis nur unzureichend, wie das Bild ganz links auf Seite 47 zeigt: Hier sieht man deutlich, dass an der Holzkonstruktion Hohlräume verbleiben, nachdem der Dämmstoff in die Gefache eingeklemmt wurde.

**Unterschiedliche Gefachdämmstoffeinbringungen aus der Praxis. Links: Glaswollefilz mit Hohlräumen an der Holzkonstruktion; Mitte: Steinwolleplatten ohne wesentliche Hohlräume, rechts: im Werk eingeblasene Zellulosedämmung ohne wesentliche Hohlräume**

## OSB als Dampfbremse

Die direkten Bekleidungen der Holzkonstruktion dienen der horizontalen Aussteifung der Rahmen; zudem verhindern sie, dass die Wandsteher seitlich ausknicken.

An dieser Stelle gibt es nun einen Unterschied zwischen Zimmerei- und Fertighausbetrieben. Zimmereibetriebe verwenden als innenseitige Bekleidung in der Regel eine **GROBSPANPLATTE**, auch OSB (oriented strand board) genannt. Diese Holzwerkstoffplatte bietet den Vorteil, dass sie neben den statisch-konstruktiven Aufgaben gleichzeitig als Dampfbremse mit einem moderaten $s_d$-Wert von mindestens drei Metern und mit verklebten Stößen als **LUFTDICHTE EBENE** wirkt. Die luftdichte Ebene wiederum ist entscheidend, um eine Durchströmung der Außenhülle von innen zu verhindern. Sie stellt in Bezug auf die Verringerung unkontrollierter Lüftungswärmeverluste, die Vermeidung von Zugerscheinungen, das Schalldämm-Maß und die Schadensfreiheit der Konstruktionen in jeder Bauweise einen wichtigen Qualitätsstandard dar. Die luftdichte Ebene wird innerhalb der Dämmebene im mineralischen Bau vom Innenputz gebildet, im Holzrahmenbau von der OSB beziehungsweise von der Dampfbremse, jeweils mit verklebten Stößen.

Bei Passivhäusern hat sich vor mehreren Jahren gezeigt, dass billigere OSB 3 in der Fläche nicht ausreichend luftdicht waren. Basierend auf Untersuchungen reagierte die Industrie. Es gibt Firmen, welche die Platten zusätzlich beschichten, und es gibt Firmen, die für diesen Bereich hochwertigere OSB 4 anbieten. Wir empfehlen den zweiten Weg.

Die Fertighausindustrie verwendet anstelle von OSB in der Regel **GIPSPLATTEN** als Bekleidung. Da diese diffusionsoffen sind, müssen zusätzliche Dampfbremsen eingebaut werden. Es werden hierzu im kostenoptimierten Haussegment PE-Folien verwendet. Diese Variante funktioniert aus bauphysikalischer Sicht natürlich auch. Im Vorfeld sollte man sich allerdings die Frage stellen, ob nachträglich in die Außenbauteile zusätzliche Elektroinstallationen eingebaut werden sollen.

## Installationsebene: ja oder nein?

Um einfach nachträglich Elektroinstallationen in die Außenbauteile einbauen zu können, werden im Holzbau häufig Installationsebenen ausgeführt. Diese innenliegenden gedämmten Vorsatzschalen haben mehrere technische Vorteile. Die **ELEKTROINSTALLATIONEN** (Steckdosen, Lichtschalter und Verrohrungen) können, sofern die Vorsatzschale eine Dicke von mindestens 40 Millimeter aufweist, problemlos auch nachträglich eingebaut werden, ohne die luftdichte Ebene zu verletzen. Die Vorsatzschale ist aus Wärmeschutzgründen, aber auch aus schallschutztechnischer Sicht mit einem fasrigen Dämmstoff auszudämmen. Damit können die Steher der Tragkonstruktion überdämmt werden, zudem können keine Hohlraumresonanzen zwischen den beiden harten Schalen (OSB am Steher und raumseitige Bekleidung) entstehen, welche die Schallschutzqualität verringern würden. Gerade bei hinterlüfteten Fassaden kann durch eine entkoppelte oder freistehende Vorsatzschale das Schalldämm-Maß der Wand stark verbessert werden. Diese Maßnahme ist vor allem an Standorten mit hohen Außenlärmpegeln empfehlenswert (siehe dazu „Bauen mit Holz: Besonderheiten, Möglichkeiten, Grenzen“, Seite 171).

Die **FERTIGHAUSINDUSTRIE** führt in der Regel keine Installationsebenen aus. Die im Vorfeld geplanten Elektroinstallationen werden bereits im Werk eingebaut, und die Dampfbremse als luftdichte Ebene wird außenseitig lose geführt. Dies funktioniert gut, wie Luftdichtheitsüberprüfungen mittels Blower-Door-Tests bestätigen. Aber es ist zu bedenken: Der **NACHTRÄGLICHE EINBAU** einer zusätzlichen Steckdose oder andere Umplanungen sind aufwendig und kaum luftdicht herzustellen. Denn dazu müsste die bereits eingebaute Dampfbremse durchschnitten werden. Die Folgen einer beschädigten Dampfbremse wirken sich gravierend auf die Luftdichtheit der Gebäudehülle aus. Die Wärmeverluste steigen, aufgrund von unerwünschten Zugerscheinungen sinkt die thermische Behaglichkeit, und es kann gegebenenfalls sogar zu Feuchteschäden kommen.

## Innenbekleidung

Als raumseitige Bekleidung werden häufig **GIPSKARTONPLATTEN** eingesetzt. Diese sind preiswert und unterstützen den Feuerwiderstand des Bauteils. Aus schallschutztechnischer Sicht empfiehlt es sich im Hinblick auf das Masse-Feder-System, möglichst schwere und **BIEGEWEICHE** Platten zu verwenden. Als biegeweich können Gipsplatten mit Dicken bis 15 Millimeter bezeichnet werden. Platten mit Dicken über 18 Millimeter eignen sich als Bekleidung nicht. Bei höheren Brandschutzanforderungen empfiehlt sich eine Mehrfachbekleidung mit dünneren Platten. Natürlich können auch Holzschalungen als raumseitige Bekleidungen verwendet werden. In der Vergangenheit wurden häufig Holzwolleplatten mit einem Putz als Innenbekleidung verwendet. Dabei dienten die Platten als Installationsebene. Im Zuge der erhöhten Baugeschwindigkeit und der Forderung nach trockenen Bauweisen ist man davon weitgehend abgekommen.

Geputzte Innenoberflächen erleben in Form von Lehmputzen bei baubiologisch interessierten Kunden eine Renaissance. Lehmoberflächen und Holzbau als zwei nachhaltige Baustoffe vertragen sich sehr gut. Beide Materialien können Feuchtespitzen abpuffern, siehe auch den Abschnitt „Feuchteregulierung“, Seite 25

**Vorgesetzte, mit Lattung befestigte Installationsebene bei einer Holzrahmenwand. Raumseitig wurde zusätzlich zur Gipsbekleidung eine OSB angebracht, aufgrund der höheren Festigkeitseigenschaften können somit einfacher Befestigungen durchgeführt werden. Die OSB als Dampfbremse und luftdichte Ebene befindet sich außerhalb der Lattung im Bereich des grünen Klebebandes.**

## Äußere Bekleidung

Eine bauphysikalische Grundregel für einen robusten Holzbau ist, dass dieser nach außen hin **DIFFUSIONSOFFENER** als nach innen ausgeführt sein soll (siehe dazu

## EXKURS: STROHBALLENBAUWEISE

Der **STROHBALLENBAU** gilt als ökologisch und ökonomisch vielversprechende Bauweise. Sie ist aber kaum bekannt. Stroh weist bei regionaler Verwendung in der Herstellung den geringsten Primärenergieinhalt auf. Es ermöglicht einen umweltgerechten, einfachen Rückbau und eine problemlose Entsorgung. Es wurden erfolgreich Pilotprojekte realisiert, eine größere Verbreitung wird aufgrund unzureichender Bekanntheit und teilweise fehlender Nachweise gehemmt. Am Technologischen Gewerbemuseum Wien wurde die Schalldämmung einer Außenwand mit Strohballendämmung und beidseitigem Lehmputz untersucht. Das bewertete Schalldämm-Maß $R_w$ betrug 52 dB, womit die Wand bei **ERHÖHTEN AUSSENLÄRMPEGELN** eingesetzt werden kann. Zu berücksichtigen ist allerdings, dass sich die Resonanzfrequenz und somit ein Einbruch in der Schalldämmung bei 200 Hz befindet. Dies bedeutet, dass man Geräusche in dieser Frequenz beziehungsweise Tonhöhe besonders gut durchhört.

Kaum jemandem ist bewusst, dass sich bei einem mineralischen Gebäude mit herkömmlichem Wärmedämmverbundsystem aus EPS (Styropor) die Resonanzfrequenz ebenfalls in diesem Frequenzbereich befindet. Durch ein nachträglich angebrachtes Wärmedämmverbundsystem aus EPS auf einem Ziegelgebäude verschlechtert sich in der Regel der **SCHALLSCHUTZ.** Das grundsätzlich gute Schalldämm-Maß der Strohballenwand könnte durch Reduktion der Steifigkeit der Strohballen und eine Erhöhung der Putzdicke verbessert werden. Dies würde auch zu einer Verringerung der Resonanzfrequenz führen.

„Bauphysikalische Holzschutzmaßnahmen" im Kapitel „Bauen mit Holz: Besonderheiten, Möglichkeiten, Grenzen", Seite 147).

Als diffusionsoffen werden Baustoffe mit einem $s_d$-Wert ≤ 0,5 m bezeichnet. Die äußere Bekleidung beziehungsweise eine gegebenenfalls eingesetzte Fassadenbahn stellt die winddichte Ebene dar. Diese verhindert eine Durchströmung fasriger Dämmstoffe durch kalte Windströmungen von außen. Denn Dämmstoffe isolieren aufgrund ihres großen Porenanteils und der darin ruhenden Luft. Wird die Dämmung von Luft durchströmt, vermindert sich die Dämmwirkung.

Im gewerblichen Holzbau werden bei Außenwänden hauptsächlich diffusionsoffene MDF-Platten oder **HOLZFASERDÄMMPLATTEN** verwendet. Da MDF-Platten in Nutzungsklasse 3 (bewittert) nicht eingesetzt werden dürfen, ist bei offenen Leisten- oder Brettfassaden eine diffusionsoffene und UV-beständige Fassadenbahn erforderlich. Holzfaserplatten können als einzige Dämmplatte von Wärmedämmverbundsystemen direkt auf der Holzkonstruktion (ohne zusätzliche Bekleidung) aufgebracht werden. Sie werden aber auch als außenliegende Zusatzdämmung mit einer diffusionsoffenen Fassadenbahn bei hinterlüfteten Fassaden ausgeführt. Sowohl Holzfaserdämmplatten als auch MDF-Platten dürfen während der Bauphase maximal acht Wochen frei bewittert werden. Bei einer lang andauernden Bewitterung können sich Holzfasern von der Oberfläche ablösen. Die Haftzugfestigkeit des Putzes auf der Holzfaserdämmplatte wird dadurch verringert. Holzfaserdämmplatten stellen ein organisches Material dar, welches auf Feuchteeinwirkung sehr sensibel reagiert. Die Dauerhaftigkeit von Wärmedämmverbundsystemen im Allgemeinen und insbesondere von Systemen mit Holzfaserdämmplatten hängt sehr stark von der Verarbeitungsqualität ab.

Die Fertighausindustrie verwendet als äußere Bekleidung des Holzrahmens **GIPSPLATTEN**. Diese sind ebenfalls diffusionsoffen. Dabei werden häufig Gipsfaserplatten eingesetzt. Bei Verwendung von Gipskartonplatten an der äußeren Seite der Holzkonstruktion sind ausschließlich Platten des Typs E nach EN 520 zulässig. Gipsplatten sind grundsätzlich nicht für eine Außenbewitterung ausgelegt. Aus diesem Grund ist bei hinterlüfteten Fassaden eine diffusionsoffene Fassadenbahn an der Außenseite der Gipsplatten zu verwenden. Diese stellt zusätzlich auch die winddichte Ebene dar.

# → **Massivholzbau:** Die Massivholzbauweise umfasst neben der traditionellen Blockbauweise auch die industriell hergestellte Brettsperrholz- oder Brettstapelbauweise. Welche konstruktiven Besonderheiten ergeben sich?

**WAS ERFAHRE ICH?**



Das Blockhaus stellt für viele Leute den Inbegriff eines Holzhauses dar. Das rustikale Erlebnis, die Oberflächenwärme und Haptik des Baustoffs und der angenehme Geruch des Holzes erinnern vielleicht an einen Urlaub in den Alpen, vermitteln Geborgenheit und erzeugen eine angenehme Atmosphäre.

## Blockbauweise

Wer sich für ein Blockhaus entscheidet, muss sich bewusst sein, dass es sich um eine rustikale Bauweise handelt und sich die baubehördlichen Anforderungen geändert haben. Mit einem Blockbau ohne zusätzliche Dämmung können die heute vorliegenden wärmschutztechnischen Anforderungen nicht erfüllt werden.

Ursprünglich entwickelte sich der Blockbau in den nadelwaldreichen Alpenregionen. Es werden dabei liegende Hölzer – Holzstämme oder Blockbohlen – aufeinander gestapelt. Dabei ist auf eine werkstoffgerechte Konstruktion und Verarbeitung hinsichtlich des Setzungs- und Verformungsverhaltens zu achten. An den Ecken und bei den Innenwandanschlüssen erfolgen Verklemmungen (Verblattungen, siehe Abbildungen auf Seite 51). Diese Verbindungen dienen auch der Stabilisierung und Aussteifung der Wände.

### SETZUNGEN UND VERFORMUNGEN

Die Abtragung der vertikalen Lasten erfolgt über querdruckbeanspruchte Hölzer. Quer zur Faser sind die **DRUCKFESTIGKEIT** und der Elastizitätsmodul (E-Modul), der die Widerstandskraft eines Werkstoffes gegen Verformung charakterisiert, wesentlich kleiner, wodurch es bauweisebedingt zu Setzungen kommt. Das größere Schwindmaß quer zur Faser (siehe Seite 16) ist natürlich ebenfalls zu berücksichtigen und erhöht die Setzungen. Diese sind im Bereich von Fenster- und Türeinbauten durch Bewegungsfugen und bei Innenbekleidungen beispielsweise in den Feuchträumen durch sogenannte **RUTSCHLEISTEN** zu berücksichtigen. Die Bohlen sind mit durchgehenden Gewindestangen zu verschrauben. Diese Verschraubungen sind nach dem Setzen nachzuziehen. Die **DIMENSIONSÄNDERUNGEN** von einigen Zentimetern sind im Zuge der Planung und Ausführung auch im Bereich der Treppen, Bodenbeläge und Installationen sowie deren Durchdringungen zu berücksichtigen. Das Gebäude muss so errichtet werden, dass sich die Wände unabhängig von Einbauten und anderen Konstruktionen vertikal komplett frei bewegen können.

Bei Bohlen, die von innen nach außen durch die Gebäudehülle gehen, oder bei Doppelkonstruktionen sind die Unterschiede der **HOLZFEUCHTIGKEIT** innen und außen und die dadurch bedingten unterschiedlichen Verformungen zu berücksichtigen. Dies bedeutet, dass es schwieriger ist, ein Blockhaus entsprechend den geltenden technischen Anforderungen luftdicht auszuführen. Ungedämmte Vollholzbohlen beziehungsweise Rundhölzer erfüllen zusätzlich nicht mehr die aktuellen Anforderungen an die U-Werte von Außenbauteilen. Aus diesem Grund werden häufig gedämmte Bohlen ausgeführt.

Klassischer Vollblockbau ohne zusätzliche Dämmung

## Plattenförmiger Massivholzbau

Die heutigen Massivholzbauweisen – Brettsperr- und Brettstapelholz – haben konstruktiv und bautechnisch mit der historischen Blockbauweise wenig gemeinsam. Mitte der 1990er-Jahre wurde die Brettsperrholzbauweise entwickelt, und einige mutige Sägewerkspioniere begannen, erste Elemente zu fertigen. Mittlerweile werden die Massivholzelemente von der Großindustrie produziert, und es besteht weltweit eine rege Nachfrage nach den Elementen.

### BRETTSPERRHOLZBAUWEISE

Die Elemente werden als Brettsperrholz (BSP), Kreuzlagenholz (KLH), crosslaminated timber (CLT) oder X-lam bezeichnet. Die bayrisch-österreichische Entwicklung der Bauweise gab dem mehrgeschossigen Holzbau aufgrund der hervorragenden statischen Eigenschaften weltweit einen immensen Auftrieb. Zumindest während der ersten Zeit bedeutete die Bauweise allerdings in Bezug auf die Vorfertigung einen Rückschritt. Während beim Holzrahmenbau bereits Außenwände mit fertiggestellten Fassaden und eingebauten Fenstern produziert wurden, wurden bei der Massivholzbauweise hölzerne Rohelemente mit Fenstereinschnitten montiert. Vor Ort wurden dann nach und nach die Dämmung, die Fassade und die Innenbekleidungen angebracht. Die Wertschöpfung bei den Zimmereiunternehmen verringerte

Eckverbindungen eines Rundblockes innen (links) und außen (rechts). Außen wurde eine ausreichende Sockelhöhe von > 30 cm eingehalten. Die Hölzer wurden vom Bewohner allerdings regelmäßig mit einer Dickschichtlasur gestrichen. Es besteht die Gefahr, dass über Risse Feuchtigkeit eindringt und aufgrund des dichten Anstriches nicht mehr abtrocknen kann, siehe auch „Vergrauung und Oberflächenbehandlung", Seite 124.

sich, und die Produktionsstätten konnten nicht entsprechend ausgelastet werden.

Diese Bauweise hat aber dennoch viele **VORTEILE** für den mehrgeschossigen Holzbau, insbesondere aufgrund der hervorragenden Festigkeitseigenschaften. Hierbei lassen sich in der sogenannten **SCHOTENBAUWEISE** Holz-

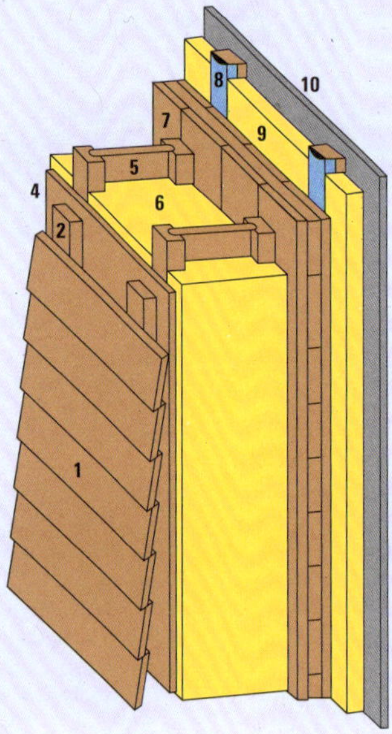


| | | |
|---|---|---|
| 1 | **Putz/Holzschalung** | Witterungsschutz |
| 2 | **Putzträgerplatte/Lattung für Hinterlüftung** | Wärme-, Brand- und Schallschutz; vorteilshaft diffusionsoffen |
| 3 | **Fassadenbahn** | Winddichtheit, nicht erforderlich, wenn (4) MDF; bei offenen Fassaden UV-beständige Bahn erforderlich |
| 4 | **äußere Beplankung** | aussteifend, Brand- Schallschutz, vorteilshaft diffusionsoffen |
| 5 | **Holzkonstruktion in Dämmebene** | Brand- Schallschutz |
| 6 | **fasriger Gefachdämmstoff** | Wärme-, Brand- und Schallschutz |
| 7 | **Brettsperrholzplatte** | Tragebene, Dampfbremse und luftdichte Ebene, Brandschutz |
| 8 | **Lattung Installations-ebene** | für nachträgliche Installationen empfehlenswert, Schallschutz entkoppeln oder freistehend |
| 9 | **Dämmung der Installationsebene** | Wärme-, Brand- und Schallschutz |
| 10 | **Innenbekleidung** | Abschluss, Brand- und Schallschutz |

**Funktionen und Eigenschaften der einzelnen Baustoff-schichten einer Massivholzwand**

rahmen und Brettsperrholzelemente sinnvoll miteinander kombinieren. Die tragenden Trennwände und parallel dazu die liegenden tragenden Innenwände werden als sogenannte Schoten ausgeführt. Sie dienen der Lastabtragung. Die „nicht tragenden" Außenwände können hochwärmegedämmt in dünner, wirtschaftlicher Holzrahmenbauweise errichtet werden. Bis zu einer Höhe von vier Geschossen lassen sich Holzhäuser in Abhängigkeit von der Tragwerksplanung grundsätzlich auch als reine Holzrahmenbauten ausführen. Bei höheren Ojekten kann aufgrund der geringeren Druckfestigkeiten der querliegenden Schwellen die herkömmliche Holzrahmenbauweise in den unteren Geschossen nicht eingesetzt werden.

Die Produktion der Brettsperrholzelemente erfolgt in der Regel in großformatigen Platten, aus welchen nachträglich Fenster- und Türöffnungen herausgeschnitten werden. Es handelt sich dabei um Elemente, welche aus festigkeitssortierten Brettern hergestellt werden. Die einzelnen Lagen (meist drei oder fünf bis sieben Lagen) werden typischerweise um 90 Grad versetzt verklebt – mit dafür eigens zugelassenen Klebstoffen. Als **HOLZARTEN** werden hauptsächlich Fichte und Tanne, aber auch Kiefer und Lärche verwendet. Dadurch werden das Tragverhalten sowie das Quell- und Schwindverhalten der Elemente in Plattenebene homogenisiert. Je nach der Anzahl der Lagen und der Dicke der einzelnen Lagen ergeben sich Elementdicken zwischen circa 60 und 400 Millimeter. Für Wandbauteile werden standardmäßig drei- beziehungsweise fünflagige Elemente mit Dicken zwischen 80 und 120 Millimeter und für Decken in der Regel fünf- oder siebenlagige Elemente mit Dicken zwischen 140 und 200 Millimeter eingesetzt. Die Elementabmessungen sind von den Produktionsmöglichkeiten der Hersteller und vom Transport abhängig. Grundsätzlich werden großformatige Platten in Standardbreiten zwischen 2,40 Meter und drei Meter und Längen von 12 bis 20 Meter angeboten.

Durch die **KOMBINATIONSMÖGLICHKEITEN** der Längs- und Querlagen der Brettsperrholzelemente ergibt sich eine große Vielzahl unterschiedlichster Aufbauten, welche für die Optimierung in statischer, konstruktiver und brandschutztechnischer Sicht eingesetzt werden können.

Die Verwendungsmöglichkeiten, Herstellung und die mechanischen Eigenschaften der Brettsperrholzelemente der einzelnen Produzenten sind in den jeweiligen Technischen Zulassungen geregelt.

Aufgrund der um 90 Grad versetzten Orientierung ergibt sich bei den Brettsperrholzelementen eine **HAUPTTRAGRICHTUNG**. Da aber auch in der zweiten Ebene eine gewisse Tragfähigkeit vorhanden ist, können die Elemente bei Decken als zweiachsig gespannte Scheiben herangezogen werden. Neben diesem Vorteil und der hohen Tragfähigkeit spielen auch die Einfachheit und Klarheit der Bauweise eine Rolle für die große Verbreitung. Die Tragebene und die Dämmebene sind im Gegensatz zur Holzrahmenbauweise klar voneinander getrennt. Dadurch ergibt sich ein Vorteil beim Feuchteschutz: Der Taupunkt liegt aufgrund der wärmeschutztechnisch erforderlichen Dicken der außenliegenden Dämmstärken nicht im Holz. Unter dem **TAUPUNKT** versteht man den Bereich, wo es im Winter aufgrund des Temperaturgefälles zwischen innen und außen zu einem Kondensat kommt. Aufgrund dieser klaren Trennung ist die Bauweise in der Planung einfacher.

Eine „rohe" Massivholzplatte weist geringere Schallschutzeigenschaften als eine „rohe" Holzrahmenkonstruktion auf. Durch entsprechende Schichtenauswahl kann aber ein ausgezeichneter und erhöhter Schallschutz auch mit Massivholzelementen erreicht werden. Die Aufbauten unterscheiden sich aber wesentlich von mineralischen Konstruktionen. In der Grafik auf Seite 52 werden die technischen Eigenschaften der einzelnen Baustoffschichten für ein Massivholzbauteil mit hinterlüfteter Holzfassade angeführt.

## BRETTSTAPEL

Bei der Brettstapelbauweise werden einzelne Bretter (Dicken zwischen 24 und 30 Millimeter) hochkant miteinander verbunden, wodurch ebenfalls Platten entstehen. Die Verbindung der Bretter kann durch Verklebung, Vernagelung und Holzdübel erfolgen. Die Ausführung mit Holzdübeln findet bei Kundinnen und Kunden, welche keinerlei chemische Baustoffe und somit auch keinerlei Verklebungen im Gebäude haben wollen, großen Anklang.

Da die Bretter ausschließlich in eine Hauptspannrichtung orientiert sind, können Deckenelemente in Brettstapelbauweise etwas **WEITER SPANNEN** als Brettsperrholzemente, welche sich allerdings durch ihre zweiachsige (in beide Richtungen) Spannmöglichkeit auszeichnen. Bei Brettstapelelementen ist das Quell- und Schwindverhalten der Decke quer zur Spannrichtung sowohl während der Planung (Fugenausbildung) als auch bei der Errichtung (Witterungsschutz) zu berücksichtigen. Während der Nutzung können sich im Winter bei zu geringer Luftfeuchtigkeit größere Fugen ergeben.

## ZUSÄTZLICHE MASSIVHOLZKONSTRUKTIONEN

Neben der Brettsperrholz- und der Brettstapelbauweise werden am Markt noch viele weitere spezielle Massivholzelemente angeboten. Die Produzenten werben in dieser Nische mit besonderen Merkmalen ihrer jeweiligen Bauweisen. Für Interessierte ist es nicht leicht, dabei den Überblick zu behalten. Nachfolgend werden exemplarisch einzelne dieser Produkte vorgestellt.

Ein Salzburger Unternehmen stellt beispielsweise flächige gedübelte, bis zu 364 Millimeter dicke Massivholzelemente her, deren einzelne Brettlagen sowohl parallel als auch quer und um 45 Grad versetzt angeordnet und mittels Buchenholzdübeln verbunden werden. Die Firma bietet sowohl die tragenden als auch die nichttragenden Wände in Massivholzbauweise an. Als Dämmung wird eine Holzfaserdämmung angeboten.

Eine Firma aus dem Schwarzwald bietet ebenfalls nach einem **GESCHICHTETEN KONSTRUKTIONSPRINZIP** gefertigte Massivholzelemente an. Dabei werden auf Basis von Brettsperrholz-Rippenelementen Sicherheit in der Bauphysik und flexible Leitungsführung ermöglicht. Die innenseitige lastabtragende Massivholzwand wird mit einer diffusionsoffenen Membran umhüllt, welche die luftdichte Ebene darstellt. Darauf wird die Wärmedämmung aus natürlichen Dämmstoffen aufgebracht, welche in Abhängigkeit von der Dicke alle Energiestandards erfüllt.

**Wandaufbau und Leitungsführung in den Hohlräumen. Die Gipseinhausungen verhindern eine unkontrollierte Brandausbreitung in den Hohlräumen.**

Die Firma bietet in diesem System auch eine Massivholzdecke an, welche mit den unterschiedlichsten Untersichten – auch mit Akustikfräsungen – ausgeführt werden kann. Durch das Einbringen von Schüttungen in den Hohlräumen wird ein erhöhter Trittschallschutz erreicht.

Auch ein Schweizer Unternehmen bietet industriell gefertigte großformatige Decken- und Dachelemente aus parallel verlaufenden Beplankungen mit in regelmäßigen Abständen angeordneten Rippen an. In den Hohlräumen können Dämmstoffe (Holzfaserdämmstoffe oder Mineralwolle) und Beschwerungen eingebracht werden. Bei den gedämmten Dachelementen wird entsprechend den Konstruktionsdetails der Firma außenseitig neben einer strömungsdichten Bahn noch eine Zusatzdämmung aufgebracht, um den Taupunkt und somit ein mögliches Kondensat nicht im Holzbauteil zu haben. Installationen können in sogenannten Installationslamellen verlegt werden, wodurch die Brandschutzanforderungen nicht beeinträchtigt werden.

Eine andere Firma aus der Schweiz stellt eine Massivholzwand her, welche aus drei bis zehn miteinander verleimten OSB-Platten besteht. Laut Aussage des Produzenten können die Platten im Innenbereich ohne zusätzliche Bekleidung beschichtet werden. So lassen sich Putz, Tapeten, Fliesen oder Farbe direkt aufbringen. Dies spart zweifelsohne Zeit und Geld. Inwieweit man dabei von einer robusten, fehlertoleranten und nachhaltigen Holzbauweise sprechen kann, muss jeder für sich selbst entscheiden.

## MASSIVHOLZAUSSENWÄNDE OHNE FASSADE?

Es gibt am Markt auch Anbieter monolithischer Massivholzelemente ohne eine zusätzliche Fassade. Dabei werden beispielsweise Brettsperrholzelemente mit einer äußeren Lage aus Lärchenholz eingesetzt. Bei solchen Elementen muss man als Bauherrin oder Bauherr bedenken, dass das tragende Bauteil gleichzeitig den **WITTERUNGSSCHUTZ** der Konstruktion darstellt. Gerade Bereiche wie Fenstereinbauten, Bauteilfügungen und Sockelanschlüsse sind mit größter Sorgfalt zu planen und auszuführen. Entsprechende Dachüberstände können an dieser Stelle zum **KONSTRUKTIVEN HOLZSCHUTZ** der Bauteile beitragen.

Obwohl bei entsprechender Detailplanung und sorgfältiger Ausführung der Bau einer solchen Art von Außenwand grundsätzlich möglich ist, lässt es sich dabei nach unserer Ansicht aufgrund des fehlenden und austauschbaren Witterungsschutzes nicht von einer robuste und somit fehlertoleranten Bauweise sprechen.

## AUSSENLIEGENDE DÄMMUNG

Die Massivholzbauweise ermöglicht, wie bereits erwähnt, eine klare Trennung von tragender und dämmender Schicht. Der Vorteil: Der Taupunkt liegt nicht im Holz, die Gefahr von Feuchtigkeitsschäden durch Kondensatbildung wird deutlich verringert. Die Bauweise wäre grundsätzlich prädestiniert für Wärmedämmverbundsysteme (WDVS), falls keine hinterlüftete Holzfassade gewünscht wird. Ein Wärmedämmverbundsystem stellt hierbei sicherlich die preiswertere Variante dar. Die technischen Grundsätze der beiden Fassadenvarianten bei Häusern in Brettsperrholzbauweise werden nachfolgend erläutert.

Wird ein **WÄRMEDÄMMVERBUNDSYSTEM** angewendet, besteht der Wandaufbau nur aus wenigen Schichten und ist äußerst einfach. Allerdings raten wir dringend davon ab, zur billigsten Variante zu greifen und ein herkömmliches WDVS mit EPS-Dämmung umzusetzen. Sowohl aus ökologischer wie aus bauphysikalischer Hinsicht ist das nicht sinnvoll. Einen nachhaltigen Baustoff, wie eine Massivholzplatte, die zudem auch eine hochpreisige Außenwand mit hohem Holzanteil darstellt, mit einer erdölbasierten Dämmung zu kombinieren erscheint widersinnig. Zusätzlich kommen bauphysikalische Bedenken hinzu. Auf den eingeschränkten Schallschutz bei WDVS mit herkömmlichen EPS-Dämmstoffen wurde bereits hingewiesen. Bei Wänden aus Brettsperrholz werden mit diesem Aufbau keine gesetzlich geforderten Schalldämmmaße erreicht werden. In Österreich gibt es beispielsweise für opake (nicht lichtdurchlässige) Außenbauteile – also beispielsweise die Außenwand ohne Fenster – die Anforderung eines bewerteten Mindest-Schalldämm-Maßes $R_w$ von 43 dB. Hinzu kommt auch die Tatsache, dass dieser Aufbau nach außen nicht als diffusionsoffen bezeichnet werden kann. Alternativen stellen WDVS aus Mineralwolle oder ökologischer aus Hanf- bzw. Holzfaserdämmstoffen dar.

Bei einer **HINTERLÜFTETEN FASSADE** können schwerere Dämmstoffe – ohne dazwischenliegende Holzkonstruktion – verwendet werden. Die Lattung als Unterkonstruktion der Fassade wird dann mit entsprechenden Schrauben durch die Dämmung in der Tragstruktur befestigt. Häufig werden allerdings auf die Massivholzplatten Holzrahmen geschraubt, welche mit fasrigen Dämmstoffen ausgefüllt werden. Eine solche Rahmenkonstruktion würde – gerade bei Einfamilienhäusern – für sich genommen als Tragkonstruktion ausreichen. Die Kombination von tragenden Massivholzplatten mit einer weiteren Rahmenkonstruktion, nur um die Fassade befestigen zu können, ist weder wirtschaftlich sinnvoll noch nachhaltig.

**Deckenaufbau mit den Hohlräumen zur Leitungsführung bzw. für Gewichtsschüttungen zur Verbesserung des Trittschallschutzes**

→ Massivholzelemente sind nicht unbedingt ressourcenschonend.

Auch wenn Massivholzelemente hervorragend für den Geschossbau geeignet sind, muss ihre Verwendung im Einfamilienhausbau im Hinblick auf sparsamen Umgang mit den Ressourcen hinterfragt werden. Eine von innen „robuste" Wand mit Holzoptik lässt sich ökologischer und ökonomischer mit Holzbauwerkstoffen oder Holzschalungen herstellen.

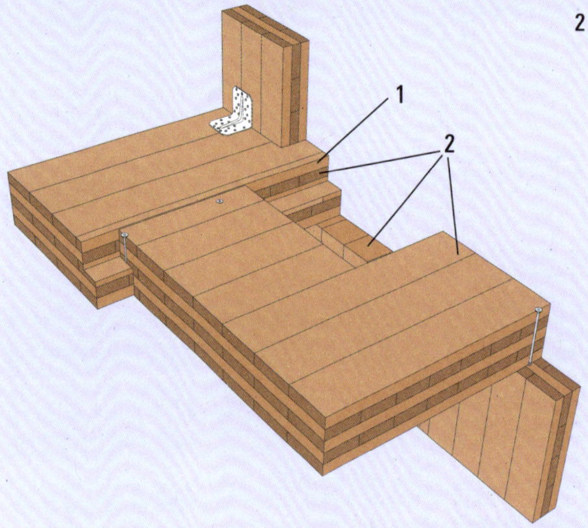


Luftdichtheit der Elementstöße ohne Folie mittels Dichtungsbändern im Bereich der Stöße (2) und Dichtungsband quer zum Stufenfalz (1)

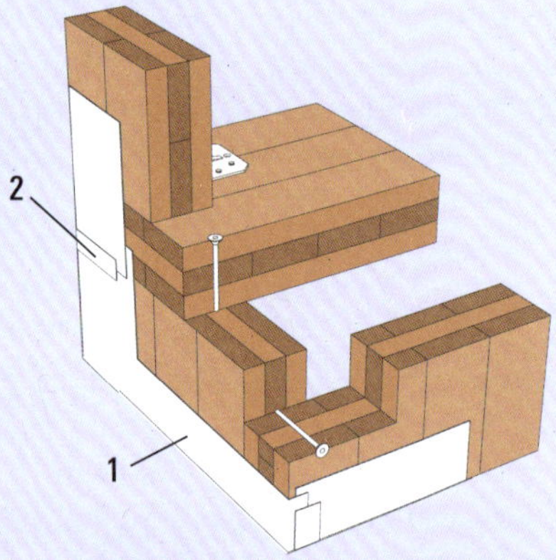


**Luftdichtheit** mittels außenliegender strömungsdichter Folie (1) mit Stoßverklebung (2)

## IST EINE DAMPFBREMSE ERFORDERLICH?

Bei der Brettsperrholzbauweise kann aufgrund der Leimfugen zwischen den einzelnen Lagen und der Mehrschichtigkeit auf eine Dampfbremse verzichtet werden. Die luftdichte Ebene wird in der Plattenebene durch die Klebstoffschichten erzielt. Bei dreilagiger, nicht schmalkantenverklebter Ausführung (die einzelnen Bretter in einer Lage werden hier nicht miteinander verklebt) kann es allerdings aufgrund von Fugen zwischen den einzelnen Brettern zu einer leichten Durchströmung kommen. Dies wirkt sich nicht nur auf den Wärmeschutz und die Behaglichkeit, sondern auch auf den Schallschutz und hier vor allem im hohen Frequenzbereich negativ aus. Es empfiehlt sich in diesem Fall, mit den Produzenten im Vorfeld die **LUFTDICHTHEIT** der Elemente mit entsprechenden Prüfzeugnissen abzuklären. Dabei sollte der im Prüfstand ermittelte $q_{50}$-Wert, welcher die Luftdurchlässigkeit der Gebäudehülle bei 50 Pascal Differenzdruck beschreibt, unter 0,55 $m^3/m^2h$ liegen.

Die Dichtheit in der Plattenebene stellt natürlich nur die „halbe Miete" dar. Entscheidend sind die **KOPPLUNGEN** der einzelnen Elemente untereinander. Es können Dichtungsprofile zwischen den Elementen eingelegt oder die Stoßfugen abgeklebt werden. Bei einer Niedrigstenergiebauweise mit hohen Anforderungen an die Luftdichtheit kann es einfacher sein, auf die Brettsperrholzelemente außenseitig vollflächig eine **STRÖMUNGSDICHTE BAHN** anzubringen. Dies kann auch vorgefertigt im Werk mit entsprechenden Überständen, welche nach der Montage verklebt werden, erfolgen. Sprechen Sie darüber gegebenenfalls mit dem ausführenden Unternehmen.

Bei der Brettstapelbauweise wird aufgrund der hohen Fugenanzahl, insbesondere, wenn sie genagelt oder gedübelt werden, eine zusätzliche strömungsdichte Bahn empfohlen.

## SICHTOBERFLÄCHEN

Die Massivholzbauweise bietet sich auch als Sichtoberfläche an. Gerade als Deckenuntersicht kommt dies häufig vor. Viele Bauherren wünschen sich in den Innenräumen ganz oder teilweise eine Holzoptik. Dabei gilt es zu bedenken: Bei Holz handelt es sich um einen natürlichen Baustoff mit optisch unterschiedlichen Ausprägungen. Bäume haben Äste, unterschiedlich breite Jahrringe und unterschiedliche Farbtöne. Mit dem Alter verändert sich aufgrund der Sonneneinstrahlung die Farbe. Wenn nachträglich Bilder oder Möbel entfernt werden, werden sich diese an der Oberfläche abzeichnen. Um im Nachhinein Diskussionen und Ärger zu vermeiden, ist im Vorfeld deshalb klar die Qualität zu vereinbaren und auch zu bemustern. Bei Sichtoberflächen müssen alle am Bau Beteiligten besondere Sorgfalt walten lassen.

Die **OBERFLÄCHENQUALITÄT** wird in der Norm beziehungsweise den Deklarationen der Produzenten definiert. Kundinnen und Kunden muss an dieser Stelle klar sein, dass entsprechend dem Brettsperrholz-Merkblatt der Studiengemeinschaft Holz bei der Sichtqualität von Brettsperrholzbauteilen vereinzelt **HARZGALLEN** vorkommen können. Das sind harzgefüllte Hohlräume im Holz, die beim Ansägen oder -hobeln geöffnet werden können und dann auslaufen. Harzgallen sind bis zu einer maximalen Größe von 5 x 50 Millimeter zulässig. Diese kleinen „Holzfehler" können durch entsprechende Dübel oder Schiffchen ausgebessert werden. Wichtig und in beiderseitigem Interesse ist auf alle Fälle, im Vorfeld die gewünschte beziehungsweise lieferbare Oberflächenqualität genau festzulegen (mehr dazu ab Seite 187 im Abschnitt „Holzoberflächen").

Bei Sichtoberflächen müssen alle am Bau Beteiligten **BESONDERE SORGFALT** walten lassen, um nachträgliche aufwendige Ausbesserungsarbeiten zu verhindern. Es ist nicht einfach, zum Beispiel einen verschmutzten Teilbereich nachträglich abzuschleifen, ohne dass dabei Farbunterschiede entstehen.

Die ausführenden Betriebe müssen bei Sichtoberflächenqualität natürlich auch an die **ELEMENTSTÖSSE** denken. Die Innenlagen bei einer Sichtoberfläche dürfen entsprechend der Herstellerdeklarationen verblaut sein. Dies ist bei der Verbindung von zwei Wänden zu berücksichtigen, ansonsten sind Reklamationen vorprogrammiert.

**Laut Regelungen zulässige Größe einer Harzgalle bei Sichtoberflächen. Sofern dies nicht gewünscht wird, ist es im Vorfeld vertraglich zu vereinbaren.**

## ELEKTROINSTALLATIONEN

Sofern keine Vorsatzschale als Installationsebene gewünscht wird, können die Elektroinstallationen und Leerverrohrungen auch direkt in die Massivholzelemente **EINGEFRÄST** werden.

**Sichtausführung und vorgefertigt eingebaute Steckdose. Stoßbereich der Innenwände herkömmlich ausgeführt, daher ist die verblaute Mittellamelle (siehe Pfeil) sichtbar.**

Freistehende Vorsatzschale bei Brettsperrholzwänden während der Bauphase. Die Vorsatzschale ist noch nicht ausgedämmt.

Falls bei den Außenwänden keine zusätzliche strömungsdichte Bahn an der Außenseite eingebaut ist, sollte im Bereich der Elektroinstallationen mindestens eine Leimfuge des Brettsperrholzelements erhalten bleiben. Zusätzlich werden die Verwendung von luftdichten Dosen und ein Abkleben des Anschlusses der Dose an die Brettsperrholzplatte empfohlen. Im Zuge der Vorfertigung können die Einfräsarbeiten im Werk erfolgen, und einer Sichtoberfläche steht bei einer behutsamen Montage nichts im Weg. Alle am Bau beteiligten Gewerke müssen sich natürlich im Klaren sein, dass es sich um Sichtoberflächen handelt, und entsprechend sorgsam vorgehen.

## Bekleidungen und Vorsatzschalen

Sie können die Massivholzwände innenseitig natürlich auch mit allen im Rahmenbau üblichen Platten oder Putzen verkleidet ausführen. Häufig werden Gipsplatten eingesetzt, vermehrt auch Lehmbauplatten und -putze aufgrund ihrer guten Eigenschaften.

Bei hohen Anforderungen an den Schallschutz kann je nach Wandaufbau eine gedämmte und idealerweise freistehende oder zumindest entkoppelte Vorsatzschale erforderlich sein. Auch hier gilt, dass freistehende Konstruktionen aufgrund der fehlenden Verbindung die höchsten Schalldämmwerte erzielen.

Auskragende Brettsperrholzelemente sind bauphysikalische Schwachstellen und sollten möglichst vermieden werden.

**MÖGLICHE DURCHSTRÖMUNGSPFADE BEI AUSKRAGENDEN BRETTSPERRHOLZELEMENTEN**

Elementstoß (1) und klimatisch bedingte Risse (2)

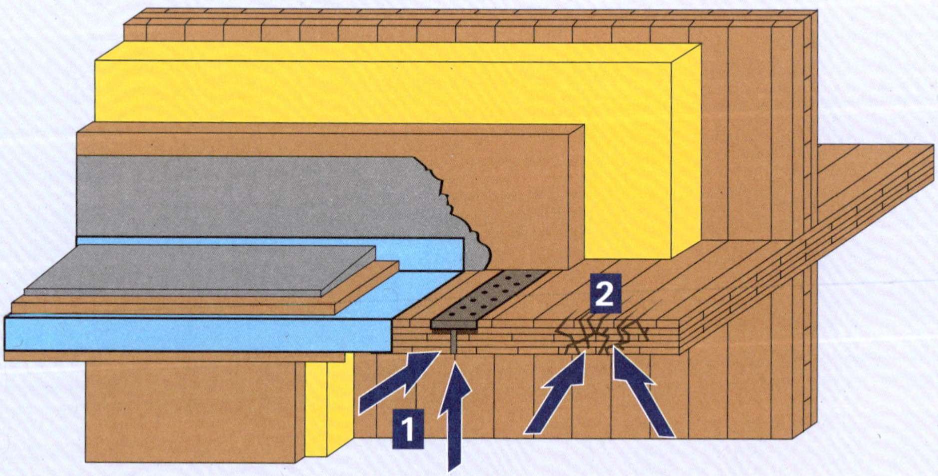

## Auskragende Bauteile vermeiden

Aus statisch-konstruktiver Sicht bieten sich bei der Brettsperrholzbauweise aufgrund der flächigen Tragwirkung auskragende Bauteile, etwa Balkonplatten, an. Aus bauphysikalischer und holzschutztechnischer Sicht stellen diese Bereiche jedoch **SCHWACHSTELLEN** dar und sollten nach Möglichkeit vermieden werden. Die Elementstöße und auch die Auflagerbereiche werden von den ausführenden Betrieben entsprechend luftdicht ausgeführt (siehe dazu „Luftdichtheit der Gebäudehülle", Seite 154). Im Bereich von Stoßfugen der einzelnen Elemente kann es zu **DURCHSTRÖMUNGEN** aufgrund von Undichtheiten kommen (siehe Abbildung links, Nummer 1). Zusätzlich ist mit Rissen in den Elementen aufgrund der unterschiedlichen klimatischen Beanspruchungen zwischen innen und außen sowie der jahreszeitlich bedingten Feuchteänderung der Elemente zu rechnen (siehe Abbildung links, Nummer 2). Natürlich kann das auskragende Element komplett mit einer strömungsdichten diffusionsoffenen Bahn eingehüllt werden. Trotzdem stellt diese Ausführung im Vergleich zu freistehenden und von der Gebäudehülle getrennten Balkonen auch hinsichtlich der Abdichtung eine wesentlich aufwendigere und kritischere Konstruktion dar. Im Sinne des konstruktiven Holzschutzes und der Forderung nach möglichst robusten Häusern sind freistehende Balkone einer Auskragung der Brettsperrholzdecke vorzuziehen.

### NACHTRÄGLICHER STECKDOSENEINBAU

Wer den nachträglichen Steckdoseneinbau selbst erledigen möchte, muss beachten, dass die Leerverrohrungen und deren Einfräsungen bei der Brettsperrholzbauweise ausschließlich in Längsrichtung zu den Decklagen erfolgen dürfen. Eine Fräsung quer zu den Decklagen schwächt den Querschnitt und muss mit dem Tragwerksplaner beziehungsweise dem Holzbaubetrieb abgeklärt werden.

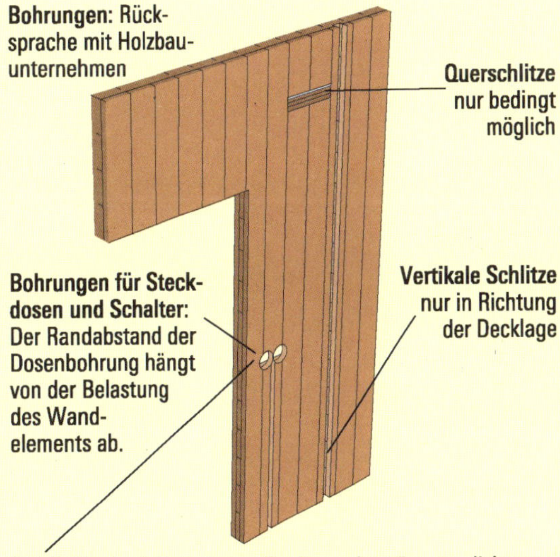


**Bei Außenbauteilen** ohne außenliegende strömungsdichte Bahn sollte mindestens eine Leimfuge im Bereich der Elektroinstallationen bleiben. Es wird der Einsatz einer luftdichten Hohlraumdose mit entsprechender Verklebung empfohlen.

## Kombinationen

Natürlich kann man auch im Einfamilienhausbau, so wie im Wohnbau üblich und hier auch wirtschaftlich und ökologisch sinnvoll, die einzelnen Bauweisen miteinander kombinieren. Nichts spricht beispielsweise gegen eine sichtbare Massivholzdecke in Kombination mit wärmeschutztechnisch optimierten und schlanken Holzrahmenaußenwänden bei einem Einfamilienhaus. Die schlankeren Außenwände ermöglichen bei gleichen Außenabmessungen einen Zugewinn an Nettowohnfläche. Zusätzlich sind gerade im Einfamilienhausbau bei Außenwänden den Brettsperrholzscheiben aus statischer Sicht nicht erforderlich. Durch den Einsatz von Holzrahmenwänden kann weiters der Ressourcenverbrauch reduziert werden. Die Lichtleitungen können an der Deckenoberseite in Leerverrohrungen mit entsprechenden Durchmessern – falls einmal ein Kabel nachgezogen werden muss – verlegt werden.

Weitere Details zu Decken und Dachaufbauten und den Besonderheiten der einzelnen Bauteile finden Sie in diesem Kapitel im Abschnitt „Decken- und Dachaufbauten" ab Seite 64.

# Beste Sicht

**VORARLBERG, ÖSTERREICH**
**HOLZBAU FEUERSTEIN**

Der komplett überdachte großzügige Balkon und die darunter liegende geschützte Terrasse erweitern den Wohnraum ins Freie.

Das aus gedübelten Massivholzelementen hergestellte Einfamilienhaus zeigt konsequent sowohl innen als auch außen Sichtholzoberflächen.

Auf einer Fläche von 156 Quadratmetern sind auf zwei Geschossen zwei Kinderzimmer, ein Schlafzimmer, ein Bad sowie ein Büro untergebracht. Die individuelle Nutzung ermöglicht es, dass zur Zeit die Kinderzimmer und das Büro noch nicht getrennt sind und als großes Atelier dienen. Im Erdgeschoss befindet sich das Wohnzimmer, das Esszimmer, die Küche und eine separate Speisekammer. Eine 10 Meter breite und über drei Meter tiefe, überdachte Terrasse und ein ebenso großer darüberliegender Balkon sind für fast jedes Wetter geeignet.

Der Innenraum geht durch die südseitige Verglasung fast nahtlos in den Außenbereich über und bietet einen herrlichen Blick in die Landschaft.

Die Bauherren haben sich im gesamten Wohn-Außenbereich für Massivholzoberflächen in Sichtholzqualität entschieden. Zwischen Ess- und Wohnbereich dient ein selbst gestampfter Lehmofen als Raumtrenner. Die Heizwärme wird durch Infrarotpaneele erzeugt und eine Photovoltaikanlage deckt den gesamten Stromverbrauch ab.

Selbst gestampfter Lehmofen im Erdgeschoss als Trennungselement zwischen Ess- und Wohnraum

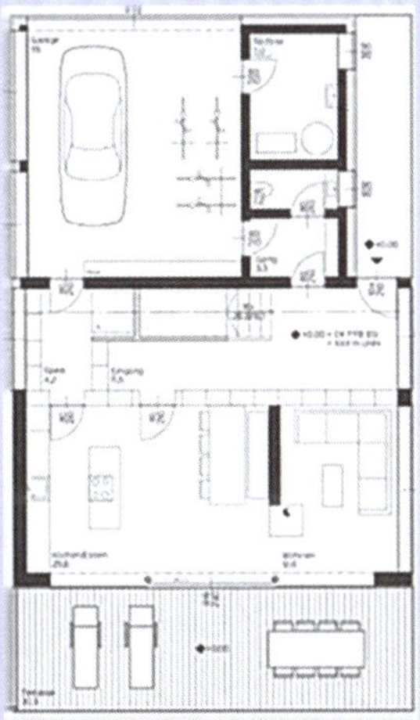

Grundriss Obergeschoss

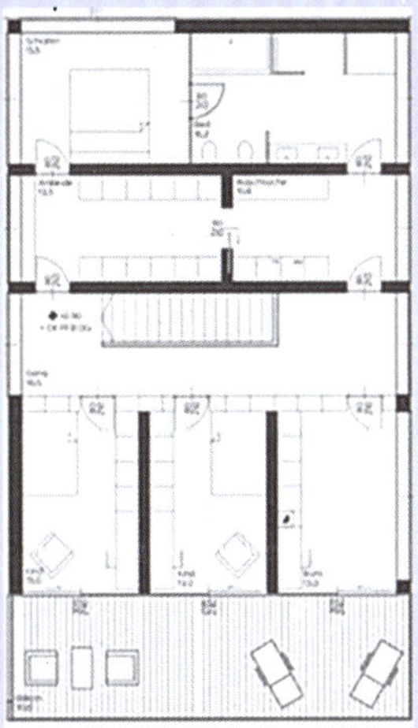

Grundriss Erdgeschoss

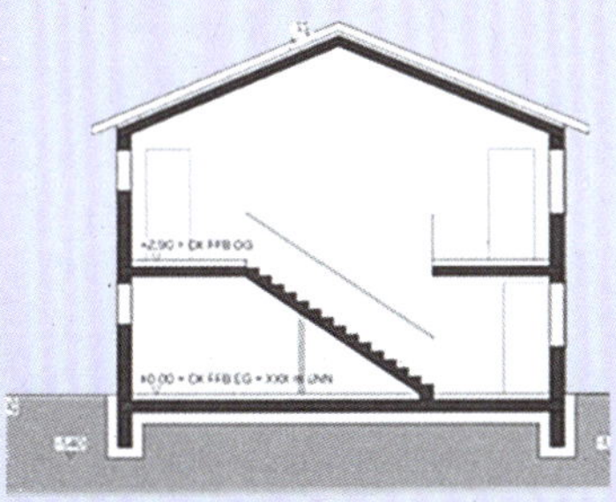

Querschnitt

## PROJEKTDATEN

**Architektur:** Holzbau Feuerstein GmbH & Co KG
**Wohnfläche:** 117 $m^2$
**Anzahl der Vollgeschosse:** 2
**Energiekonzept:** Lehmofen im Wohnbereich, Infrarotpaneele, der gesamte Strombedarf wird durch eine Photovoltaikanlage abgedeckt
**Konstruktion und Materialien:** Massivholzbauweise mit vorgefertigten gedübelten Wand- und Deckenelementen, Böden aus Eiche-Vollholz, Fassade aus Lärchenholzschindeln
**Jahr der Fertigstellung:** 2015

→ **Konstruktionsarten:** Hinsichtlich der „Stapelung" der Wand- und Deckenelemente ergeben sich unterschiedliche Konstruktionsmöglichkeiten mit jeweils spezifischen Vor- und Nachteilen.

**WAS ERFAHRE ICH?**



Im Folgenden stellen wir Ihnen die wichtigsten Montagearten für Holzhäuser vor. Sie unterscheiden sich hinsichtlich der Fügetechnik und der Höhe der Außenwände. Die verwendeten Bezeichnungen für die Montage der Wand- und Deckenelemente stammen ursprünglich aus dem angloamerikanischen Raum. Sie haben sich mittlerweile auch im deutschsprachigen Raum in der Fachwelt etabliert.

## Plattformbauweise

Die Plattformbauweise, auch unter der englischen Bezeichnung „platform-framing" bekannt, kann auch als **STAPEL- ODER GESCHOSSBAUWEISE** bezeichnet werden. Diese Bauweise wird am häufigsten umgesetzt. Dabei werden die Deckenelemente auf die darunter liegenden Wände gelegt und anschließend die Obergeschosswände auf die Decken montiert oder „gestapelt". Dadurch entstehen geschossweise Ebenen, sogenannte Plattformen, wodurch sich auch die Bezeichnung ergibt.

Der Vorteil dieser Bauweise liegt in der einfacheren Montage der Elemente. Die innenseitige **LUFTDICHTE EBENE** wird durch das Auflegen der Deckenelemente nach außen gezogen. Dies stellt heute in der Ausführung prinzipiell kein Problem mehr dar, muss jedoch gerade bei hohem Vorfertigungsgrad berücksichtigt werden.

Bei der Plattformbauweise ist zu berücksichtigen, dass sich aufgrund der Stapelung der Elemente ein relativ hoher Anteil an **QUERHOLZ** aufgrund der Rähme (Kopf- und Fußschwellen) und der Deckenbalken ergibt. In Summe sind 360 Millimeter pro Geschoss keine Seltenheit. Quer zur Faser beträgt die Druckfestigkeit des Holzes jedoch nur etwa ein Fünftel des Wertes, wenn das Holz längs zur Faser verbaut wird. Zusätzlich ist das feuchtigkeitsbedingte Quellen und Schwinden quer zur Faser höher. Dadurch wird der Einsatz dieser Bauweise unwirtschaftlich und konstruktiv kaum umsetzbar, wenn höher als vier Geschosse gebaut werden soll. Einfamilienhäuser werden in der Regel maximal zweigeschossig gebaut, der hohe Anteil an Querholz spielt hier keine wesentliche Rolle.

Neben der Verlegung der luftdichten Ebene sind vor allem bei Fassaden mit Wärmedämmverbundsystem mögliche **SETZUNGEN** zu berücksichtigen, die zu Rissen im Putz führen können. Gerade bei mehrgeschossigen Objekten empfiehlt es sich, die Fassade nicht durchgehend zu verputzen, sondern im Deckenbereich Trennfugen mit entsprechenden Profilen auszubilden.

## Ballonbauweise

Bei der sogenannten Ballonbauweise (englisch: „balloon-framing") oder Mehrgeschossbauweise laufen im Gegensatz zur Plattformbauweise die Außenelemente durch. Die querliegenden Deckenbalken werden nicht in die Außenhülle eingebunden, sondern liegen innenseitig auf Randbohlen oder tragenden Installationsebenen auf. Bei Wohnungstrenndecken sind die Fugen zwischen der Außenhülle und den Deckenelementen brand- und schallschutztechnisch sicher auszuführen.

Der Vorteil der Ballonbauweise ist, dass die Außenwand mit ihren einzelnen Funktionsschichten, also der luft- und winddichten Ebene und der Dämmung, **NICHT UNTERBROCHEN** wird. Zusätzlich kommt es aufgrund des geringen Querholzanteils zu keinen nennenswerten Setzungen. Die Bezeichnung der Bauweise fasst diese Eigenschaft in ein Bild: Die Außenwand geht wie ein Ballon über das gesamte Gebäude. Die Montage der Elemente ist allerdings etwas **AUFWENDIGER**, und die Bauweise bleibt aus montage- und transporttechnischen Gründen auf maximal zwei Geschosse begrenzt. Eventuell kann noch ein Trempel- beziehungsweise Kniestockelement mit vorgefertigt werden.

## Quasi-Ballonbauweise

Bei der sogenannten Quasi-Ballonbauweise können die Vorteile der beiden angeführten Bauweisen – also der Plattform- und der Ballonbauweise –miteinander **KOMBINIERT** werden. Dabei werden die Wandelemente um die Deckenhöhe höher produziert. Die Decke wird dann auf Randbohlen, welche an der Außenwand befestigt sind, aufgelagert. Somit gibt es nur einen Außenwandstoß, welcher etwas über der Decke liegt. Die Außenhülle kann außerhalb des Deckenaufbaus wärmebrückenoptimiert durchlaufen.

Die Montage der Elemente ist im Vergleich zur Ballonbauweise einfacher, und der Anteil des geschossweisen Querholzes reduziert sich im Vergleich zur Plattformbauweise um die Höhe der Deckenbalken.

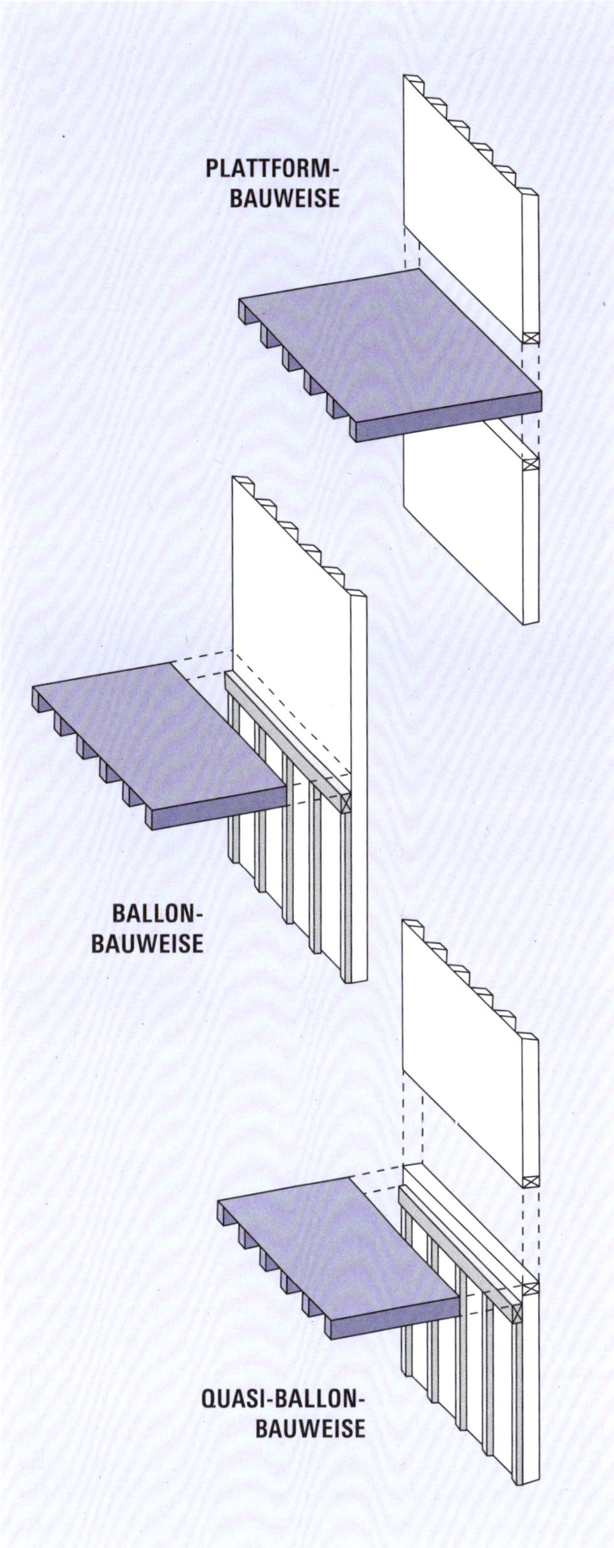

# → **Decken und Dachaufbauten:** Nicht nur die Wände, auch die Decken und Dächer können in den unterschiedlichen Holzbauweisen ausgeführt werden. Die Funktionsschichten sowie Vor- und Nachteile werden hier erklärt.

**WAS ERFAHRE ICH?**



Für Zwischendecken in Einfamilienhäusern gibt es zahlreiche Varianten – von Balkendecken bis Massivholzdecken mit Holzuntersicht. Allen Deckensystemen ist eines gemeinsam: Ihre Scheibenwirkung wird für die Gebäudeaussteifung herangezogen. Dabei ergeben sich aufgrund der besonderen Materialeigenschaften des Baustoffs Holz je nach Deckensystem bestimmte **MAXIMALE SPANNWEITEN**. Wirtschaftliche Spannweiten liegen im Holzrahmenbau bei bis zu vier Metern, in der Massivholzbauweise bis fünf Meter oder als Durchlaufdecke bis sechs Meter Spannweite.

Rippendecken (Massivholzdecken mit aufgeklebten Rippen) und Holz-Beton-Verbunddecken ermöglichen bis 10 Meter wirtschaftliche Spannweiten. Konstruktiv sind auch größere Spannweiten als Sonderkonstruktionen möglich. Aufgrund der größeren Querschnitte und des höheren Holzbedarfs können dadurch aber die Errichtungskosten wesentlich in die Höhe getrieben werden.

Während bei Zwischendecken ohne zusätzliche Schallschutzwünsche der Bewohner (siehe unten) das Tragsystem und die Optik der Untersicht die wesentlichen Kriterien für die Wahl der Konstruktion darstellen, spielen bei den Dachaufbauten bauphysikalische Anforderungen wie Wärme-, Feuchte- und Schallschutz (entsprechend den Standortanforderungen) eine wesentliche Rolle.

## Zwischendecken

An Zwischendecken im Einfamilienhausbau werden gesetzlich keine Schallschutzanforderungen gestellt. Es empfiehlt sich trotzdem, einige Grundregeln für den **TRITTSCHALLSCHUTZ** einzuhalten (siehe Seite 164). Wünschen Sie einen erhöhten Schallschutz der Innenbauteile, ist dieser mit dem ausführenden Unternehmen mit Kennwerten zu vereinbaren. Hilfestellungen finden Sie in Deutschland in DIN 4109–5 und in Österreich in ÖNORM B 8115–5. Die deutsche Norm berücksichtigt allerdings auch bei erhöhten Anforderungen an den Schallschutz ausschließlich den bauakustischen Frequenzbereich. Daher empfehlen wir, sofern erhöhte Schallschutzanforderungen bei einem Einfamilienhaus in Deutschland vereinbart werden, die Schallschutzniveaus „Basis+" oder „Komfort" der Broschüre des Informationsdiensts Holz „Schallschutz im Holzbau – Grundlagen und Vorbemessung" zu verwenden.

## HOLZLEICHTBAUDECKEN

Zur Holzleichtbauweise zählen als Deckenkonstruktionen auch klassische Balkendecken mit Sichtträgern, welche in Deckenspannrichtung (Achsabstand 60 bis 90 Zentimeter) verlegt werden. Als Balken kann Konstruktionsvollholz, Balkenschichtholz oder Brettschichtholz eingesetzt werden. Die Aussteifung übernehmen oberseitig angebrachte Schalungsbretter beziehungsweise Holzwerkstoffplatten. Balkendecken haben eine lange Tradition und eine große Verbreitung. Es empfiehlt sich, **ÖFFNUNGEN**, etwa für Installationsschächte, in Spannrichtung der Deckenbalken einzuplanen, dadurch sind keine aufwendigen Auswechselungen erforderlich, und die lokale Änderung der Deckenspannrichtung entfällt. Die Decken können vor Ort oder vorgefertigt mit oberseitiger Bekleidung montiert werden. Für die Deckenausführung gibt es auch leimfreie Produkte.

Auf der oberseitigen Bekleidung ist ein entsprechender **FUSSBODENAUFBAU** erforderlich. Die horizontale Verteilung der Elektro- und Wasserleitungen erfolgt bei dieser Deckenkonstruktion mit sichtbaren Holzbalken im Fußbodenaufbau. Aus diesem Grund sind entsprechende Schüttungshöhen von mindestens 50 Millimetern einzuplanen. Sofern kein erhöhter Trittschallschutz erwünscht wird – dieser ist bei Balkendecken grundsätzlich schwieriger zu erreichen –, kann auch eine leichte Schüttung verwendet werden. Auf eine lückenlose Verlegung der **TRITTSCHALLDÄMMUNG**, eine durchgehende Folie bei schwimmenden Nassestrichen und eine konsequente Anbringung von Randdämmstreifen ist zu achten.

Gerade für den Einfamilienhausbau empfiehlt sich der Einsatz von Trockenestrichplatten, wodurch die Austrocknungszeiten der Nassestriche entfallen. Hierbei können Gipswerkstoff- oder Holzwerkstoffplatten mit Trittschalldämmung eingesetzt werden. In der Regel werden hierzu gleich kombinierte Produkte verwendet. Für Fußbodenheizungen gibt es natürlich auch entsprechende Systeme mit Trockenestrichen.

### WIRTSCHAFTLICHE SPANNWEITEN VON HOLZDECKEN

| Bauweise | Wirtschaftliche Spannweite in m |
|---|---|
| Holzrahmendecke (Balken- oder Kastendecke) | bis 4 |
| Holzmassivdecke (Brettsperrholz, Brettstapel) | bis 5 |
| Holzmassivdecke als Durchlaufträger | bis 6 |
| Rippendecke (Massivholzdecke mit aufgeklebten Rippen) | bis 10 |
| Holz-Beton-Verbunddecke | bis 10 |

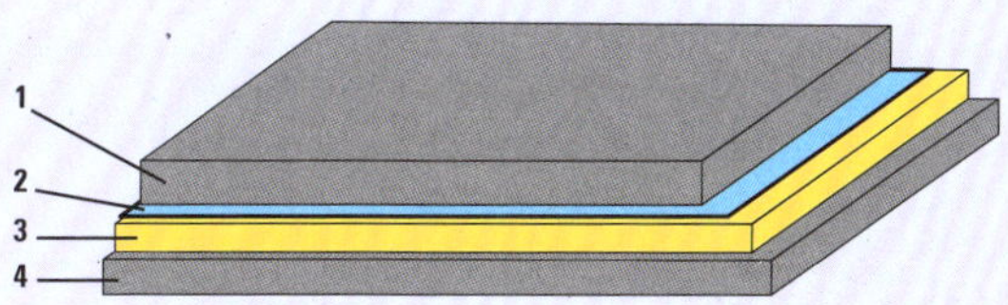


| | |
|---|---|
| 1 | Nassestrich |
| 2 | Trennfolie |
| 3 | Trittschalldämmung |
| 4 | Schüttung |

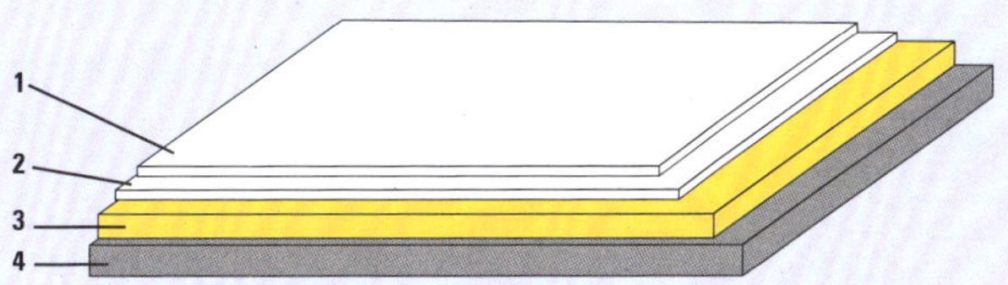


| | |
|---|---|
| 1 | Plattenwerkstoffe |
| 2 | Plattenwerkstoffe |
| 3 | Trittschalldämmung |
| 4 | Schüttung |

**Fußbodenaufbauten Zementestrich (Nassestrich) und Trockenestrich (rechts)**

Die **HOLZTRÄGER** können an der Unterseite mit einer Bekleidung verschlossen werden. Falls an der Unterseite eine tragende Platte angebracht wird, spricht man von einer Kastendecke, welche mehrheitlich im Objekt- und Gewerbebau eingesetzt wird. Bei Einfamilienhäusern finden hauptsächlich Balkendecken Anwendung, wobei in der Regel als **UNTERSICHT** Gipsbekleidungen auf einer sogenannten Sparschalung, welche in einem Achsabstand von circa 30 Zentimeter quer zu den Holzbalken läuft, angebracht werden. Diese Schalung verhindert das Herausfallen der Dämmung, welche aus Schallschutzgründen zur Vermeidung von Hohlraumresonanzen zwischen den Holzbalken eingelegt wird. In der Regel erfolgt bei diesen Decken eine Vorfertigung von der oberen Bekleidung der Holzkonstruktion bis zur Sparschalung.

Die untere Bekleidung (Gipsbekleidung oder auch Lehmplatte mit Lehmputz) wird zur Vermeidung von Transportschäden vor Ort aufgebracht. Manche Fertighausfirmen bringen an der Unterseite der Holzkonstruktion eine PE-Folie an. Diese hat bei Einfamilienhäusern keine bauphysikalischen Anforderungen zu erfüllen, sondern verhindert ausschließlich, dass die Gefachdämmung herausfällt. Bei geschlossenen Holzrahmenzwischendecken können die Elektroleitungen auch auf der Deckenuntersicht angebracht werden.

Sollte es sich um eine Trenndecke zwischen zwei unterschiedlichen Nutzungseinheiten handeln, sind die Installationen aus Brandschutzgründen nicht im Gefach zu führen, sondern an der Deckenoberseite oder in abgehängten Untersichten, welche auch zum Holzbalken eine nicht brennbare Bekleidung haben. Die Fußbodenaufbauten werden wie bei den Balkendecken ausgeführt. Zur Optimierung des Trittschallschutzes kann die Bekleidung an der Untersicht mit Federschiene oder Federbügel entkoppelt ausgeführt werden (mehr dazu unter „Schallschutz im Holzhaus" ab Seite 164).

## MASSIVHOLZDECKEN

Als Massivholzdecken kommen in der Regel Brettstapeldecken oder Brettsperrholzdecken zum Einsatz. Bei **BRETTSTAPELDECKEN** hat man den Vorteil, dass in Spannrichtung der einzelnen Bretter größere Spannweiten erzielt werden können. Die Decken haben allerdings im Gegensatz zu Brettsperrholzdecken nur eine Spannrichtung. Die Decke kann als eine Wei-

**Funktionen und Eigenschaften der einzelnen Baustoffschichten beim Deckenaufbau**

| Nr. | Schicht | Funktion |
|---|---|---|
| 1 | Trockenestrich | Masse für Schallschutz, sommerlicher Wärmeschutz, Brandschutz, bei Nassestrich Trennfolie einsetzen |
| 2 | Trittschalldämmung | Feder für Schallschutz |
| 3 | Schüttung | Masse und Dämpfung für Schallschutz |
| 4 | Folie | temporärer Witterungsschutz (Montage), Rieselschutz (Nutzung) |
| 5 | Bekleidung | Tragfähigkeit (aussteifende Wirkung), Brand- und Schallschutz |
| 6 | Konstruktionsholz | Tragfähigkeit, Brand- und Schallschutz |
| 7 | Gefachdämmung | Hohlraumdämmung für Schallschutz (Vermeidung von Hohlraumresonanzen) |
| 8 | Sparschalung | für Leitungsführung, hält Gefachdämmung, eventuell Folie als Rieselschutz einbauen |
| 9 | Bekleidung | Brand- Schallschutz, sommerlicher Wärmeschutz |

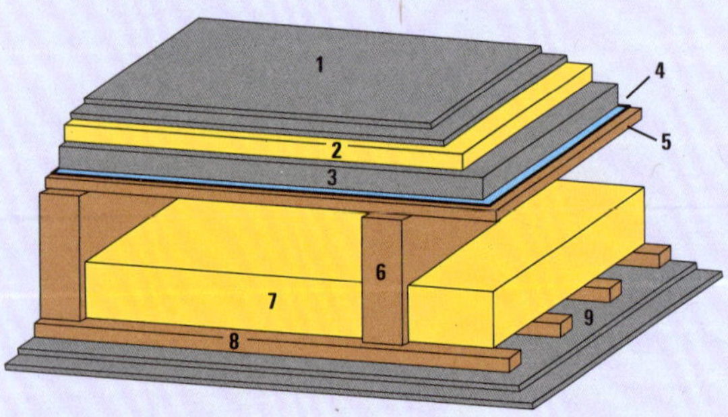

terentwicklung der historischen sogenannten Dippelbaumdecken angesehen werden. Diese wurden in der Gründerzeit in Städten als oberste Geschossdecke eingesetzt. Es wurden dabei behauene Stämme „Mann an Mann" verlegt und mit Holzdübeln verbunden. Bei der Brettstapeldecke sind die einzelnen Bretter stehend verlegt, was sich statisch günstig auswirkt. Zur Sicherstellung der Scheibenwirkung der Decke für die Gebäudeaussteifung sind in der Regel an der Oberseite zusätzliche Holzwerkstoffplatten (zum Beispiel OSB) erforderlich. Diese Holzwerkstoffplatten dienen zusätzlich auch der Luftdichtheit der Decken, sofern sie als Trenndecken ausgeführt werden. Kleinere Öffnungen für Schächte lassen sich einfach durch zusätzliches Verschrauben der Randlamellen herstellen. Bei größeren Ausschnitten sind zusätzliche Auswechselungen erforderlich. Die **DECKENUNTERSICHT** kann grundsätzlich ohne Bekleidung ausgeführt werden. Hierbei sind auch Varianten mit versetzten Brettern möglich, welche auch raumakustische Verbesserungen ermöglichen. Die Leitungen werden in der Regel ebenfalls an der Deckenoberseite in einer Schüttungsebene verlegt. Die Fußbodenaufbauten ähneln grundsätzlich den Varianten der Rahmenbauweise, wobei zu berücksichtigen ist, dass die Trittschalleigenschaften einer Holzrahmenrohdecke besser sind als die einer Massivholzrohdecke. Aus diesem Grund sind zur Erreichung desselben Trittschallschutzes bei Massivholzrohdecken verbesserte Fußbodenaufbauten notwendig: eine höhere Masse der Beschüttung und des Estrichs sowie weichere Trittschalldämmungen.

Die **BRETTSPERRHOLZDECKE** wird aufgrund ihrer zweiachsigen Tragwirkung und der Möglichkeit einer Sichtholzausführung häufig als Massivholzdecke eingesetzt. Als Schutz vor einer unvorhergesehenen Befeuchtung während der Bauphase wird gerade bei größeren Objekten das Anbringen entsprechender Witterungsschutzbahnen bei Deckenelementen empfohlen. Deckenöffnungen (zum Beispiel Schächte) sollten aus wirtschaftlichen Gründen ebenfalls in Spannrichtung der Haupttragebene (Richtung der äußeren Brettlagen) erfolgen, um aufwendige konstruktive Auswechselungen zu vermeiden. Die Installationen werden in der Regel ebenfalls auf der Deckenoberseite verlegt. Sollte doch eine abgehängte Bekleidung an der Deckenuntersicht angebracht werden, so ist aus Schallschutzgründen der Zwischenraum ebenfalls mit einem faserigen Dämmstoff auszudämmen. Dadurch werden Hohlraumresonanzen zwischen den beiden harten Oberfläche verhindert.

### HOLZ-BETON-VERBUNDDECKEN

Bei Holz-Beton-Verbunddecken werden zwei sehr unterschiedliche Bauweisen in Verbund gebracht, um ihre jeweiligen statischen Vorteile zu nutzen: Die hohe Zugfestigkeit des Holzes und die hohe Druckfestigkeit des Betons werden kombiniert. An der Unterseite in der sogenannten Zugzone befindet sich das Holz in Form einer durchgehenden Massivholzplatte oder Holzrippen mit einer Schalung. Darauf wird in der Druckzone eine Betonschicht aufgebracht. Den statisch wichtigen Verbund zwischen den beiden Baustoffen stellen schräg angebrachte Schrauben und/oder im Holz eingebrachte Kerven dar. Es gibt hierzu von den entsprechenden Systemanbietern bauaufsichtliche Zulassungen als Verwendungsnachweis. Diese Deckenkonstruktion wird in der Bestandsanierung beziehungsweise bei Dachgeschossausbauten von Gründerzeithäusern angewendet. Im Neubau kommt sie wirtschaftlich bei Objekten mit Spannweiten bis 10 Meter zum Einsatz. Neben den statischen Vorteilen ergeben sich auch Vorteile in Bezug auf Brand- und Schallschutz.

## Steildächer

Steildächer werden aus Gründen der Wirtschaftlichkeit und des Ressourceneinsatzes in der Regel in **RAHMENBAUWEISE** errichtet. Dabei bestimmen heute die wärmeschutztechnischen Anforderungen und nicht die statischen Erfordernisse die Höhe der Sparren, der tragenden Holzquerschnitte. Die Höhe der Sparren beträgt zwischen 240 und 280 Millimeter. Zusätzliche Dämmstoffdicken werden durch außenliegende Zusatzdämmungen sowie gedämmte Installationsebenen erzielt. Sofern Sparrenhöhen

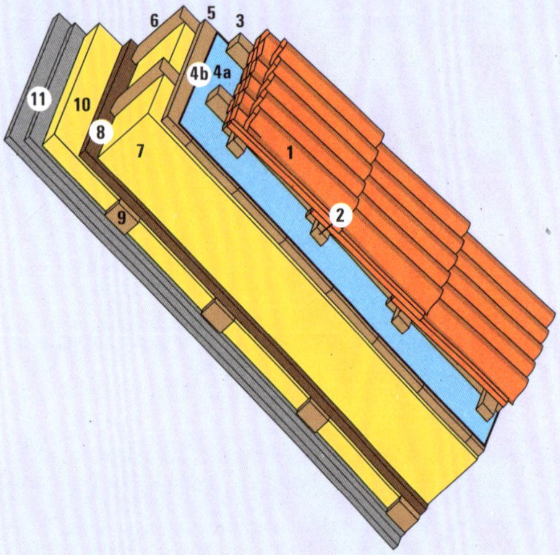


| | | |
|---|---|---|
| 1 | **Dachdeckung** | Witterungsschutz |
| 2 | **Dachlattung** | konstruktiv für Dachdeckung erforderlich |
| 3 | **Konterlattung** | Hinterlüftung, Feuchtetransport |
| 4a | **Unterdach** | regensicher (sichere Ableitung eindringendes Niederschlagswasser), Winddichtheit, in A: begehbar |
| 4b | **diffusionsoffene Vordeckbahn** | diffusionsoffen, Winddichtheit |
| 5 | **Schalung** | in A gefordert, ermöglicht einfachere und sichere Verklebung der Stöße der Vordeckbahn |
| 6 | **Sparren** | lastabtragend, Brandschutz |
| 7 | **Gefachdämmung** | Wärmeschutz, Schallschutz, ggfs. Brandschutz |
| 8 | **OSB** | aussteifend, Dampfbremse und luftdichte Ebene |
| 9 | **Lattung der Installationsebene** | Abstand |
| 10 | **Dämmung der Installationsebene** | Wärme, Brand- und Schallschutz |
| 11 | **Innenbekleidung** | Abschluss, Brand- und Schallschutz |

**Funktionsschichten eines Steildaches in Holzrahmenbauweise**

über 280 Millimeter geplant werden, sind anstelle von Konstruktionsvollholz Brettschichtholzträger erforderlich.

Zwischen den Sparren wird wie bei den Außenwänden in Holzleichtbauweise ein fasriger Dämmstoff eingebracht. Innenseitig liegt die Dampfbremse in Form einer Folie oder einer OSB mit verklebten Stößen, welche gleichzeitig die luftdichte Ebene darstellt. Eine Sparschalung, zwischen der die Leerverrohrung für allfällige Deckenleuchten verlegt wird, stellt die geringste Abhängungshöhe dar. Es können allerdings auch querliegende Latten aufgebracht werden, deren Zwischenraum ebenfalls ausgedämmt wird. Die Dämmung innerhalb der Dampfbremse sollte maximal 20 Prozent des Wärmedurchlasswiderstandes R des gesamten Bauteils betragen. Vereinfacht kann man sagen, dass die Dicke der innerhalb der Dampfbremse liegenden Dämmung maximal ein Fünftel der Sparrenhöhe betragen soll. Als Innenbekleidung können Gipsplatten, Holzschalungen oder Lehmplatten mit Verputz verwendet werden. Außenseitig befindet sich am Sparren das sogenannte **UNTERDACH**. In Deutschland besteht es im einfachsten Fall aus einer sogenannten Unterspannung (einer diffusionsoffenen Bahn) oder einer Holzweichfaserplatte, welche gleichzeitig die „Wärmebrücke" der Holzkonstruktion überdämmt. In Österreich ist bei ausgebauten Dächern die alleinige Verlegung einer Unterspannbahn nicht zulässig. Das Unterdach muss hier immer aus einer Holzschalung und einer diffusionsoffenen Bahn bestehen. Konstruktiv hat die Schalung

**Passivhaus in Holzrahmenbauweise mit Zellulosedämmung und Photovoltaikanlage am Steildach**

neben der einfacheren Begehbarkeit des Daches einen Vorteil beim erforderlichen Verkleben der überlappenden Stöße der Folie. Durch den durchgehenden harten Untergrund ist dieses wesentlich einfacher und auch dauerhafter durchzuführen. Jeder, der einmal einen Pullover in ein Geschenkpapier eingepackt hat, versteht diesen Vorteil.

Die diffusionsoffene Ausführung der äußeren Schicht ermöglicht ein vollständiges Ausdämmen der Tragkonstruktion. Überlüftete Dämmungen, wie sie in den 1970er-Jahren aufgrund fehlender diffusionsoffener Unterdachbahnen ausgeführt wurden, sind heute nicht mehr erforderlich und entsprechen schon lange nicht mehr dem Stand der Technik. Die Konterlattungsebene sorgt für eine **HINTERLÜFTUNG** des Daches, und auf der Dachlattung werden die Dachsteine eingehängt. Zur Sicherstellung der Regensicherheit des Unterdaches werden heute neben der Verklebung der Stöße der Unterdachbahnen unter den Konterlattungen sogenannte Nageldichtungsbänder eingebaut. Dadurch stellt das Unterdach im Falle eines Schadens an der Dachdeckung eine zusätzliche Sicherheit gegen einen Wassereintritt dar. Durch die nach außen hin diffusionsoffene Bauweise ist eine robuste, fehlertolerante und sichere Konstruktion gegeben.

## Flachgeneigte Dächer

Es wird empfohlen, im Holzbau über genutzten Räumen eine Mindestdachneigung von zwei Prozent einzuhalten, um die **ENTWÄSSERUNG** zu gewährleisten. Abweichungen stellen eine Sonderkonstruktion dar und sollten, wenn überhaupt, nur im Altbau und nur, wenn es keine Alternative gibt, umgesetzt werden. Sofern seitens der Bauherrschaft eine Pfützenfreiheit des Daches gefordert wird, ist eine Mindestdachneigung von fünf Prozent erforderlich.

Bei flachgeneigten Dächern gibt es wie bei Steildächern ebenfalls die Möglichkeit, einen nach außen hin diffusionsoffenen Aufbau mit einem Unterdach mit erhöhter Regensicherheit auszuführen. Wichtig dabei ist, dass die Hinterlüftungsebene aufgrund des geringeren thermischen Auftriebs und aufgrund des geringeren Höhenunterschieds zwischen Traufe und First dicker ausgeführt werden muss. Die Höhe der Konterlattung hängt neben der Dachneigung von der Länge der Sparren ab. Die funktionierende Hinterlüftung kann Feuchtigkeit abtransportieren, außerdem gibt es mit dem Unterdach eine zusätzliche Sicherheit bei einem möglichen Schaden der Dachabdichtung. Als **DACHABDICHTUNG** kommen Blechdeckungen und Foliendächer in Frage. Grundsätzlich könnte auch eine Gründachkonstruktion hinterlüftet ausgeführt werden. Es empfiehlt sich, sowohl das Unterdach als auch die Dachabdichtung im Gefälle zu verlegen.

Die zweite bauphysikalisch sichere Variante für flachgeneigte Dächer stellt ein Dach mit einer **AUSSENLIEGENDEN DÄMMUNG** dar. In diesem Fall liegt die tragende Holzkonstruktion immer im Warmen – so kann an dieser Stelle kein Kondensat entstehen. Die aufgebrachte Dampfbremse muss auch als Bauzeit- und Behelfsabdichtung dienen und die Holzkonstruktion vor einer Durchfeuchtung während der Montage schützen. Bei diesen Aufbauten kann

### DACHNEIGUNG IN GRAD UND PROZENT

Dachneigungen können in Prozent und in Grad angegeben werden. 2 Prozent bedeutet auf eine Länge von 100 Zentimetern einen Höhenunterschied von 2 Zentimetern.

Ermittlung des Dachgefälles in Grad [°] bzw. [%]
$[°] = \tan^{-1} h/l$
$[\%] = h/l \times 100\%$
h = Höhendifferenz
l = Bezugslänge

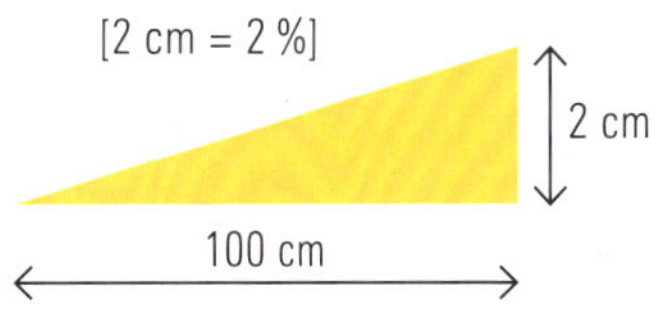


| Prozent → | Grad | Bemerkungen |
|---|---|---|
| 2 % | 1,15° | Mindestdachneigung |
| 5 % | 2,86° | > 5 % Wasserablauf |
| 10 % | 5,71° | |

**FOLIENDECKUNG**

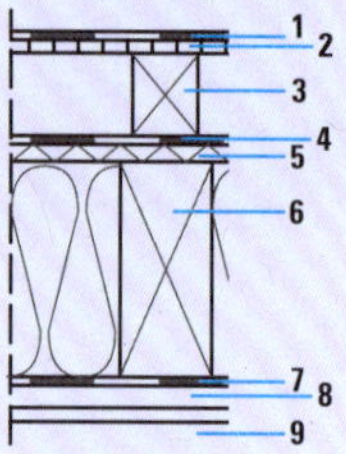


**BLECHDECKUNG**

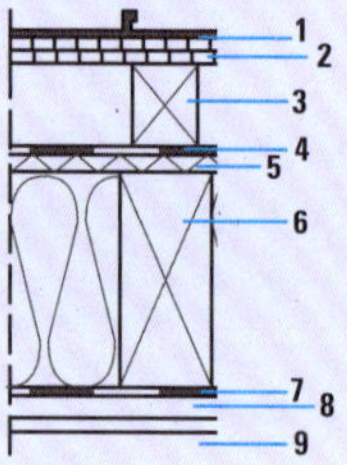


1 **Dachdeckung** (Folie bzw. Blechabdeckung)

2 **Schalung oder Holzwerkstoffplatte**

3 **Konterlattung** (Lüftungsquerschnitt)

4 **diffusionsoffene Vordeckung**

5 **äußere Bekleidung** (Schalung oder diffusionsoffene Holzwerkstoffplatte)

6 **Tragstruktur** (Sparren) mit fasriger Dämmung

7 **Dampfbremse**

8 **Sparschalung** (Elektroleitungsführung)

9 **Innenbekleidung**

**Hinterlüftete flachgeneigte Dächer**

eine Durchfeuchtung während der Bauphase nur sehr schwer und langsam abtrocknen.

Nach außen verhindert die Dampfbremse ein Abtrocknen, und nach innen liegt aufgrund des geringen Temperaturunterschieds kaum ein Partialdampfdruckgefälle vor. Darüber hinaus stellen die Leimfugen ebenfalls eine dampfbremsende Schicht dar. Die Dampfbremse dient auch als Sicherheit bei einer Undichtheit der Dachabdichtung. Dieser Aufbau stellt somit bei einem ausreichenden Feuchteschutz während der Montage eine sehr robuste und sichere Konstruktion für ein flachgeneigtes Dach dar. Er eignet sich auch für Auflasten wie Gründächer oder Terrassenbeläge und Schüttungen zum Schutz der Dachfolie.

Als **DACHBAHN** können Bitumen- und Polymerbitumenbahnen, Kunststoffdachbahnen oder Elastomerbahnen eingesetzt werden. Bei Gründächern sollte der $s_d$-Wert der Bahn unter dem Substrat ≥ 300 m sein. Als außenliegende Dämmung können Schaumkunststoffe wie EPS, XPS, PIR und PUR sowie druckfeste Mineralwolledämmstoffe verwendet werden. Vom Einsatz von Holzfaserdämmungen wird bei dieser Ausführung abgeraten.

Wird die Tragebene vollständig ausgedämmt und der Aufbau nach außen nicht diffusionsoffen ausgeführt, sollte außenseitig unbedingt eine **ZUSATZDÄMMUNG** angebracht werden. Die Höhe dieser Dämmung ist entsprechend der Klimabedingungen (Innenklima und Standortklima), der Beschattung, der Dampfbremse und deren luftdichter Ausführung sowie der Art und Farbe der Dachbahn mittels einer hygrothermischen Simulation nachzuweisen. Fordern Sie dazu von dem ausführenden Unternehmen einen objektbezogenen Nachweis durch ein Bauphysikbüro an.

Bei **FLACHGENEIGTEN DÄCHERN** mit einer Volldämmung im Gefach und einer außenliegenden Dachbahn mit $s_d$-Werten > 20 m kann die Feuchtigkeit kaum mehr nach außen abtrocknen. Aus diesem Grund ist es wichtig, eine sommerliche Rücktrocknung nach innen sicherzustellen. Eine Grundvoraussetzung hierzu ist die Verwendung einer Dampfbremse mit einem $s_d$-Wert ≤ 2 m oder mit veränderbaren variablen $s_d$-Werten. Diese Produkte verändern ihren Diffusionswiderstand abhängig von der mittleren relativen Luftfeuchtigkeit an der Dampfbremse. Liegt eine geringe relative Luftfeuchtigkeit (Winter bei einer geringen oder normalen Feuchtelast, etwa Wohnräume) vor, weisen sie je nach Produkt einen $s_d$-Wert > 5 m auf. Im Sommer liegen je nach Temperaturgefälle zwischen Dachbahn und Dampfbremse höhere relative Luftfeuchtigkeiten an der Dampfbremse vor. Bei einer relativen Luftfeuchtigkeit von 70 Prozent weisen die Dampfbremsen einen $s_d$-Wert < 2 m auf, und bei einer relativen Luftfeuchtigkeit von 90 Prozent sind sie diffusionsoffen ($s_d$-Wert ≤ 0,5 m). Die im Winter in das Gefach durch Diffusion und Konvektion eingedrungene Feuchtigkeit kann somit im Sommer nach innen abtrocken.

Voraussetzung hierfür sind möglichst hohe Temperaturen auf der Dachbahn. Dies bedeutet, dass **AUFLASTEN** in Form von Schüttungen, Belägen oder Gründächern, welche die Temperaturen senken, nur mit außenliegenden Zusatzdämmungen umsetzbar sind. Im Zuge der Planung sind auch eventuelle Beschattungen des Daches und die Farbe der Dachbahn zu beachten.

# → **Ausführung und Vorfertigung:** Hohe Vorfertigung und trockene Bauweise stellen einen zeitsparenden und somit wirtschaftlichen Vorteil dar. Gerade im Holztafelbau und in der Modulbauweise sind gewerkeübergreifende Vorfertigungsgrade möglich.

**WAS ERFAHRE ICH?**



Der bei einem Bauwerk eingesetzte Grad der Vorfertigung hängt neben den betrieblichen Voraussetzungen des Holzbaubetriebs von den Rahmenbedingungen der Bauaufgabe, der gewählten Holzbauweise, den Transport- und Hebemöglichkeiten ab. Eine Hotelaufstockung in der Zwischensaison oder ein Schulzubau in den Sommerferien wird natürlich aufgrund des knappen Terminplans mit dem höchsten Maß an Vorfertigung – gegebenenfalls in Raumzellenbauweise – erfolgen. Dabei sind aufwendige Logistik- und Transportfragestellungen zu lösen. Auf der anderen Seite wird bei einem landwirtschaftlichen Nutzgebäude mit Eigenholznutzung der Grad der Vorfertigung im Hintergrund stehen.

Generell den höchsten Vorfertigungsgrad zu fordern ergibt wenig Sinn. Die Entscheidung ist objektbezogen und entsprechend den jeweiligen Voraussetzungen zu treffen. Wichtige **EINFLUSSFAKTOREN** sind in jedem Fall Witterungsschutz, Elementgröße und -gewicht und Toleranzen. Klar ist, dass sich entsprechend dem Vorfertigungsgrad in der Planung und Montage sehr unterschiedliche Herausforderungen ergeben. Je höher der Vorfertigungsgrad, desto höher ist der Planungs- und Koordinationsaufwand, allerdings verringert sich das Risiko während der Montage.

## Baustellenfertigung

Eine reine Baustellenfertigung kann wie angeführt bei einem landwirtschaftlichen Nutzgebäude mit Eigenholznutzung oder einer Dachstuhlerneuerung sinnvoll sein. Im Einfamilienhausbau wird diese Methode in Mitteleuropa kaum noch angewendet. Im Gegensatz dazu steht die Two-by-Four-Bauweise in Nordamerika, bei der direkt vor Ort ein Holzgebäude errichtet wird. In Mitteleuropa werden in der Regel selbst bei Dachstühlen oder Skelettbauten, welche konstruktionsbedingt einen geringeren Vorfertigungsgrad aufweisen, die Sparren, Stützen und Träger in der Zimmerei abgebunden. Selbst bei der reinen Blockbauweise wird ein vorgefertigter „Bausatz" angeliefert und vor Ort zusammengebaut. Bei einer Baustellenfertigung ergeben sich größere Montagezeiten, die das Risiko einer Befeuchtung während der Bauphase erhöhen.

Lange Bewitterung der MDF-Bekleidung bei den Außenwänden, Fenster teilweise unzureichend mit Folien verschlossen

Reine Baustellenfertigung kann zu Durchfeuchtungen während der Bauphase führen.

Brettsperrholzbauweise ohne vorgefertigte gedämmte Fassade

## Geringe Vorfertigung

Kleinere Zimmereien fertigen aufgrund ihrer eingeschränkten Möglichkeiten häufig einseitig bekleidete Holzrahmenwände vor. Diese können bei Einfamilienhäusern zum Einsatz kommen. Dabei sind ein entsprechender **WITTERUNGSSCHUTZ** und eine rasche Fertigstellung der Fassade für die Vermeidung einer schädlichen Durchfeuchtung entscheidend. Im Werk wird häufig als Bekleidung schon die innenseitige OSB angebracht. Vor Ort erfolgt dann die Anbringung der äußeren diffusionsoffenen Bekleidung. Im zimmermannsmäßigen Einfamilienhausbau werden hierfür in der Regel MDF-Platten bei hinterlüfteten Fassaden und Holzweichfaserplatten als Putzträger bei geputzten Fassaden eingesetzt. Das Gefach wird nach der Fertigstellung der Bekleidungen mit faserigem Dämmstoff lückenlos ausgeblasen. Hierbei werden zum Großteil Zelluloseflocken, welche aus Altpapier unter Zusatz von Brand- und Ungezieferschutz hergestellt werden, verwendet. Es können auch Holzfaser-, Stroh- oder Mineralwolledämmstoffe eingeblasen werden.

Neben dem Schutz der tragenden Hölzer vor einer witterungsbedingten zu hohen **DURCHFEUCHTUNG** sind unbedingt die maximal zulässigen freien Bewitterungszeiten der äußeren Bekleidungen zu beachten. Diese liegen in der Regel bei maximal acht Wochen, wobei eine freie Bewitterung über die Wintermonate ausgeschlossen wird. Ansonsten kann es bei Holzfaserdämmplatten aufgrund der Bewitterung zu einem Ablösen von Fasern an der Oberfläche kommen. Dadurch wird die Haftzugfestigkeit des Putzes verringert, und in weiterer Folge besteht die Möglichkeit, dass der Putz abplatzt.

Die **BRETTSPERRHOLZBAUWEISE** revolutionierte aufgrund ihrer statischen Möglichkeiten zweifelsohne den mehrgeschossigen Holzbau. Im Hinblick auf den Vorfertigungsgrad stellte sie im Vergleich zur Holztafelbauweise einen Rückschritt dar. Noch heute werden aus transportlogistischen Gründen Rohelemente ohne Dämmung und Fassadenausführung montiert und vor Ort zusammengesetzt. Gerade bei

Sichtholzausführungen und bei großen Objekten ist eine entsprechende Bauzeit- und Behelfsabdichtung unbedingt erforderlich. Hierfür bietet die Industrie geeignete Produkte, welche bereits nach dem Zuschnitt der Elemente aufgebracht werden können.

## Geschlossene Elemente

Ein Einfamilienhaus kann in ein bis zwei Tagen witterungsgeschützt errichtet sein; doch es muss exakt geplant und umgesetzt werden! Die **HOLZTAFELBAUWEISE** bietet bei zweidimensionalen Wand- und Deckenscheiben hinsichtlich der Vorfertigung die besten Möglichkeiten. Im einfachsten Fall werden gedämmte beidseitig bekleidete Rohbauelemente montiert. Vor Ort werden durch den Tischler die Fenster eingebaut und anschließend die Fassade fertiggestellt. Große Holzbaubetriebe und die Fertighausindustrie bauen bereits im Werk die Fenster ein und montieren auch die Fassade, wobei vor Ort nur mehr Anschlussbretter im Bereich der Deckenauflager oder der Elementstöße angebracht werden. Bei einem hohen Vorfertigungsgrad werden auch Sonnenschutz und haustechnische Installationen werkseits eingebaut. Somit endet die Vorfertigung nicht beim Holzbau.

Grundsätzlich gilt bei dieser Bauweise das Prinzip: Erst die **VERSCHRÄNKUNG** des Holzbaus mit den Folgegewerken bringt einen wesentlichen Vorteil in der Vorfertigung. Nur eine umfangreiche und exakte Planung der Toleranzen, der luftdichten Anschlüsse, der Elementverbindungen sichert einen hohen Qualitätsstandard. Nachträgliche Änderungen auf der Baustelle erweisen sich als **ÄUSSERST UNWIRTSCHAFTLICH**.

## Raumzellenbauweise

Die sogenannte Raumzellenbauweise bietet die Möglichkeit der höchsten Vorfertigung und kann somit, unter der Voraussetzung, dass die Innenoberflächen fertiggestellt sind und die Möblierung werkseitig eingebaut ist, als die Königsklasse der Vorfertigung bezeichnet werden. Die Raumzellenmodulbauweise bietet sich insbesondere für Bauaufgaben mit vielen identischen Räumen, wie zum Beispiel Beherbergungszimmer oder Altenheime, an. Dabei sind allerdings die Transportmöglichkeiten zu berücksichtigen.

Im Bereich des Ein- und Zweifamilienhausbaus können Raumzellen als sogenannte **TINY HOUSES** eingesetzt werden. Hierbei werden fertige Häuser als Wochenend- oder Ferienhäuser mit hohem Vorfertigungsgrad in einem Stück transportiert und montiert. Es gibt hierzu Beispiele in Passivhausbauweise, die bereits vollständig fertiggestellt sind. Die Haustechnik muss nach der Montage des Gebäudes nur mehr angeschlossen werden. Die Entwicklung solcher Tiny Houses geht, wie diverse Unternehmen unter Beweis stellen, bis zu autarken Ausführungen mit unterschiedlichen Modulgrößen.

Zu bedenken ist jedoch, dass die Raumzellenbauweise nur bei Modulen mit höchster Vorfertigung mit Möblierung wirtschaftlich Sinn ergibt. Wenn stattdessen vor Ort auf der Baustelle noch der Innenausbau bei halbfertigen Modulen erfolgen muss, wird nur viel „Luft“ transportiert.

**Produktionsanlage in einem großen Holzbaubetrieb mit Abbundanlage**

# Von der Stange und doch individuell

**SALZBURG, ÖSTERREICH**
**HARTL HAUS**

**Gartenansicht**

## Auch bei Fertigteilhäusern können individuelle Wünsche umgesetzt werden.

Fertigteilhäusern haftete das Vorurteil an, dass alle Objekte gleich aussehen und es nur Typenhäuser ohne individuellen Kundenwünschen gibt. Dies ist Geschichte. Während die Aufbauten grundsätzlich sehr ähnlich bleiben, ist auch hier hinsichtlich des Erscheinungsbildes fast alles möglich. Das vorliegende Beispiel zeigt, dass Holzbau nach außen nicht wie Holzbau aussehen muss.

Das zweigeschossige Einfamilienhaus ist nicht unterkellert und steht auf einer Fundamentplatte. Im Obergeschoss sind die Räume bis zum First ausgebaut. Erschlossen wird das Gebäude durch eine zentral angeordnete Treppe, die gleichzeitig in Verbindung mit einem kleinen Luftraum als gestalterisches Element genutzt wird.

Das Erdgeschoss ist so konzipiert, dass es entsprechend der Familienentwicklung auch für zwei Personen auf einer Ebene genutzt werden kann.

Das Gebäude wird mit einer Luft-Wärmepumpe beheizt, wobei der Heizwärmebedarf bei

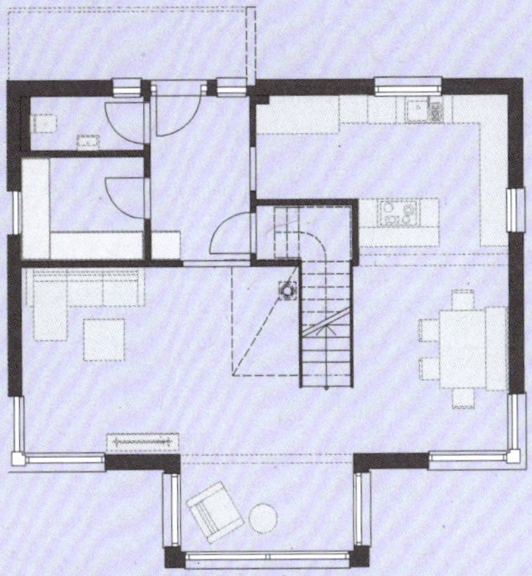

Grundriss des Erdgeschosses

Aufgang ins Obergeschoss

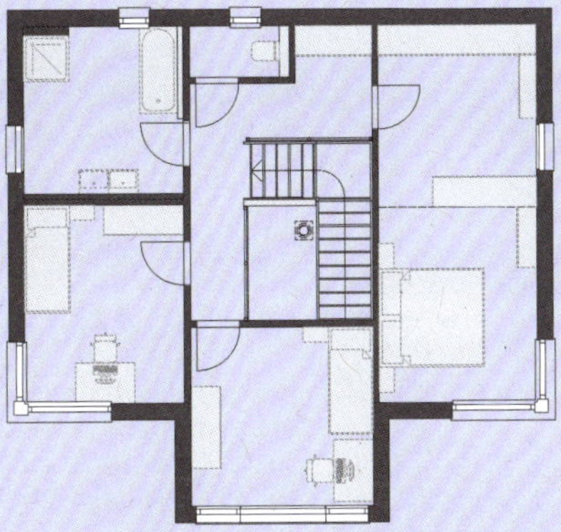

Grundriss Obergeschoss mit drei annähernd gleich großen Zimmern

32 kWh/m²a liegt. Das Einfamilienhaus ist mit einer Komfortlüftung in Form einer Wohnraumlüftung inklusive Wärmetauscher und Luftbefeuchtung ausgestattet.

Die Bauweise besteht aus einer Holzriegelkonstruktion mit einer außenliegenden aussteifenden Gipsfaserbekleidung. Die Fassade wird mit einem Wärmedämmverbundsystem mit EPS als Dämmstoff ausgeführt. Der großzügig verglaste Erker wird durch eine horizontale Holzschalung prominent hervorgehoben. Sämtliche Elemente des gezeigten Musterhauses sind für eine spätere Nutzung demontierbar und zum Wiederaufbau nutzbar konstruiert.

### PROJEKTDATEN

**Architektur:** Hartl Haus
**Wohnfläche:** 156 m²
**Anzahl der Vollgeschosse:** 2
**Energiekonzept:** Luftwärmepumpe, Komfortlüftung
**Konstruktion und Materialien:** Holzriegelkonstruktion mit Gipsfaserbekleidung, Fassade mit Wärmedämmverbundsystem, Erker mit Holzschalung
**Jahr der Fertigstellung:** 2015

# 3

Holzhäuser gibt es in unterschiedlichsten Ausführungen, Konstruktionen und Architekturen. Wie Sie herausfinden, welche Variante am besten zu Ihnen passt, lesen Sie in diesem Kapitel.

→ **Beratungsangebote nutzen:** Bevor Sie Ihre Planungs- und Baupartner beauftragen, sollten Sie sich über einige grundsätzliche Punkte klar sein. Unabhängige Beratung ist dabei empfehlenswert.

**WAS ERFAHRE ICH?**



Wer baut, muss eine Vielzahl von weitreichenden Entscheidungen treffen. Das Allerwichtigste dabei: Bleiben Sie cool und lassen Sie sich keinesfalls unter Druck setzen, egal von welcher Seite. Besorgen Sie sich alle Informationen, die Sie benötigen, und wägen Sie in Ruhe ab. Auch wenn verlockende Angebote von Hausanbietern vorliegen und mit Sonderaktionen Druck gemacht wird: Unterschreiben Sie voreilig keine Hauskaufverträge! Angebliche **SONDERPREISE** sind Lockmittel, die Sie zum schnellen Handeln verleiten sollen. Denn Hausverkäufer haben ihre schnelle Provision im Blick – und nicht unbedingt den Kunden. Vergessen Sie niemals: Der Hausverkäufer will etwas von Ihnen, nämlich Ihr Geld, nicht umgekehrt. Der vermeintliche Vorteil eines „Sonderpreises" verkehrt sich bei einer übereilten Entscheidung schnell ins Gegenteil. Denn alle Änderungen nach Vertragsschluss kosten oftmals deutlich mehr, als sie müssten.

Verwenden Sie Sonderangebote von Hausherstellern im Rahmen gut vorbereiteter Preisverhandlungen als Basis. Angebote werden wiederholt in der Werbung platziert und sind selten einmalige Gelegenheiten. Deshalb lohnt es sich, den Markt zu beobachten, um einschätzen zu können, in welchem Bereich die Hauspreise liegen.

## Wie finde ich qualifizierte Beratung?

Für Fragen zum Holzbau hat der Informationsdienst Holz eine individuelle und firmenneutrale **FACHBERATUNG** eingerichtet. Hier erhalten Sie Hilfestellung beim Planen und Bauen mit Holz, von grundsätzlichen Fragen zum Gebäudeentwurf bis zum Detail in der Ausführung – seien es technische Eigenschaften vorgesehener Bauprodukte, baurechtliche Fragestellungen zur Umsetzung von Holzbauten oder Themen rund um Statik oder Bauphysik. Die Fachberatung richtet sich sowohl an Bauentscheider als auch an Fachleute wie Architekten und Ingenieure.

Erreichbar sind die im Holzbau besonders qualifizierten Berater wochentags von 9–16 Uhr unter 030/57 70 19 95 oder per Mail: fachberatung@informationsdienst-holz.de.

Als Ansprechpartner für ein Bauprojekt stehen auch **ARCHITEKTINNEN UND ARCHITEKTEN** zur Verfügung. Sie können von ersten Fragen zur Realisierbarkeit des Bauwunsches auf dem dafür vorgesehenen Grundstück bis hin zu Möglichkeiten der konkreten Umsetzung und dem dafür nötigen Kostenrahmen Hilfestellung leisten.

Auch wenn noch nicht entschieden ist, ob ein Haushersteller als Komplettanbieter oder eine individuelle Baumaßnahme mit Architekten und verschiedenen ausführenden Baufirmen gewählt wird, lassen sich über ein regional tätiges Architekturbüro die örtliche Situation und regionale Anforderungen gut beurteilen.

Bei der Suche nach einem solchen Büro für eine erste Beratung sollten Sie sich vorab darüber informieren, ob dieses Büro bereits über ausreichend **ERFAHRUNG** mit dem Bau von Holzhäusern verfügt. Nutzen Sie dazu die Internetauftritte der Architekturbüros; auch einschlägige Publikationen können Hinweise geben. Nicht zuletzt können Empfehlungen von Freunden, Nachbarn, Arbeitskolleginnen oder Verwandten, die bereits gebaut haben, hilfreich sein, um qualifizierte Partner zu finden.

Zu Beginn sollten Sie klären, dass die beratende Tätigkeit einer Entscheidungsfindung dienen soll und nicht automatisch zu einer weiteren Beauftragung führt. Eine Vereinbarung, ob und welche **KOSTEN** für eine solche Beratung entstehen, ist vor Beratungsbeginn zu treffen.

Auch **VEREINE** bieten Hilfe und Beratung für Bauwillige an, beispielsweise der Bauherren-Schutzbund oder der Verband Privater Bauherren e. V. Bei den **VERBRAUCHERZENTRALEN** in den einzelnen Bundesländern können Sie ebenfalls unterschiedliche Beratungsangebote nutzen. Hier werden insbesondere juristische und finanzielle Themen beleuchtet. Im speziellen Bereich des Holzbaus hängt es von den individuellen Qualifikationen der Ansprechpartner ab. Deshalb sollte zunächst diese Kenntnis und Erfahrung mit dem Holzbau abgeklärt werden, da auch im Feld der Berater und Beraterinnen Vorurteile gegenüber Holzbauten vorhanden sein können, die dem Beratungsinhalt nicht dienlich sind.

## Informationen aus dem Internet?

Auch wenn das Internet eine große Hilfe ist, so sollten die Informationen dort stets hinterfragt werden. Das kennt man auch von anderen Fachgebieten, bei denen man sich selbst sehr gut auskennt: In Internet-Foren wird manchmal durchaus hilfreich kommentiert, aber sehr oft eben auch oberflächlich und **NICHT IMMER FACHLICH RICHTIG**. Gerade zum Baubereich finden sich in Online-Foren nahezu unendlich viele Aussagen. Für eine so wichtige Entscheidung, wie es der Bau eines Hauses mit Kosten im sechsstelligen Bereich ist, sind diese aber oftmals nicht hilfreich und können schnell in die Irre führen. Insbesondere in Bezug auf Holzbauweisen, aber auch beim energieeffizienten, nachhaltigen Bauen folgen viele Online-Inhalte überdies Lobbyinteressen, die mit viel Aufwand dem aufstrebenden Holzbau entgegenwirken wollen und für Laien schwer zu durchschauen und einzuordnen sind.

Darum sollten zur Entscheidungsfindung unbedingt Gespräche mit Fachleuten geführt und auch kritische Fragen gezielt diskutiert werden. Fragen Sie darüber hinaus Bauherren, die bereits ein Holzhaus umgesetzt haben, zu ihren konkreten Erfahrungen.

# → Den eigenen Bedarf ermitteln:

Baustoffe, Schallschutz, Energieeffizienz, Wirtschaftlichkeit … Worauf Bauherrinnen und Bauherren Wert legen, ist sehr individuell. Bei der Entscheidungsfindung sind zahlreiche Aspekte zu beachten.

**WAS ERFAHRE ICH?**



Es beginnt bei der Materialauswahl. Eine Vielzahl von Entscheidungskriterien sind in diesem Zusammenhang relevant: Wo kommt das Material her? Wie viel Energie wird für die Produktion benötigt? Ist es natürlicher Herkunft oder aus fossil gewonnenen Materialien hergestellt? Wie sieht es bei Rückbau und Recycling aus? Unabhängig von den Nachhaltigkeitsbewertungen hat jede Bauherrschaft eigene Vorstellungen, wie diese Kriterien beurteilt werden.

## Was ist wichtig bei der Baustoffauswahl?

Das große Angebot an Baustoffen ist insbesondere für Laien schwierig zu durchschauen. Beim Holzbau wird oftmals wie selbstverständlich davon ausgegangen, dass ökologische Baumaterialien zum Einsatz kommen. Das muss aber nicht zwangsläufig der Fall sein. Wer besonderen Wert auf eine ökologische und nachhaltige Bauweise legt, sollte daher genau hinschauen.

### ÖKOBILANZ DER VERWENDETEN BAUSTOFFE

Für einen großen Teil der beim Bau verwendeten Produkte sind Ökobilanzen erstellt worden. Dafür werden die wesentlichen Stoff- und Energieströme der jeweiligen Produkte oder Produktsysteme untersucht und die Umweltauswirkungen bewertet. Die Ökobilanz eines Produktes fasst dessen Wirkung auf die Umwelt über den gesamten Zeitraum seiner Existenz zusammen. Das beginnt bei der Rohstoffgewinnung, beinhaltet die Emissionen für Bearbeitung und Transportvorgänge und berücksichtigt auch die Entsorgung. Auch alle vor- und nachgeschalteten Prozessabläufe und die damit verbundenen Roh-, Hilfs- und Betriebsstoffe fließen in die Bewertung ein.

Die so ermittelten Werte werden in den **UMWELTPRODUKTDEKLARATIONEN** (EPD) dokumentiert. Wenn Produkte in Gebäuden, die als nachhaltig zertifiziert werden sollen, eingesetzt werden, ist es erforderlich, für diese Produkte die in den EPD enthaltenen Daten bei der Gebäudezertifizierung zu berücksichtigen. Für Produkthersteller ist es nicht verpflichtend, eine Umweltproduktdeklaration (EPD) erstellen zu lassen. Jedoch sollte es das Interesse von Herstellern von Bauprodukten sein, für alle lieferbaren Produkte auch entsprechende EPD

Typ III zur Verfügung zu stellen. Auch wenn keine spezielle Nachhaltigkeitszertifizierung für das Gebäude selbst gefordert wird, so gibt es doch Bauherren und Bauherrinnen, die für die eingesetzten Produkte entsprechende Nachweise über die Ökobilanz fordern. Dazu ist die Umweltproduktdeklaration ein anerkanntes Mittel.

Das Deutsche Bundesministerium des Innern, für Bau und Heimat (BMI) unterhält eine Datenbank für die Ökobilanzierung von Gebäuden unter dem Namen **ÖKOBAUDAT**. Diese Datenbank gilt im Rahmen des Bewertungssystems Nachhaltiges Bauen (BNB) als verbindliche Datenbasis. Aus den Umweltproduktdeklarationen von Herstellern werden die EPD-Datensätze aufgenommen. Somit verfügt man bei der allgemein und kostenfrei zugänglichen ÖKOBAUDAT-Datenbank über eine Vielzahl von Umweltproduktdeklarationen und hat einen leichten Zugang zu den darin enthaltenen technischen Daten, die für eine Ökobilanzierung notwendig sind. Diese Datenbank ist unter der Internetadresse oekobaudat.de erreichbar.

### UMWELTDEKLARATIONEN

Fordern Sie Ihre Planer beziehungsweise Planerinnen und die ausführenden Unternehmen auf, für alle verwendeten Produkte die jeweilige Umweltproduktdeklaration EPD projektbezogen abzulegen, damit jederzeit ein **NACHWEIS ÜBER DIE UMWELTAUSWIRKUNGEN** der verwendeten Baustoffe eines Gebäudes möglich ist. Dabei ist es sinnvoll, bereits bei der Beauftragung **VERTRAGLICH** festzulegen, dass Ihnen als Bauherrin beziehungsweise Bauherr spätestens bei der Abnahme der jeweiligen Werkleistungen die Umweltdeklarationen der tatsächlich eingebauten Produkte in elektronischer Form als PDF übergeben werden. Damit stehen zum Beispiel für spätere Umbauten die notwendigen **BAUSTOFFINFORMATIONEN** zur Verfügung. Aus diesem Grund sollten Sie diese dauerhaft mit Ihren weiteren Bauunterlagen aufbewahren.

## WOHNGESUNDHEIT

Während man heute davon ausgehen kann, dass zugelassene Baustoffe auf Krebsgefahren hin untersucht wurden und in dieser Hinsicht als unbedenklich anzusehen sind, sind andere gesundheitliche Aspekte sehr individuell. Insbesondere im Hinblick auf individuelle Unverträglichkeiten oder Allergien bestehen viele Unsicherheiten.

Im Holzbau wird seit 2012 grundsätzlich **KEIN CHEMISCHER HOLZSCHUTZ** mehr eingesetzt. Dennoch werden in Gebäuden Kunststoffe, Klebstoffe, Beschichtungen aus Lacken, Lasuren und Ölen sowie industriell gefertigte Bodenbeläge, Türblätter und weiteres eingebracht. Die verwendeten Baustoffe geben sogenannte **FLÜCHTIGE ORGANISCHE VERBINDUNGEN** (auf Englisch: Volatile Organic Compounds, kurz VOC) ab und beeinflussen damit die Raumluft (siehe dazu Kapitel 1, Seite 23). Anhand von Zertifikaten kann man sich ein Bild über die Inhaltsstoffe der verwendeten Baustoffe machen. Wenn innerhalb der Baufamilie Allergien oder Unverträglichkeiten bekannt sind, so ist anzuraten, darüber mit Planerinnen und Anbietern von Bauleistungen vor der Vergabe von Bauaufträgen zu sprechen und eine entsprechende Baustoffauswahl zu treffen. Dazu kann gegebenenfalls auch der Rat von betreuenden Medizinern eingeholt werden.

## DÄMMSTOFFAUSWAHL

Während Naturbaustoffe per se zum Holzbau passen, spricht fachlich auch nichts dagegen, Wände oder Dächer mit Mineralwolle zu dämmen oder auf der Außenhaut ein Wärmedämmverbundsystem aus Polystyrol aufzubringen (siehe Abbildung auf der folgenden Seite). Denn auch diese Baustoffe haben im Holzbau eine Relevanz und können im direkten Vergleich durchaus bestehen.

So weist **MINERALWOLLE** aus Recyclingglas relativ gute Nachhaltigkeitswerte auf, und **POLYSTYROL** (EPS – vielen Menschen unter dem Markennamen Styropor bekannt) ist entgegen landläufiger Meinung relativ diffusionsoffen und kann auch auf Holzkonstruktionen problemlos eingesetzt werden.

Mineralwolle und Polystyrol weisen etwas geringere Wärmeleitfähigkeiten auf als Natur-

**EPS-Dämmung (expandiertes Polystyrol): Die meisten Produkte sind weiß, es gibt aber auch andere Farben.**

**Ein Wärmedämmverbundsystem aus EPS wird auf einer Außenwand aus Brettsperrholz aufgebracht.**

dämmstoffe, beim Einsatz dieser Dämmungen können deswegen die **WAND- UND DACHDICKEN** etwas geringer ausfallen, um den gleichen U-Wert zu erreichen.

Vorgenannte herkömmliche Dämmstoffe stellten bislang wirtschaftliche Materialien dar, da die Einkaufspreise etwas unterhalb derjenigen von natürlichen Dämmstoffen lagen. Mit dem Anstieg der Kosten für fossile Grundstoffe ist der Preisunterschied nicht mehr so deutlich. Gerade bei Dämmdicken ab circa 20 Zentimeter zeigt sich, dass Zellulosedämmung, die in Holzbaugefache eingeblasen wird, fertig eingebaut unterhalb der Kosten für komplett eingebaute Mineralwolle liegt.

Bei der Entscheidung darüber, welche Dämmstoffe bei Ihrem Holzgebäude eingesetzt werden sollen, sind auch zwei bauphysikalische Aspekte zu betrachten: Während Mineralwolle und Polystyrol etwas geringere Wärmeleitfähigkeiten als Naturdämmstoffe aufweisen und so für den gleichen U-Wert eine etwas geringere Bauteildicke erforderlich ist, erreichen mit Naturdämmstoff gedämmte Bauteile aufgrund der höheren Masse des Dämmstoffs bei vergleichbarem Aufbau **BESSERE SCHALLSCHUTZWERTE** als mit Mineralfasern oder Polystyrol gedämmte. Ein Teil der Hersteller von Fertighäusern setzt seit vielen Jahren Mineralwolle und EPS mit Erfolg ein, während andere Holzhausanbieter konsequent nachwachsende Dämmstoffe einbauen.

Letztlich kann eine gute Beratung durch unabhängige Fachleute zur passenden Auswahl der angebotenen Materialien führen – und auch das eigene Bauchgefühl hilft bei der Auswahl. Ein Stoff, der einem nicht zusagt, sollte auch nicht im eigenen Haus drin sein. Fast immer gibt es Alternativen.

## Was ist wichtig beim Schallschutz?

Schallschutz im Holzbau ist ein vieldiskutiertes Thema, zu dem auch hartnäckige Vorurteile bestehen (siehe Seite 23). Ein Grund für die Unsicherheiten ist, dass die definierten Grenzwerte in abstrakten Zahlen ausgedrückt werden, die für Laien, aber auch für Fachleute schwer in den tatsächlich gehörten Schall umzudeuten sind. Als Entscheidungshilfe schlägt der Informationsdienst Holz daher Zielwerte für den Holzbau vor, um durch eine verbale Beschreibung der Wirkung des Schallschutzes die möglichen Vereinbarungen für alle Seiten verständlicher zu machen. Anhand der Klassen „Basis", „Basis+" und „Komfort" lässt sich das gewünschte **SCHALLSCHUTZNIVEAU** festlegen.

## ZIELWERTEMPFEHLUNGEN FÜR DEN SCHALLSCHUTZ UND DIE NORMATIVEN ENTSPRECHUNGEN

| | Schallschutzniveau | | | |
|---|---|---|---|---|
| Bauteil/Übertragungsweg | BASIS DIN 4109–1:2018 | BASIS+ | KOMFORT | Österreich |
| **Wohnungstrennwand** | $R'_W \geq 53$ dB | $R'_W \geq 56$ dB | $R'_W \geq 59$ dB | $D_{nT,w} \geq 55$ dB |
| **Reihenhaustrennwand** | $R'_W \geq 62$ dB | $R'_W \geq 62$ dB | $R'_W \geq 67$ dB | $D_{nT,w} \geq 55$ dB |
| | | $R'_W + C_{50-5000} \geq 62$ dB[1) 5)] | $R'_W$+C50–5000 $\geq 62$ dB[1) 5)] | |
| **Wohnungstrenndecke** | $R'_W \geq 54$ dB | $R'_W \geq 57$ dB | $R'_W \geq 60$ dB | $D_{nT,w} \geq 55$ dB |
| **Wohnungstrenndecke Trittschallpegel** | $L'_{n,W} \leq 53$ dB[3)] | $L'_{n,W} \leq 50$ dB | $L'_{n,W} \leq 46$ dB | $L_{nT,w} \leq 48$ dB |
| | | $L'_{n,W} + C_{I,50-2500} \geq 62$ dB[2)] | $L'_{n,W} + C_{I,50-2500} \geq 47$ dB[2)] | |
| **Dachterrassen und Loggien mit darunterliegenden Wohnräumen** | $L'_{n,W} \leq 50$ dB | $L'_{n,W} \leq 50$ dB | $L'_{n,W} \leq 46$ dB | $L_{nT,w} \leq 53$ dB |
| **Decken unter Laubengängen (in allen Schallausbreitungsrichtungen)** | $L'_{n,W} \leq 53$ dB | $L'_{n,W} \leq 50$ dB | $L'_{n,W} \leq 46$ dB | $L_{nT,w} \leq 48$ dB |
| **Treppenlauf und Treppenpodest** | $L'_{n,W} \leq 53$ dB | $L'_{n,W} \leq 50$ dB | $L'_{n,W} \leq 46$ dB | nach OIB Richtlinie 5 |
| **Außenlärm nach Lärmpegelbereich und Anforderungen der DIN 4109** | | | Anforderungen nach DIN 4109 inkl. Berücksichtigung $C_{tr,\ 50-5000}$ für das opake Bauteil[4)] | |
| **Weitere Bauteile** | nach DIN 4109–1:2018 | nach DIN 4109–1:2018 | nach DIN 4109–5:2019[6)] | nach OIB Richtlinie 5 |

Zu den Schallschutzkennwerten siehe S. 167f 1) ergänzender Luftschallanforderungswert nur an Bauteil ohne Flanken 2) ergänzender Trittschallanforderungswert nur an Bauteil ohne Flanken 3) Sonderregelung für Deckenkonstruktionen, die der DIN 4109–33:2016 zuzuordnen sind, ansonsten $L'_{n,W} \leq 50$ dB 4) Für Fensterflächenanteil über 30 % gesonderte Betrachtung, reine Bauteilanforderung 5) Anforderung an die Doppelschalenwand, beide Werte 6) nach jeweils gültiger Fassung oder DIN EN 4109–5:2018 Quelle: Informationsdienst Holz

### NIVEAU BASIS

Das Niveau BASIS entspricht der Einhaltung der bauordnungsrechtlichen **MINDESTWERTE**. Für die Vereinbarung dieses Standards muss dem Auftraggeber und Nutzer eindeutig mitgeteilt werden, dass es sich hierbei um den Mindestschallschutz handelt. Dieses Niveau liegt unter dem durch übliche Baukonstruktionen erreichbaren Schallschutz. Allen Vertragsparteien muss bewusst sein, was das bedeutet: Im angrenzenden Raum ist laute Sprache verstehbar, wer mit gehobener Stimme spricht, ist im Allgemeinen verstehbar, und Gespräche in normaler Lautstärke sind immer noch hörbar, wenn auch im Allgemeinen nicht mehr verstehbar. Gehgeräusche werden auf diesem Schallschutzniveau als störend wahrgenommen.

### NIVEAU BASIS+

Bei dem Niveau BASIS+ handelt es sich um einen mittleren Standard, der über dem Mindestniveau der Stufe BASIS liegt. Die Berücksichtigung tiefer Frequenzen beim Trittschall führt zu einer **SPÜRBAREN VERBESSERUNG** des akustischen Niveaus. Wenn keine besonderen Vereinbarungen getroffen werden sollen, weil ein übliches Niveau erreichbar werden soll, kann diese Klasse angewandt werden. Hierbei sind im angrenzenden Raum Gehgeräusche nicht mehr hörbar und Gespräche in normaler

## SCHALLSCHUTZ ANSPRECHEN

Ob bei der Planung eines individuellen Hauses mit einer Architektin oder mit einem Komplettanbieter: Der Schallschutz sollte **RECHTZEITIG** thematisiert und eindeutig vereinbart werden. Diese Vereinbarung wirkt sich auf die **BAUKOSTEN** aus: Je besser der Schallschutz, desto höher die Kosten. Beim Architektenhaus sollte der gewünschte Schallschutz möglichst in der Entwurfsplanung (LP 3 nach HOAI), spätestens jedoch in der **AUSFÜHRUNGSPLANUNG** (LP 5 nach HOAI) vereinbart werden, damit er entsprechend in der Planung selbst berücksichtigt werden kann. Beim Komplettanbieter sollte dies bereits in der **ANGEBOTSPHASE** vor der Vertragsunterzeichnung geschehen.

Sprechweise nicht verstehbar. Wer in gehobener Lautstärke spricht, wird durch Wände gehört, laute Sprache wird als „im Allgemeinen verstehbar" klassifiziert.

### NIVEAU KOMFORT

Diese Schallschutzklasse stellt einen erhöhten Schallschutz dar. Durch die Anpassung der Spektrumswerte für tiefe Frequenzen werden Trittschall und Schallübertragung bei Reihen- und Doppelhäusern besser gedämpft. Dadurch ist mit einer deutlich wahrnehmbaren Verbesserung gegenüber der Klasse BASIS+ zu rechnen. Um die Klasse KOMFORT zu erreichen, müssen die Bauteile deutlich **SCHALLTECHNISCH OPTIMIERT** werden, was höhere Bauteilkosten zur Folge hat. Im angrenzenden Raum ist lautes Sprechen im Allgemeinen, gehobenes Sprechen generell nicht verstehbar. Normale Gespräche werden nicht gehört, Gehgeräusche sind kaum wahrnehmbar.

### VERTRAGLICHE VEREINBARUNG

Um die Schallschutzwerte im Bauvertrag verbindlich festzulegen, ist zu empfehlen, die Tabelle „Zielwertempfehlungen für den Schallschutz und die normativen Entsprechungen" (Seite 83) dem Vertrag als Anlage beizufügen, wenn eines der drei Schallschutzniveaus festgelegt und schriftlich fixiert wurde. Somit wird aus dem Vertragsdokument deutlich, dass es mehrere Möglichkeiten gibt und eine bewusste Auswahl getroffen wurde, die dann umgesetzt werden soll.

Die drei genannten Klassen BASIS, BASIS+ und KOMFORT stellen die Möglichkeiten im Schallschutz allerdings nicht abschließend dar. Deswegen kann über eine besondere Vereinbarung eine **INDIVIDUELLE FESTLEGUNG** des Schallschutzziels erfolgen. Es sollte dabei auch darauf geachtet werden, die verbale Beschreibung unter Heranziehen eines im Schallschutz erfahrenen Beraters beziehungsweise einer Beraterin entsprechend anzupassen.

### VORSICHT BEI KONSTRUKTIVEN ÄNDERUNGEN

Die Luft- und Trittschalldämmung wird von konstruktiven Maßnahmen beeinflusst. Das heißt, dass die ursprünglich geplante Schalldämmung sich verschlechtern kann, wenn nachträglich oder eigenmächtig Änderungen an der Konstruktion vorgenommen werden. Denn dadurch können sich Resonanzfrequenzen einstellen oder andere Effekte entstehen, die Einfluss auf die bewertete Schalldruckkurve haben.

### SCHALLSCHUTZ BEI HOLZRAHMENBAU- UND HOLZMASSIVBAUWEISEN

Mit den grundsätzlich zu unterscheidenden Holzbauweisen – also Holzrahmenbau und Holzmassivbau – lassen sich sehr gute Schallschutzwerte erreichen, die mit denen von Mauerwerksbauten mithalten können. Es lassen sich gemäß der oben genannten Schallschutzklassen auch gezielt angestrebte Schallschutzwerte erreichen. Der Holzmassivbau kann dabei in der Ausführung mit **BRETTSPERRHOLZ** einfacher günstige Werte erzielen als der Holzrahmenbau, bei dem teilweise ein höherer Aufwand betrieben werden muss, um auf vergleichbare Werte zu kommen. Ungünstiger beim Schallschutz schneiden dagegen Massivholzbauweisen mit Dübelholzbauteilen, Blockbohlen oder Rundstämmen ab, da die zahlreichen Fugen zwischen den einzelnen Holzbauteilen dem Luftschall wenig entgegensetzen.

## Was ist wichtig bei den Kosten?

Viele Faktoren beeinflussen die Baukosten. Die Konstruktion ist nur ein Teil davon. Beim Vergleich verschiedener Ausführungsarten gilt es genau hinzuschauen. Wie bereits angedeutet, ist ein ökologisches Holzhaus mit reinen Naturdämmstoffen, aufwendiger Holzfassade und Holzaluminiumfenstern nicht vergleichbar mit einem herkömmlichen Mauerwerksbau mit Wärmedämmverbundsystem aus Polystyrol, Mineralwolle im Dach und PVC-Fenstern. Letzterer wird im Regelfall bei ansonsten gleichem Grundriss und gleichen U-Werten und Schallschutzwerten **NIEDRIGERE KOSTEN** aufweisen. Wird der Holzbau mit den beim Mauerwerksbau genannten Materialien kombiniert oder umgekehrt der Mauerwerksbau mit einer Ausstattung analog dem Holzbau, dann liegen diese jeweils preislich relativ gleichauf.

Vergleicht man die verschiedenen Holzbaukonstruktionen in preislicher Hinsicht miteinander, sind **HOLZRAHMENBAUTEN**, insbesondere wenn sie in vorgefertigter Holztafelbauweise erstellt sind, günstiger als Massivholzbauten wie Rundstamm- oder Brettsperrholzkonstruktionen.

### KOSTEN FÜR BESSEREN WÄRMESCHUTZ

Über Mehrkosten von sehr gut gedämmten Gebäudehüllen, wie beim KfW-Effizienzhaus 40 oder bei Passivhäusern, wird viel diskutiert. Oft wird behauptet, dass sehr gut gedämmte und effiziente Gebäude, wie beispielsweise Passivhäuser, viel zu teuer seien. Ist das tatsächlich so? Natürlich kostet ein Bauteil mehr, wenn mehr Material verbaut wird, jedoch stellt sich die Frage, wie viel das tatsächlich ist. Welche Kosten sind unabhängig vom U-Wert des Bauteils, und welche Kosten entstehen bei dickerer Dämmung zusätzlich zum reinen Dämmstoffbedarf?

Beim Blick auf den Wärmeschutz ergibt sich erstaunlicherweise, dass eine dickere Dämmung nicht so teuer ist, wie es oft dargestellt wird. Wie groß ist der Aufwand, um bei einer ansonsten gleichwertigen Holzbau-Außenwand vom Mindeststandard nach Gebäudeenergiegesetz GEG mit einem Wärmedurchgangskoeffizienten von 0,23 W/(m²K) auf eine beispielhafte Passivhaus-Außenwand mit einem deutlich reduzierten U-Wert von 0,13 W/(m²K) zu kommen? Im Grunde genommen besteht jeder der beiden Wandtypen aus der gleichen Schichtanzahl und bis auf die

**KOSTENÄNDERUNGEN BEI DER AUSSENWAND**

Ausführung Passivhaus versus GEG pro m² Bauteilfläche

| Bauteilschicht | Maßnahme | Kostenänderung |
|---|---|---|
| **Rahmenwerk** | 60/240 mm Holzstegträger anstelle 60/120 mm KVH | + 10 €/$m^2_{AW}$ |
| **Dämmung** | 240 mm Einblaszellulose anstelle 120 mm Holzfaserdämmung | + 5 €/$m^2_{AW}$ |
| **Vergrößerung Dachfläche** | Wandverbreiterung bewirkt mehr Dachfläche: Breite ca. 30 cm umlaufend, bei beispielsweise 40 lfm Hausumfang insgesamt ca. 12 m². Bei ca. 250 m² Außenwandfläche ca. 0,048 m² DF/$m^2_{AW}$ = anteilig ca. | + 4,80 €/$m^2_{AW}$ |
| **Vergrößerung Putzfläche an Außenecken** | bei einem zweigeschossigen Gebäude um 24 lfm x 2 x 0,14 m = 6,72 m² PU, also 0,027 m² PU/$m^2_{AW}$ | + 1,40 €/$m^2_{AW}$ |
| **Beispielhafte Mehrkosten je m² Außenwand**<br>zzgl. 19 % USt.<br>**Mehrkosten Passivhauskonstruktion** | | **21,20 €/$m^2_{AW}$**<br>4,03 €/$m^2_{AW}$<br>**25,23 €/$m^2_{AW}$** |

Hauptdämmlage auch aus identischen Materialien.

Aufgezeigt an dem konkreten Beispiel: Im tragenden Kern der Wand – also in der Rahmenwerkebene – erhöht sich die Dämmstärke von 120 Millimetern auf 240 Millimeter. Statt Stielen in Konstruktionsvollholz mit 60 Millimeter Breite und 120 Millimeter Tiefe (übliche Schreibweise: 60/120) werden dabei Holzstegträger 60/240 verwendet.

Bei der Rahmenwerksdämmung im Gefach ergibt sich für die wesentlich besser gedämmte Konstruktion ein günstiger Effekt: Während man ein 12 Zentimeter breites Rahmenwerk im ökologischen Holzbau mit einer Naturfaserdämmung aus Holzweichfaser oder Hanf in flexibler Mattenform ausdämmt, kann man das 24 Zentimeter breite Rahmenwerk wirtschaftlich mit Zellulose im Einblasverfahren dämmen.

Zu berücksichtigen ist, dass durch die größere Wanddicke der Baukörper bei gleicher Nutzfläche größer wird. Dementsprechend vergrößert sich die Dachfläche um umlaufend circa 30 Zentimeter. Auch vergrößert sich die Außenputzfläche an den Hausecken, und es kommt mehr Putzfläche hinzu, die bei Betrachtung der Mehrkosten auch auf die gesamte Außenwandfläche umgelegt werden muss.

**KOSTENÄNDERUNGEN BEIM DACH**

Ausführung Passivhaus versus GEG pro m² Dachfläche

| Bauteilschicht | Materialkosten | Arbeitskosten | Gesamt |
|---|---|---|---|
| Lattung | 0,90 € | 0,55 € | 1,45 € |
| Konterlattung | – 0,50 € | – 1,65 € | – 2,15 € |
| Sparren | 3,50 € | – 3,50 € | +/– 0,00 € |
| Dämmung | 7,00 € | in Materialkosten enthalten | 7,00 € |
| Lattung (Luftschicht) | 0,10 € | 0,00 € | 0,10 € |
| **Summe** | **11,00 €** | **– 4,60 €** | **6,40 €** |
| Zzgl. 19 % USt. | | | 1,22 € |
| **beispielh. Mehrkosten Passivhauskonstruktion** | | | **7,62 €** |

Die Tabelle „Kostenänderungen bei der Außenwand“ auf Seite 85 enthält eine Zusammenstellung dieser beispielhaften Kostenänderungen. Insgesamt schlägt die dickere Außendämmung in diesem Beispiel mit netto 21,20 Euro pro Quadratmeter zu Buche. Bei 250 Quadratmetern Außenwand hätten Bauherren einschließlich Umsatzsteuer etwa 6300 Euro mehr aufzuwenden.

Im dämmtechnisch verbesserten Dach lassen sich durch Einsparungen sogar die Mehrkosten reduzieren. Für den Vergleich werden im Holzbau übliche Dachkonstruktionen herangezogen, die wie auf Seite 87 ersichtlich aufgebaut sind. Die beiden Konstruktionen, die in der unten links stehenden Tabelle „Kostenänderungen beim Dach“ verglichen werden, unterscheiden sich in erster Linie in der Sparrenhöhe und damit in der Dämmstärke. Die Mehrkosten entstehen durch zusätzliche 10 Zentimeter Einblasdämmung im Gefach und den Unterschied im Holzvolumen des Sparrens. Anstelle des üblichen acht Zentimeter breiten und 18 Zentimeter hohen Sparrens (80/180) wird beim Passivhaus ein Stegträger mit 300 Millimeter Höhe eingesetzt. Der Holzquerschnitt des 30 Zentimeter hohen Holzstegträgers ist statisch günstiger als der Vollholzsparren mit 80/180, es kann dadurch ein größerer Sparrenabstand von 83,3 Zentimetern anstelle der üblichen 62,5 Zentimeter realisiert werden. Der vergrößerte Sparrenabstand hat Auswirkung auf die Lattenquerschnitte der Dachlattung und der Traglattung des Innenausbaus. Zwar kostet der Stegträger pro Meter mehr als der für das Haus nach GEG notwendige Sparren, jedoch verringern sich die benötigten Laufmeter der Sparren um ein Viertel.

Über die **LAUFMETER** (lfm) Holzmenge rechnen Zimmerer die Arbeitsleistung ab, den sogenannten Abbund und das Aufschlagen. Weniger Laufmeter Holz bewirken einen geringeren Abrechnungspreis. Auch reduziert sich die Anzahl der Verbindungsmittel. Dafür erhöht sich der Aufwand für das Dämmen. Bei den Dachlatten erhöht sich der Kostenaufwand um den Materialmehraufwand und in geringem Umfang um die Arbeitszeit. Dagegen verringert sich der Aufwand für die Konterlattung analog

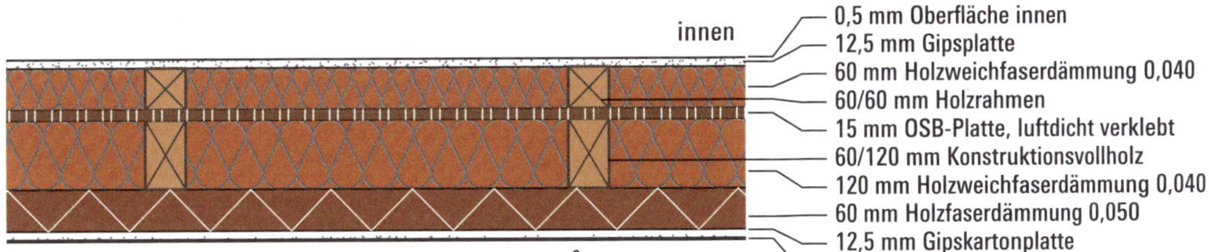


Holzbauaußenwand GEG-Standard mit U = 0,23 W/(m²K)

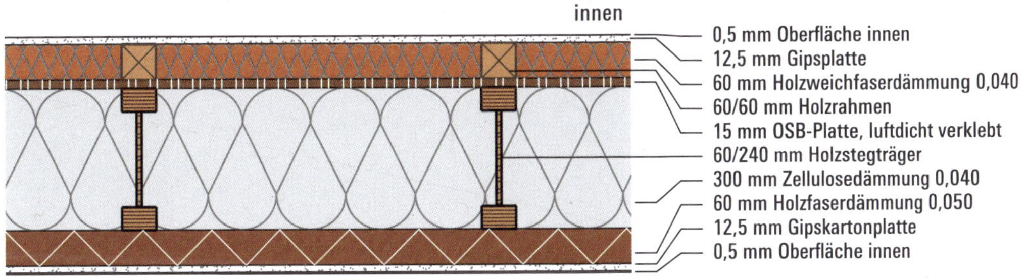


Holzbauaußenwand Passivhaus-Standard mit U = 0,13 W/(m²K)

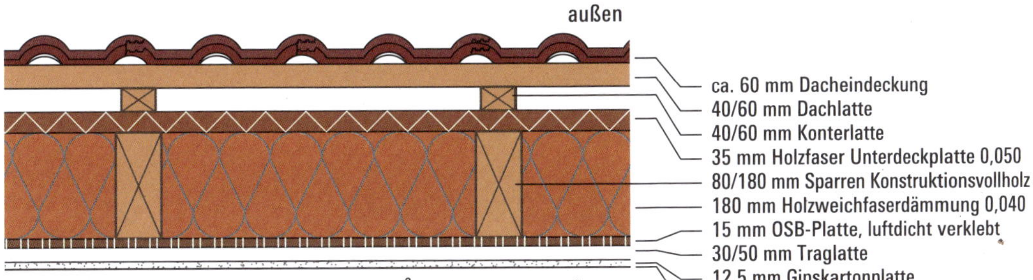


Dach GEG-Standard mit U-Wert = 0,20 W/(m²K)

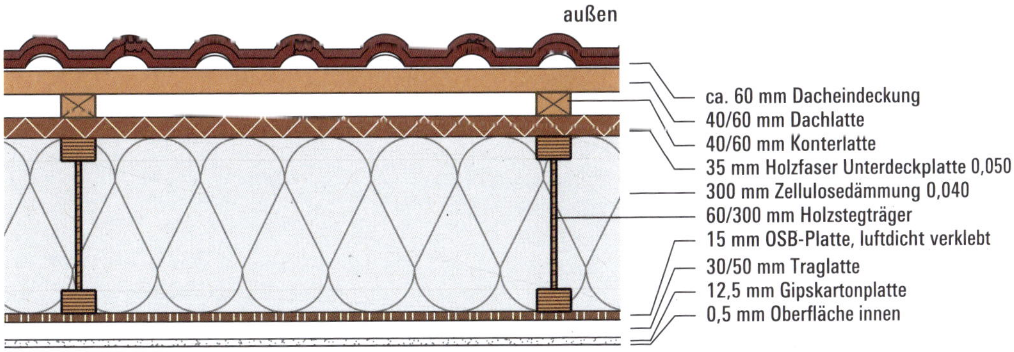


Dach Passivhaus-Standard mit U-Wert = 0,13 W/(m²K)

Die beiden oberen Schnitte zeigen den Aufbau von Holzbau-Außenwänden mit verschiedenen Dämmstandards. Ganz oben: Außenwand mit GEG-Standard mit U = 0,23 W/(m²K). Darunter: Außenwand mit Passivhaus-Standard mit U = 0,13 W/(m²K).

Die beiden unteren Schnitte zeigen den Aufbau eines Dachs mit GEG-Standard (U-Wert = 0,20 W/(m²K)) sowie ganz unten ein Dach mit Passivhaus-Standard (U-Wert = 0,13 W/(m²K)).

den geringeren Sparrenlängen. Bei der Traglattung für die Gipsplatten erhöht sich der Gesamtaufwand, da bei größerem Sparrenabstand die Traglattung angepasst werden muss. Aus den in der Tabelle „Kostenänderungen beim Dach" ersichtlichen Kostenänderungen ergibt sich für den Endkunden ein Mehraufwand inklusive Umsatzsteuer von unter sieben Euro pro Quadratmeter Dachfläche, das liegt im **UNTEREN EINSTELLIGEN PROZENTBEREICH** der üblichen Bauteilkosten im Bereich von 200 bis 300 Euro je Quadratmeter Dachfläche. Bei einem Dach mit 150 Quadratmetern Fläche summieren sich die Mehrkosten auf etwa 1 000 Euro.

Allein die Wahl der Art der Dacheindeckung kann die Kosten in ähnlicher Höhe beeinflussen. Daran ist zu sehen, dass eine Entscheidung für einen besseren Energiestandard nicht mehr Kosten verursacht als die individuelle Wahl der Dacheindeckung: beispielsweise, wenn Tonziegel anstelle von Betondachsteinen oder glasierte Ziegel anstelle von engobierten Ziegeln gewählt werden.

→ Die Entscheidung für einen besseren Energiestandard verursacht für Bauherren nicht mehr Kosten als die individuelle Wahl der Dacheindeckung.

Bei der **KELLERAUSSENWAND** und der Bodenplatte eines solchen Gebäudes verhält es sich ähnlich wie bei der Dämmung der Gebäudeaußenwände: Es ergeben sich zwar keine Auswirkungen auf Außenputz und Dachüberstand, aber es entsteht ein Mehraushub, der auf die Kelleraußenwandfläche umzulegen ist. Mit dem Mehraufwand für die Wand- und Bodenplattendämmung (180 statt 100 Millimeter XPS mit einer Wärmeleitfähigkeit von 0,038 W/mK) ergeben sich im Beispiel insgesamt Mehrkosten von circa 4 000 Euro inklusive Umsatzsteuer für eine Verbesserung des U-Werts der Kellerbauteile von 0,35 auf 0,20 W/m$^2$K.

### MEHRKOSTEN FÜR DIE GEBÄUDEHÜLLE EINES HOCHWÄRMEGEDÄMMTEN HOLZHAUSES

Insgesamt summiert sich der Zusatzaufwand für die Außenbauteile Bodenplatte, Kellerwände, Außenwände und Dach auf etwa 11 300 Euro für ein zweigeschossiges Beispielgebäude mit gedämmtem Keller. Dieses Gebäude weist circa 160 Quadratmeter Wohnfläche oberhalb der Erde und 80 Quadratmeter im Keller auf. Auf die insgesamt 240 Quadratmeter Energiebezugsfläche entfallen also für eine bessere Dämmung zusätzliche Kosten pro Quadratmeter Wohnfläche von ungefähr 50 Euro. Das sind für die Hüllfläche gerade einmal 1,5 bis 2,5 Prozent der Gesamtbaukosten, die je nach Ausstattungsgrad mindestens zwischen 2 000 und 3 000 Euro pro Quadratmeter liegen, aber auch noch darüber liegen können

Für einen **BESSEREN DÄMMSTANDARD** fallen außerdem Mehrkosten für die besseren Fenster an, wobei hier je nach gewähltem System und Befensterung starke Preisunterschiede möglich sind. Für übliche Fenster sind die Preisunterschiede in den letzten Jahren wesentlich geringer geworden und liegen bei netto 50 bis 100 Euro pro Quadratmeter Fensterfläche. Bei einem Einfamilienhaus der genannten Größenordnung mit eventuell 30 bis 40 Quadratmeter Fensterfläche können die Mehrkosten auf brutto 1 800 bis 4 800 Euro geschätzt werden, das liegt bezogen auf die beheizte Grundfläche im Bereich von 7 bis 20 Euro pro Quadratmeter.

Viel bedeutsamer für die Frage der Fensterkosten ist ein anderer Aspekt. Oft werden gerade bei Gebäuden mit dem Anspruch, passivsolare Gewinne zu erzielen, sehr großflächige Fensterelemente geplant – in der irrigen Annahme, dass sich hierdurch die Energiebilanz wesentlich verbessern ließe. Im energetischen Kosten-Nutzen-Verhältnis sind Fensterflächen, die mehr als 20 Prozent der Wohnfläche betragen, jedoch kontraproduktiv. Fenster sind mit Einbau zwei- bis dreimal teurer als die Wandfläche, die sie ersetzen. Eine günstigere Energiebilanz als die Wände erreichen auch sehr energieoptimierte Passivhausfenster nur, wenn sie südorientiert sind, in der kalten Jahreszeit weitgehend unverschattet bleiben und die Bewohner die notwendigen Verschattungseinrichtungen im Sommer richtig nutzen, um ein angenehmes Sommerklima zu sichern.

Für gut gedämmte Haustüren fallen in der Regel keine höheren Kosten an, da dieses Bauteil oft als Designobjekt gesehen wird und die Kosten zur Reduzierung des Wärmedurchgangs weniger ausmachen als andere Gestaltungselemente der Türen.

## BESSERE DÄMMUNG = REDUZIERTE HAUSTECHNIK

Ein wichtiger kostenrelevanter Aspekt, der bei diesem Thema häufig nicht ausreichend berücksichtigt wird, ist die Frage, wie sich die verbesserte Gebäudehülle auf die Haustechnik selbst auswirkt. Mit dem in den vorigen Absätzen beschriebenen Dämmstandard reduziert sich beim Effizienzhaus 40 und beim Passivhaus nicht nur der Heizenergiebedarf, sondern insbesondere **AUCH DIE HEIZLAST** des Gebäudes. Das bedeutet, dass das Heizsystem selbst sehr klein ausfallen kann und so nur Heizflächen mit geringen Abmessungen benötigt werden: Wenn die Heizlast bei 10 bis 15 Watt pro Quadratmeter beheizter Fläche liegt, reichen etwa ein bis zwei Quadratmeter Wand- oder Deckenfläche als Heizfläche pro 10 Quadratmeter Raumfläche. Bei Wärmepumpen ist somit eine aufwendige Fußbodenheizung nicht erforderlich.

Solche **WANDHEIZFLÄCHEN** gibt es als Gipsfaserplatten mit eingelegten Rohren, die auf das Standardrastermaß des Holzbaus von 62,5 Zentimeter abgestimmt sind (siehe Abbildung auf Seite 90). Bei einer so geringen Heizlast von um 10 $W/m^2$ lässt sich unter Umständen auf Heizflächen oder Heizkörper sogar komplett verzichten. Die noch erforderliche zusätzliche Wärme wird dann mit der Lüftungsanlage in die Räume eingebracht.

Durch die verbesserte Dämmung reduzieren sich so der Aufwand für die Haustechnik und damit die Baukosten des Gebäudes. Leider wird in der Haustechnikplanung häufig lieber etwas höher dimensioniert, als dass ein genau auf das Gebäude abgestimmtes **BEHEIZUNGSKONZEPT** erarbeitet wird. Ein gewisser Puffer in der Auslegung verschafft zwar ein sichereres Gefühl. Aber eine zu groß dimensionierte Heizungsanlage ist vergleichbar mit einem PS-starken-Auto, mit dem Sie immer im ersten Gang durch die Stadt fahren. Wirtschaftlicher und nachhaltiger ist es, die Leistung auf den geringen Bedarf anzupassen und damit eine gute Auslastung des Systems zu erreichen.

### WAS IST DIE HEIZLAST?

Die Heizlast bezeichnet die **MAXIMALE LEISTUNG** in W, die die Heizungsanlage erbringen muss, um zum ungünstigsten Fall im Winter die normativ geforderte (20 Grad Celsius) oder eine andere gewünschte Innentemperatur sicherzustellen. Dabei stellt sich als ungünstigster Fall nicht allein eine Zeit mit sehr niedriger Außentemperatur ein, sondern es können auch längere Zeiträume mit milderen Temperaturen um den Gefrierpunkt bei bedecktem Himmel entscheidend sein, da in diesen Zeiten keine passiven solaren Gewinne über Fenster auftreten. Im Gegensatz dazu gehen sehr kalte Zeiten mit intensiver Sonnenstrahlung einher, die die Heizung bei richtiger Fensterausrichtung deutlich unterstütze kann.

Als **SPEZIFISCHE HEIZLAST** in Watt pro Quadratmeter ($W/m^2$) wird die auf die beheizte Grundfläche bezogene Heizlast bezeichnet. Mit der spezifischen Heizlast wird die Heizwärmeverteilung einzelner Räume dimensioniert.

## HEIZLASTBERECHNUNG RECHTZEITIG VERANLASSEN!

Vorausschauende Planung zahlt sich aus: Damit die Heizungsanlage zum Gebäude passt, sollte rechtzeitig eine detaillierte raumweise Heizlastberechnung durch einen Haustechnikingenieur oder Heizungsinstallateur erstellt werden. Bei besonders energieeffizienten Gebäuden mit hochwärmegedämmten Außenbauteilen ist dabei wegen der thermischen Trägheit des Gebäudes **KEINE NACHTABSENKUNG** vorzusehen. Somit entfällt die sonst einge-

**Mit vier Quadratmetern Wandheizfläche lassen sich 20 Quadratmeter Wohnfläche heizen.**

rechnete Aufheizlast; die Dimensionierung der Heizungsanlage und der einzelnen Heizflächen in den Räumen fällt entsprechend geringer – und damit kostengünstiger – aus, als es bei sonst üblicher grober Abschätzung mit nicht erforderlichen „Angstzuschlägen" der Fall ist.

### ENERGIEEFFIZIENZ MUSS NICHT TEUER SEIN

Eine vertiefte Betrachtung der Kosten von hochwärmegedämmten Holzhäusern, wie zum Beispiel Passivhäusern oder Effizienzhäusern 40, zeigt deutlich, dass diese auch im Vergleich zum gesetzlichen Mindestdämmstandard für die Gebäudehülle in einem überschaubaren Rahmen liegen. Da die Kosten für die Haustechnik bei guter Planung nicht über denen für herkömmliche Häuser liegen müssen, sondern durch die im Vergleich geringere Heizlast eher Einsparmöglichkeiten bestehen, kann festgestellt werden, dass entgegen der landläufigen Meinung Effizienzhäuser und Passivhäuser grundsätzlich erschwinglich sind und sich jede Baufamilie die Vorteile, wie das gute Raumklima, ausgeglichene Temperaturen und geringen Heizwärmeverbrauch sowie Bauschadensreduktion, leisten können müsste. Die Kosten für oft gewünschte Ausstattungsdetails liegen wesentlich höher!

Hochgedämmte Häuser sind nicht teuer, die Mehrkosten für die Gebäudehülle einschließlich Fenster liegen im Bereich von zwei bis vier Prozent der üblichen Baukosten für Wohngebäude. Selbst wenn in der Haustechnik, die bei guter Planung durchaus auch günstiger als bei herkömmlichen GEG-Gebäuden hergestellt werden kann, noch Mehrinvestitionen von beispielsweise 5 000 Euro hinzukämen, so verblieben trotzdem lediglich drei bis fünf Prozent, die für ein Effizienzhaus, etwa ein Passivhaus, im Vergleich zu einem herkömmlichen Haus mehr investiert werden müssen.

Für diese relativ geringen Zusatzkosten erhält man einen **HOHEN KOMFORT** bei gleichzeitig sehr überschaubaren jährlichen Heizkosten. Diese belaufen sich beim Einsatz einer effizienten Wärmepumpe für ein Beispielhaus mit 240 Quadratmetern beheizter Fläche auf wenige Hundert Euro pro Jahr und lassen sich durch Eigenstromeinsatz mit einer Photovoltaikanlage nochmals reduzieren. Das ist deutlich weniger als ein Drittel der Heizkosten eines vergleichbaren Neubaus, der den Mindestanforderungen des Gebäudeenergiegesetzes (GEG) entspricht. Und bei der Abwägung sollte auf keinen Fall vergessen werden: Diese Heizkosteneinsparung des Passivhauses ist **DAUERHAFT**. Auch wenn sich die Energiepreise in Zukunft verdoppeln oder gar verdreifachen sollten, die Heizkosten des eigenen Passivhauses bleiben weiter überschaubar, und Heizen belastet im Alter die Rente nur gering, denn die passivhaustaugliche Gebäudehülle eines Holzbaus hält über viele Jahrzehnte – dank guter bauphysikalischer Eigenschaften: Luftdichtheit und Wärmebrückenfreiheit halten Bauschäden von der Konstruktion fern.

# Tradition und Moderne

**RHEINLAND-PFALZ, DEUTSCHLAND**
**HOLZBAU KAPPLER**

Die Hanglage ermöglicht den direkten Zugang zum Außenbereich vom Untergeschoss aus.

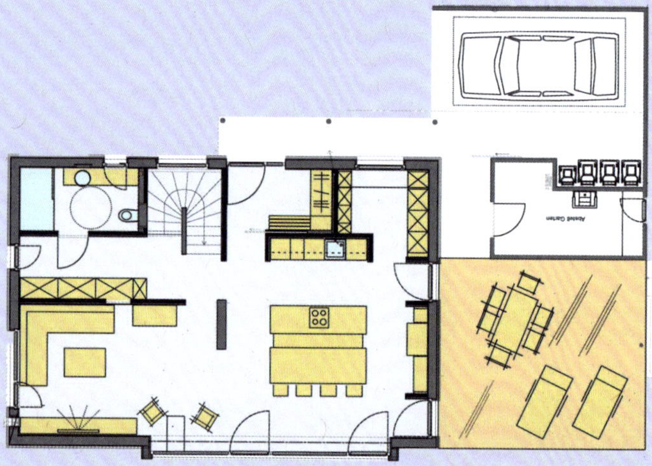

**Obergeschoss**

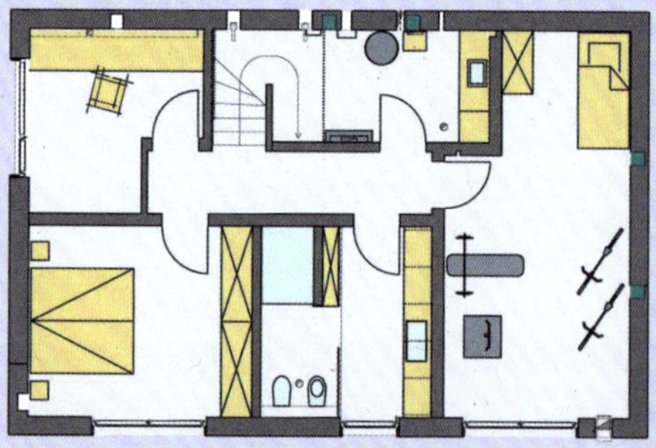

**Untergeschoss**

## Am Hang mit weitem Blick in die Landschaft gelegen, vereint das Haus Anklänge an die Bauhaus-Architektur mit der Tradition der Vorarlberger Schule.

Mit seiner schlichten Linienführung, der klaren Fenstergeometrie und dem scheibenartigen Eingangsvordach nimmt das Haus architektonisch klassische Bauhaus-Gestaltungsprinzipien auf. Die senkrechte Leistenschalung, die an die Vorarlberger Schule erinnert, und das Satteldach ohne Überstände verorten das Gebäude andererseits in den Konventionen des dörflichen Umfelds und sorgen dafür, dass es sich nahtlos in die Umgebung einfügt.
Der Grundriss ist nach den individuellen Wünschen der Bewohner auf zwei Ebenen organisiert: Im Erdgeschoss befindet sich der weitgehend offene Wohnbereich, ein großzügiges Panoramafenster mit bequemem Fenstersitz eröffnet den Blick aus dem Haus in die umgebende Natur – nach Norden orientiert, kommt es weitgehend ohne Beschattung aus.
Am Hang ließ sich das von den Bauherren eigentlich gewünschte Wohnen auf einer Ebene nicht mit dem vorgesehenen Budget verwirklichen; das flexible Raumkonzept im Erdgeschoss erlaubt es aber, bei Bedarf die großzügige Küche zu Gunsten eines Schlafraums zu verkleinern. Ein Duschbad ist im Erdgeschoss bereits vorhanden
Im Untergeschoss befinden sich neben dem Schlafzimmer und dem Hauptbad ein Arbeitszimmer und ein Fitness- und Hobbyraum, die auch als Gästezimmer für die erwachsenen Kinder dienen. Auch die Haustechnik ist hier untergebracht. Große Glastüren sorgen im Erdgeschoss für Licht und bieten Zugang zum geschützten Freisitz und zum Garten.

**PROJEKTDATEN**

**Architektur:** Holzbau Kappler GmbH
**Wohnfläche:** 159 m²
**Anzahl der Vollgeschosse:** 2
**Energiestandard:** Plusenergiehaus
**Konstruktion und Materialien:** Holzrahmenkonstruktion; Holzfassade; Holzfenster; Eiche Parkettboden; Sichtbetontreppe; Luft-Wasser-Wärmepumpe; Photovoltaikanlage mit Batteriespeicher
**Jahr der Fertigstellung:** 2018

**Oben: Die Photovoltaikanlage mit Batteriespeicher trägt zur hervorragenden Energieeffizienz des Hauses bei.**
**Links: Das Panoramasitzfenster öffnet den Ess- und Wohnbereich optisch in die Landschaft.**

→ **Konstruktionsart wählen:** Ob Blockhaus, Holzrahmenbau oder Massivholztafeln, vor Ort gefertigt oder mit Fertigteilen, der Holzbau bietet viele Variationsmöglichkeiten, denn jede Konstruktion kann wiederum in sich sehr unterschiedlich hergestellt werden.

**WAS ERFAHRE ICH?**



Hausbaufirmen haben in der Regel ein, zwei, vielleicht drei verschiedene Grundkonzepte im Programm. Steht ein weiterer Anbieter zur Auswahl, erhöht sich die Anzahl der Möglichkeiten. Auch wenn mit Architektin oder Architekt gebaut wird, bestehen mehr Optionen zur individuellen Planung und Systemauswahl.

## Wann muss ich wissen, wie ich bauen möchte?

Natürlich ist es sinnvoll, so früh wie möglich eine Entscheidung getroffen zu haben. Auf der anderen Seite hängt die Bauweise auch von Randbedingungen ab, die sich erst im Planungsverlauf ergeben. Fragen zu Brand- oder Schallschutz sowie das zur Verfügung stehende Budget und die Form des Baukörpers, Raumgrößen oder andere individuelle Planungsinhalte lassen sich nicht in jeder Konstruktionsart und mit allen Baumaterialien gleich gut realisieren. Darum kann man zunächst in die Gebäudeplanung einsteigen, ohne sich zu früh auf die Konstruktion festzulegen.

## Für die Planung reichen zwei Linien

Auch wenn manche Planende der Auffassung sind, man müsse sehr viel vom Holzbau wissen und von Anfang an zum Beispiel bei Holzrahmenbauten das Raster für die senkrechten Ständer in den Wänden festlegen, um ein gutes Haus zu planen, sei hier entwarnt: Beim Mauerwerksbau plant ja auch niemand jeden Stein von Anfang an. Auch die Art des Mauersteins liegt oft noch gar nicht endgültig fest und auch nicht die abschließende Dämmdicke. Dort werden in der Planung im Maßstab 1 zu 100 für Wände einfach zwei Linien in einem Abstand von zum Beispiel vier oder fünf Millimeter gezeichnet. Das ist dann zunächst einmal die Wand. Darüber wird entschieden, wenn der Grundriss steht.

Genauso geht das beim Holzbau auch. Im Entwurfsstadium werden einfach die Wände mit zwei Linien dargestellt – Außenwände mit vier bis fünf Millimeter Abstand und Innenwände mit zwei Millimetern. Im Maßstab 1 zu 100 ist man damit auf der sicheren Seite, denn die Wände werden wahrscheinlich schlanker.

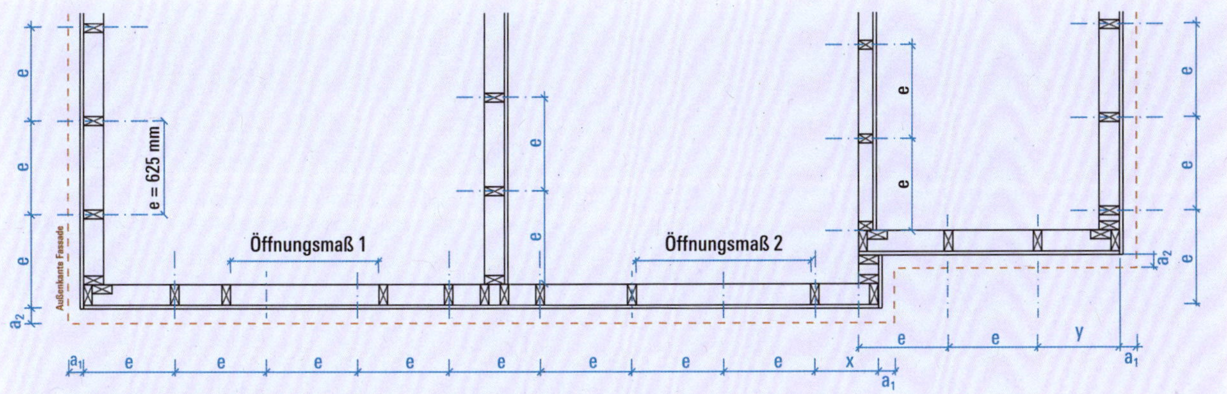


$a_1$ ⟶ Maß von Außenkante Holzrahmenwerk bis Außenkante Außenbekleidung (Fassade)
$a_2$ ⟶ Maß von Außenkante Rahmenwerksbeplankung bis Außenkante Außenbekleidung (Fassade)
e ⟶ Raster – hier halbes Plattenmaß der Beplankung: 1,25 m / 2 = 625 mm
n ⟶ Anzahl Raster (natürlich Zahl)
d ⟶ Dicke der Beplankung
$a_1 = a_2 + d$

**Wandraster im Grundriss**

Gerade weil jede ausführende Firma auch eigene Produktionsvorgänge hat, ist es unnötige Arbeit, sich über jeden Ständer (Wandpfosten) in den Wänden vorher genau Gedanken zu machen – am Ende wird es sowieso anders gemacht. Wo fängt das Wandraster an? Welche Wand läuft durch und schneidet die andere? Wie wird mit der Restplatte einer Beplankung verfahren? Werden die Wände von links nach rechts oder von rechts nach links produziert? Diese Fragen ergeben sich aus der computergesteuerten Planung des Holzhausherstellers. Die modernen computergestützten Planungsmethoden arbeiten verschnittoptimiert und reduzieren den Holz- und Materialverbrauch, indem Reststücke automatisch an anderer Stelle im Gebäude eingeplant werden. Dadurch verschieben sich Raster, und eventuell ist an einer Stelle ein Wandpfosten mehr in der Wand, weil dadurch an anderer Stelle Material gespart werden kann. Mit diesen **BAUTEILBEZOGENEN PLANUNGSVERFAHREN** wird dann für die Produktion der Zwischenraum zwischen den zwei Linien, die einfach nur als Platzhalter für die Wand stehen, mit den richtigen Bauteilschichten gefüllt. Dabei ist es relativ einfach, den Bauteilaufbau nachträglich ab-

### FREIE GRUNDRISSGESTALTUNG IM HOLZBAU

Im Holzbau müssen keine Raster eingehalten werden. Eine freie Grundrissgestaltung ist möglich. Folgende Tipps sollten beachtet werden, damit der Holzbau wirtschaftlich bleibt:

- → Räume können unabhängig von Rastern geplant werden.
- → Die **DECKENSPANNWEITEN** sollten maximal fünf Meter betragen.
- → Für größere Räume muss ein **UNTERZUG** als Zwischenauflage für Decken vorgesehen werden.
- → Auch der Unterzug sollte **NICHT ZU WEIT GESPANNT** werden, damit er nicht zu hoch wird und darunter zu wenig freier Platz bleibt.
- → **TRAGENDE WÄNDE** sollten in den Geschossen direkt übereinander angeordnet sein.
- → Pfosten sollten in den Geschossen direkt übereinander angeordnet sein, oder ein **PFOSTEN** aus dem oberen Geschoss steht auf einer tragenden Wand im Geschoss darunter.
- → Auch Fenster können **UNABHÄNGIG VON RASTERN** geplant werden.
- → Große Fensteröffnungen sollten maximal vier Meter lang sein. **GROSSE FENSTER,** die bis an die Deckenunterkante geführt werden, erfordern aufwendige Überlager.

In den vorgefertigten einseitig beplankten Elementen beträgt das erkennbare Holzbauraster im Regelfall 62,5 Zentimeter.

zuändern, da die Planungsprogramme bei sich ändernden Wandstärken die anschließenden Bauteile automatisch in der Länge anpassen.

So kann man auch von einer Massivholzwand in eine Holzrahmenbauwand umschalten und die Auswirkungen auf den Gebäudekörper sofort sehen. Stellt sich zum Beispiel während der Bearbeitung heraus, dass bauordnungsrechtlich höhere Schallschutzanforderungen an Außenbauteile gefordert sind, kann das im Planungsprozess direkt berücksichtigt werden. Das wird auch relevant, wenn zur Kostenoptimierung Veränderungen an Bauteilaufbauten oder an der Grundrissplanung vorgenommen werden müssen.

## Entscheidungshilfen zur Wahl von Holzkonstruktion und Materialien

Die Verfügbarkeit unterschiedlicher Konstruktionsarten für Holzhäuser erhöht zwar die Auswahlmöglichkeiten, andererseits wird es schwieriger, das Gefühl der „richtigen Entscheidung" zu bekommen: Worauf legt man als Bauwilliger Wert? Steht der Baustoff Holz grundsätzlich fest, so stellt sich zunächst die Frage, ob es ein Holzrahmenbau oder ein Holzmassivbau werden soll. Dabei spielen persönliche Sichtweisen auf „gefühlte Stabilität" oder traditionelle Bauweisen, aber auch Ressourceneffizienz und Nachhaltigkeit eine Rolle.

### TRAGFÄHIGKEIT DER WÄNDE

Tragen Holzbauwände auch schwere Küchenschränke oder Regale? Beim **HOLZMASSIVBAU** mit Brettsperrholzwänden mit in der Regel mindestens 10 Zentimeter Dicke zweifelt kaum jemand daran, dass man dort Lasten von 40 bis 50 Kilogramm mit jeder einzelnen Schraube befestigen kann. Im Gegensatz zu Massivholzbauten werden beim **HOLZRAHMENBAU** im Raster stehende Wandpfosten mit Platten beplankt. Auch diese Beplankungen können als einlagig monierte Gipsfaserplatten oder doppelt beplankte Gipskartonplatten beziehungsweise Gipskartonplatten auf Holzwerkstoffplatten (OSB) ein Gewicht von 40 bis 50 Kilogramm je Verschraubung aufnehmen. Das bedeutet: Wird ein Schrank mit vier Schrauben an einer Holzrahmenbauwand oder einer Holzmassivwand fachgerecht befestigt, darf dieser Schrank insgesamt bis zu rund 160 Kilogramm wiegen. Das ist vergleichbar mit der maximalen Befestigung mit Dübeln in Mauerwerkswänden. Bei Holzrahmenbauten ist es somit **NICHT ERFORDERLICH**, an den Stellen, an denen Schränke montiert werden sollen, extra Verstärkungshölzer einzubauen. Zumal bei Verstärkungen immer die Frage zu klären wäre, wo diese genau platziert werden müssten, damit es auch zukünftig bei veränderten Möblierungen passt. An einlagigen Beplankungen mit Gipskartonplatten ohne weitere Unterlage können hingegen nur geringe Gewichte bis rund 20 Kilogramm aufgehängt werden.

## RAUMHÖHEN

Für eine Raumhöhe von 2,5 Metern wird eine Wandhöhe von circa. 2,7 Metern benötigt. Diese Höhe stellt in der industriellen Fertigung die **STANDARDHÖHE** dar. Da die maximale Transporthöhe 3,05 Meter beträgt, sind Raumhöhen bis 2,85 Meter ohne aufwendige Sondertransporte realisierbar.

## MATERIALEINSATZ BEI UNTERSCHIEDLICHEN HOLZBAUWEISEN

Bei der Wahl der Holzkonstruktionsart für ein Gebäude lohnt sich der Blick auf die jeweils **EINGESETZTE HOLZMENGE**. Holzrahmenbauten mit Holzstegträgern benötigen beispielsweise lediglich ein Viertel der Menge an Konstruktionsholz, die für Massivholzkonstruktionen eingesetzt wird. Berücksichtigt man auch die nötigen Holzwerkstoffplatten, liegt der Unterschied der Holzmenge bei unterschiedlichen Holzbauweisen bei einem Faktor von drei (siehe Tabelle rechts).

Dabei erweisen sich die vor allem im energieeffizienten Bau vorkommenden Holzstegträgerkonstruktionen als um ein Drittel günstiger als klassische Holzrahmenbauten mit Vollholzquerschnitten. Eine **OPTIMIERTE HOLZBAUPLANUNG** reduziert die tatsächlich erforderliche Holzmenge bei gleicher statischer Qualität. Das wirkt sich nicht nur positiv auf die Verwendung der Ressource Holz aus, sondern verringert auch potenzielle Wärmebrücken und erhöht die Wirtschaftlichkeit der Konstruktion.

Auch wenn sich die Holzverwendung in Gebäuden zur $CO_2$-Speicherung anbietet, sollte dennoch nur die tatsächlich erforderliche Holzmenge eingebaut werden. Denn auch Holz steht nicht unbegrenzt zur Verfügung und soll in Zukunft auch an anderen Stellen als nachwachsender Rohstoff Verwendung finden können. Bereits heute beträgt in Deutschland der Anteil von Holzbauten im Wohnungsbau über 21 Prozent mit stets wachsender Tendenz. Dass dabei insbesondere Massivholzkonstruktionen immer größeren Zuspruch erfahren, ist aus Sicht des sinnvollen Holzeinsatzes kritisch zu bewerten.

Die Massivholzbauweise benötigt im Grundriss aufgrund dickerer Außenwände bei gleichem U-Wert mehr Konstruktionsfläche und weist höhere Baukosten auf. Somit sind Massivholzbauweisen unwirtschaftlicher als Holzrahmenbaukonstruktionen und verbrauchen relativ große Mengen der Ressource Holz.

Im Vergleich zum Nassbau aus Mauerwerk und Beton weist jedoch jede der genannten Holzbauweisen bezüglich des Ressourceneinsatzes über die Lebensdauer von Bauwerken eine positive Bilanz auf.

**EINGEBAUTES HOLZVOLUMEN BEI UNTERSCHIEDL. HOLZKONSTRUKTIONEN**

Außenwand 250 m², Dach 150 m², Innenwand 150 m², Decke 110 m²
bei gleichen U-Werten der Außenbauteile U= 0,125 W/(m²K)

| | Rahmenwerk | Stegträger | Massivholz (MH) | MH m. Stegträgern |
|---|---|---|---|---|
| **Außenwand** | 19,2 m³ | 11,1 m³ | 53,7 m³ | 30,1 m³ |
| **Innenwand** | 5,3 m³ | 5,3 m³ | 15,0 m³ | 15,0 m³ |
| **Dach** | 12,6 m³ | 10,0 m³ | 18,0 m³ | 24,9 m³ |
| **Decke** | 11,1 m³ | 6,6 m³ | 15,4 m³ | 15,4 m³ |
| **Gesamt** | **48,2 m³** | **33,0 m³** | **102,1 m³** | **85,4 m³** |
| **Zum Vergleich** | **100 %**<br>*146 %* | 69 %<br>***100 %*** | 212 %<br>*310 %* | 177 %<br>*259 %* |

## BAUSTOFFE RICHTIG AUSWÄHLEN

Neben der Grundsatzentscheidung, ob ein Holzrahmenbau oder ein Holzmassivbau angestrebt wird, stehen mannigfaltige Entscheidungen über die zu verwendenden Dämm- und Ausbaumaterialien an. Bei Fertighausanbietern beschränkt sich die Auswahl in der Regel auf mit geringen Variationsmöglichkeiten festgelegte Bauteilvarianten für Außen- und Innenwände, Decken und Dächer. Dagegen steht bei einer freien Planung des gewünschten Holzhauses ein breites Angebot von Materialkombinationen zur Verfügung.

→ Bei einer freien Planung steht ein breites Angebot von Materialkombinationen zur Verfügung.

Stehen **GERINGE BAUKOSTEN** im Vordergrund, kann es auf herkömmliche Baumaterialien, die auch im Mauerwerksbau zum Einsatz kommen, hinauslaufen: für die Dämmung Mineralwolle in Gefachbereichen zwischen Holzständern oder Sparren sowie Polystyrol als Putzträger auf Außenwänden. Doch sollte man dabei stets auch den Vergleich zu anderen Materialien aus dem ökologischen Bauen nicht scheuen: Einblaszellulose ist, gerade bei größeren Dämmstoffdicken, auch im Vergleich zu den genannten Dämmstoffen sehr wirtschaftlich. Unter Umständen kann damit günstiger gedämmt werden als mit Mineralwolle.

Auch der **GENAUE VERGLEICH** der Beplankungswerkstoffe auf den Bauteilen lohnt sich. Einerseits weisen die üblicherweise im Trockenbau verwendeten Gipskartonplatten niedrigere Material- und Einbaukosten als Gipsfaserplatten auf, doch können Letztere alleine statisch aussteifend im Holzrahmenbau eingesetzt werden. Im Gegensatz dazu bedürfen Gipskartonplatten zur Sicherstellung der Statik einer zusätzliche Beplankung mit einer tragenden Holzwerkstoffplatte – meist eine OSB-Platte mit mindestens 12 Millimeter Dicke –, auf der die Gipskartonplatte dann montiert wird. Diese zusätzliche Plattenlage relativiert den Kostenunterschied zwischen den beiden Gipsplattenausführungen.

Bei den inneren Wandoberflächen können anstelle der genannten Gipsplattenbeplankungen auch **LEHMBAUSTOFFE** zum Einsatz kommen. Dabei sind trockene Lehmbauplatten, die nur noch eine dünne Lehmfeinputzschicht bekommen, den Lösungen mit dickem Lehmputz auf Putzträgen (etwa Schilfrohrmatten) vorzuziehen. Letztere bringen viel Feuchtigkeit in den eigentlich trockenen Holzbau ein und müssen wieder austrocknen.

Kritisch sollte man sich mit vorgeschlagenen Außenbauteilen auseinandersetzen, in denen die Luftdichtigkeit und Dampfbremse mittels Folie erreicht werden sollen. Zwar gibt es geeignete **DAMPFBREMSFOLIEN** mit sogenannter Feuchtevariabilität, die bauphysikalisch heutigen Ansprüchen genügt, doch sollte man auf die Bauteilanschlüsse und die Langlebigkeit achten. Zwar bieten auch diese Folien eine ausreichend lange Beständigkeit, aber schon bei der Verarbeitung und Baustellenmontage können Beschädigungen an dieser Schicht entstehen. Auch in der langen Nutzungszeit ist nicht ausgeschlossen, dass diese gerade für die Luftdichtheit und damit Bauschadenssicherheit notwendige Schicht bei nachträglichen Arbeiten, etwa Installationen, beschädigt wird. Deutlich vorteilhafter ist es, wenn die **LUFTDICHTHEIT** durch die ohnehin vorhandene Beplankung eines Holzrahmenwerks sichergestellt wird, in dem die Plattenfugen und Bauteilanschlüsse abgeklebt werden. Deshalb sind auch bei Dachkonstruktionen diejenigen vorzuziehen, die statt einer inneren Folienlage eine Holzwerkstoffbeplankung aufweisen.

## BALKENDECKEN ODER VERKLEIDUNG?

Balkendecken können sichtbar belassen oder unterhalb der Deckenbalken verkleidet werden – im Regelfall mit **GIPSPLATTEN**. Dabei ist zu bedenken, dass die Sichtholzkonstruktion mit Profilbrettverschalung oben auf der Balkenlage teurer ist und im Schallschutz deutlich schlechter abschneidet. Werden gleichzeitig Lüftungsanlagen betrieben, sind sichtbare Holzbalkendecken ungünstig für die Luftverteilung: Es lassen sich keine Lüftungsrohre in der Decke führen, und die Funktion der Luftleitung von über Wandventile eingebrachte Zuluft wird behindert. Der sogenannte Coanda-Effekt, bei dem sich strömende Luft an der Decke „festhält" und so weit in den Raum gelangt, wird durch Deckenbalken gestört.

Will man eine Holzoberfläche an einer Raumdecke sehen, so bieten sich dafür **MASSIVHOLZDECKEN** aus Brettschichtholz oder Brettsperrholz an, deren Unterseite entweder naturbelassen bleibt oder beispielsweise leicht weiß lasiert wird. Eine solche Lasur verhindert das Vergilben und Nachdunkeln des natürlichen Holzes.

## ESTRICH: NASS ODER TROCKEN?

Der **FUSSBODENAUFBAU** auf Holzdecken kann mit einem üblichen Nassestrich als Zement- oder Anhydritestrich (Gipsestrich) oder mit einem Trockenestrich realisiert werden. Letzterer beschleunigt deutlich die Bauzeit, da Trocknungszeiten (sechs bis acht Wochen) entfallen, und vermeidet gleichzeitig einen großen Eintrag von Baufeuchte in das trockene Holzhaus. Eine Auffeuchtung aus den Nassestrichen kann zur Folge haben, dass bereits verspachtelte Trockenbauflächen durch Quellen und anschließendes Schwinden Risse bekommen können. Deswegen ist beim Einsatz von **NASSESTRICHEN** der Einsatz von schnellabbindenden Systemen vorzuziehen. Doch auch diese emittieren noch Überschussfeuchte, auch wenn ein Teil des Wassers kristallin in der Struktur gebunden wird. Zudem sind diese Lösungen deutlich teurer, und damit ist der Preisvorteil von nassen Estrichen gegenüber höherpreisigen Trockenestrichen nur noch gering.

**TROCKENESTRICHE** erfordern allerdings einen sehr großen Aufwand, um gute Schallschutzwerte zu erreichen. Auch das zieht höhere Kosten nach sich, und es kann passieren, dass diese Estriche insbesondere an Türübergängen federnd nachgeben. In diesen Fällen sind mineralischer Zement und Anhydridestrich vorteilhafter.

### WO SIND MASSIVHOLZ-ELEMENTE SINNVOLL?

**HOLZRAHMENBAU** schont Ressourcen. Holztafel-Wandelemente benötigen nur etwa ein Viertel bis ein Drittel der Holzmenge von Massivholztafeln und sind bei vergleichbaren bauphysikalischen Werten um ein Fünftel bis ein Sechstel schlanker. Das bringt bei gleichen Außenmaßen eine größere Nutzfläche im Gebäude mit sich.

Im Sinne des nachhaltigen Bauens sollten Massivholzelemente wie Brettsperrholz-, Dübelholz- oder Brettschichtholztafeln nur dort eingesetzt werden, wo sie den Holzrahmenbau sinnvoll ergänzen. Das können Bauteile mit hohen Brand- und Schallschutzschutzanforderungen wie Wohnungstrenn- oder Gebäudeabschlusswände sein. Geeignet sind diese massiven Holzplatten auch bei Decken: Zwar benötigen Holzbalkendecken ungefähr 25 bis 30 Prozent weniger Holz als Massivholzdecken, doch sind Letztere deutlich schlanker und sparen bei gleicher lichter Geschosshöhe eine Treppensteigung ein. Das reduziert nicht nur den Platzbedarf der Treppe im Grundriss, sondern auch die umlaufende Fassadenfläche und ermöglicht eine höhere Kniestockhöhe bei Ausnutzung der baurechtlich festgesetzten Traufhöhe.

## FASSADENOPTIK

Nicht zuletzt gilt es zu entscheiden, wie das Gebäude von außen aussehen soll. Soll erkennbar sein, dass es sich um ein Holzhaus handelt? Oder soll über eine Putzfassade ein neutrales Erscheinungsbild erreicht werden, sodass man von außen keinen Rückschluss auf die Grundkonstruktion ziehen kann?

Die Frage nach der Verkleidung der Außenhaut kann nur individuell beantwortet werden. Nur bei rustikalen Blockhäusern stellt die Außenhaut tatsächlich die Grundkonstruktion klar zur Schau. Alle anderen Gestaltungsmöglichkeiten sind eigentlich völlig unabhängig von der Bauweise. Für Holzrahmen- oder Holzmassivbauten, aber auch für Mauerwerksbauten gilt: Im Prinzip lassen sich alle Fassadensysteme an jedem dieser Bauwerke realisieren. So sind auch Vormauerziegel aus Klinkern an Holzbauten üblich. Gerade in Norddeutschland finden sich zahlreiche verklinkerte Holzbauten.

# → **Wie viel Haus brauchen wir?** Vor dem Planungsbeginn gilt es, sich Gedanken über den Raumbedarf zu machen. Keine einfache Aufgabe: Sie erfordert ein Gefühl für Raumgrößen und Raumbeziehungen.

**WAS ERFAHRE ICH?**



Zu Planungsbeginn haben Bauherrinnen und Bauherren oft noch keine konkrete Vorstellung von ihrem Raumbedarf. Mitunter wird im Gespräch mit dem Architekten oder der Architektin auch eine gewünschte Gesamtfläche genannt, ohne dass konkrete Vorstellungen bestehen, was tatsächlich im Detail benötigt wird. Bauwillige sollten sich daher im Vorfeld des ersten Planungsgesprächs mit den nachfolgenden Überlegungen beschäftigen.

## Raumprogramm ermitteln

Um die benötigte Hausgrundfläche zu ermitteln, sollte man zunächst eine Liste der gewünschten Räume erstellen. Flur und dergleichen sind dabei nicht wichtig, da sich die Erschließung mit dem tatsächlichen Entwurf ergeben wird. Die Liste hat am besten die Form einer **TABELLE** und enthält geschätzte Flächen für die einzelnen Räume. Das sorgt für einen Überblick, wie viele Quadratmeter Wohnfläche und Nutzfläche ohne Verkehrsflächen gebraucht werden. Dabei hilft es auch, in einer weiteren Spalte festzulegen, welche Räume in welchem Geschoss liegen sollten. Die Tabelle auf Seite 101 zeigt dazu ein Beispiel.

So lässt sich erkennen, ob die Raumzuordnung zu den Geschossen passt. Ein **DACHGESCHOSS** hat ungefähr 60 bis 80 Prozent der Wohnfläche eines Normalgeschosses.

Wurde eine Fläche für das Erdgeschoss ermittelt, kommen noch Flächen für **TREPPENHAUS UND FLUR** hinzu, zusammen circa 10 bis 15 Quadratmeter. Falls es keinen **KELLER** geben soll, muss zudem ein Hausanschluss- und Technikraum im Erdgeschoss berücksichtigt werden – dafür sollten 5 bis 10 Quadratmeter angesetzt werden. Um Wände und sonstige Konstruktion zu berücksichtigen, schlägt man ungefähr ein Viertel (also Faktor 1,25) der ermittelten Erdgeschossgrundfläche hinzu.

**Beispielrechnung Wohnfläche:**

Bruttogeschossfläche BGF

= (ermittelte EG-Wohnfläche + 15 $m^2$) × 1,25

= (80 $m^2$ +15 $m^2$) × 1,25

= ca. 120 $m^2$

Dieses Beispielgebäude wäre dann mit einem rechteckigen Grundkörper von etwa 10 auf 12 Meter erreichbar.

Natürlich sind auch andere Grundrissformen möglich (siehe Abbildung unten). Dabei stellt der quadratische Grundriss B noch vor dem Rechteck A die **KOMPAKTESTE BAUFORM** dar. Die anderen gezeigten Beispiele weisen aufgrund der Vor- und Rücksprünge bei gleicher Grundfläche einen wesentlich größeren Umfang und damit auch eine größere Hüllfläche auf. Hinzu kommen zusätzliche Gebäudeecken, die als Bauteilanschlüsse mehr Aufwand mit sich bringen und als **WÄRMEBRÜCKEN** wirken können. Das bewirkt erhöhte Baukosten und gleichzeitig auch mehr Energiebedarf bei gleichen Bauteilaufbauten. Auch mit Blick auf das Thema Suffizienz, bei dem es darum geht, mit weniger Materialeinsatz mehr zu erreichen, sind die Formen A oder B den anderen vorzuziehen.

Natürlich kann es auch architektonische Gründe geben, die Grundrissform zu variieren, etwa um die gewünschte Raumanordnung realisieren oder gestalterischen Anforderungen gerecht werden zu können. Es sollte dabei dennoch immer der Fokus auf eine möglichst kompakte Gebäudehülle gelegt werden.

## Unten Wohnen, oben Schlafen

Übliche Einfamilienhäuser bieten im Erdgeschoss die Wohnebene mit Esszimmer und Küche. Dabei hängt es sehr von eigenen Vorlieben ab, ob man diese drei Funktionen eher zusammenhängend sieht und fließend miteinander verbindet oder ob zwei oder drei separate Räume dafür gewünscht werden, weil man das Wohnen eher vom Essen trennen möchte.

Meist befindet sich im Erdgeschoss auch nur ein Gäste WC und gegebenenfalls noch ein Büroraum oder Gästezimmer.

Das Ober- beziehungsweise Dachgeschoss wird oft dem Schlafen zugeordnet. Hier befinden sich Elternzimmer sowie Badezimmer und eventuell eine Ankleide oder ein Schrankraum und die Kinderzimmer – diese sind natürlich nicht nur zum Schlafen da, sondern bieten dem Nachwuchs ein eigenes Reich.

Dass sich durch Dachschrägen die anrechenbare Wohnfläche des Dachgeschosses gegenüber dem Erdgeschoss reduziert, passt

**BEISPIELHAFTE ZUSAMMENSTELLUNG EINES GEWÜNSCHTEN RAUMPROGRAMMS**

Das Beispiel zeigt, wie sich anhand einer Auflistung die eigenen Raumwünsche ermitteln lassen und welche üblichen Raumgrößen häufig realisiert werden.

| Raum | Gewünschte Fläche | Geschoss |
|---|---|---|
| Wohnzimmer | 35 m² | EG |
| Kochen/Essen | 14 m² | EG |
| Büro | 10 m² | EG |
| Gästebad | 6 m² | EG |
| Abstellkammer | 3 m² | EG |
| Hauswirtschaft | 12 m² | EG |
| Elternschlafzimmer | 14 m² | OG/DG |
| Kinderzimmer 1 | 12 m² | OG/DG |
| Kinderzimmer 2 | 12 m² | OG/DG |
| Gästezimmer | 12 m² | OG/DG |
| Bad | 10 m² | OG/DG |
| **Gesamtfläche**<br>davon im Erdgeschoss<br>davon im Ober-/Dachgeschoss | **140 m²** (ohne Verkehrsflächen)<br>80 m²<br>60 m² (= 75 % der Erdgeschossfläche) | |

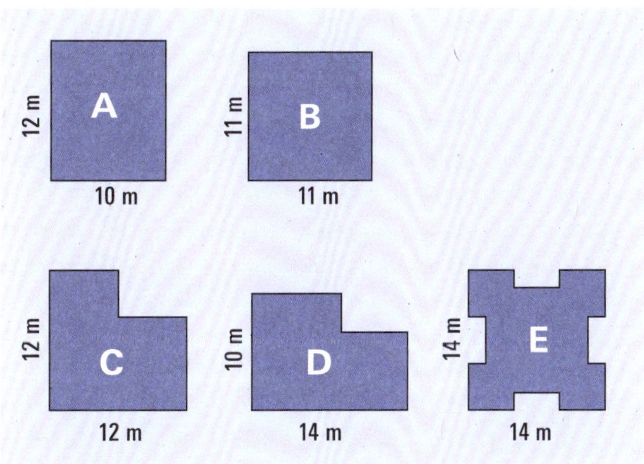


**Unterschiedliche Grundrissformen, um eine überbaute Fläche von 120 Quadratmeter zu erreichen, siehe auch Tabelle auf Seite 131**

Wohnen am Hang: Bei den hier gezeigten Grundrissen eines Gebäudes am Hang kann man im Kellergeschoss ebenerdig in den Garten heraustreten. Das Erdgeschoss hat darüber einen großen Balkon.

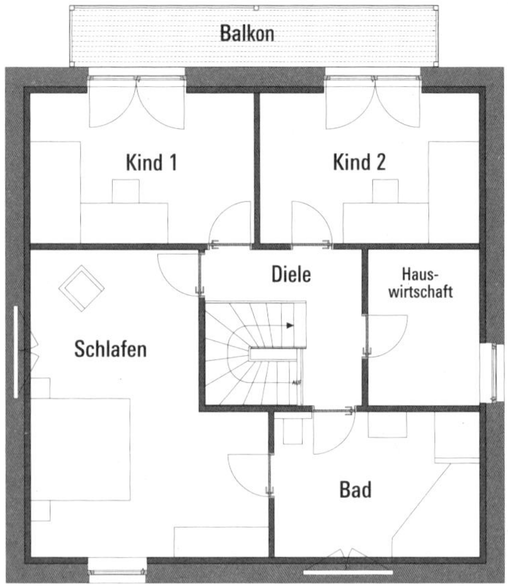


Obergeschoss

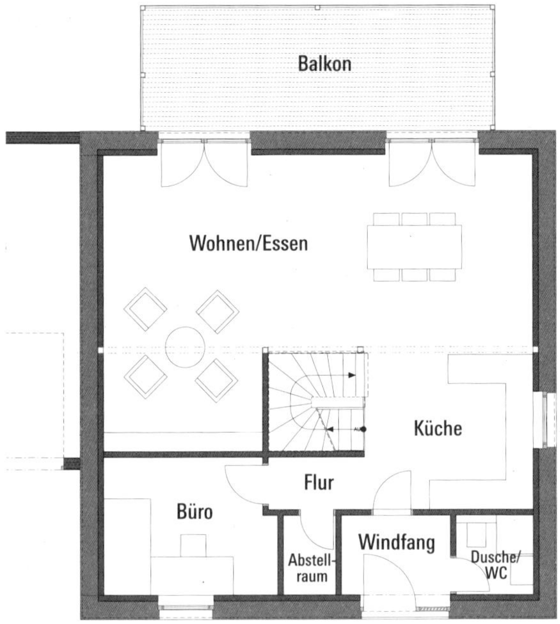


Erdgeschoss

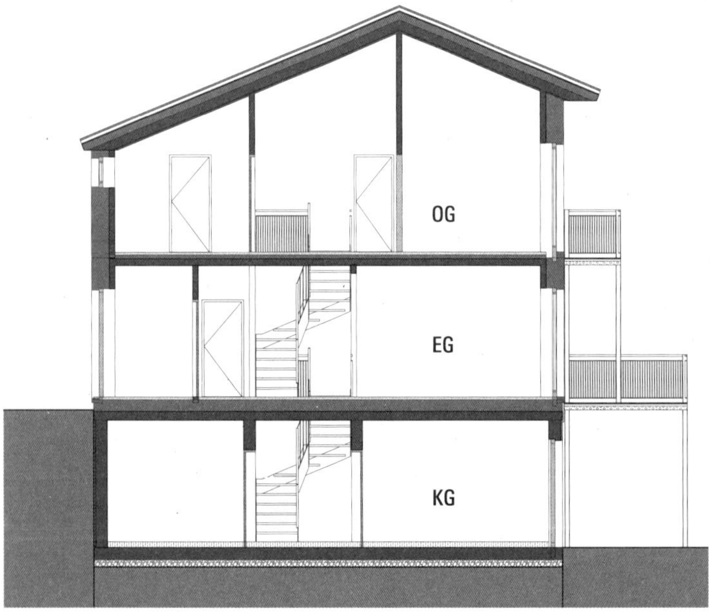


Schnitt

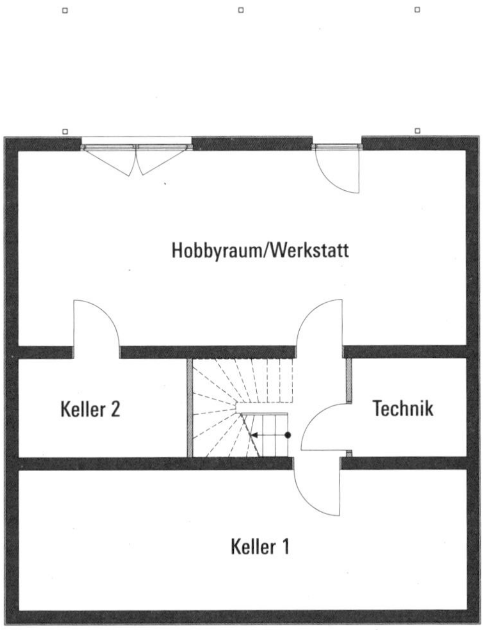


Kellergeschoss im Hang

zu den üblichen Flächenanforderungen der Bereiche:

Unter Dachschrägen werden bei der Wohnflächenberechnung die Bereiche zwischen einem und zwei Metern Höhe nur zur Hälfte angerechnet und Flächen mit einer Höhe unter einem Meter werden gar nicht berücksichtigt.

## Beispiel: freistehendes Einzelhaus

Wer beim Bauen auf Nachhaltigkeit achten möchte, muss auch die Flächeninanspruchnahme in den Blick nehmen. Verdichtetes Bauen reduziert die Flächenversiegelung, daher werden immer weniger neue Baugebiete als Bauland für Einfamilienhäuser ausgewiesen. Doch trotz des verhältnismäßig hohen Flächenbedarfs wünschen sich viele Baufamilien ein freistehendes Haus. Es gibt auch noch erschlossene Gebiete und Restgrundstücke, die den Neubau von Einfamilienhäusern ermöglichen.

Wenn heute Einfamilien-Wohnhäuser aus den 1970er- und 1980er-Jahren umgebaut werden, stellt sich sehr häufig heraus, dass die Grundrisse ungünstig geplant wurden und kaum Teile als separate Wohnung abtrennbar sind. Mit Blick auf eine möglichst lange und damit nachhaltige Nutzung des Gebäudes ist es ratsam, auch größere Einfamilienhäuser so zu planen, dass sie später auch anders genutzt werden und bei Bedarf in mehrere Nutzungseinheiten geteilt werden können.

### SINNVOLL: ZWEI WOHNEINHEITEN ANSTELLE NUR EINER

Wenn das Gebäude so geplant wird, dass das gewünschte Raumprogramm von Anfang an auf zwei Wohneinheiten verteilt wird, lassen sich in Zukunft leichter Anpassungen in der Nutzung vornehmen. Es ist zulässig, mit einer Familie in zwei Wohnungen zu wohnen. Bei Bauzuschüssen, die wohnungsweise gewährt werden, kann dadurch auch ein Vorteil bei der Finanzierung entstehen. Wenn Kinder flügge werden und eigene Familien gründen, steht schon eine Wohnung bereit, die die verkleinerte Familie der älteren Generation nicht mehr benötigt. Oder es besteht die Möglichkeit, im Alter Einnahmen aus der Vermietung zu generieren, statt ungenutzte große Flächen vorzuhalten.

**Das Beispielgebäude von der Straße gesehen**

Die **LAGE DES TREPPENHAUSES** ist oftmals entscheidend, um eine spätere Teilbarkeit zu ermöglichen. Gibt es im Eingangsbereich des Hauses einen direkten Zugang zum Treppenhaus und werden im Erd- und Obergeschoss jeweils eine Trennwand mit Wohnungseingangstür vorgesehen, können jederzeit ohne große Umbauarbeiten aus einem großen Wohnbereich zwei Wohnungen entstehen. Zu beachten ist dabei:

→ Der **SCHALLSCHUTZ** zwischen den späteren Wohneinheiten muss von Anfang an mindestens den Anforderungen an getrennte Wohnungen genügen (Wohnungstrennwände und Wohnungstrenndecken).

→ In beiden späteren Wohneinheiten müssen **BÄDER** vorhanden sein und jeweils Anschlüsse für Küchen.

→ Die Elektro-, Sanitär- und Heizungsinstallationen sollten so **VORBEREITET** werden, dass später separate Verbrauchserfassungen ohne große Umbauarbeiten möglich sind.

→ Bei mechanischer **LÜFTUNG** ist darüber nachzudenken, für jede zukünftige Wohneinheit eine eigene Lüftungsanlage zu installieren.

### BRAND- UND SCHALL-SCHUTZ IM DOPPELHAUS

Während die Landesbauordnungen grundsätzlich bei an der Nachbargrenze zu errichtenden Gebäuden jeweils eine feuerbeständige **BRANDWAND** fordern, die aus nicht brennbaren Baustoffen bestehen muss, ist es für Gebäude der Gebäudeklasse 2 (Doppel- und Reihenhäuser) sowie Gebäudeklasse 3, deren tragende Bauteile aus brennbaren Baustoffen hergestellt sind, davon abweichend möglich, jeweils raumabschließende Wände aus brennbaren Baustoffen zu errichten, deren **FEUERWIDERSTAND** von innen nach außen dem feuerhemmender Wände und von außen nach innen dem feuerbeständiger Wände entspricht. Dazu müssen die Bekleidungen widerstandsfähig gegen Brandeinwirkung sein und aus **NICHT BRENNBAREN** Baustoffen bestehen.

In der im Erdgeschoss liegenden Wohneinheit sollte bei der Planung auf **BARRIEREFREIHEIT** geachtet werden. Sinnvoll ist neben dem Wohn-/ Ess- und Kochbereich ein Raum, in den bei späterem Bedarf auch ein Pflegebett samt „Rangierplatz" passt. Das Bad im Erdgeschoss sollte mit barrierefreier Dusche und ausreichender Größe für die Rollstuhlnutzung (1,50 Meter x 1,50 Meter) geplant werden.

**Die Doppelhaushälfte aus dem Beispiel, bevor die anschließende andere Haushälfte errichtet wurde**

So kann diese Wohneinheit auch im Alter gut genutzt werden. Im oberen Geschoss könnte eine Pflegekraft untergebracht werden.

## Beispiel: Doppel-/Reihenhaus

Doppelhäuser verringern ebenso wie Reihenhäuser den Flächenbedarf. Üblicherweise werden diese Gebäude mit allen Einheiten gebaut, also beide Doppelhaushälften beziehungsweise die gesamte Reihenhauszeile. Anschließend werden die jeweiligen Einzelhäuser im Regelfall als komplettes Gebäude vor der Fertigstellung oder auch danach veräußert. Gerade Reihenhausanlagen werden auch in Holzbauweise errichtet. Die Grundrisse und Schnitte auf der nebenstehenden Seite 105 zeigen ein beispielhaftes Doppelhaus. An die jeweilige Grenzwand zwischen zwei benachbarten Gebäuden bestehen entsprechende Brand- und Schallschutzanforderungen, die auch von Holzbaukonstruktionen gut erreicht werden.

Doppelhäuser müssen nicht auf beiden Seiten exakt gleich sein. Das Beispiel aus den Abbildungen zeigt zwei verschiedene Grundrissansätze, die individuell auf die jeweiligen Kunden abgestimmt wurden und auf dem Doppelhausbauplatz am Hang realisiert wurden. Die rechte Haushälfte hat im Kellergeschoss im Hang eine dort ebenerdig zugängige zusätzliche Einliegerwohnung.

Es gibt auch Situationen, in denen zwei Doppelhaushälften in unterschiedlicher Bauart aneinandergesetzt werden. Die jeweiligen Grundstücke gehören unterschiedlichen Eigentümern, die jeweils ihre eigenen Wünsche und Bauweisen umsetzen.

Genauso gibt es auch Reihenhauszeilen, bei denen jedes Einzelgebäude individuell errichtet wird. Wenn auf derartige Weise verschiedene Wandkonstruktionen als Gebäudeabschlusswände nebeneinander die benachbarten Gebäude abschließen, dann kann aus den entsprechenden Tabellenwerten der Schallschutznorm kein passender Schalldämmwert ermittelt werden. Deshalb sollte in einem solchen Fall ein Bauphysiker oder eine Bauphysikerin mit Erfahrung im Holzbau hinzugezogen werden.

Eine Doppelhaushälfte auf Bodenplatte mit drei Geschossen.
Links oben: Erdgeschoss, links unten: Obergeschoss – das Dachgeschoss ist vergleichbar – mit Schlaf- und Gästezimmer sowie Abstellraum.
Rechts oben: Querschnitt, rechts unten: Längsschnitt

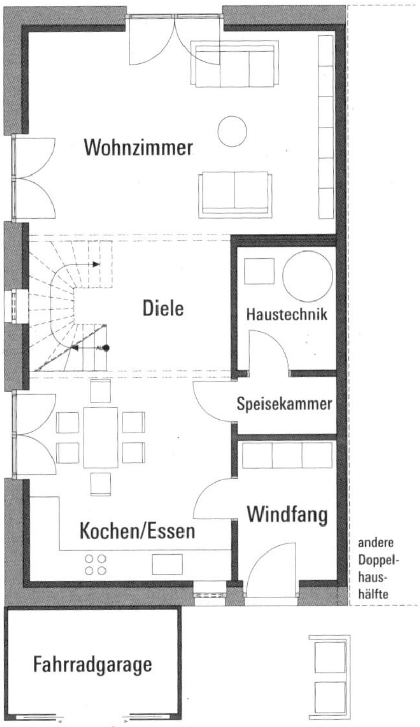


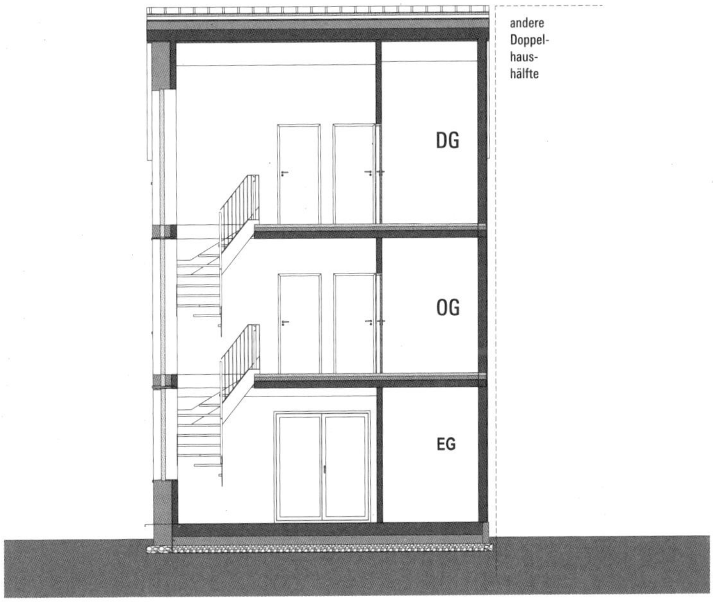


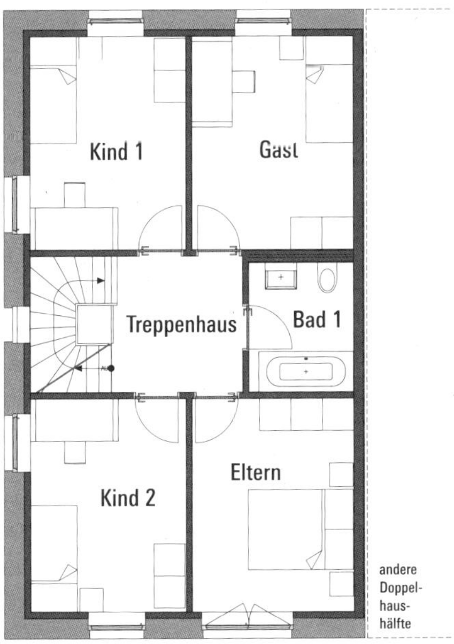


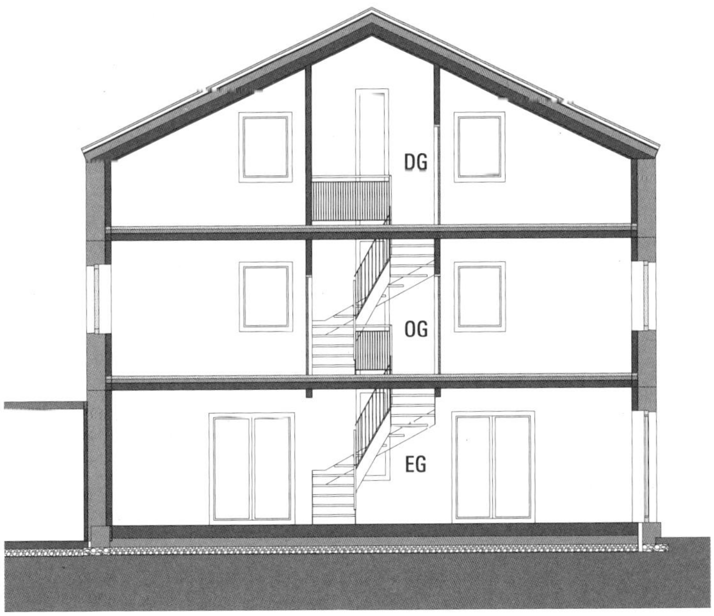

# → Der ideale Grundriss für mein Haus:

Nachdem ein Raumprogramm festgelegt worden und ein geeignetes Grundstück gefunden ist, muss ein dazu und zu den Wünschen der Bauherrschaft passender Grundriss entwickelt werden.

WAS ERFAHRE ICH?



Wie man ein passendes Grundstück findet, lesen Sie ab Seite 204 im Kapitel „Wie und mit wem wollen wir bauen?". Dort wird auch auf die Begriffe „Baulinie", Baugrenze" und „Grenzabstand" sowie weitere eingrenzende Festlegungen für den Entwurf eingegangen.

## Entwurfsprinzipien beim Holzbau

Es wurde bereits darauf hingewiesen, dass bei der Entwurfsplanung eines Holzhauses nicht auf die Anordnung von einzelnen Holzbauteilen geachtet werden muss, da sich mögliche Raster aus der Konstruktionsplanung des Holzbaubetriebs ergeben und jegliche Rasterplanung im Entwurfsprozess unnötig ist – es wird ohnehin bei der Realisierung davon abgewichen werden. Deshalb bleibt der Planungsprozess für den Gebäudeentwurf derselbe, egal, ob für einen Mauerwerksbau, einen Holzmassivbau aus Brettsperrholz, Dübelholz oder Blockbohlen oder gar aus Rundstämmen geplant wird – oder ob es sich um einen Holzrahmenbau handelt. Darum ist es auch nicht erforderlich, dass man sich bereits vor der Grundrissplanung für die Bauweise entschieden hat.

Wichtig ist lediglich, dass übliche **SPANNWEITEN** von Decken nicht überschritten werden. Als wirtschaftlich gelten in allen Bauweisen Spannweiten bis 4,50 Meter, maximal sollten Spannweiten von 5,50 Meter nicht überschritten werden. Sollen Räume in beiden Richtungen größer als diese Länge werden, so kann über **UNTERZÜGE** – also durchlaufende Tragbalken oder Stahlträger in oder unter der Decke – auf dieses Maß geteilt werden. Eventuell muss eine Stütze vorgesehen werden.

Auch die Größe von **FENSTERÖFFNUNGEN** sollte möglichst auf maximal 4,50 Meter begrenzt werden. Anderenfalls ist eine Unterteilung mit zusätzlichen Pfosten vorzusehen.

Diese Maßgrenzen gelten in vergleichbarer Form auch für die mineralische Bauweise mit Beton und Mauerwerk. So können bereits vorliegende Entwürfe, die für einen Mauerwerksbau entwickelt wurden, im Regelfall auch für Holzbauten verwendet werden. Daher kann jedes erfahrene Architekturbüro unabhängig von der gewählten Bauweise selbst dann Entwürfe von Holzbauten erstellen, wenn bislang noch keine Holzbauten realisiert wurden. Denn die allgemeinen Entwurfsprinzipien bezüglich gut funktionierender Grundrisse unter Beachtung von Bauvorschriften gelten unabhängig vom Bausystem.

Dennoch sollte bei der Beauftragung des Architekturbüros nach Referenzen im Holzbau gefragt werden. Denn spätestens, wenn es vom Entwurf ins Detail geht, kommt es auf Kenntnisse der **MATERIALBEDINGTEN** Besonderheiten an.

Ein wichtiger Unterschied zwischen Holzbauten und mineralischen Bauten besteht im **SOCKELBEREICH**. Mit Blick auf die Anbindung zum angrenzenden Terrain sind die Anschlusshöhen am Sockel und die Abdichtungsvorgaben zu berücksichtigen. Dabei stellt das Thema Barrierefreiheit eine besondere Herausforderung dar, da die Oberkante des Erdgeschossfußbodens bei barrierefreien Bauten nur geringfügig oberhalb des Außenterrains an Eingangsbereichen liegen soll.

## Barrierefreiheit

Heutzutage sollte es eine Selbstverständlichkeit sein, bei der Planung eines Gebäudes die Barrierefreiheit zu berücksichtigen. Da mögliche Beeinträchtigungen vielfältig sind und auch erst eintreten können, wenn das Gebäude schon genutzt wird, sollte bereits bei der Grundlagenermittlung als Vorstufe der Entwurfsplanung überlegt werden, welche Punkte bezüglich der Barrierefreiheit unbedingt beachtet werden müssen.

Barrierefreiheit bezieht sich nicht nur auf Einschränkungen beim Gehen, sondern betrachtet auch andere Fragestellungen, wie zum Beispiel Sehfähigkeit oder möglichen Hörverlust. Darum gibt es nicht die eine Lösung für barrierefreies Bauen, sondern es bedarf immer **INDIVIDUELL ABGESTIMMTER KONZEPTE**. Außerdem gibt es je nach Bundesland auch Vorschriften in den Landesbauordnungen bezüglich der Barrierefreiheit. So regelt die Musterbauordnung in § 50 MBO, dass in Gebäuden mit mehr als zwei Wohnungen die Wohnungen eines Geschosses barrierefrei erreichbar sein müssen. Für diese Wohnungen wird gefordert, dass Wohn- und Schlafräume, eine Toilette und ein Bad sowie die Küche beziehungsweise die Kochnische barrierefrei sein müssen. Die Normenreihe 18 040–1–3 regelt die Planungsgrundlagen für barrierefreies Bauen, wobei Teil 2 für Wohnungen gilt. Die Norm enthält zum einen Mindestanforderungen, weist aber auch auf individuelle Maßnahmen hin. Innerhalb von Wohnungen unterscheidet man zwischen

→ barrierefrei nutzbaren Wohnungen und
→ barrierefrei und uneingeschränkt mit dem Rollstuhl nutzbaren Wohnungen. Diese werden mit einem **R** gekennzeichnet.

Hinsichtlich der uneingeschränkten Nutzbarkeit mit dem Rollstuhl geht die Norm von einem Rollstuhl mit maximal 70 Zentimetern Breite und einer maximalen Länge von 1,20 Meter aus.

Bei der Gebäudeplanung müssen ausreichend **BEWEGUNGSFLÄCHEN** vorgesehen werden, und für Rollstühle bedarf es Platz für das Drehen des Rollstuhls. Dazu ist in jedem Aufenthaltsraum und in Küchen und Bädern ein Drehkreis von 1,50 Meter Durchmesser vorzusehen. Darüber hinaus gibt es Empfehlungen zur Anordnung von Bedienungseinrichtungen wie Schalter und Steckdosen und Badobjekte. Dieses Thema sollte früh in der Entwurfsphase zwischen Bauherrschaft und Planenden abgestimmt werden.

### EBENE ÜBERGÄNGE VON AUSSEN NACH INNEN

Stufen oder gar Treppen sollten zur leichten Erreichbarkeit von Hauseingängen vermieden werden. Gerade im Holzhausbau erfordert das eine **BESONDERE SORGFALT** bei der Planung, denn grundsätzlich sollten Holzkonstruktionen 30 Zentimeter Abstand vom Erdboden haben, um das Spritzwasser aus Niederschlägen vom Holz fernzuhalten. Wird über eine Kiesschicht der Spritzwinkel verringert, so genügen 15 Zentimeter Abstand zur Oberfläche dieser Kiesschicht, sofern diese mindestens 30 Zentimeter breit ist. Bei ebenen Hauseingängen, bei denen die Fußboden-Oberkante innen allenfalls gering höher ist als die Zuwegung, liegt das untere horizontale hölzerne Wandrahm, die Schwelle, unterhalb des Außenterrains. Es muss vermieden werden, dass das Gelände direkt an das Gebäude anschließt. Es bietet sich an, dafür den um das Haus verlaufenden Kiesstreifen entsprechend tiefer einzubauen (siehe Abbildung unten). Er muss mindestens 15 Zentimeter unter der Oberkante der Bodenplatte oder der Kellerdecke liegen und mindestens 30 Zentimeter breit sein. Eine Einfassung mit Bordsteinen oder Beton-L-Winkeln überbrückt den Höhenunterschied zum Gelände.

Barrierefreie Haustür mit Gitterrost über dem tiefer liegenden Kiesstreifen

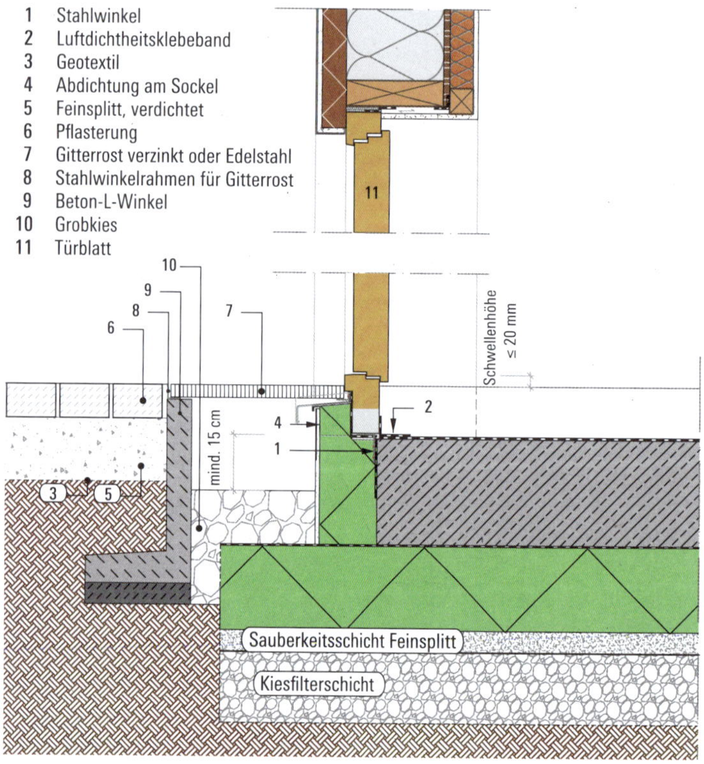


Detailbeispiel eines barrierefreien Haustüranschlusses eines Holzhauses mit Gitterrost und umlaufendem Kiesstreifenfußboden

## ALLES AUF EINER EBENE

Um für alle Lebenslagen in dem Gebäude keine Treppen gehen zu müssen, könnte die Organisation des gesamten Raumprogramms auf einer Ebene erfolgen. Auf Seite 109 oben zeigen wir einen Grundriss, der dieses ermöglicht.

## AUFZUG MITPLANEN

Nicht überall ist es aufgrund der Grundstücksgröße möglich, die komplette Wohnung auf einer Ebene zu realisieren. Dann kann auch über einen Aufzug nachgedacht werden. Dieser sollte von Anfang an mitgeplant werden, er muss aber nicht unbedingt sofort realisiert werden, sofern zum Bauzeitpunkt noch keine so weitgehende Einschränkung bei den zukünftigen Nutzenden vorliegt, dass ein Aufzug erforderlich wäre.

Später kann der Aufzug dann an der vorgesehenen Stelle nachgerüstet werden. Wenn dieser Aufzug nur über zwei Geschosse geht und eine Hubhöhe von drei Metern nicht übersteigt, entfällt die Pflicht zu kostenintensiven regelmäßigen Prüfungen. Im Entwurf bietet es sich an, den Aufzug in das **TREPPENAUGE** zu legen. Der Raum kann frei bleiben, während noch kein Aufzug benötigt wird, oder es können an dieser Stelle zum Beispiel Abstellräume in jedem Geschoss vorhanden sein. Im Erdgeschoss eines Beispielgrundrisses Seite 109 unten rechts) befindet sich eine großzügige Wohn-, Koch- und Essebene, und ein auch für Rollstuhlfahrer nutzbares Gäste-WC ist vorhanden, in welchem die bodengleiche Dusche vom Rollstuhl überfahrbar ist, um den Umstieg aufs WC zu ermöglichen.

Das dazugehörige Obergeschoss (Seite 109 unten links) ermöglicht über Schiebetüren einen guten Zugang zu allen Räumen mit ausreichendem Platzangebot.

Bei Schiebetüren müssen Rollstuhlfahrende nicht immer mit dem Türflügel hantieren, wenn die Türen mit einem gut greifbaren Griff ausgestattet sind und der Platz für das Türblatt neben der Türöffnung vorhanden ist.

Oben: Barrierefreier eingeschossiger Grundriss mit allen Räumen auf einer Ebene und ausreichend Platz für Rollstuhlnutzende.
Unten links: Obergeschoss zum rechten Erdgeschoss.
Unten rechts: Erdgeschoss eines zweigeschossigen barrierefreien Einfamilienhauses mit Aufzug.

In diesem Gebäude laufen alle Innentüren als Schiebetüren in den Wänden. Solche Schiebetüren sind in Holzständerwänden gut integrierbar und stören nicht die Möblierung, im Gegensatz zu vor Wänden verlaufenden Schiebetüren.

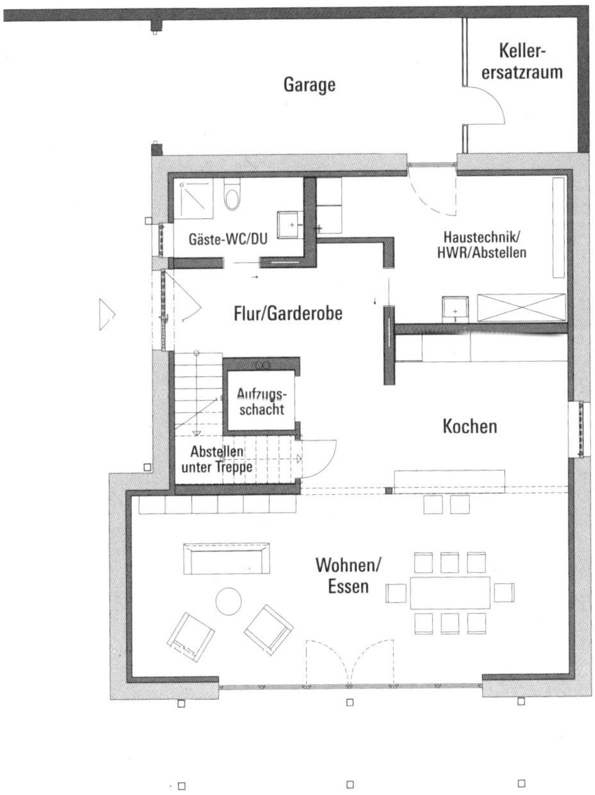

# → **Gründung des Holzhauses:** Als Basis für den Baukörper wird eine Fundamentierung benötigt – oder ein vollwertiger Keller.

**WAS ERFAHRE ICH?**



Ein Holzbau benötigt eine Grundlage. Bei nicht unterkellerten Gebäuden wird der Holzbaukörper direkt auf der Bodenplatte errichtet, bei unterkellerten auf der Kellerdecke. Im Regelfall handelt es sich dabei um den Baustoff Stahlbeton, der entweder als Gründungssohle auf dem Erdreich oder als Ortbeton auf Filigrandeckenelementen über dem Kellergeschoss errichtet wird. Auch ist es möglich, die Kellerdecke selbst in Holz herzustellen.

## Mit oder ohne Keller?

Die Entscheidung für oder gegen einen Keller hängt von mehreren Faktoren ab:

### FAKTOR 1: BAUEN AUF EBENEM GRUNDSTÜCK

Eben ist ein Grundstück, bei dem das Gefälle über die Gebäudeausdehnung maximal eineinhalb Meter beträgt. Dann kann der Höhenunterschied auf dem Gelände durch eine Geländemodellierung ohne großen Aufwand ausgeglichen werden.

Die Entscheidung über Keller oder Bodenplatte hängt vom Platzbedarf insbesondere für Nebenräume, Lagermöglichkeiten und Haustechnik ab. Außerdem ist entscheidend, ob in dicht besiedelten Gebieten mit hohen Grundstückspreisen und relativ klein zugeschnittenen Grundstücken oder im ländlichen Raum mit günstigeren großen Bauflächen gebaut wird. Bei Letzterem können Funktionen wie Haustechnik und Abstellräume auch oberirdisch angeordnet werden. So lässt sich mehr Fläche auf dem Grundstück in Anspruch nehmen – ein Keller ist dann nicht erforderlich. In dicht besiedelten Gebieten ist es sinnvoll, durch einen Keller die Nebenfunktionen in die Tiefe zu bringen und so die zur Verfügung stehende Fläche sinnvoll auszunutzen. Wobei dabei zu beachten ist, dass der umbaute Raum im Keller im Verhältnis zum Nutzen relativ hoher Investitionen bedarf, was gerade bei hohen Grundstückpreisen schwieriger finanzierbar ist als bei kostengünstigen großen Grundstücken abseits der gefragten Regionen.

### FAKTOR 2: BAUEN IM HANG

Soll ein Gebäude im Hang mit einem deutlich größeren Gefälle als im vorigen Abschnitt beschrieben errichtet werden, ist es meist nicht sinnvoll, durch eine Geländemodellierung künstlich ein ebenes Grundstück herzustellen, um dann darauf eine Bodenplatte zur Gründung des Holzgebäudes zu errichten. Der Gründungsaufwand auf aufgeschüttetem Bereich, sogenanntem „nicht gewachsenen Boden", ist erheblich, und die Mehrkosten für einen Keller im Hang sind überschaubar, sodass der Raumgewinn in einem so gelagerten Fall wirtschaftlich ist. Talseitig angeordnete Kellerräume mit Fenstern ohne Lichtschacht können auch als Wohnräume oder sonstige Aufenthaltsräume, wie zum Beispiel als Büro, genutzt werden.

Von einer **TEILUNTERKELLERUNG** ist abzuraten. Das unterschiedliche Gründungsniveau und der unterschiedliche Druck auf das Erdreich der beiden Gebäudeteile begünstigt Setzungen. Diese bautechnisch zu vermeiden bedarf eines großen Aufwands, der wirtschaftlich meist gegenüber einer Vollunterkellerung nicht zu rechtfertigen ist.

## Übergang zwischen Holzbau und Keller oder Bodenplatte

Damit das Holzrahmenbaugebäude auch planerisch zu den darunterliegenden Bauteilen passt, bietet es sich an, dass aus der Holzbauplanung die wichtigen Maße für den Keller beziehungsweise für die Bodenplatte übergeben werden. So wird sichergestellt, dass nicht nur Einzellasten aus Pfosten und Streckenlasten aus Wänden richtig in das darunterliegende Geschoss oder die Gründung weitergeleitet werden, sondern auch, dass insbesondere **INSTALLATIONSLEITUNGEN** aus den vorgefertigten Holzbauwänden passgenau an die darunterliegenden Leitungen angeschlossen werden können.

Die in der DIN 18202 festgelegten Maßtoleranzen für den Hochbau sind zu groß für relativ passgenau vorgefertigte Holzbauteile im Holzbau. Sowohl bei Holzrahmenbauten als auch bei Holzmassivbauten werden die Dach-, Decken- und Wandelemente im Regelfall mit CNC Maschinen gefertigt, die auf nur wenige Millimeter genau arbeiten. Bei Einhalten der vorgenannten Norm darf die Gründungsplatte beziehungsweise die Kellerdecke in Länge und Breite sowie in den Diagonalen und im Höhennivellement je nach Messlänge mehrere Zentimeter vom Sollmaß abweichen. Damit durch diese Maßdiskrepanz kein aufwendiges Nacharbeiten am Holzbau entsteht, sind höhere Anforderungen an die Genauigkeit des Kellers beziehungsweise der Bodenplatte mit geringeren Abweichungen vom Soll erforderlich

### MASSTOLERANZEN GESONDERT VEREINBAREN

In der Ausschreibung von Rohbauarbeiten in Stahlbeton oder als Mauerwerksbau, auf die ein Holzrahmenbau montiert werden soll, bzw. im Vertragswerk für die Ausführung von Holzrahmenbauten sollten folgende **MASSTOLERANZEN**, die sich im Holztafelbau bewährt haben, abweichend von den Regelungen aus DIN 18202 mit folgender Formulierung festgelegt werden:

„Für Gründungsplatten oder Kellerdecken, auf die der Holzrahmenbau montiert wird, gilt abweichend von DIN 18202:

- → Für die Außenabmessungen der Betonfläche und Einzelmaße von Aussparungen ist eine maximale Abweichung von ± 5 mm zulässig.
- → Für die Diagonalmaße zur Winkelkontrolle ist eine maximale Abweichung von ± 7 mm zulässig.
- → Bei der Höhenkontrolle (Nivellement) ist als maximaler Höhenunterschied in der Oberfläche eine Abweichung von ± 5 mm zulässig, dabei sollen die einzelnen Messpunkte einen maximalen Abstand von 2,5 m haben."

## Haus auf Bodenplatte

Je nach Vorgaben aus der Statik handelt es sich um Bodenplatten mit Streifenfundamenten oder um Sohlplatten, die als Plattengründung ohne Streifenfundamente auskommen. In diesem Zusammenhang ist auch entscheidend, wie die Bodenplatte gedämmt wird. Zur Erreichung der energetischen Ziele beträgt die Gesamtdämmstärke bei Bodenplatten heute mindestens 12 Zentimeter, um jedoch Förderziele und einen zukunftsweisenden Dämmstandard zu erreichen, sind eher 18 Zentimeter und mehr vorzusehen. Dabei kann die Dämmung selbst auf der Bodenplatte oder darunter verlegt sein. Es ist auch denkbar, dass ein Teil der Dämmung oberhalb und ein Teil unterhalb verlegt wird. Das ausschließliche Dämmen auf der Bodenplatte hat zwar den Vorteil, dass die dafür benötigten Dämmstoffe etwas kostengünstiger sind als druck- und wasserfeste Dämmstoffe, die im Perimeterbereich unter der Bodenplatte zu verlegen sind, jedoch wirkt sich nachteilig aus, dass es dadurch fast nicht möglich wird, die Oberkante des Fertigfußbodens im Erdgeschoss mit möglichst wenig Höhenunterschied zur Höhe des Außenterrains auszuführen. Bei einer Dämmung unterhalb der Bodenplatte ist diese Aufgabenstellung leichter zu lösen, ohne dass Holzbauteile zu sehr in die Nähe des Erdreiches gelangen.

Bei dieser Variante mit **DÄMMUNG UNTER DER BODENPLATTE** kommen sinnvollerweise Sohlplatten ohne Streifenfundamente zum Einsatz, um so Wärmebrücken am Gründungsrand zu vermeiden. Um die erforderliche Tiefe für eine frostfreie Gründung zu erreichen, realisiert man in einem solchen Fall eine an der Außenkante der Sohlplatte umlaufende Schotterpackung mit einer Tiefe von mindestens 80 Zentimeter unter der Oberkante des Außenterrains.

### AUFGESTÄNDERT: EINZELFUNDAMENTE AUS BETON ODER SCHRAUBFUNDAMENTE

Anstelle einer betonierten Bodenplatte können auch Einzelfundamente in einem Raster vorgesehen werden. Das Raster wird im holzbauüblichen Maß für Deckenspannweiten mit etwa vier bis viereinhalb Metern festgelegt. In eine Richtung werden verzinkte Stahlträger aufgelegt. Im rechten Winkel dazu können dann die Bodenplattenbalken aufgebracht werden. Das erfolgt im Regelfall elementiert.

Die einzelnen Fundamente werden entweder aus Beton (ca. 40 x 40 oder 50 x 50 Zentimeter) und mit mindestens 80 Zentimeter tiefer frostfreier Gründung hergestellt, oder es werden **SCHRAUBFUNDAMENTE** verwendet. Diese verzinkten Stahlbauteile mit einer Länge von 1,60 bis 2 Meter werden mit einer besonderen Maschine, die das erforderliche Drehmoment aufbringt, fast vollständig in den Boden geschraubt – vergleichbar mit Bodenschrauben für Wäschespinnen. Da es für diese Fundamente keine allgemein gültige Zulassung gibt, ist eine kostenpflichtige Zustimmung im Einzelfall durch die oberste Landesbauaufsichtsbehörde erforderlich.

Bei beiden Varianten der Einzelfundamente muss zwischen der Holzkonstruktion und dem Terrain ein **AUSREICHENDER ABSTAND** zur Durchlüftung und gegen Spritzwasser von in der Regel mindestens 30 Zentimetern vorgesehen werden. Um diesen Hohlraum warten zu können, sollte der Abstand gegebenenfalls auch höher gewählt werden. In diesem belüfteten Abstand unter dem Gebäude sind die verlaufenden wasserführenden Leitungen so zu dämmen, dass diese sicher frostfrei bleiben. Gegebenenfalls ist eine Begleitheizung an diesen Rohren anzubringen.

In Verbindung mit der Aufbauhöhe der gesamten unteren Decke wird dadurch der Erdgeschossboden ca. 0,80 bis einen Meter über dem Terrain liegen. Eine barrierefreie Erschließung wird damit nur über eine relativ lange Rampe oder einen Plattformaufzug möglich.

Diese Art der Gründung ist aufwendig und stellt nicht den Regelfall dar. Mit Blick auf nachhaltiges zirkuläres Bauen trägt diese Bauweise jedoch zur Rückbaubarkeit bei – insbesondere die Schraubfundamente sind in diesem Sinne vorteilhaft.

## Unterkellertes Gebäude

Für die Ausführung von Kellerdecken ist zunächst entscheidend, ob es sich um einen beheizten Keller innerhalb der wärmedämmenden Hülle oder um einen „kalten" Keller handelt. Daraus resultiert die Art der Dämmung. Bei beheiztem Keller reicht unter dem Estrich eine Trittschalldämmung aus. Ansonsten muss die Kellerdecke entweder nur oben, nur unten oder sowohl oben als auch unten gedämmt werden.

Anstelle der üblicherweise eingesetzten Betonkellerdecken ist auch eine Holzbalkendecke aus Vollholz oder Holzstegträgern oder eine **MASSIVHOLZDECKE** über einem Kellergeschoss möglich. Dabei muss jedoch beachtet werden, dass der Aufwand für die Aussteifung der Kellerwände gegen Erddruck bei dieser Ausführungsvariante größer wird. Bei Kellerwänden aus Stahlbeton erhöht sich der Stahlanteil in den Wänden insbesondere bei den Anschlusseisen zur Bodenplatte, und bei Mauerwerkskellern muss auch der Ringanker eine den Erddruck aufnehmende Ausführung erhalten. Dieser Mehraufwand muss von Anfang an berücksichtigt werden – hinzu kommt das Fehlen der Auflast aus der schweren Betondecke, die dem Erddruck entsprechend entgegenwirken kann. Die Variante ist im Vergleich zu einer Stahlbetondecke in der Regel unwirtschaftlich.

# → Außenhaut des Holzhauses: Die Fassade zeigt nicht zwangsläufig die Bauweise: Holzfassaden sind ebenso möglich wie Putzfassaden oder eine Kombination aus beidem.

**WAS ERFAHRE ICH?**



Wer sich für ein Rundstammhaus oder eine Blockbohlenbauweise entscheidet, zeigt mit dem Gebäude klar, dass es sich um ein Holzhaus handelt. Dabei fühlt man sich bei Erstgenanntem wie in Kanada, und bei den Blockbohlen kommt ein skandinavisches Flair auf. Diese beiden Varianten geben den Eindruck wieder, den viele Menschen mit dem Begriff Holzhaus verbinden – auch wenn diese Gebäude den geringsten Anteil an den gebauten Holzhäusern ausmachen.

Die Wahl der Fassadenverkleidung kann bei den anderen Holzbauweisen unabhängig von der Konstruktion, also ob Holzrahmenbau oder Holzmassiv mit Brettsperrholz, Brettschichtholz oder Dübelholz vorliegt, frei gewählt werden. Bei der Entscheidung stehen persönliche Vorlieben, aber auch wirtschaftliche Aspekte im Vordergrund. Putzfassaden sind etwa bei der Errichtung eher kostengünstiger als vorgehängte Fassaden. Im Unterhalt kann sich das anders darstellen: Verkleidungen aus Metall oder Fassadentafeln bewirken im Prinzip keinen Pflegeaufwand. Das trifft auf Holzfassaden auch zu, wenn resistente Hölzer gewählt werden, wie Lärche, Douglasie oder Eiche, und diese unbehandelt beziehungsweise vorvergraut und gemäß den geltenden Fachregeln verbaut werden. Sind die Holzfassaden jedoch farblich behandelt, so wird eine regelmäßige Nachbehandlung erforderlich, die je nach Beschichtungsstoff und Ausrichtung der Fassade zwischen 5 und 20 Jahren liegen kann. Auch bei farblicher Behandlung wird empfohlen, die vorgenannten resistenten Hölzer einzusetzen, damit nur aufgrund von optischen Beeinträchtigungen ein neues Streichen erforderlich wird, aber nicht aufgrund des Holzschutzes. Es ist dann auch kein chemischer Holzschutz in den einzusetzenden offenporigen Beschichtungen erforderlich. Verputzte Fassaden benötigen auch regelmäßig neue Anstriche im ähnlichen Rhythmus wie vorgenannte Holzfassaden.

## Putzfassade mit WDVS

Weit verbreitet sind heute verputzte Gebäude. Auch Holzrahmenbauten werden heute regelmäßig außen verputzt und unterscheiden sich dadurch optisch kaum von herkömmlich errichteten Mauerwerksbauten. Zur Jahrtausendwende war es noch üblich, dass als Putzuntergrund entweder zementgebundene Holzwolleleichtbauplatten (HWPL) oder Platten aus expandiertem Polystyrol (EPS) (umgangssprachlich „Styropor“) verwendet wurden. Inzwischen hat sich durchgesetzt, außen

**Holzgebäude mit großflächigen, hinterlüfteten Fassadenplatten aus Faserzementplatten**

auf dem Rahmenwerk Holzfaserdämmplatten zu montieren, die als Putzträgerplatten wirken.

Gegenüber der Verwendung von Polystyrol als Putzuntergrund erweist sich bei Holzfaserplatten die Sorptionsfähigkeit des Materials als vorteilhaft. In Verbindung mit dem mineralischen Putz findet dadurch ein Feuchteausgleich an der Putzoberfläche statt, wodurch diese im Vergleich zu verputztem Polystyrol schneller abtrocknet. Dadurch haften weniger Schwebstoffe aus der Luft an der Fassadenoberfläche an, und die Fassade veralgt nicht so rasch.

Auch Mineralfaserdämmplatten können als Putzträgerplatte zum Einsatz kommen. Im Gegensatz zur Holzfaser-Putzträgerplatte, die direkt auf dem tragenden Holzrahmenwerk der Außenwand befestigt werden kann, benötigt der Einbau von Polystyrol- oder Mineralfaserdämmung eine Holzwerkstoffplatte als Grundlage. Im Vergleich zu einer am Holzrahmenwerk außenseitig angebrachten Holzwerkstoffplatte ist die Holzfaserdämmplatte wesentlich diffusionsoffener. Damit erreicht eine solche Bauweise die bauphysikalischen Anforderungen an den Feuchteschutz unter Betrachtung der Diffusionsvorgänge im Bauteil.

Dämmstoff und Verputz bilden zusammen das Wärmedämmverbundsystem (WDVS), welches einen dauerhaft wirksamen Wetterschutz des Tragwerks leisten muss. Aus diesem Grund kommt es besonders darauf an, dass beim Wärmedämmverbundsystem mit allen Komponenten die bauaufsichtlichen Vorschriften und Herstellervorgaben beachtet werden. Während im konventionellen Bau bei Wärmedämmverbundsystemen meistens Dämmung und Putz von derselben ausführenden Firma angebracht werden, teilen sich bei Holzrahmenbauten die Arbeiten auf: Der Holzbaubetrieb montiert die Dämmplatten auf dem Holzrahmenwerk, und ein Stuckateur verputzt anschließend. Dazu arbeitet der Stuckateur entweder als Subunternehmer des Holzbaubetriebs, oder er wird von der Bauherrschaft direkt beauftragt.

Durch die Auftrennung in zwei unterschiedliche Ausführende kommt es besonders darauf an, auf die Einhaltung des vorgegebenen Systems zu achten. Die Produktzulassungen beinhalten die Kombination aus Dämmstoffprodukt und Putzprodukt. Dabei ist es möglich, dass für ein Dämmstoffprodukt mehrere verschiedene Putzsysteme zugelassen sind – auch von unterschiedlichen Herstellern –, und umgekehrt können für Putzsysteme mehrere Dämmstoffprodukte zulässig sein.

## Vorgehängte Außenwandbekleidungen

Im Gegensatz zu der direkt auf das Rahmenwerk montierten Putzträgerplatte mit Putzfassade ist es im Holzrahmenbau schon lange üblich, vorgehängte Fassaden zu realisieren. Das betrifft insbesondere die klassischen Holzfassaden, aber auch die Verkleidung mit großflächigen Fassadentafeln, Holzschindeln, Schiefer, Kunstschiefer, Blech, aber auch hinterlüfteten Putzträgerplatten.

Mit großflächigen Fassadentafeln lassen sich langlebige Außenverkleidungen realisieren. Dazu werden in der Regel Faserzementplatten, die in unterschiedlichen Ausführungsvarianten, Oberflächenstrukturen und in großer Farbvielfalt angeboten werden, verwendet. Bei der Fassadenplanung sind Fenstergrößen und Plattenformate sinnvoll aneinander anzupassen, um ein harmonisches Gesamtbild zu prägen. Dabei ist ein besonderes Augenmerk auch auf das Fugenraster zu legen.

Die Fassadenplatten werden in einer Ebene verlegt, sodass nicht nur vertikale, sondern auch horizontale Fugen entstehen. Als Unterkonstruktion können dafür sowohl Blechprofile als auch Holzrahmen verwendet werden. Wichtig: Werden Holzrahmen eingesetzt, muss auf dem Holz vor der Montage der Fassadentafeln ein Gummitrennstreifen aufgelegt werden, um das Holz der Rahmen vor der Witterung zu schützen.

Um eine abwechslungsreiche Fassadengestaltung zu erreichen, ist es auch möglich, Holzverschalung und Fassadentafeln zu kombinieren. Auf diese Weise können zum Beispiel Fenster optisch zusammengefasst und interessante farbige Akzente gesetzt werden, die das Erscheinungsbild des Hauses bereichern (siehe nebenstehende Abbildung).

**Schnitt durch eine Holzbauwand mit Putzträgerplatten aus Holzfaserdämmung**

**Fassadengestaltung durch Wechselspiel aus Holzfassade (hier: Douglasie) und farbigen Faserzementplatten**

# Fassadentafeln und Lärchenschalung

**BADEN-WÜRTTEMBERG, DEUTSCHLAND, UWE HEUNISCH**

Wie man verschiedene Möglichkeiten der Fassadengestaltung zu einem harmonischen Ganzen kombiniert, zeigt dieses Holzhaus.

Der zweigeschossige Hauptbaukörper des Hauses wird durch einen eingeschossigen Anbau ergänzt. Unterschiedliche Fassadenmaterialien sorgen dabei für eine klare architektonische Differenzierung: hier großteilige, rote Fassadentafeln in gedecktem Rubinrot, dort eine kleinteilige, vergrauende Lärche-Leistenfassade, die auf der anderen Hausseite von der Garage aufgenommen wird. Der Wechsel zwischen Ein- und Zweigeschossigkeit bietet bessere Aussichtsmöglichkeiten im Obergeschoss, außerdem entstand so eine attraktive Dachterrasse auf dem Anbau.

Neben dem großen offenen Wohnraum im Anbau, der sich über Glasflächen zum Garten und zur Terrasse öffnet, bieten weitere Individualräume Platz für Gäste und zum Arbeiten. Auch ein Bad ist im Erdgeschoss vorhanden, sodass sich ohne Weiteres auch das Wohnen auf einer Ebene im Bedarfsfall realisieren lässt. Der flexible Grundriss würde auch die Abteilung einer Wohnung oder eines Büros mit separatem Eingang im Erdgeschoss ermöglichen, falls diese einmal gewünscht sein sollte..

Die Verbindung zwischen Erdgeschoss und Obergeschoss bildet die elegante Faltwerktreppe, ein Blickfang, die den Wohnbereich durch ihren Luftraum um eine Dimension erweitert. Die Küche ist so geschickt beim Essplatz platziert, dass sie vom Wohnbereich aus praktisch unsichtbar ist.

Im Obergeschoss bieten drei Schlafräume viel Platz und individuelle Rückzugsräume für jedes Familienmitglied.

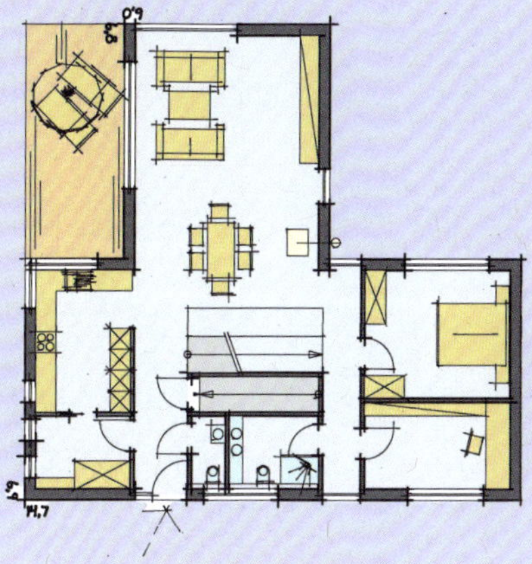

Erdgeschoss

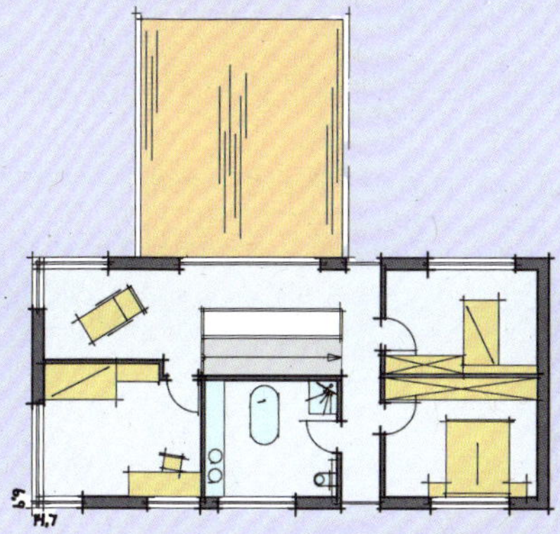

Obergeschoss

## PROJEKTDATEN

**Architektur:** Uwe Heunisch
**Wohnfläche:** 195 m²
**Anzahl der Vollgeschosse:** 2
**Energiestandard:** Effizienzhaus 55
**Konstruktion und Materialien:** Holzrahmenkonstruktion; Rhombus-Schalung (Lärchenholz), Fassadenplatten; Brettschichtholz-Decke; Parkettboden; Stahltreppe; Holz-Alu-Fenster; Flachdach mit Edelstahleindeckung; Luft-Wasser-Wärmepumpe; Photovoltaik mit Batteriespeicher; Kontrollierte Lüftung mit Wärmerückgewinnung
**Jahr der Fertigstellung:** 2011

Faltwerktreppe zum Obergeschoss

# 4

Der natürliche Baustoff Holz bietet viele gestalterische Möglichkeiten. Es sind allerdings auch konstruktive und bauliche Besonderheiten sowie Grenzen der Einsatzmöglichkeiten zu berücksichtigen, um lange Freude am Eigenheim haben zu können.

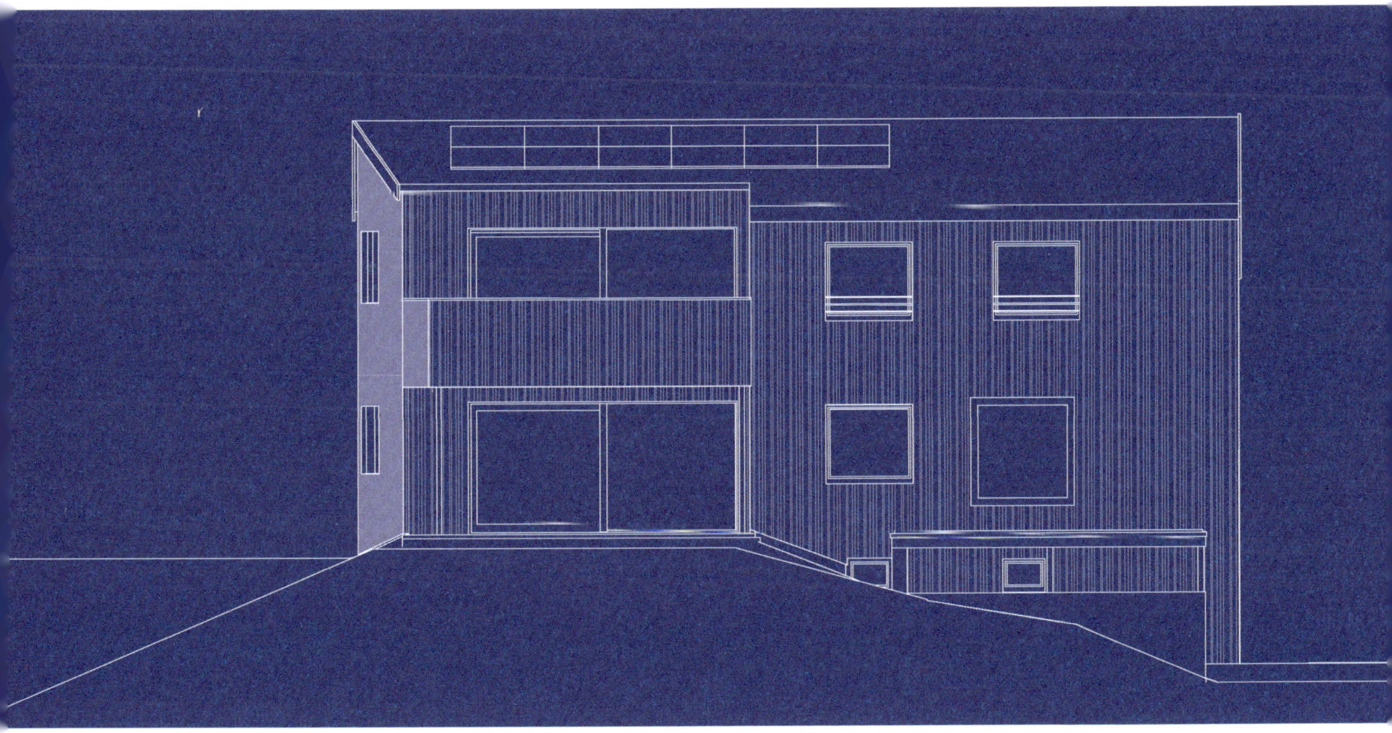

# → **Fassaden – Material und Optik:** So wie nicht jede Holzfassade auf ein Holzhaus schließen lässt, müssen auch nicht alle Holzhäuser die Bauweise außen zeigen. Alles ist möglich!

**WAS ERFAHRE ICH?**



Kleider machen Leute – und Fassaden bestimmen die ästhetische Wirkung eines Hauses in entscheidendem Maß. Häufig werden Holzhäuser auch mit hölzernen Fassaden ausgeführt – dass dies nicht unbedingt sein muss, beweisen unsere Objektbeispiele. Egal, für welches Fassadenmaterial Sie sich bei Ihrem Haus entscheiden, es sind einige technische Grundsätze und Rahmenbedingungen einzuhalten. Diese werden im folgenden Abschnitt erklärt.

## Holzfassaden

Grundsätzlich wird empfohlen, Holzfassaden **HINTERLÜFTET** auszuführen (siehe Grafik auf Seite 121, Darstellung ganz links). Dies bedeutet, dass die Fassade sowohl an der Unterseite als auch an der Oberseite eine Luftöffnung hat. Hinterlüftungen ermöglichen einen Abtransport von Feuchtigkeit, welche in den Wintermonaten vom Rauminneren durch Wasserdampfdiffusion beziehungsweise -konvektion nach außen gelangt und aufgrund der niedrigen Temperaturen kondensieren kann.

**BELÜFTETE FASSADEN** (Darstellung b) haben nur an der Unterseite eine Lüftungsöffnung. An der Oberseite – zum Beispiel im Bereich von Dachanschlüssen oder Fensterbänken – sind sie verschlossen. Dies kann aus bauphysikalischer Sicht aufgrund der temperaturbedingten Luftströmungen im Hohlraum ebenfalls funktionieren. Nicht hinter- beziehungsweise belüftete Holzfassaden (Darstellung c) sind nicht empfehlenswert. Sie stellen aus unserer Sicht im Sinne des konstruktiven Holzschutzes keine robuste Konstruktion dar.

Auch bei einer **VORGEHÄNGTEN OFFENEN FASSADE** (Darstellung d) ist ein ausreichender Luftaustausch gewährleistet. Zu berücksichtigen ist jedoch, dass diese Ausführung keinen Witterungsschutz für dahinterliegende Schichten darstellt. Dies bedeutet, dass hinter der Unterkonstruktion der Fassade eine UV-beständige Fassadenbahn eingesetzt werden muss, um die Winddichtheit und den Witterungsschutz zu gewährleisten. Vom Einsatz von gefärbten MDF-Platten ohne Fassadenbahn raten wir ab, da diese Platten in bewitterten Bereichen (Nutzungsklasse 3) nicht zugelassen sind.

### MATERIAL

Im Alpenraum findet man bei traditionellen Bauten immer wieder **HOLZSCHINDELFASSADEN**. In der Regel werden die verwendeten Holzschindeln unbehandelt eingesetzt. Als Holzarten kommen dabei Lärche, Tanne und Fichte zum Einsatz. Traditionell wurden die Schindeln

Fassade aus Holzschindeln

handgespalten, heute werden sie auch maschinell hergestellt.

Am häufigsten werden als Material für die Fassaden Bretter oder Leisten verwendet. Hierbei ist, neben der Einhaltung der Regeln des konstruktiven Holzschutzes, die Holzqualität für eine lange Lebensdauer entscheidend. Die Holzqualitätskriterien werden in den Richtlinien des Verbandes der Europäischen Hobelwerke (VEH) definiert. Hierbei werden vier **SORTIERKLASSEN** unterschieden:

- → **VEH A**: Diese Sortierklasse stellt die höchste Qualität dar und besteht zu 100 Prozent aus Brettern der Sortierklasse A.
- → **VEH TOP**: Diese Qualität besteht zu 60 Prozent aus Brettern der Sortierklasse A und zu 40 Prozent der Klasse B.
- → **VEH AB**: Diese Qualität kann zu 30 Prozent aus Brettern der Klasse A und zu 70 Prozent der Klasse B bestehen.
- → **VEH B**: Hierbei können 100 Prozent Bretter der Klasse B eingesetzt werden.

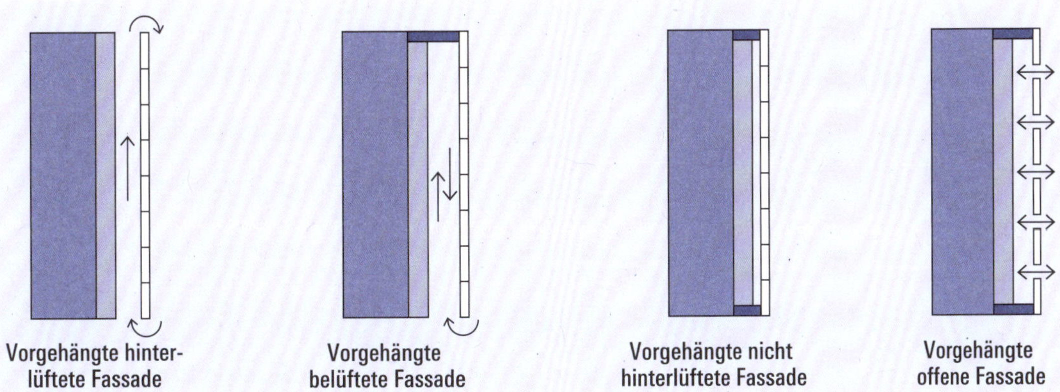

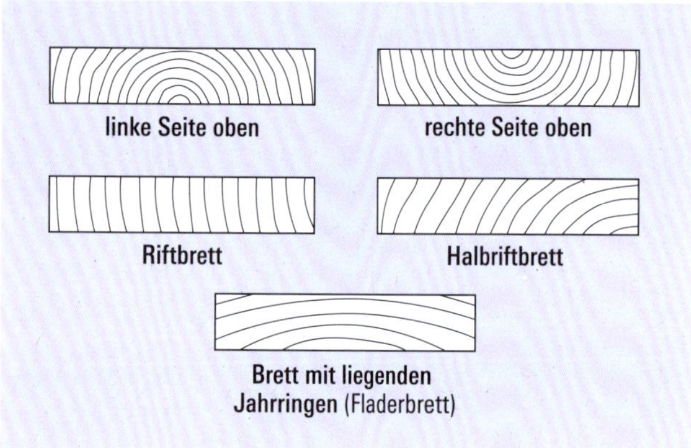


Jahrringlagen der Bretter

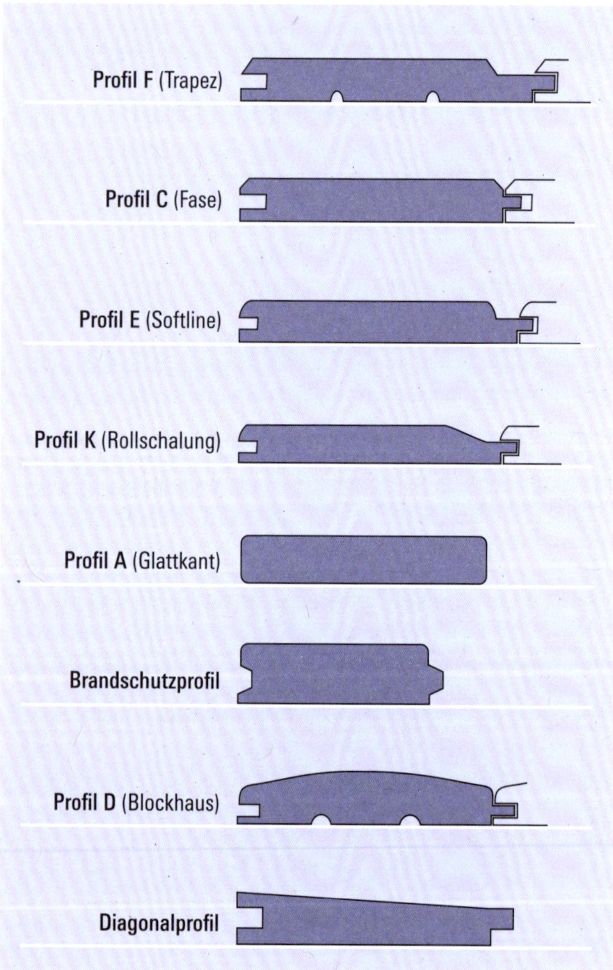


Unterschiedliche Profilformen

Als Sortierkriterien werden Anzahl und Größe von Ästen, ausgeschlagene oder schadhafte Stellen, Druckholzanteil, Verformungen, Größe und Anzahl von Harzgallen, Risse, Markröhre, Verfärbungen, Splintholzanteil, Baumkante, Rindeneinwüchse sowie Pilz- und Insektenbefall herangezogen.

Für Holzfassaden werden vorwiegend Nadelholzarten eingesetzt. Häufig kommt die etwas witterungsbeständigere Lärche zum Einsatz. Diese ist als **FASSADENHOLZ** empfehlenswert. Es sind aber auch Fassaden aus Tannen- oder Fichtenhölzern möglich. Eiche ist eine der widerstandsfähigsten heimischen Holzarten. Bei einem Einsatz an der Fassade sind mögliche Auswaschungen der Gerbsäure zu berücksichtigen. Diese können Eisengerbstoffverfärbungen verursachen, wenn zur Befestigung nicht Produkte aus Edelstahl verwendet werden.

Die **JAHRRINGLAGE** beziehungsweise Schnittrichtung der Bretter (siehe „Baustoff Holz", Seite 17) hat einen wesentlichen Einfluss auf Verformung, Rissbildung und somit in letzter Konsequenz auf die Lebensdauer der Holzfassade. So sollten im Fassadenbereich Fladerbretter vermieden werden. Es sind Rift- beziehungsweise Halbriftbretter vorzuziehen. Zusätzlich gilt, dass die „rechte" Seite, also die markzugewandte Seite außen sein sollte.

Wie im Abschnitt „Holzfeuchtigkeit" (Kapitel „Warum ein Holzhaus?", Seite 13) erwähnt, soll das Holz entsprechend der sich einstellenden Holzfeuchtigkeit verarbeitet werden. Bei Fassaden wird ein Bereich von 12 bis 16 M-% empfohlen.

Fassadenbretter bieten eine große **GESTALTUNGSVIELFALT**. Sie können vertikal, horizontal oder gegebenenfalls auch schräg verlegt werden. Es kommen sowohl Profilbretter (Nut-Feder) als auch parallel besäumte Bretter in Form von Stülp- oder Deckelschalung zum Einsatz.

Bei einer vertikalen Verlegung der Bretter wird das Niederschlagswasser rascher abgeleitet. Die Hirnholzkanten sind aber entsprechend vor einem Wassereintritt über die Kapillaren zu schützen. So ist die Oberseite konstruktiv abzudecken, die Schnittkante der Unterseite

EINE ÜBERSICHT DER SORTIERKRITERIEN FÜR FASSADENBRETTER KANN ONLINE UNTER → VEUH.ORG EINGESEHEN WERDEN.

schräg zu hinterschneiden und ein Spritzwasserschutz im Sockelbereich auszubilden (siehe nebenstehende Abbildung).

Bei horizontalen Brettern kann das Niederschlagswasser bei Rissen leichter eindringen. Im Sockelbereich wird daher die Anordnung einer sogenannten **VERSCHLEISSSCHICHT** empfohlen. Dies bedeutet, dass die unteren Bretter leicht austauschbar befestigt werden sollen. Bei schräg verlegten Brettern ist ein Wasserablauf an der unteren Seite sicherzustellen. Dadurch wird verhindert, dass sich das Wasser an den Stoßfugen sammelt und kapillar aufgesaugt wird.

In der Vergangenheit wurden auch **HOLZWERKSTOFFPLATTEN** – vorwiegend dreischichtige Massivholzplatten und Sperrholzplatten – als Fassadenbekleidung verwendet. Dabei sind ausschließlich Platten mit einer wetterfesten Verklebung zulässig. Die oberen horizontalen Schnittkanten der Platten sind unbedingt abzudecken, um eine Bewitterung zu verhindern. Die unteren Schnittkanten sind um 15 Grad schräg zu hinterschneiden, damit das Wasser vollständig abtropfen kann.

Allerdings können auch bei Einhaltung dieser konstruktiven Maßnahmen Risse in den Decklagen nicht verhindert werden. Eine Holzwerkstoffplatte (ausgenommen eine zementgebundene Spanplatte) an der Fassade ist hinsichtlich der Lebensdauer und der Einsatzmöglichkeiten immer einer Brett- oder Leistenfassade unterlegen. Vom Einsatz von Spanplatten und einschichtigen Massivholzplatten an der Fassade wird grundsätzlich abgeraten.

## KONSTRUKTION

Vor allem bei frei bewitterten Holzkonstruktionen ist der **KONSTRUKTIVE HOLZSCHUTZ** für eine lange Lebensdauer entscheidend. Das Niederschlagswasser muss rasch abgeleitet werden. Die Hirnholzflächen sind abzudecken, und es sind an den Schnittkanten Fugen von mindestens einem Zentimeter erforderlich. Durch diese Maßnahmen wird die kapillare Wasseraufnahme über das Hirnholz verhindert. Dies gilt bei horizontal verlegten Brettern natürlich auch im Bereich der Gebäudeecken und Fensteranschlüsse.

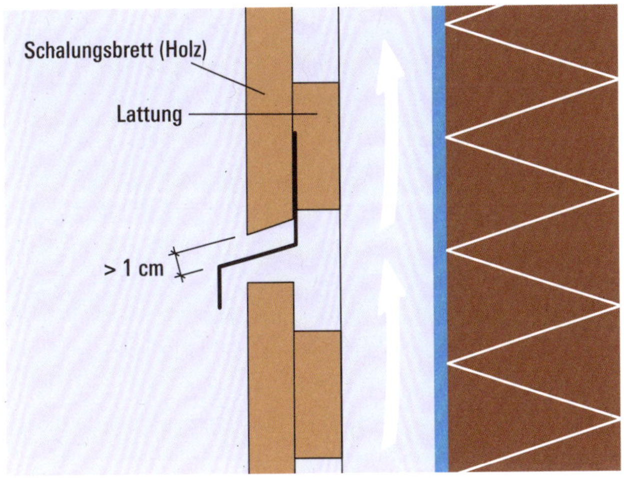


**Horizontale Stoßfuge bei vertikal verlaufender Holzschalung mit schräg hinterschnittenen Brettern und einer Fuge ≥ 1 cm. So kann das Niederschlagswasser abtropfen und eine kapillare Auffeuchtung wird vermieden.**

Im **SOCKELBEREICH** ist die Spritzwasserhöhe von 30 Zentimetern zu beachten. Es empfiehlt sich, im Anschlussbereich anstelle eines Betonbodens einen Kiesstreifen um das Gebäude zu legen, da dadurch die Spritzwasserbelastung reduziert wird. Wird die Fassade in den Spritzwasserbereich gezogen, ist mit einer geringeren Lebensdauer in diesem Bereich zu rechnen. Bei horizontaler Verlegung wird die Ausbildung

**Zu geringer Abstand der vertikalen Holzverkleidung zum Außenniveau**

**EMPFEHLUNGEN FÜR FASSADENBRETTER**
für unbehandelte und beschichtete Holzfassaden

| | Unbehandelt | Beschichtet |
|---|---|---|
| Holzfeuchtigkeit | 12 bis 16 M-% | 12 bis 16 M-% |
| Jahrringlage | Rift-Halbrift | Rift-Halbrift |
| Außenseite | markzugewandte Seite | markzugewandte Seite |
| Dicke | 19 mm | 19 mm |
| Breite | max. 150 mm | max. 150 mm, stark bewittert: 120 mm |
| Kantenrundung | – | mind. 2,5 mm |

leicht austauschbarer Bretter im unteren Bereich empfohlen.

Ein **DACHÜBERSTAND** kann die Fassade und das Gebäude vor der Bewitterung schützen (60-Grad-Regel).

**FENSTER** werden aus bauphysikalischen Gründen in der Dämmebene eingebaut. Für den Holzrahmenbau bedeutet dies: in der Mitte des Ständers. Die Fensterrahmen können hierbei zusätzlich überdämmt werden, um die Wärmebrücke zu verringern. Bei der Ausbildung der seitlichen Leibungsbretter der Holzfassade gelten dieselben konstruktiven Regeln wie für

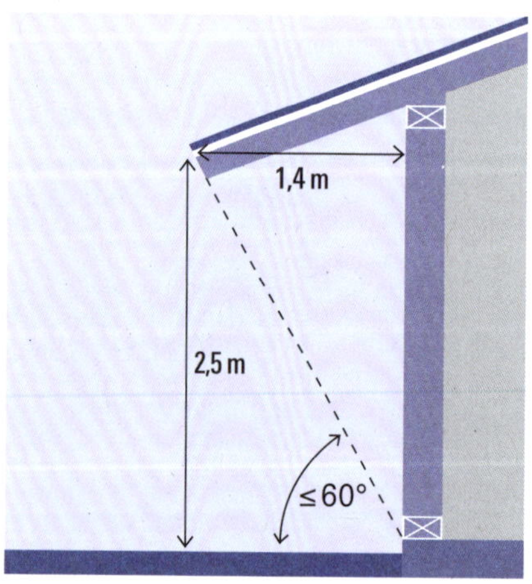


**60-Grad-Regel nach DIN 68800–2**

die Fugen. Im Bereich der Fenster sollte bei hinterlüfteten Fassaden die Hinterlüftung nicht unterbrochen werden, Dies bedeutet, dass unter der Fensterbank und im Sturzbereich entsprechende Zu- und Abluftöffnungen auszubilden sind. Unter den Fensterbänken wird der Einbau einer zweiten wasserführenden Ebene (zum Beispiel in Form eines Butylklebebandes) empfohlen.

## VERGRAUUNG UND OBERFLÄCHENBEHANDLUNG

Unbehandelte, bewitterte Holzkonstruktionen verändern mit der Zeit ihre Farbe. Sie altern und können grau werden, ohne jedoch an Festigkeit zu verlieren. Die Alterung erfolgt schrittweise, abhängig von der Orientierung der Fassade, der Beanspruchung durch Niederschlag und dem Mikroklima am Standort. Die Phasen können folgendermaßen eingeteilt werden:

→ Bräunung durch Sonnenlicht (UV-Anteil)
→ Auswaschen des Lignins
→ Vergrauung durch Mikroorganismen und Schmutz
→ Erosion, Rissbildung

Die Abbildung auf Seite 125 zeigt anschaulich die unterschiedlichen Phasen der Alterung. Ist eine farbige Fassade gewünscht, kann eine Beschichtung aufgebracht werden. Zu beachten ist, dass die Bretter dann nicht mehr als natürliche Baustoffe gelten und nach der Nutzungsdauer gesondert entsorgt werden müssen.

**BESCHICHTUNGEN** können nach der Transparenz unterteilt werden in deckende Lacke, Lasuren und farblose Lasuren. Eine Beschichtung soll durch die enthaltenen Pigmente und UV-Absorber die Holzoberfläche vor der UV-Strahlung des Sonnenlichts und somit dem Abbau der Holzsubstanz schützen. Farblose Lasuren können dies aufgrund der fehlenden Farbpigmente in der Regel kaum sicherstellen. Beim Einsatz von **FARBLOSEN ANSTRICHEN** sollten ausschließlich Produkte eingesetzt werden, welche ein positives Prüfergebnis eines zweijährigen Freilandversuches aufweisen. Für die Benutzer ist zu berücksichtigen, dass die Wartungsintervalle wesentlich kürzer sind und eine sorgfältige Verarbeitung die Voraussetzung für das Funktionieren darstellt. Es besteht aber auch die Möglichkeit, die farblosen Anstriche später mit pigmentierten Lasuren zu überstreichen. Bei Lasuren ist im Gegensatz zu deckenden Anstrichen die Holzsubstanz erkennbar. Dunklere Lasuren weisen aufgrund der enthaltenen Pigmente einen höheren UV-Schutz auf.

Im Falle einer Beschichtung der Bretter müssen die Kanten einen Radius von mindestens 2,5 Millimeter aufweisen. Sichtbare Befestigungen bei beschichteten Holzfassaden können zu einer Beschädigung des Anstriches führen. Die Arten von Beschichtungen können nach der **SCHICHTDICKE** folgendermaßen eingeteilt werden.

- → Imprägnierlasur, Dünnschicht (Schichtdicke < 20 mm)
- → Mittelschicht (Schichtdicke: 20–60 mm)
- → Dickschicht (Schichtdicke > 60 mm)

Durch Imprägnier- und Dünnschichtlasuren wird an der Holzoberfläche kein durchgehender Anstrichfilm gebildet. Es besteht ein geringer Feuchteschutz, wodurch es zu Rissen im Holz kommen kann. Die nichtfilmbildenden Beschichtungen wittern rascher, aber dafür gleichmäßiger ab. Es sind kürzere Wartungsintervalle erforderlich, welche sich einfacher gestalten als bei filmbildenden Oberflächen.

Mittelschichtlasuren und deckende Lacke ermöglichen im Gegensatz dazu einen durchgehenden Film, welcher die Rissbildung reduzieren kann. Im Bereich mechanischer Beschädigungen des Anstrichs (zum Beispiel durch Hagelschlag) kann es zu einem Feuchteeintrag und in der Folge zu einem Abblättern der Beschichtung oder zu Farbänderungen kommen.

Dickschichtlasuren sind ausschließlich bei formhaltigen Bauteilen (Fenster, Türen) zulässig. Bei Fassaden, Balkonen und Terrassenbelägen sollten diese nicht eingesetzt werden: Durch die hohe Schichtdicke steigt der Wasserdampfwiderstand des Anstriches an. Der Widerstand eines Baustoffes gegen Diffusion durch Wasserdampf wird mit der sogenannten diffusionsäquivalenten Luftschichtdicke ($s_d$-Wert) angegeben. Wenn nun im Bereich von Rissen in der Beschichtung (etwa bei Ästen) oder an Kanten Feuchtigkeit in das Holz eindringt, kann es aufgrund des dichten Anstriches nicht rasch genug abtrocknen – ein Fäulnisschaden droht. Zu beachten ist, dass auch häufiges Überstreichen der Fassade zu einer Erhöhung des $s_d$-Wertes führt.

**Unterschiedliche Phasen der Alterung anhand von Holzfassadenabschnitten, die in allen drei Dimensionen unterschiedlich gedreht sind: Bereiche, die vor Niederschlagswasser geschützter sind, sind gebräunt. Je stärker die Witterungsbeanspruchung und somit die Möglichkeit der Auswaschung des Lignins ist, desto stärker sind die Abschnitte vergraut.**

Häufig gibt es Diskussionen darüber, ob die Rückseite der Bretter in jedem Fall anzustreichen ist. Bei einem trockenen Holzbau mit einer funktionierenden hinterlüfteten Holzfassade ist ein rückseitiger Anstrich nicht erforderlich. Er kann sogar Verformungen der Bretter hervorrufen. Lediglich bei einer nicht hinterlüfteten Fassade (die allerdings nicht zu empfehlen ist) ist – sofern die Bretter an der Außenseite beschichtet sind – ein Anstrich an der Rückseite erforderlich.

Grundsätzlich gilt, dass eine unbehandelte Holzfassade bei richtiger Konstruktion dauerhaft funktioniert. Sie sollten sich aber im Klaren darüber sein, dass die Fassade im Zuge der Alterung die Farbe ungleichmäßig verändern kann. Sollte dies nicht gewünscht sein, können graue abkreidende Anstriche Abhilfe leisten.

Richtig konstruierte Holzfassaden benötigen keinen chemischen Holzschutz. Mangelhafter konstruktiver Holzschutz kann keinesfalls durch chemische Maßnahmen kompensiert werden.

## Hinterlüftete geputzte Fassaden

Eine konsequent hinterlüftete Fassade stellt aus Sicht des konstruktiven Holzschutzes eine sehr robuste Konstruktion dar. Es gibt einzelne Holzbauunternehmen, die auch geputzte Fassaden hinterlüftet ausführen. Auf die vertikale Unterkonstruktion werden der Witterung standhaltende Putzträgerplatten montiert und daran anschließend der Putz aufgebracht. Die Platten sind auf mineralischer Basis gefertigt und nicht brennbar. Sofern als äußere Bekleidung des Holzrahmens eine diffusionsoffene Mitteldichtefaserplatte eingesetzt wird, empfiehlt es sich aus Wärmeschutzgründen, keine durchgehenden Holzständer zu verwenden (siehe dazu auch Seite 132 ff.).

## Wärmedämmverbundsysteme

In der mineralischen Bauweise erfreuen sich Wärmedämmverbundsysteme (WDVS) großer Beliebtheit, wobei aus Preisgründen häufig sogenannte Styroporplatten (EPS, expandierte Polystyrolplatten) verwendet werden. WDVS bestehen aus folgenden Bestandteilen:

- → Kleber
- → Dämmstoff (EPS, XPS, Mineralwolle, Holzfaserdämmplatte, Hanfdämmplatte, Kork)
- → Dübel (sofern erforderlich)
- → Unterputz
- → Bewehrung (Textilfasergewebe)
- → Oberputz
- → Beschichtung (sofern erforderlich)
- → Zubehör (Gewebewinkel, Sockelprofil, An- und Abschlussprofile, Dehnfugenprofile)

Es ist wichtig, dass die einzelnen Komponenten des Wärmedämmverbundsystems aufeinander abgestimmt sind. Dies bedeutet, dass die Verarbeiter in einem zugelassenen System eines Anbieters bleiben müssen.

Die Auswahl der Dämmstoffe hat neben ökologischen auch bautechnische Konsequenzen. Aus ökologischer Sicht sind für ein „konsequentes" Holzgebäude auch beim WDVS nachwachsende Rohstoffe einzusetzen. Daher hat sich bei Zimmereien der Einsatz von Holzfaserdämmplatten als Putzträger etabliert. Die Zeit zwischen Montage und Putzauftrag muss möglichst kurz sein (in der Regel maximal acht Wochen). Sollte diese Zeit nicht eingehalten werden können, ist im Vorfeld eine Dichtschlemme aufzubringen, oder es sind bereits beschichtete Platten zu verwenden. Bei einer zu langen Bewitterung können sich sonst Fasern an der Oberfläche aufstellen, oder die Platte kann durchfeuchtet werden. Bevor der Putz aufgetragen wird, müssen die Platten daraufhin überprüft werden.

Im Spritzwasserbereich sind wasserresistente Dämmplatten (XPS) zu verwenden. Es wird empfohlen, auch im Bereich der Fensterleibung zur Gewährleistung einer robusten Konstruktion resistentere Platten wie XPS oder Kork einzubauen. Hanfplatten stellen ebenfalls eine ökologische und auch robuste Alternative zu EPS-Fassaden dar.

Schallschutztechnisch ist ein Wärmedämmverbundsystem ein **MASSE-FEDER-SYSTEM**. Im Gegensatz zu monolithischen (einschaligen) Bauteilen kann dadurch der Schallschutz wesentlich verbessert werden. Voraussetzung dafür ist, dass die „Feder" – im Fall des Wärmedämmverbundsystems die Dämmstoffe – möglichst weich und die äußere Masse – Putz – möglichst groß ist. Während Mineralwolle, Holzfaser- und Hanfdämmplatten sehr weich sind, also eine geringe dynamische Steifigkeit aufweisen, sind herkömmliche EPS-Putzträgerplatten sehr steif. Dann kann sich durch das Wärmedämmverbundsystem der Schallschutz verschlechtern.

Die Dicke des Putzes hat neben dem angeführten Einfluss auf den Schallschutz auch Vorteile in Bezug auf die Wärmespeicherung der Wand. Eine höhere Putzmasse kann somit Algenbildung entgegenwirken.

# → **Ein Holzhaus dämmt effizient:** Ein Großteil der energieeffizienten Gebäude ist in Holzbauweise errichtet. Der Grund: die sehr gut wärmedämmenden Eigenschaften von Holz. Durch die geringen Bauteilstärken ergeben sich auch ökonomische Vorteile.

**WAS ERFAHRE ICH?**



Gerade bei der Holzrahmenbauweise erreicht man mit geringen Bauteildicken hervorragende U-Werte. Eine kompakte Gebäudeform hilft zusätzlich, Energie und Kosten auch während der Errichtung zu sparen.

## U-Wert und Bauteildicken

Zur Bewertung der wärmedämmenden Eigenschaften von Bauteilen wird der Wärmedurchgangskoeffizient – allgemein als sogenannter U-Wert [W/m²K] bekannt – herangezogen. Der Kennwert gibt die wärmetechnische „Leistung" des Bauteiles an. Er definiert die Wärmemenge in Watt, die durch eine Bauteilfläche von einem Quadratmeter bei einem Kelvin Temperaturdifferenz geleitet wird. Somit ergeben sich bei geringeren U-Werten **WENIGER WÄRMEVERLUSTE** durch die Außenbauteile und somit auch geringere Heizkosten. Neben diesen ökonomischen und ökologischen Vorteilen sorgen besser gedämmte Bauteile infolge der höheren inneren Oberflächentemperaturen für ein behaglicheres Wohnklima.

Heutzutage sollten die U-Werte der Außenwände und Dächer bei einem Einfamilienhaus **UNTER 0,15 W/M²K** liegen. Die Dächer sollten grundsätzlich besser gedämmt sein, da die warme Luft in den Gebäuden aufsteigt und somit über das Dach größere Wärmeverluste entstehen können. Bei den Fenstern werden heute in der Regel standardmäßig Dreischeiben-Isolierverglasungen eingesetzt, welche U-Werte der Verglasungen unter 0,8 W/m²K und der Rahmen unter 1 W/m²K aufweisen.

Welche Wandstärken bei unterschiedlichen Bauweisen erforderlich wären, um einen U-Wert von 0,20 W/m²K zu erreichen, zeigt die Tabelle auf der folgenden Seite. Der aus heutiger Sicht eher hohe U-Wert wurde gewählt, da ein gedämmter Hochlochziegel ohne außen liegende Zusatzdämmung diesen Wert aufweist und als Basis der Betrachtung herangezogen wurde. Zum Vergleich: ein 25 Zentimeter dicker Hochlochziegel mit einer 15 Zentimeter dicken Standardwärmedämmung (Wärmeleitfähigkeit

**VERGLEICH DER WANDSTÄRKEN**

| Bauweise | Wanddicke in cm bei einem U-Wert von 0,20 $W/m^2K$ | Wanddicke in Prozent bezogen auf den Hochlochziegel | Nettofläche in $m^2$ bei Außenabmessungen von 10 x 8 m | Flächenverteilung in Prozent bezogen auf den Hochlochziegel |
|---|---|---|---|---|
| Hochlochziegel mit integrierter Dämmung | 40 | 100% | 66,2 | 100% |
| Stahlbeton mit WDVS | 39,6 | 99% | 66,4 | 100% |
| Holzmassivbauweise | 30,4 | 76% | 69,4 | 105% |
| Holzrahmenbau | 26,7 | 67% | 70,7 | 107% |

0,04 W/mK) würde mit einer Gesamtbauteildicke von 43 Zentimetern einen U-Wert von 0,19 $W/m^2K$ erreichen.

Der Vergleich zeigt, dass die **WANDDICKEN** bei der Holzrahmenbauweise im Vergleich zur mineralischen Bauweise um bis zu 33 Prozent geringer liegen. Somit ergeben sich bei einem Gebäude mit Außenabmessungen von 8 auf 10 Meter **NETTOFLÄCHENGEWINNE** von sieben Prozent beziehungsweise 4,5 Quadratmeter pro Geschoss. Oder anders gesagt: bei gleichen Nettoflächen ergeben sich in der energieeffizienteren Holzbauweise geringere Außenabmessungen. Dies stellt insbesondere bei kleinen Grundstücken einen wesentlichen Vorteil dar.

Die U-Werte für Holzbauteile können Sie den Firmenprospekten entnehmen. Auch der kostenlose Bauteilkatalog der Holzforschung Austria, der unter dataholz.eu zu finden ist, enthält die U-Werte sowie weitere bauphysikalische Nachweise und eine ökologische Bewertung von Holzbauteilen.

## U-Wertabschätzung mit der „Zwei-Zentimeter-Daumenregel"

Daniel Kehl hat eine einfache Methode zur Abschätzung der U-Werte von zusammengesetzten inhomogenen Holzbauteilen entwickelt: Der U-Wert berechnet sich aus den Baustoffdicken und deren dazugehörigen Wärmeleitfähigkeiten sowie den genormten Übergangswiderständen zwischen den Bauteilen und der Luft. Bei zusammengesetzten inhomogenen Bauteilen, wie beispielsweise bei der Holzrahmenbauweise, liegen in einer Ebene unterschiedliche Baustoffe. In unserem Fall handelt es sich um die tragenden Hölzer und die dazwischenliegende Dämmung, siehe „Rippen- und Tafelbauweise", Seite 42).

Die detaillierte Normberechnung kann bei Interesse Bauphysikbüchern oder der EN 6646 entnommen werden. Die nachfolgende sehr einfache „Bierdeckelrechnung" liefert annähernd gute Ergebnisse für **ABSCHÄTZUNGEN**. Für die eingesetzten Dämmstoffe wird eine Wärmeleitfähigkeit von 0,04 W/mK angenommen. Dies stellt den Kennwert einer Standarddämmung dar. Zum einfacheren Kopfrechnen verändern wir die Einheit der Wärmeleitfähigkeit von pro Meter auf pro Zentimeter. Es ergibt sich ein Wert von 4 W/cmK. Somit kann der U-Wert des Gefaches in Abhängigkeit von der Dicke der Dämmung folgendermaßen abgeschätzt werden:

$$U_{Gefach} = \frac{4}{\text{Dicke der Gefachdämmung in cm}}$$

Der Holzanteil des zusammengesetzten Bauteils wird mit nachfolgender Formel berücksichtigt. Dabei stellt $f_{Holz}$ den sogenannten Flächenanteil dar.

Da der Standardachsabstand der Holzständer in der Holzrahmenbauweise 62,5 Zentimeter beträgt, ergibt sich bei einem 6 Zentimeter breiten Holzquerschnitt ein $f_{Holz}$ von 6/62,5 = 0,096 also näherungsweise 0,1. Der U-Wert des zusammengesetzten inhomogenen Bauteils kann nun mit der abschließenden Formel abgeschätzt werden.

$$U_m = U_{Gefach} \cdot (1 + 2 \cdot f_{Holz})$$

Ein Beispiel zum besseren Verständnis: Für eine Brettsperrholzaußenwand mit außenliegender gedämmter Holzriegelkonstruktion und gedämmter Installationsebene wird der U-Wert gesucht. Die untenstehende Tabelle zeigt die für die Berechnung erforderliche Erhöhung der Gefachdämmung aufgrund der „Zwei- Zentimeter-Regel". Die Rechnung lautet dann:

#### DIE ZWEI-ZENTIMETER-REGEL

| zusätzliche 2 cm Gefachdämmung |
|---|
| „Kleinvieh": Übergangswiderstände und Bekleidungen |
| je 2 cm Zusatzdämmung ohne Holzanteil (WDVS oder Aufdachdämmung) |
| je 6 cm Massivholz |
| je 5 cm Holzwolleleichtbauplatte |
| je 2,5 cm gedämmte Installationsebene mit ca. 10% Holzanteil |

$$U_{Gefach} = \frac{4}{16(d_{Gefach}) + 2(Kleinvieh) + 6(Holzfaser) + 3(BSP) + 4(IE)} = \frac{4}{31} = 0{,}129$$

$$f_{Holz} = \frac{6}{62{,}5} \sim 0{,}1$$

$$U_m = 0{,}154 \cdot (1 + 2 \cdot 0{,}1) = 0{,}154$$

#### AUFBAU UND ZUORDNUNG DER BAUSTOFFSCHICHTEN ZUR ABSCHÄTZUNG DES U-WERTS

| Bauteil | Schicht | Dicke in cm | Wärmeleitfähigkeit λ in W/mK | Zwei-Zentimeter-Regel |
|---|---|---|---|---|
| 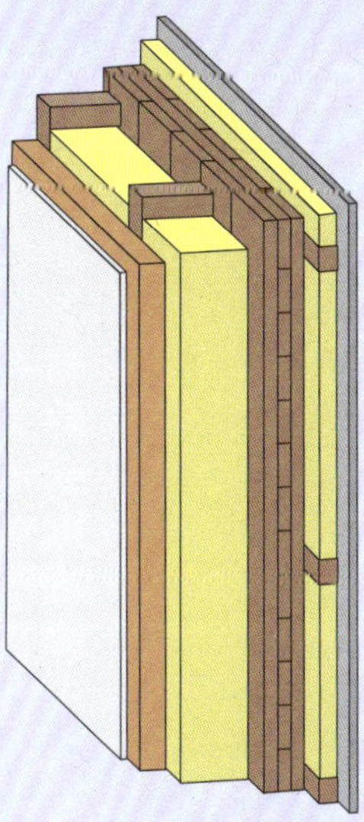 | Wärmeübergangswiderstand außen $R_{se}$ 0,04 $m^2K/W$ | | | Kleinvieh |
| | Putz | 0,7 | 1 | Kleinvieh |
| | Holzfaserdämmung | 6 | 0,046 | 6 |
| | Holzrahmen (6/16) e = 62,5 cm und Dämmung | 16 | 0,12 | Gefach |
| | | | 0,04 | |
| | Brettsperrholz (BSP) | 10 | 0,12 | 3 (BSP) |
| | Installationsebene (IE) Holzlattung mit Dämmung | 5 | 0,12 | 4 (IE) |
| | | | 0,04 | |
| | Gipsplatte | 1,5 | 0,25 | Kleinvieh |
| | Wärmeübergangswiderstand innen $R_{si}$ 0,13 $m^2K/W$ | | | Kleinvieh |

Das angeführte Bauteil ist im Bauteilkatalog dataholz.eu mit einem U-Wert von 0,15 W/m²K deklariert. Die Abschätzung liegt somit erstaunlich nahe an der Normberechnung.

## Vergleich des Primärenergieinhalts unterschiedlicher Dämmstoffe

Dass sich mögliche Mehrkosten einer gut isolierten Gebäudehülle auf alle Fälle bereits nach wenigen Jahren rechnen, hat sich mittlerweile herumgesprochen. Doch dass global gesehen nicht nur der Energiebedarf des Gebäudebetriebs, sondern auch die Umweltauswirkungen, welche durch die Herstellung der Baustoffe und Gebäudekomponenten entstehen, zu beachten sind, wird leider von Investoren und Entscheidungsträgern noch zu wenig bedacht. In Gebäudebewertungstools werden diese Einflüsse im Zuge umfassender Lebenszyklusanalysen der Baustoffe, basierend auf ökologischen Datenbanken, natürlich berücksichtigt.

Dabei zeigt sich, dass der vermeintlich günstigste Dämmstoff einen **ÖKOLOGISCHEN FUSSABDRUCK** hat, der – kostenmäßig betrachtet – die ursprüngliche Einsparung sehr rasch auffrisst. Doch auch bei den nachwachsenden Rohstoffen sind an dieser Stelle Unterschiede feststellbar. Stützfasern aus Kunststoffen oder höhere Rohdichten und aufwendige Produktionsprozesse können rasch zu Buche schlagen. Sowohl hinsichtlich des Primärenergieinhalts als auch der Kennwerte „Globales Erwärmungspotenzial" „und „Versauerungspotenzial" weisen Strohballen und Zelluloseeinblasdämmung als **GEFACHDÄMMUNG** im Vergleich zu mineralischen Gefachdämmstoffen wesentliche ökologische Vorteile auf.

Wie sieht ein Vergleich bei Dämmstoffen für **WÄRMEDÄMMVERBUNDSYSTEME** aus? Hier schneidet hinsichtlich des Primärenergieinhalts aufgrund des Produktionsprozesses und der hohen Rohdichten die Holzfaserdämmplatte am schlechtesten ab. Von den nachwachsenden Dämmstoffen wäre bei dieser einseitigen Betrachtung Kork zu bevorzugen. Begrenzte Verfügbarkeit und lange Transportwege sprechen allerdings dagegen. Die diffusionsoffene Holzfaserdämmplatte schneidet bei einer umfangreicheren Betrachtung weiterer ökologischer Kennwerte wie dem globalen Erwärmungspotenzial aufgrund der Tatsache, dass durch die Bäume Kohlendioxid zwischengespeichert wird, wesentlich besser ab. Zusätzlich sprechen auch bauphysikalische Eigenschaften für den Einsatz von Holzfaserdämmplatten als Putzträgerplatten. Zu den Vorteilen der diffusionsoffenen Bauweise siehe den Abschnitt „Bauphysikalische Holzschutzmaßnahmen" (Seite 147).

## Auf die Form kommt es an

Der Wärmedurchgangskoeffizient gibt wie beschrieben die Leistung in W an, die durch einen Quadratmeter Bauteilfläche bei einem Kelvin Temperaturdifferenz geleitet wird. Neben dem Standortklima und der gewünschten Innentemperatur, also der Temperaturdifferenz zwischen innen und außen, spielt die Fläche der einzelnen Bauteile eine entscheidende Rolle. An dieser Stelle kommt es somit auf die Kompaktheit des Gebäudes an. Diese wird mit dem sogenannten **A/V-VERHÄLTNIS**, also dem Quotienten aus Oberfläche zu Volumen dargestellt. Je kompakter das Gebäude ist, desto kleiner ist die umhüllende Oberfläche (A) bei gleich großem Volumen (V). Bei Einfamilienhäusern liegt das A/V-Verhältnis zwischen 0,70 1/m und 0,90 1/m. Im Vergleich dazu ergibt sich bei Mehrfamilienhäusern nur ein etwa halb so großer Wert und somit auch ein wesentlich geringerer Dämmaufwand bei gleich großem Energiebedarf. Innerhalb der einzelnen Haustypen kann es zu Schwankungsbreiten von bis zu 0,2 1/m kommen. Diese Schwankungen können bei einem Einfamilienhaus (Bruttogeschossfläche 200 Quadratmeter) mit einem mittleren U-Wert der opaken Bauteile von 0,15 W/m²K den Heizwärmebedarf um bis zu 30 Prozent erhöhen, wie die nebenstehende Tabelle zeigt. Um diesen Einfluss zu kompensieren, wäre eine Erhöhung der Dämmstoffdicke mit entsprechenden Flächenverlusten von bis zu 12 Zentimetern erforderlich. Dies gilt natürlich für jede Bauweise.

Durch eine Reduktion von Vor- und Rücksprüngen, Erkern, Dachgauben und so weiter

## KOMPAKTHEIT VON BAUKÖRPERN UND HEIZWÄRMEBEDARF

| Objekt | Oberfläche in m² | Volumen in m³ | A/V-Verhältnis in 1/m | Heizwärmebedarf (HWB) in kWh/m²a | HWB in Prozent bezogen auf das kompakteste Objekt |
|---|---|---|---|---|---|
| 10 m x 10 m zweigeschossig 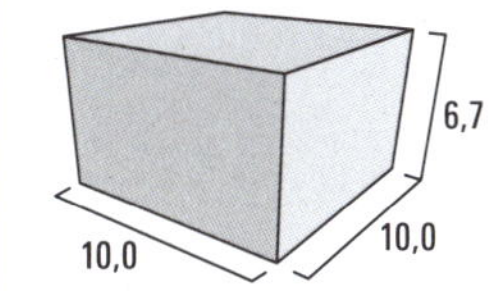 | 466,8 | 667 | 0,70 | 36,9 | 100% |
| 12,5 m x 8 m zweigeschossig 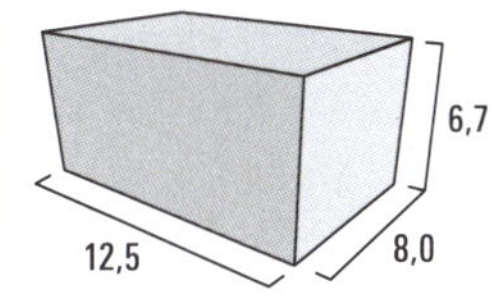 | 473,5 | 667 | 0,71 | 37,4 | 101% |
| 12 m x 10 m und 8 m x 10 m Staffelgeschoss 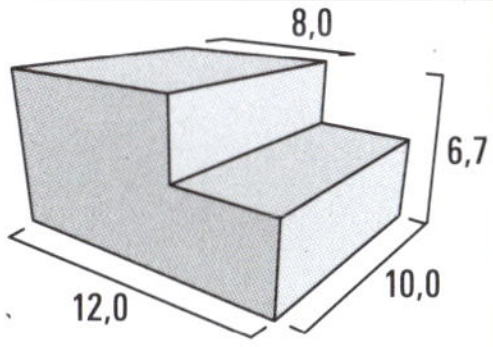 | 508,8 | 677,2 | 0,75 | 39,5 | 107% |
| 20 m x 10 m eingeschossig 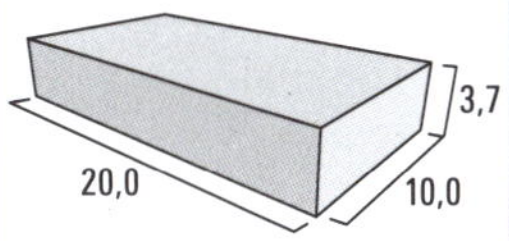 | 628,1 | 758 | 0,83 | 45,2 | 122% |
| 12,5 m × 8 m eingeschossig, L-förmig 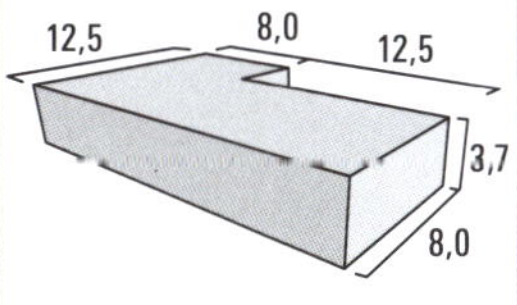 | 649,5 | 756 | 0,86 | 47,8 | 130% |
| 12,5 m × 8 m zweigeschossig, Kreuz 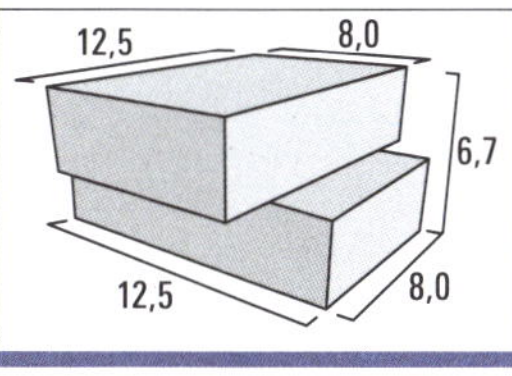 | 545,5 | 687,9 | 0,79 | 42,5 | 115% |

kann die **FLÄCHE DER AUSSENBAUTEILE** wesentlich verringert werden. Dadurch werden die Wärmeverluste über die Verringerung der wärmeabgebenden Oberfläche und auch die Errichtungskosten gesenkt.

Der Heizwärmebedarf stellt einen Kennwert zur Darstellung der **ENERGIEEFFIZIENZ** von Gebäuden dar. Er ist definiert als die Wärmemenge in kWh pro Quadratmeter Bruttogeschossfläche und Jahr, die den konditionierten (beheizten) Räumen eines Gebäudes zugeführt werden muss, um eine gewünschte Innentemperatur von beispielsweise 22 Grad Celsius einzuhalten. Es handelt sich dabei um eine Bilanzierung aus den Verlusten und Gewinnen ohne Berücksichtigung des gewählten Heizungssystems. Die Verluste stellen die sogenannten **TRANSMISSIONSWÄRMEVERLUSTE** durch Wärmeleitung über die Außenbauteile und die Lüftungswärmeverluste dar. Die Gewinne beinhalten die internen Gewinne durch die Wärmeabgabe von Personen und Elektrogeräten und die solaren Gewinne durch die Verglasungen. In dem angeführten Berechnungsbeispiel unterscheiden sich lediglich die Flächen der opaken Außenbauteile und somit in weiterer Folge die Transmissionswärmeverluste.

In der Tabelle wurde von sechs unterschiedlichen Gebäudeformen eines Einfamilienhauses mit jeweils einer Bruttogeschossfläche von 200 Quadratmetern und einem mittleren U-Wert der opaken Außenbauteile von 0,15 $W/m^2K$ und üblichen (in jedem Fall) gleichen Fensteraufteilungen der Heizwärmebedarf berechnet. Es handelt sich in jedem Fall um Einfamilienhäuser mit Vollgeschossen. Bei der Ausbildung eines geneigten Daches mit einem unbeheizten Dachraum über dem Vollgeschoss ergeben sich vergleichbare Verhältnisse. Der einzige Unterschied ergibt sich hinsichtlich der unterschiedlichen Außenflächen und der sich dadurch ergebenden unterschiedlichen Wärmeverluste. Der L-förmige Bungalow weist erwartungsgemäß die größte Oberfläche und somit auch die größten Verluste auf.

So wichtig die Kompaktheit des Gebäudes ist: Genauso wichtig ist es, dass sich die Bewohner des zukünftigen Einfamilienhauses die wirklich benötigte **GRÖSSE DES GEBÄUDES** gut überlegen. Wie viele Zimmer werden wirklich benötigt? Wie lange wohnen die Kinder zu Hause? Besteht die Möglichkeit eines einfachen Umbaus oder einer Trennung des Hauses in zwei Wohnungen für Kinder oder gegebenenfalls eine Alterspflegeperson? Gerade im Holzbau besteht die Möglichkeit, durch einfache Maßnahmen die Gebäude nachträglich umzubauen. Es empfiehlt sich, bereits im Vorfeld durch eine gute Planung spätere Familiensituationen beziehungsweise Umbaumöglichkeiten zu berücksichtigen.

Aus wärmetechnischer, ökonomischer und ökologischer Sicht ist zu berücksichtigen, dass jegliche Form der **VERDICHTUNG** der Gebäudestruktur durch beispielsweise Doppel- oder Reihenhausbauten zu einer Erhöhung der Kompaktheit, somit zu einem geringeren A/V-Verhältnis und damit einem geringeren Dämmaufwand der Außenbauteile führt.

## Wärmeschutz im Sommer?

Der Sommertauglichkeit der Gebäude kommt in zweifacher Hinsicht eine immer größere Bedeutung zu. So erleben wir in den letzten Jahren auch in unseren Breitengraden aufgrund der Klimaänderung einen Anstieg von Hitzeperioden mit tropischen Nächten. Gleichzeitig müssen Wege gefunden werden, die Temperaturen in Wohngebäuden auch im Sommer ohne technische Klimatisierung behaglich zu halten, um nicht zusätzlich die Treibhausemissionen zu erhöhen und damit den Klimawandel weiter voranzutreiben. Aber ist ein Haus ohne Klimaanlage in Zukunft überhaupt machbar? Die Antwort lautet: Für das mitteleuropäische Klima ist das bei konsequenter Umsetzung einiger Grundlagen in der Planung und auch in der Nutzung möglich. Im stark verbauten urbanen Raum mit zu geringer Begrünung und der infolge der Hitzeinseln sehr eingeschränkten Möglichkeit der Wärmeabfuhr durch nächtliche Lüftung wird es zukünftig allerdings eine größere Herausforderung darstellen.

Folgende Punkte beeinflussen den sommerlichen Wärmeschutz in unterschiedlicher Weise:

- → die Bauweise (speicherwirksame Masse, U-Wert, Farbton),
- → die Wärmeeinträge (solare Einträge durch Verglasungen, interne Lasten),
- → die Lüftung (Luftwechsel)
- → sowie das Nutzerverhalten.

### SPEICHERWIRKSAME MASSE

Ein hartnäckiges Vorurteil ist die Annahme, Holzbauten hätten im Vergleich zur mineralischen Bauweise eine zu geringe speicherwirksame Masse (bzw. exakter flächenbezogene wirksame Wärmekapazität). Daher würden sie sich im Sommer schneller aufheizen. Grundsätzlich gilt natürlich, dass eine hohe Speicherfähigkeit der Bauteile Temperaturschwankungen abdämpfen kann. So können die Bauteile bei höheren Temperaturen Wärme aufnehmen und diese bei kühleren wieder an die Umgebungsluft abgeben. Es ist hierbei ein 24-Stundenzyklus zu betrachten. Das bedeutet, dass im Idealfall die Oberflächen der Bauteile die vorwiegend durch solare Einstrahlung bedingte Wärmemenge **ZWISCHENSPEICHERN** und in der Nacht bei einer wirksamen Nachtlüftung diese Energie an die Innenluft abgeben. Sofern über mehrere Tage die Außenluft auch in der Nacht nicht abkühlt oder die Nachtlüftung nicht umgesetzt wird, schaukelt sich im Gebäude zwangsläufig die Temperatur auf. Wird ein Gebäude vor allem tagsüber genutzt, wie das bei Bürogebäuden der Fall ist, kann eine höhere speicherwirksame Masse bei konsequenter Nachtlüftung von Vorteil sein. In Schlafräumen von Wohngebäuden ergibt sich in der Nacht aufgrund der Energieabgabe der Bauteile damit eher ein Nachteil.

Weist die mineralische Bauweise von sich aus immer eine höhere speicherwirksame Masse auf? Gerade bei Ziegelmauerwerken werden in diesem Zusammenhang häufig sprichwörtlich Äpfel mit Birnen verglichen. Im Gegensatz zu den bei historischen Gebäuden eingesetzten Vollziegeln werden heutzutage hochporosierte Hochlochziegel mit guten Wärmedämmeigenschaften verwendet. Diese weisen jedoch im Vergleich zu einer Massivholzwand eine geringere **WÄRMEKAPAZITÄT** auf.

Da nur die Oberfläche entscheidend ist, darf die Masse eines Bauteils nicht mit der speicherwirksamen Masse beziehungsweise der wirksamen Wärmekapazität verwechselt werden. So weist ein Betonwürfel mit einem Meter Seitenlänge und einer Masse von 2,2 Tonnen dieselbe speicherwirksame Masse wie eine Leichtbauwand mit den Maßen 4,5 Meter x 2,5 Meter x 0,2 Meter mit 25 Millimeter Gipsbekleidung (2 x 12,5 Millimeter) auf.

Befindet sich vor dem Wandbildner eine gedämmte Vorsatzschale, wirkt nur mehr die raumseitige Bekleidung. Es gilt generell, dass

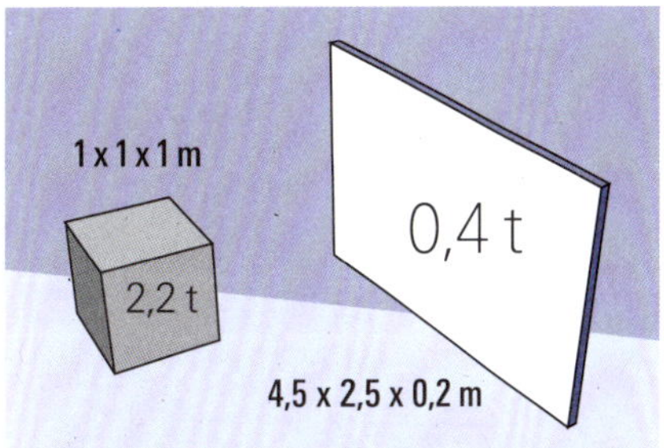


**Vergleich eines Betonwürfels mit einer Leichtbauwand mit 25 mm Gipsbekleidung mit identischer speicherwirksamer Masse**

für die speicherwirksame Masse ausschließlich die ersten 10 Zentimeter des Bauteils beziehungsweise die Schichten herangezogen werden können, welche innerhalb der ersten Dämmschicht liegen. Während bei den unbekleideten monolithischen Wandbildnern zwischen Beton, Holz und Hochlochziegel ein großer Unterschied besteht, weisen die Bauteile mit einer Vorsatzschale keinen Unterschied (siehe Grafik auf Seite 134, rechtes Bild) auf. Durch eine direkte Gipsbekleidung (Bild Mitte) verringert sich die Speicherkapazität der Betonwand, während sie sich bei den anderen beiden Wandbildnern erhöht.

Bei Deckenaufbauten gilt dasselbe Prinzip. Sofern keine Teppiche am Fußboden verlegt sind, wirken der Fußbodenbelag und der Estrich. In diesem Zusammenhang wirkt sich ein schwimmend verlegter Zementestrich im Vergleich zu einem Trockenestrich aufgrund der höheren Wärmekapazität positiv aus. Bei der Untersicht wirkt ebenfalls nur die Bekleidung, sofern eine abgehängte Decke eingesetzt wird. Zu beachten ist, dass neben Teppichen auch Vorhänge und Einbaumöbel die Wärmekapazität der dahinterliegenden Bauteile „wegdämmen" und somit verringern.

Neben der flächenbezogenen wirksamen Wärmekapazität der Bauteile wird als ein Parameter zur Charakterisierung von Bauteilaufbauten die sogenannte **PHASENVERSCHIEBUNG** herangezogen. Sie beschreibt die zeitliche Verschiebung der Temperaturamplitude (Differenz

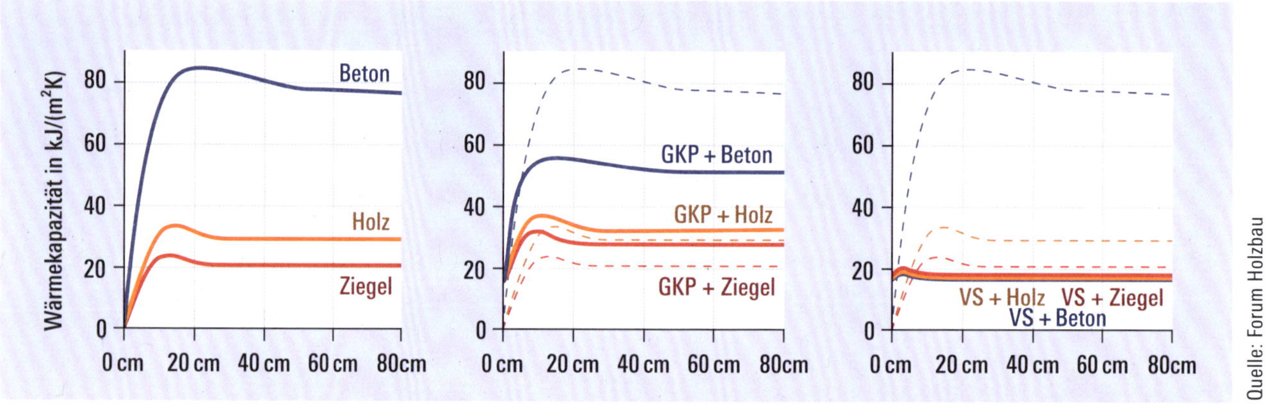


**Flächenbezogene wirksame Wärmekapazität (links) von Wandbildnern (Beton, Fichtenholz und Hochlochziegel) mit direkter Gipsbekleidung aus 2 x 12,5 mm (Mitte) und einer Vorsatzschale aus 50 mm Mineralwolle und 2 x 12,5 mm Gipsbekleidung (rechts)**

zwischen Maximum und Minimum) zwischen der Außen- und der Innenoberfläche. In der Literatur findet man häufig als optimale Werte für die Phasenverschiebung Zeiten zwischen 8 und 12 Stunden. Dies bedeutet, dass durch die Bauteile die maximale Oberflächentemperatur an der Innenseite in der Nacht vorherrscht, wo diese durch eine entsprechende Nachtlüftung wieder abgegeben werden kann.

## WÄRMEEINTRAG VERRINGERN

Aufgrund der guten U-Werte von Neubauten sind die Wärmeeinträge durch die opaken (nicht lichtdurchlässigen) Bauteile vernachlässigbar gering. Die Wärmeenergie gelangt durch die **VERGLASUNGEN** in die Gebäude. Da die Sonne im Süden am höchsten steht, könnte man meinen, dass sich Räume mit südorientierten Fenstern am stärksten aufheizen. Aber gerade der hohe Sonnenstand verringert die Einstrahlung an südorientierten im Vergleich zu ost- und westorientierten Fassaden.

Die höchsten Einträge erfolgen an horizontalen Flächen und an Dachflächen. Aus diesem Grund sind Lichtkuppeln, welche schwer zu verschatten sind, kritisch zu betrachten. Auch bei Dachschrägenfenstern sind wirksame Außenbeschattungen ein Muss für angenehme Temperaturen im Sommer. Die in der Grafik auf Seite 135 für Graz dargestellten solaren Einträge in Abhängigkeit von der Orientierung gelten sinngemäß für ganz Mitteleuropa.

Während an der Südfassade im Sommer die solare Strahlung geringer als im Osten und Westen ist, sieht es im Winter umgekehrt aus. Die größten solaren Gewinne können im Winter bei Fenstern an der Südfassade gemacht werden. Eine **NORD-SÜD-HAUPTORIENTIERUNG** von Gebäuden ist somit einer Ost-West-Orientierung aus thermischen Gründen vorzuziehen.

Durch die Verglasungen kann, abhängig vom **GESAMTENERGIEDURCHLASSGRAD** (g-Wert), Wärme in das Innere gelangen. Der g-Wert stellt die Summe der direkt durchgelassenen solaren Strahlungstransmission mit der sekundären Wärmeabgabe, die vom Glas nach innen erfolgt, im Verhältnis zu der außen auf der Scheibe auftreffenden Energie dar. Ein theoretischer g-Wert von 1 würde bedeuten, dass 100 Prozent der Energie durchgehen. Bei Dreischeiben-Isolierverglasungen liegt der g-Wert bei circa 0,55, womit 55 Prozent der außen auftreffenden Energie im Innenraum ankommen. Sonnenschutzverglasungen mit Beschichtungen weisen einen g-Wert von etwa 0,28 auf. Es ist allerdings zu berücksichtigen, dass bei diesen Scheiben natürlich auch im Winter die solaren Gewinne reduziert werden.

**BESCHATTUNGEN** können die Wärmeeinträge verringern. Man spricht bei der Kombination der Beschattung mit der Verglasung von $g_{tot}$ beziehungsweise $g_{total}$. Außenliegende Beschattungen können den Energieeintrag im Gegensatz zu innenliegenden wesentlich verringern. So liegt je nach Farbe und Art der Beschattung bei Wärmeschutzverglasung der Wert zwischen 0,05 und 0,25. Detailinformationen können den jeweiligen Produkten entnommen werden. Innenbeschattungen sind gegen sommerliche Hitze nahezu unwirksam.

Im Kasten auf der folgenden Seite wird anhand eines einfachen Rechenbeispiels die Bedeutung einer Beschattung und der im Vergleich zur winterlichen Heizlast hohe Wärmegewinn aufgezeigt.

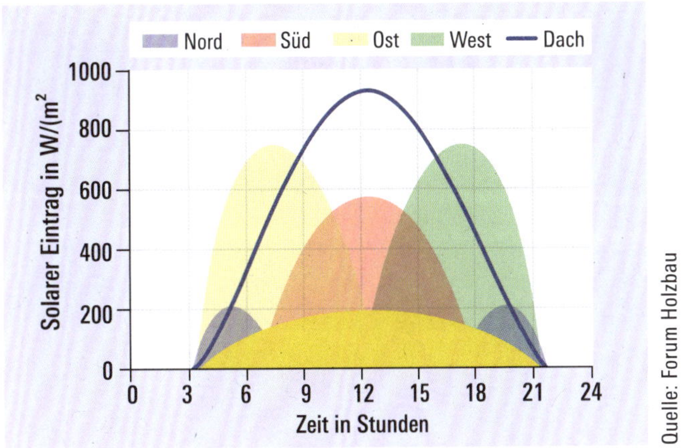


**Tagesverlauf des solaren Eintrages in W/m² in Abhängigkeit von der Orientierung für Graz am 15. Juli bei klarem Himmel**

## LUFTWECHSEL

Im Sommer muss die hohe über den Tag eingebrachte Wärmeenergie in der Nacht abgelüftet werden. Für die Sommerbehaglichkeit ist eine effiziente **NACHTLÜFTUNG** Grundvoraussetzung. Diese funktioniert allerdings nur, wenn die Außenluft ausreichend kühl ist und in der Nacht ein genügend großer Luftstrom möglichst viele Oberflächen des Gebäudes erreicht. Der ablüftbare Luftvolumenstrom hängt von der Druckdifferenz ab. Diese ergibt sich infolge des thermischen Auftriebs, durch Windeinwirkung oder eine mechanische Lüftung. Bei der Nachtlüftung stellt der thermische Auftrieb, der auf den Dichteunterschied der warmen Innenluft und der kühlen Außenluft zurückzuführen ist, den wesentlichen Faktor dar. Warme Luft hat eine geringere Dichte und steigt auf. Es ist bei einem mehrgeschossigen Gebäude empfehlenswert, über mehrere Geschosse die Fenster zu öffnen und somit den sogenannten Kamineffekt zu nutzen. Zu beachten ist ferner, dass die Nachtlüftung im Wesentlichen nur bis zum obersten geöffneten Fenster wirksam ist.

Innentüren, die nur einen Spalt geöffnet sind, stellen einen größeren Strömungswiderstand dar, wodurch die Nachtlüftung verringert wird. **LÜFTUNGSANLAGEN**, die heute in energieeffizienten Gebäuden Standard sind, sind für den hygienischen Luftwechsel ausgelegt. Ihre Fördermengen sind für eine Nachtabkühlung viel zu gering. Aus diesem Grund müssen auch in Gebäuden mit Lüftungsanlagen im Sommer zur effizienten Nachtlüftung die Fenster geöffnet werden.

## WIE WIRKEN SICH DIE EINZELNEN PARAMETER AUS?

Die Bauteilaufbauten haben, wie die Ergebnisse mehrerer in Deutschland, Österreich und der Schweiz durchgeführter Forschungsprojekte zeigen, im Vergleich zu Lüftung und Beschattung den geringsten Einfluss auf die Sommertauglichkeit. Neben der angeführten geringen Eindringtiefe und der Tatsache, dass die Masse der Rohbauteile häufig durch Vorsatzschalen „weggedämmt" wird, ist dies auch den guten wärmetechnischen Eigenschaften der Bauteile geschuldet. Geringe U-Werte der Außenbauteile wirken sich auch im Sommer positiv aus. Die Farbe der Fassade und der Dachdeckung beeinflusst die Innentemperatur. Dunkle Farben mit hohen solaren Absorptionsgraden wirken sich nicht nur auf die Innentemperaturen im Sommer negativ aus. Es ergeben sich dadurch an der Fassade auch höhere Temperaturschwankungen und somit größere Verformungen. Der von diversen Baustoffanbietern gerne herangezogene Unterschied der Phasenverschiebung unterschiedlicher Aufbauten hat – wenn überhaupt – lediglich bei fensterlosen Räumen einen Einfluss auf die Innentemperatur. Durch die wesentlich höheren

## BERECHNUNG DES SOMMERLICHEN WÄRMEEINTRAGES

In unserem Beispiel haben wir einen 25 Quadratmeter großen Wohnraum mit einer 10 Quadratmeter großen, nach Westen orientierten Glasfläche. Es gibt einen Rollladen, wobei das untere Viertel des Fensters unbeschattet ist ($g_{tot}$: 0,2). Die Solarstrahlung zwischen 15 und 16 Uhr beträgt 600 W/m². Der Energieeintrag durch die beschattete Verglasung beträgt in diesem Zeitraum $600\ W/m^2 \times 10\ m^2 \times 0{,}2 = 1200\ W$. Durch einen fast geschlossenen Lamellenbehang ($g_{tot}$: 0,07) können die solaren Einträge auf 420 W fast gedrittelt werden.

Würde die außenliegende Beschattung bei einer **DREISCHEIBENISOLIERVERGLASUNG** (g-Wert: 0,55) nicht betätigt werden, so läge der Energieeintrag bei $600\ W/m^2 \times 10\ m^2 \times 0{,}55 = 3300\ W$.
Sofern in dem Raum zu diesem Zeitpunkt vier Personen (150 W/Person) mit einem 55-Zoll-TV-Gerät (100 W) fernsehen, würden zu der solaren Last noch 150 Watt/Person × 4 + 100 W = 700 W interne Last hinzukommen. Zum Vergleich: Bei einem Passivhaus würde die winterliche Heizlast zur Beheizung dieses Raumes bei maximal 250 W liegen.

solaren Wärmeeinträge durch die Verglasungen, eine entsprechende Nachtlüftung und die guten Dämmeigenschaften der opaken Bauteile verliert die Phasenverschiebung an Relevanz. Dies gilt auch in Bezug auf Werbeaussagen zum verbesserten Sommerverhalten diverser Dämmstoffanbieter aus dem Bereich der Holzfaser- und Zellulosedämmstoffe. Auch wenn Bauteile mit diesen Dämmstoffen eine größere Phasenverschiebung aufweisen, hat dies bei Neubauten aufgrund der angeführten Punkte nur einen äußerst geringen Einfluss auf die Innentemperatur. Nichtsdestotrotz weisen diese Naturdämmstoffe aufgrund der geringen grauen Energie und der hohen Strömungsdichte wesentliche bauphysikalische und ökologische Vorteile auf.

Im Gegensatz zur Bauweise hat der Luftwechsel auf die Innentemperatur einen größeren Einfluss. Der über das Fenster ausgetauschte Luftvolumenstrom kann zum Beispiel durch Insektengitter oder lediglich gekippte Fenster gebremst werden. Die Art des Sonnenschutzes bei den Verglasungen ist ebenfalls wichtig.

Und wie sieht es nun mit den Hausbewohnern aus? Diese können sämtliche Berechnungsnachweise und Untersuchungsergebnisse durch fehlerhaftes Verhalten wertlos machen. Aus diesem Grund sollte schon bei der Planung auch auf die Möglichkeiten der Nachtlüftung in Bezug auf Schall-, Regen- und Witterungsschutz eingegangen werden.

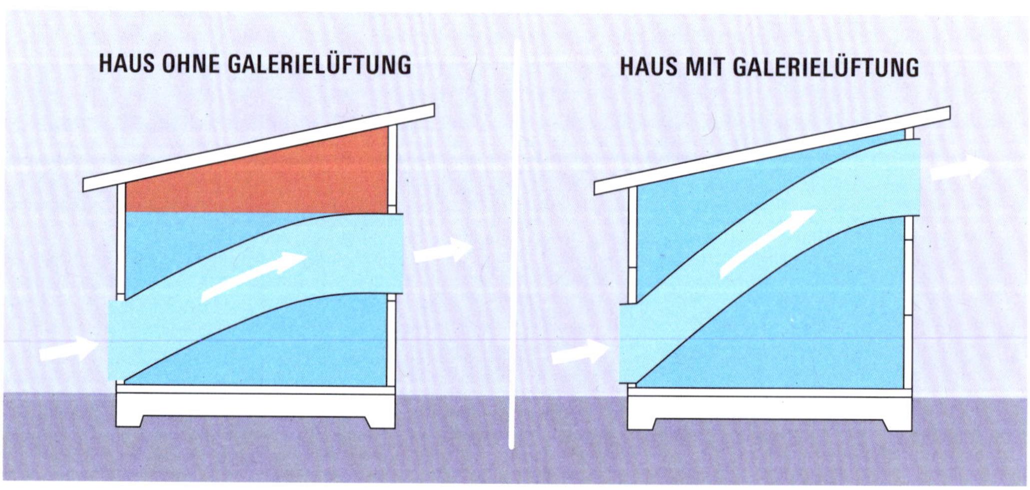


**Qualitative Darstellung des Luftaustausches in Einfamilienhäusern mit und ohne Galerielüftung**

## Effizienzhauskriterien erfüllen

Der maximale Energiebedarf von Gebäuden ist in Deutschland im Gebäudeenergiegesetz (GEG) geregelt und muss bei Neubauten nachgewiesen und eingehalten werden.

Das als GEG bezeichnete „Gesetz zur Einsparung von Energie und zur Nutzung erneuerbarer Energien zur Wärme- und Kälteerzeugung in Gebäuden" löste im Herbst 2020 die bisherige Energieeinsparverordnung EnEV ab. Zum Jahresbeginn 2023 wurde das GEG novelliert. Für neu zu errichtende Gebäude wurde dabei der bisher als **EFFIZIENZHAUS 55 (EH 55)** benannte Förderstandard annähernd festgesetzt. Mit dieser Festlegung wurde in Deutschland der von der EU geforderte Standard des „Niedrigstenergiegebäudes" umgesetzt, also ein Gebäude, welches „eine sehr gute Gesamtenergieeffizienz aufweist und dessen Energiebedarf sehr gering ist und, soweit möglich, zu einem ganz wesentlichen Teil durch Energie aus erneuerbaren Quellen gedeckt werden soll" – so definiert es das GEG. Holzhäuser im Holzrahmenbau erfüllen diese Anforderungen an den Wärmeschutz problemlos, da der Regelwandaufbau genug Platz für den erforderlichen Dämmstoff aufweist. Auch Massivholzbauten mit üblicher Zusatzdämmung erfüllen die gesetzlichen Vorgaben.

### WÄRMESCHUTZNACHWEIS NACH GEG

Zur Sicherstellung der Einhaltung der Anforderungen aus dem GEG erstellen nachweisberechtigte Fachingenieure einen **WÄRMESCHUTZNACHWEIS** für das Gebäude, der im Rahmen des Genehmigungsverfahrens der zuständigen Bauaufsichtsbehörde vorgelegt wird. Dabei werden sowohl winterlicher als auch sommerlicher Wärmeschutz betrachtet. Einfluss haben

### PLANUNGS- UND NUTZUNGSEMPFEHLUNGEN IN BEZUG AUF DEN SOMMERLICHEN WÄRMESCHUTZ

- → **FENSTER NUR ÖFFNEN,** wenn die Außentemperatur geringer als die Innentemperatur ist. Der hygienische Luftwechsel ist durch Stoßlüften auch im Sommer sicherzustellen. Dauergekippte Fenster vermeiden.
- → **QUERLÜFTUNG** und Lüftung über mehrere Geschosse erhöhen den Luftvolumenstrom.
- → **BEI DER NACHTLÜFTUNG** Witterungs-, Einbruch- und Schallschutz berücksichtigen.
- → **EINE LÜFTUNGSANLAGE** reicht alleine nicht für eine wirksame Nachtlüftung im Sommer aus.
- → **INSEKTEN- UND POLLENSCHUTZGITTER** stellen einen hohen Widerstand dar und verringern somit den Luftvolumenstrom.
- → **GROSSE FENSTERFLÄCHEN,** vor allem ost- und westorientierte, erhöhen den solaren Eintrag im Sommer.
- → **ZU VIELE FESTVERGLASUNGEN** in einem Raum können zu Überwärmungen führen, da keine effiziente Nachtlüftung erfolgen kann.
- → **STROMSPARENDE ELEKTROGERÄTE** verringern die interne Wärmelast im Gebäude.
- → **AUSSENLIEGENDE** vor zwischenliegenden vor innenliegenden Beschattungen.
- → **AUTOMATISCHE SONNENSCHUTZSTEUERUNG** kann hilfreich sein. Wenn nicht vorhanden, sollten auch nicht genutzte Räume am Tag vor Sonne geschützt werden.
- → **BEI BAUTEILEN MIT VORSATZSCHALEN** wirken nur die inneren Bekleidungen als speicherwirksame Masse. Es kann empfehlenswert sein, hier schwere doppelte Bekleidungen anzubringen. Ein schwimmender Zementestrich bringt, sofern seine Wirkung nicht durch aufgelegte Teppiche weggedämmt wird, ebenfalls Vorteile.
- → **LICHTKUPPELN** führen zu sehr hohen thermischen Einträgen in das Gebäude und sollten bei Einfamilienhäusern vermieden werden.
- → **BEI WINTERGÄRTEN** sollte die thermische Hülle zwischen Wohnraum und Wintergarten liegen, damit der Wintergarten das Haus im Sommer nicht zu stark aufheizt und Wärmeverluste im Winter nicht zu groß sind.

darauf sowohl der **BAULICHE WÄRMESCHUTZ**, also die U-Werte aller Außenbauteile des beheizten Gebäudevolumens, als auch die eingesetzte Gebäudetechnik für die Belüftung, Beheizung und Warmwasserbereitung sowie auch einer aktiven Kühlung, sofern vorhanden.

Bei der Berechnung wird das tatsächliche Gebäude mit einem sogenannten **REFERENZGEBÄUDE** verglichen. Letzteres basiert in Geometrie und Gebäudenutzfläche auf dem geplanten Projekt, jedoch wird als Vergleichsbasis die Gebäudehülle mit den in der Anlage 1 zum GEG vorgegebenen festen U-Werten versehen und die dort definierte Gebäudetechnik angesetzt. Der Jahres-Primärenergiebedarf $Q_P$ des neu zu errichtenden Gebäudes darf maximal 55 Prozent des $Q_P$ des Referenzgebäudes betragen. Gleichzeitig darf der spezifische Transmissionswärmeverlust $H_T$, das heißt, der auf die Energiebezugsfläche $A_N$ bezogene Energieverlust über alle Außenbauteile zusammen, nicht über dem Wert des definierten Referenzgebäudes liegen.

### BERECHNUNG DES JAHRES-PRIMÄR-ENERGIEBEDARFS

Der Jahres-Primärenergiebedarf gibt den jährlichen **GESAMTENERGIEBEDARF** eines Gebäudes an, der zusätzlich zum Energiegehalt der eingesetzten Energieträger und von elektrischem Strom auch die vorgelagerten Prozessketten bei der Gewinnung, Umwandlung, Speicherung und Verteilung mittels Primärenergiefaktoren einbezieht. Um diesen zu ermitteln, müssen zunächst die jährlichen Transmissionswärme- und die Lüftungswärmeverluste berechnet werden. Von diesen Energieverlusten werden die in der kalten Jahreszeit zur Verfügung stehenden passiven solaren Gewinne über die Fenster und die als Abwärme von Menschen und elektrischen Verbrauchern erzeugten internen Gewinne abgezogen.

Damit ergibt sich der **JAHRES-HEIZENERGIEBEDARF**. Im Folgenden müssen Verluste aus Wärmeübergabe, Wärmeverteilung über das Rohrnetz, Wärmespeicherung in Pufferspeichern und der Wärmeerzeugung der Heizungsanlage selbst hinzugerechnet werden, um die Endenergie $Q_E$ an der Gebäudegrenze zu erhalten. Diese stellt die Energiemenge dar, die vom Energieversorger bezogen werden muss. Aus Hinzurechnung der Energieaufwendungen für Energiegewinnung, -umwandlung und -transport ergibt sich schließlich die aus der Natur zu entnehmende Energiemenge $Q_P$ angegeben in Kilowattstunden [kWh/a]. Durch Division dieses Wertes durch die Energiebezugsfläche $A_N$ erhält man den spezifischen Jahres-Primärenergiebedarf $q_P$ in Kilowattstunden pro Quadratmeter [kWh/(m$^2$·a)].

### ENERGIEBEZUGSFLÄCHE

Zum Vergleich von Gebäuden werden absolute Energiemengen (zum Beispiel Heizungswärmebedarf, Endenergiebedarf, ...) auf die zugehörige Energiebezugsfläche bezogen. Zu beachten ist dabei jedoch, welche Fläche dafür herangezogen wird. Handelt es sich um die tatsächliche Wohn- und Nutzfläche, die beheizt wird? So ist es beim Passivhausnachweis. Oder wird der Energiedurchgang auf die Gebäudehüllfläche bezogen? Das kommt bei Bauteilvergleichen vor. Oder wird eine fiktive Energiebezugsfläche ermittelt, wie es beim GEG der Fall ist? Beim GEG ermittelt man die **ENERGIEBEZUGSFLÄCHE**, die dort als $A_N$ bezeichnet wird, durch Multiplikation des beheizten Gebäudevolumens V mit den Faktor 0,32. Diese so berechnete Energiebezugsfläche $A_N$ hat keinen Bezug zur realen Wohn- und Nutzfläche. Aus dem berechneten $Q_P$ bzw. $q_P$ kann man nicht auf tatsächlich aufzuwendende Energiemengen schließen.

### ANFORDERUNGEN AN DIE HEIZUNGSANLAGE

Das GEG besagt, dass eine Heizungsanlage in einem Gebäude nur eingebaut werden darf, wenn sie mindestens 65 Prozent der mit der Anlage bereitgestellten Wärme mit **ERNEUERBAREN ENERGIEN** erzeugt. Dabei kann es sich beispielsweise um thermische Solarenergie aus Sonnenkollektoren, elektrische Solarenergie aus einer Photovoltaikanlage oder um Umweltwärme, wie sie bei Wärmepumpen genutzt wird, handeln.

Während sich Wärmepumpen zum Einsatz in neuen Holzgebäuden als effiziente Lösung anbieten, können nach GEG nach wie vor auch andere Technologien unter Berücksichtigung der vorgenannten Bedingung zur Nutzung erneuerbarer Energien eingebaut werden. Auch **BIOMASSEHEIZUNGEN** können als wassergeführtes System genutzt werden, jedoch sollte dabei bedacht werden, dass unter Beachtung von Nachhaltigkeitskriterien Holz und andere nachwachsende Rohstoffe eher als langzeitig genutzter Baustoff anstatt als Brennstoff verwendet werden sollte.

## VEREINFACHTES GEG-NACHWEISVERFAHREN

Das GEG ermöglicht ein vereinfachtes Nachweisverfahren für Wohngebäude, in dem die Einhaltung sämtlicher in der Anlage 5 des GEG genannten Kriterien nachgewiesen wird.

Unter anderem sind dabei die maximalen U-Werte der Gebäudehülle auf die in der Tabelle rechts ausgewiesenen Daten begrenzt. Mit Holzgebäuden lassen sich solche Bauteile ohne großen Aufwand realisieren.

## ENERGIEBEDARFSAUSWEIS

Nach Fertigstellung eines neuen Gebäudes muss von einer nachweisberechtigten Person ein Energiebedarfsausweis auf Basis der tatsächlichen Ausführung erstellt werden. Auch wenn dieser Ausweis bereits im Zusammenhang mit dem Ausstellen des Wärmeschutznachweises gefertigt wurde, kann er tatsächlich erst nach Fertigstellung des Gebäudes und Überprüfung auf Übereinstimmung mit den Berechnungsgrundlagen für den Energieausweis dem Bauherrn übergeben werden.

## FÖRDERUNG KLIMAFREUNDLICHER NEUBAU

Bei der bundeseigenen Kreditanstalt für Wiederaufbau (KfW) stehen bei Neubau und Erstkauf von Gebäuden, die die Effizienzhausstufe 40 (EH 40) erreichen, also den Energiekennwertes des GEG-Referenzgebäudes um 60 Prozent unterschreiten und nicht mit Öl, Gas oder Biomasse beheizt werden, zwei Förderstufen zur Auswahl:

→ **KLIMAFREUNDLICHES WOHNGEBÄUDE**: Ein solches Gebäude stößt in seinem Lebenszyklus so wenig $CO_2$ aus, dass die Anforderung an Treibhausgasemissionen des „Qualitätssiegels Nachhaltiges Gebäude Plus" erfüllt werden.

→ **KLIMAFREUNDLICHES WOHNGEBÄUDE MIT QNG**: Es erfüllt Anforderungen des „Qualitätssiegels Nachhaltiges Gebäude Plus" (QNG-PLUS) oder des „Qualitätssiegels Nachhaltiges Gebäude Premium" (QNG-PREMIUM), bestätigt durch ein Nachhaltigkeitszertifikat eines Beraters für Nachhaltigkeit.

Diese Gebäude müssen von einer Expertin oder einem Experten für Energieeffizienz geplant und überprüft werden.

**BAUTEILANFORDERUNGEN BEI WOHNGEBÄUDEN**
für das vereinfachte Verfahren nach GEG
im Vergleich zum Referenzgebäude

| Bauteil | Maximaler U-Wert in [W/(m²·K)] | |
|---|---|---|
| | Vereinfachtes Verfahren nach Tabelle 5 GEG | Zum Vergleich: Referenzgebäude nach Tabelle 1 GEG |
| Dachflächen, oberste Geschossdecke, Dachgauben | 0,14 | 0,2 |
| Fenster und sonstige transparente Bauteile $U_W$ | 0,9 | 1,3 (mit g = 0,60) |
| Dachflächenfenster $U_W$ | 1 | 1,4 (mit g = 0,60) |
| Außenwände, Geschossdecken nach unten gegen Außenluft | 0,2 | 0,28 |
| Sonstige opake Bauteile (Kellerdecken, Wände und Decken zu unbeheizten Räumen, Wand- und Bodenflächen gegen Erdreich, etc.) | 0,25 | 0,35 |
| Türen (Keller- und Außentüren) $U_D$ | 1,2 | 1,8 |
| Lichtkuppeln und ähnliche Bauteile | 1,5 | 2,7 (mit g = 0,64) |
| Spezielle Fenstertüren (mit Klapp-, Falt-, Schiebe- oder Hebemechanismus) $U_W$ | 1,4 | 1,3 (mit g = 0,60) |
| Vermeidung von Wärmebrücken | WB-Zuschlag $\Delta U_{WB} \leq 0{,}035$ | WB-Zuschlag $\Delta U_{WB} = 0{,}05$ |

# Viel Raum unterm Pultdach

**BADEN-WÜRTTEMBERG, DEUTSCHLAND**
**ZWEIARCHITEKTEN**

Durch den Überstand verfügt das Obergeschoss des Hauses über 25 Quadratmeter mehr Fläche als das Erdgeschoss.

**Die Garage fungiert auch als Abstandhalter zur Straße.**

## Mit viel Eigenleistung entstand ein individuelles Holzhaus, das nach außen nichts über sein Material verrät.

Das vorn und seitlich von einer Straße begrenzte Eckgrundstück galt als schwierig zu bebauen. Den Architekten gelang es aber, den Entwurf genau an den Bauplatz anzupassen, indem sie behördliche Vorgaben wie die Dach- und Traufhöhe, die Dachneigung und die Dachform so interpretierten, dass ein Maximum an Raumhöhe im Obergeschoss möglich wurde. Ein in Anthrazit abgesetzter Dachgeschosskern mit gegenläufigen, zur Hausmitte hin abfallenden Pultdächern wird ergänzt von zwei vorgelagerte Pultdachflächen in Weiß: Diese laufen über die gesamte Hausbreite und enden in einem Überstand mit Panoramafenster.

Die Baufamilie wünschte sich auch im Obergeschoss volle Bewegungsfreiheit. Wichtige Bereiche wie das Elternschlafzimmer, die Kinderzimmer und die Ankleide befinden sich in den hellen Bereichen mit großer Raumhöhe, in den niedrigen Bereichen liegen der Luftraum über dem Wohnbereich, das Homeoffice und die Badewanne.
Große Glasflächen öffnen den Wohnbereich im Erdgeschoss auf der einen Seite in Richtung Garten, wobei das vorkragende Obergeschoss, die Terrasse beschattet. Auf der anderen Seite ist das Haus so nah wie möglich an die Nachbarn herangerückt, hier befinden sich Nebenräume mit kleinen Fenstern.
Die Holzbauweise ermöglichte nicht nur schmale Wandkonstruktionen, sondern auch die tatkräftige Mithilfe der Baufamilie, die unter anderem beim Einbringen der Dämmung, dem Montieren der Beplankung, dem Abhängen der Decke und dem Montieren der Luftkanäle für dei Lüftungsanlage mit anpacken konnten.

**Blick vom Eingang durch das Erdgeschoss**

**Das üppig belichtete Homeoffice im Dachgeschoss**

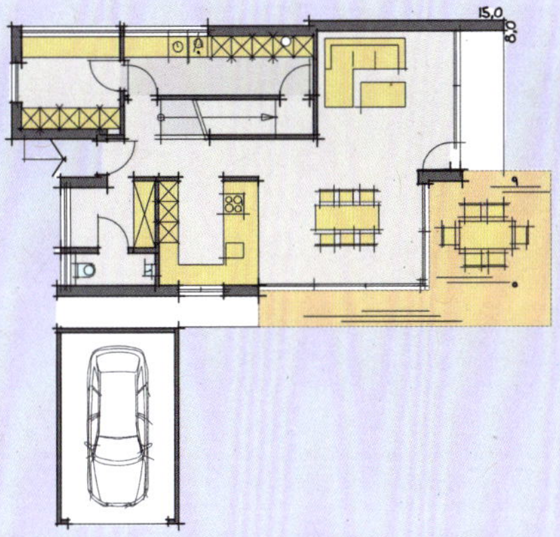

Erdgeschoss

## PROJEKTDATEN

**Architektur:** Zweiarchitekten
**Wohnfläche:** 165 m$^2$
**Anzahl der Vollgeschosse:** 2
**Energiestandard:** Effizienzhaus 55
**Konstruktion und Materialien:** Holzrahmenkonstruktion; Putzfassade; Holz-Alu-Fenster Luft-Wasser-Wärmepumpe
**Jahr der Fertigstellung:** 2017

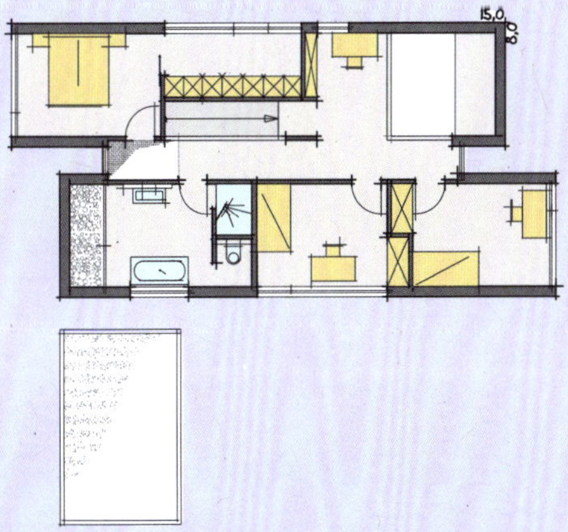

Obergeschoss

# Feuchteschutz ist Holzschutz:

„Bauen stellt einen Kampf gegen Wasser in all seinen Aggregatzuständen dar!" Diese allgemein gültige Aussage hat für den Holzbau eine entscheidende Bedeutung.

**WAS ERFAHRE ICH?**



Die wesentlichste Grundvoraussetzung, um eine hohe Lebensdauer einer Holzbaukonstruktion sicherzustellen, ist es, eine lang anhaltende Durchfeuchtung mittels baulichen Holzschutzes zu verhindern.

Umgangssprachlich werden der bauliche und der konstruktive Holzschutz häufig als Synonym füreinander verwendet. An dieser Stelle ist eine wichtige Richtigstellung erforderlich. Der **BAULICHE HOLZSCHUTZ** besteht neben konstruktiven aus bauphysikalischen, planerischen und organisatorischen Maßnahmen.

Mit anderen Worten: Um einen baulichen Holzschutz sicherstellen zu können, sind nicht nur konstruktive und bauphysikalische Maßnahmen erforderlich. Der Holzschutz gehört geplant, und es sind organisatorische Maßnahmen beispielsweise während der Errichtung erforderlich.

## Baulicher oder chemischer Holzschutz?

Bis in die 1990er-Jahre herrschte zumindest teilweise in der Branche noch die Auffassung, dass chemischer Holzschutz eine Grundvoraussetzung für eine langlebige Holzkonstruktion darstellt. Die tragenden Bauteile, Schalungen und Latten wurden aus diesem Grund häufig **IMPRÄGNIERT**. Dies erfolgte in der Regel in Tauchwannen, wobei in die Randbereiche (wenige Millimeter) des Holzes Imprägniersalze eingebracht wurden. Die Folge: Aus einem nachhaltigen Baustoff wurde Sondermüll produziert. Im besten Fall konnten derartig behandelte Bauteile die Ergebnisse einer fehlerhaften Konstruktion etwas länger kaschieren als unbehandelte. Pioniere des konstruktiven Holzschutzes in unseren Ländern erkannten

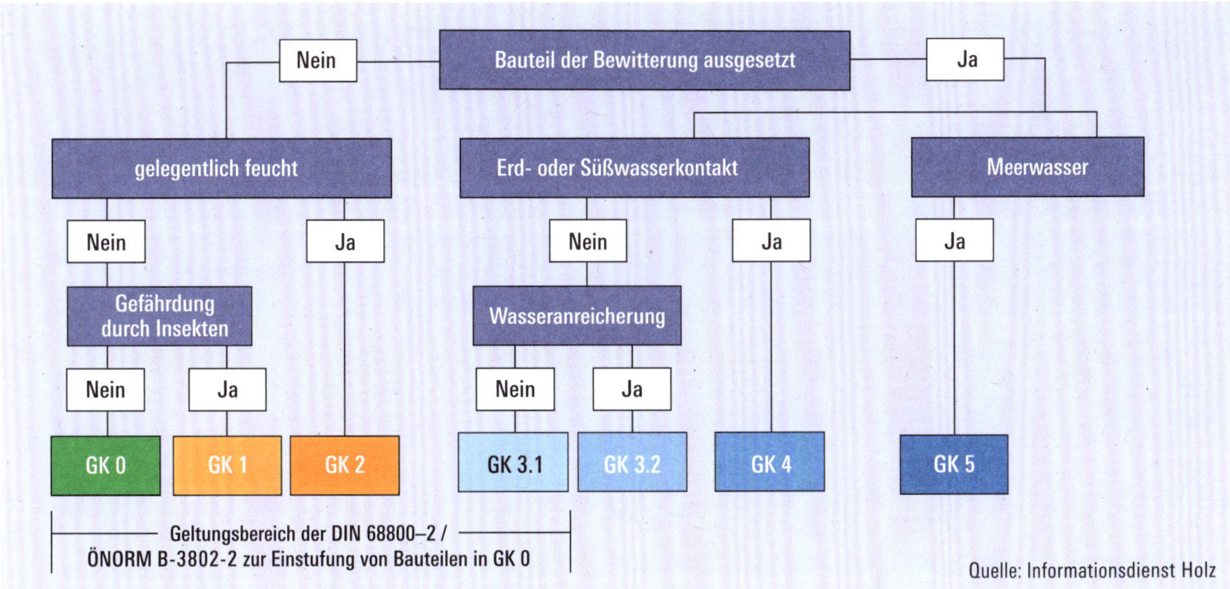


**Zuordnung von Holzbauteilen in die Gebrauchsklassen (GK)**

sehr früh diese Unsinnigkeit und schufen basierend auf Forschungsergebnissen die technischen Regelwerke, welche einen Verzicht auf den chemischen Holzschutz ermöglichen. In Deutschland stellen die DIN 68800–2 und in Österreich die ÖNORM B 3802–2 seit vielen Jahren die technische Basis hierzu dar.
Ohne bauliche Holzschutzmaßnahmen funktioniert keine Holzkonstruktion – auch nicht, wenn ein chemischer Holzschutz vorhanden ist. Mit richtig angewendeten baulichen Holzschutzmaßnahmen ist kein chemischer Holzschutz erforderlich.

## Gebrauchsklassen

Holzbauteile werden je nach der Einbausituation und dem sich daraus ergebenden Gefährdungspotenzial nach DIN 68800–1 oder ÖNORM B 3802 in sogenannte Gebrauchsklassen eingestuft. Die Zuteilung der Gebrauchsklassen ist in den beiden Ländern grundsätzlich gleich. In Österreich fehlt lediglich die GK 5, da es kein Meerwasser gibt. Die Planenden und Ausführenden müssen entsprechend den Normanforderungen die Voraussetzungen schaffen, um mithilfe von konstruktiven Maßnahmen auf einen chemischen Holzschutz (entspricht GK 0) verzichten zu können. Bei den Gebrauchsklassen 1, 2 und 3.1 (bewittert ohne Wasseranreicherung) kann durch **KONSTRUKTIVE MASSNAHMEN**, welche im Detail in DIN 68800–2 / ÖNORM B 3802–2 angeführt sind, auf den chemischen Holzschutz verzichtet werden.
Die Klasse 3 betrifft Holzbauteile, welche der Bewitterung ausgesetzt sind. Diese wird unterteilt in Bereiche, wo es an der Holzkonstruktion aufgrund baulicher Maßnahmen zu keiner Wasseranreicherung (GK 3.1) kommen kann, und in Bereiche, wo diese aufgrund fehlender konstruktiver Maßnahmen auftreten kann (GK 3.2). Die Aufgabe der Planung und Ausführung ist es, **BEWITTERTE KONSTRUKTIONEN** vor einer Wasseranreicherung zu schützen, um auch hier auf einen chemischen Holzschutz verzichten zu können. Bei Hölzern mit ständigem Erd- und/oder Wasserkontakt funktioniert dies nicht, diese sind entsprechend der Normung mit einem chemischen Holzschutz zu schützen. Alternativ könnten auch Hölzer mit einer höheren natürlichen Dauerhaftigkeit hierfür eingesetzt werden, wobei ausschließlich Tropenhölzer verwendet werden könnten. Ein Einfamilienhaus darf allerdings keinesfalls einen ständigen

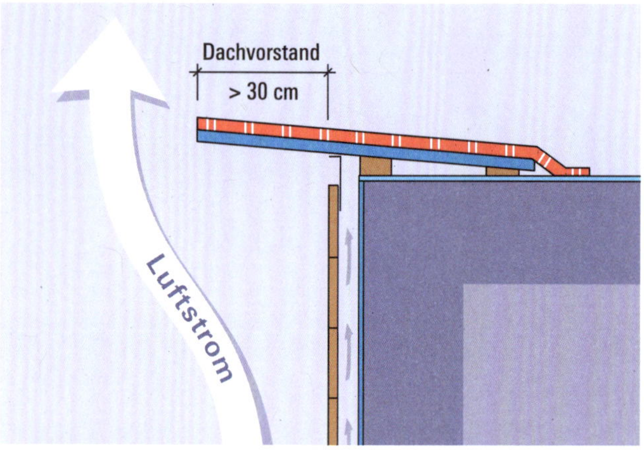


Geschützter Dach-Fassaden-Anschlussbereich aufgrund windberuhigender Zone

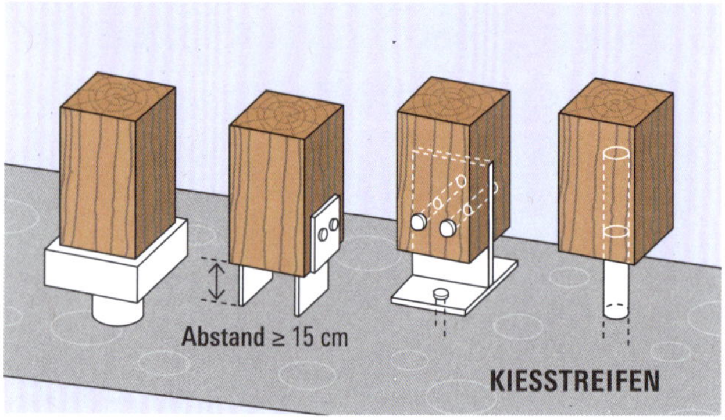


Detailausbildung von aufgeständerten Holzstützen. Die linke Variante wird aufgrund der Möglichkeit eines kapillaren Wassereintrittes bei bewitterten Holzstützen nicht empfohlen.

Ein nachträglich bauherrenseits verändertes Niveau führt zu einer verkürzten Lebensdauer der tragenden Stütze.

Erd- oder Wasserkontakt der Konstruktion aufweisen, somit ist kein chemischer Holzschutz erforderlich.

## Konstruktive Holzschutzmaßnahmen

Im Wesentlichen geht es beim konstruktiven Holzschutz darum, dass die Holzkonstruktion durch konstruktive Maßnahmen vor einer lang anhaltenden Durchfeuchtung geschützt wird.

### SCHUTZ VOR NIEDERSCHLAGSWASSER UND RASCHE ABLEITUNG DER FEUCHTIGKEIT

Ein entsprechendes **VORDACH** schützt in einem Winkel von etwa 60 Grad die darunter liegende Fassade vor Niederschlägen. Bei mehrgeschossigen Gebäuden kann kein derartig großes Vordach ausgeführt werden, welches die gesamte Fassadenhöhe schützen kann. Durch eine Auskragung von mindestens 30 Zentimetern wird der traufseitige Anschluss der Fassade vor Niederschlagswasser geschützt (siehe Abbildung links). Bei geringeren Dachüberständen muss bei Regen mit gleichzeitiger Windanströmung mit nach oben laufendem Wasser gerechnet werden. Dadurch kann es – sofern keine Wasserabweiser an der Fassade angebracht sind – zu Durchfeuchtungen kommen.

Zum Schutz vor Niederschlägen gehört auch das Abschrägen von horizontalen Handläufen, Zaunlatten et cetera. Wichtig bei Handläufen ist die Ausbildung von **TROPFNASEN**. Beim Einsatz von Rift- beziehungsweise Halbriftbrettern kommt es zu geringeren Verformungen, zusätzlich können Entlastungsnuten dem Schüsseln der Bretter entgegenwirken.

### SCHUTZ VOR SPRITZWASSER

Der Sockelpunkt des Holzhauses stellt sicherlich den feuchteschutztechnisch kritischsten Bereich eines Holzhauses dar. Aus diesem Grund wird grundsätzlich eine **SOCKELHÖHE** von 30 Zentimetern im Holzhausbau vorgeschrieben. Man versteht darunter die Höhe zwischen der Unterkante der Fußschwelle und dem Außenniveau. Durch zusätzliche konstruktive Maßnahmen kann diese Höhe bis maximal 10 Zentimeter zu angrenzendem Niveau oder 5 Zentimeter zu wasserführenden Ebenen bei

Anbauten, wie zum Beispiel Terrassen, reduziert werden (nähere Ausführungen dazu finden Sie im Abschnitt „Keine nassen ‚Füße' beim Sockel"ab Seite 150).

**SCHUTZ DES HIRNHOLZES UND SCHUTZ VOR AUFSTEIGENDER FEUCHTIGKEIT**

Da sich die Kapillaren des Holzes hauptsächlich in Längsrichtung befinden und über diese mehr Feuchtigkeit aufgesaugt werden kann, ist das Hirnholz entsprechend vor einer Durchfeuchtung durch Abdeckungen an der Oberseite und luftumspülte Abstände sowie Abtropfkanten an der Unterseite zu schützen. Stützenfüße sollten – sofern der Anschlussbereich mit Kies ausgeführt wird – einen Mindestabstand von 15 Zentimetern zum Niveau aufweisen. Bei harten Oberflächen wird eine Mindesthöhe von 30 Zentimetern empfohlen.

Verändern Sie **KEINESFALLS NACHTRÄGLICH** das Erdniveau im Bereich von Stützenfüßen und Sockelanschlüssen. Im Bild auf Seite 146 unten wurde nachträglich das Niveau verändert und zusätzlich neben der tragenden Holzstütze des Balkons ein Weinstock eingepflanzt! Es ist somit mit einer verringerten Lebensdauer der Holzkonstruktion zu rechnen.

## Bauphysikalische Holzschutzmaßnahmen

Im Rahmen der bauphysikalischen Holzschutzmaßnahmen ist sicherzustellen, dass keine warme Luft auf kühle Bauteiloberflächen trifft, und die Holzkonstruktion ist vor einer schädlichen Kondensatmenge durch entsprechende Aufbauten zu schützen. Hierzu wird als erste Regel in der Holztafelbauweise innenseitig eine **DAMPFBREMSE** mit einem $s_d$-Wert ≥ 2 m verwendet, welche in der Regel mit verklebten Stoßfugen gleichzeitig auch als luftdichte Ebene herangezogen wird. Dadurch werden die beiden Feuchtigkeitstransportmechanismen Diffusion und Konvektion berücksichtigt. Die zweite wesentliche Regel fordert, dass Holzkonstruktionen nach außen **DIFFUSIONSOFFEN** ausgeführt werden. Dies garantiert, dass eine allfällige Kondensatmenge wieder austrocknen kann (zu den Funktionen der einzelnen Baustoffschichten bei Holzmassivbauteilen siehe „Massivholzbau", Seite 50 ff.).
Im Anhang finden Sie auf Seite 276 Tabellen, die beispielhaft für eine Außenwand und für ein Steildach in Holztafelbauweise die erforderlichen sd-Werte entsprechend DIN 4108-3 und ÖNORM B 8110-2 zeigen. Die Grenzwerte sind grundsätzlich sehr ähnlich.

Eine weitere Möglichkeit zur Vermeidung eines schadhaften Kondensates in der Holzkonstruktion liegt darin, diese außen zu **ÜBERDÄMMEN**. In diesem Fall liegt der Taupunkt in der Dämmebene. Auch hier gibt es seitens der beiden Regelwerke formale Unterschiede, da in der ÖNORM das Verhältnis des Wärmedurchgangswiderstandes $R_T$ von den Lagen innerhalb der Tragebene (Bekleidung und Installationsebene) und im wta-Merkblatt außerhalb der Tragebene angegeben wird. Die erforderliche Mindestdicke für Konstruktionen ohne weitere Nachweise ist in beiden Fällen bei einer Brettsperrholzwanddicke von 10 Zentimetern gleich groß (siehe Tabelle im Anhang, Seite 276). Bei dickeren Holzelementen, zum Beispiel 14 Zentimeter dicken Dachelementen, ist entsprechend der wta-Anforderung eine Mindestdicke der Dämmung von 20 Zentimetern erforderlich. Diese Dämmstoffdicke ist bei energetisch optimierten Dachaufbauten keine Besonderheit.

Zusätzlich verbessert eine wärmebrückenfreie und -optimierte Ausführung nicht nur die energetischen Eigenschaften Ihres Hauses, sondern gilt zusätzlich auch als ein weiterer Garant für die Verhinderung eines schädlichen Kondensates in der Holzkonstruktion.

## Planerische und organisatorische Holzschutzmaßnahmen

Der Holzschutz muss im Vorfeld ausführlich und umfangreich geplant werden. Hierzu zählt neben der Detailplanung von Bauteilaufbauten und Anschlüssen auch die terminliche Koordination der einzelnen Beteiligten von der Produktion über Transport und Montage bis zum Unterhalt (Kontrolle, Wartung) des Gebäudes. In diesem Zusammenhang kann es natürlich zu Konflikten zwischen Bauherrenwünschen,

Nicht immer scheint während der gesamten Bauphase die Sonne. Vollflächig geklebter Montage- und Baustellenschutz auf Brettsperrholzdecken ist bei größeren Objekten empfehlenswert,

Temporärer Witterungsschutz im Bereich der Fensteröffnungen bei einem Geschossbau

Temporärer Witterungsschutz eines Einfamilienhauses mit vorgefertigten Planen

ästhetischen Vorstellungen, technischen Vorgaben, Nutzungs- und Kostenrahmenbedingungen kommen. Eine **FACHGERECHTE PLANUNG** und eine gute Kommunikation stellen generell eine Voraussetzung für eine funktionierende Umsetzung dar. Die entscheidenden Maßnahmen während der Bauphase werden im nachfolgenden Punkt detailliert angeführt. Die Kontroll- und Wartungsempfehlungen finden Sie ab Seite 246.

## Umgang mit Feuchtigkeit während der Bauphase

Der Witterungsschutz während der Bauphase ist eine wichtige Voraussetzung, um spätere Bauschäden zu vermeiden. Bei Planung und Ausführung muss sichergestellt sein, dass die Bauteile nicht Regen und Schnee ausgesetzt sind. Ein höherer **VORFERTIGUNGSGRAD** mit fertiggestellten Fassaden und werkseitig eingebauten Fenstern stellt in diesem Zusammenhang zweifelsohne einen Vorteil dar.

Werden die Fassaden nicht fertig geliefert, sondern erst auf der Baustelle errichtet, spielen die **KOORDINATION** der Einzelgewerke und Maßnahmen zum Witterungsschutz eine wesentliche Rolle zum Schutz der Holzkonstruktion. Sofern die Fenster nachträglich eingebaut werden, sind eine Abplanung der Fensteröffnungen sowie ein Schutz der angrenzenden Baustoffe, zum Beispiel der äußeren Bekleidung beziehungsweise Dämmung des WDVS, empfehlenswert. Die Folien müssen so stabil sein und so befestigt werden, dass sie auch einem Gewittersturm standhalten. Bei Häusern mit Sichtholzdecken ist diese Maßnahme neben einem Witterungsschutz der Brettsperrholzdecke während Transport und Montage beispielsweise durch selbstklebende Bahnen erforderlich.

Eine vollständige Einhausung eines Gebäudes, welche auch einem Gewittersturm standhält und im Bereich der Stoßfugen regendicht ist, lässt sich nur schwer umsetzen. Gerade im Bereich von Anschlussfugen ist auf einen möglichen kapillaren Feuchteeintrag zu achten. Holzwerkstoffplatten wie OSB und MDF-Platten sind für die Nutzungsklasse 2 zugelassen. Dies bedeutet, dass die Holzfeuchtigkeit 18 M-% nicht übersteigen darf. Eine kurzfristige Auffeuchtung auf 20 M-% kann toleriert werden, sofern diese innerhalb von drei Monaten rücktrocknen kann. Bei einer Durchfeuchtung von Holzwerkstoffplatten sind zusätzlich die Dickenquellung der Ränder und die damit einhergehende Wirksamkeit von Befestigungsmitteln zu beachten. Aus diesen Gründen wird gerade bei größeren Objekten ein höherer Vorfertigungsgrad empfohlen.

Eine Durchfeuchtung während der Errichtung ist vor allem bei Bauteilaufbauten, welche nachträglich kaum austrocknen können, wirkungsvoll zu verhindern. Hierzu zählen flachgeneigte Dächer in Brettsperrholzbauweise mit ausliegender Dämmung (siehe „Flachgeneigte Dächer", Seite 69). Während der Bauphase benötigen die Bauteile, sofern die Elemente einen längeren Zeitraum ohne Dachabdichtung stehen, eine funktionierende Bauwerksabdichtung. Dampfsperren als Kaltselbstklebebahnen sind hierzu aufgrund der in der Regel undichten Stoßausbildungen bei stehendem Niederschlagswasser nicht geeignet. In letzter Zeit haben sich gerade bei Brettsperrholzdecken, welche auch mit Holzuntersicht ausgeführt werden, im Werk elementweise aufgeklebte Folien als **TEMPORÄRER WITTERUNGSSCHUTZ** während Transport und Montage bewährt. Die Bahnen können auf den Elementen verbleiben.

Bei der Ausführung ist darauf zu achten, dass die Folien entsprechend den Herstellerempfehlungen auch auf den Stirnholzseiten heruntergezogen werden und somit in diesem Bereich ein kapillarer Wassereintritt verhindert wird.

Abgesehen von einem Feuchteschaden, sofern die Bauteile nicht mehr abtrocknen können, stellen gerade bei Sichtholzausführungen die aufgetretenen Wasserschäden einen unnötigen Ärger und Aufwand für alle Beteiligten dar. Das Abschleifen der dadurch eintretenden Verfärbungen ist schwierig; nicht selten muss aufgrund der zwischenzeitlichen Verfärbungen der Decke durch die Sonneneinstrahlung die gesamte Fläche abgeschliffen werden.

**Verfärbungen aufgrund von Niederschlägen während der Bauphase bei Sichtholzdecken**

Sollte es während der Bauphase bei einem Holztafelbau zu einem Wassereintritt in die Elemente kommen, sind diese zu öffnen. Die durchfeuchtete Dämmung muss erneuert werden. Nach einem Abtrocknen der Hölzer auf < 18 M-% können die Elemente wieder verschlossen werden.

## FEUCHTEEINTRAG DURCH ESTRICH UND INNENPUTZ

Planerischer Holzschutz beinhaltet zusätzlich auch geeignete Maßnahmen zum **FEUCHTEMANAGEMENT** während des Innenausbaus. Durch Zementestriche und verputzte Wände wird während der Bauphase ebenfalls Feuchtigkeit in das Gebäude gebracht. Vor allem während der Wintermonate ist zu gewährleisten, dass diese rasch abtrocknen kann. In der Vergangenheit kam es bei Einfamilienhäusern aufgrund noch nicht eingebauter oder noch nicht luftdicht angeschlossener Dacheinstiegsluken zu Schimmelpilzbefall in nicht ausgebauten Dachböden. Der Grund: Die warme, feuchte Innenluft strömte in den kalten Dachboden. Aufgrund der geringen Temperaturen kam es an der Holzschalung und den Sparren zu einer starken Durchfeuchtung und zu Schimmelpilzwachstum. Natürlich kann dieser nachträglich entfernt werden, und die Holzkonstruktion wird aufgrund der Abtrocknung im nächsten Sommer keine bleibenden Schäden aufweisen. Solche Unannehmlichkeiten können allerdings durch ein Abdichten der Durchdringungen in den kalten Dachboden einfach verhindert werden.

## Keine nassen „Füße" beim Sockel!

Der Sockel stellt einen der sensibelsten Bereiche des Holzhauses dar. Nicht umsonst weisen historische Gebäude, welche man in diversen Freilichtmuseen besichtigen kann, mineralische Sockel beispielsweise in Form von Steinmauern auf. Die Holzkonstruktion wurde dabei mit einem entsprechenden Abstand zum Außenniveau errichtet. Heute wird in den technischen Regelwerken zum Schutz der Holzkonstruktion ein **SCHWELLENNIVEAU** von 30 Zentimetern vorgeschrieben. Damit ist die Höhe zwischen der Unterkante der Holzkonstruktion (Fußschwelle) und dem angrenzenden Außenniveau gemeint.

Das Schwellenniveau darf nur dann unterschritten werden, wenn besondere technische Vorkehrungen, wie beispielsweise wirksame Drainagen, Abdichtungen, Verblechungen, Dachvorsprünge zum Schutz der tragenden Schwellenkonstruktion getroffen werden. In Deutschland kann es nach DIN 68800–2 ohne weitere Nachweise auf 15 Zentimeter reduziert werden, sofern ein Kiesbett (Korngröße 16/32) mit mindestens 15 Zentimeter Breite zur Fassade und mindestens 30 Zentimeter Breite zur Außenkante der Schwelle oder alternativ ein Wasser ableitender Belag (mindestens zwei Prozent Gefälle) ausgebildet wird.

Mit geeigneten Abdichtungsmaßnahmen nach DIN 18533 mit einer Mindesthöhe an der Außenwand von 15 Zentimetern kann das Schwellenniveau sogar auf fünf Zentimeter reduziert werden. In Österreich wird bei den Anforderungen zwischen fertigem Außenniveau

**ZULÄSSIGES SCHWELLENNIVEAU**

Gegenüberstellung der in Deutschland und Österreich normativ geforderten Schwellenniveaus bei Standardausbildung und mit reduzierten Sockelhöhen

| Nr. | Varianten | Schwellenniveau [3] in cm | | Bemerkungen | |
|---|---|---|---|---|---|
| | | Deutschland [1] | Österreich [2] | Deutschland [1] | Österreich [2] |
| 1 | Standardsockelausführung | ≥ 30 | ≥ 30 | keine Anforderungen an Außenniveau bzw. äußere Abdichtung | |
| 2 | reduzierte Sockelausbildung zum Außenniveau | ≥ 15 | ≥ 10 | Kiesbett mindestens 15 cm Breite von Fassade und mindestens 30 cm Breite zu Außenkante Schwelle | technische Vorkehrungen, wie beispielsweise wirksame Drainagen, Abdichtungen, Verblechungen, Dachvorsprünge erforderlich; sofern das Schwellenniveau < 15 cm beträgt, ist ein Abdichtungshochzug gemäß ÖNORM B 3692 erforderlich |
| 3 | | ≥ 5 | nicht zulässig | mit zusätzlichen geeigneten Abdichtungsmaßnahmen nach DIN 18533 | nicht zulässig |
| 4 | reduzierte Sockelausbildung zu Terrassen | siehe Zeile 3 | ≥ 5 | siehe Zeile 3 | technische Vorkehrungen, wie beispielsweise wirksame Drainagen, Abdichtungen, Verblechungen, Dachvorsprünge |

1): Anforderungen nach DIN 68800–2:2022–02, 2): Anforderung nach ÖNORM B 2320: 2022–11–15
3): Schwellenniveau definiert die Höhe zwischen Unterkante Holzkonstruktion und Oberkante des fertigen Geländes

und wasserführenden Ebenen bei Anbauteilen, etwa Terrassen, unterschieden. Eine zusammenfassende Gegenüberstellung der leicht unterschiedlichen Anforderungen in den beiden Ländern finden Sie auf Seite 150.

Es ist zu berücksichtigen, dass die **WASSERFÜHRENDE SCHICHT** nicht mit dem Beginn des Spritzwasserbereiches zusammenfallen muss. Bei Gitter- und Holzrosten (beziehungsweise Terrassenbelägen) mit Fugenbreiten von mindestens sieben Millimetern oder mindestens sechs Prozent Fugenanteil und mindestens vier Zentimetern Luftspalt zur Fassade kann die wasserführende Schicht unter der Oberkante der fertigen Oberfläche angesetzt werden.

Sofern die außenseitige Bauwerksabdichtung über das fertige Fußbodenniveau hinaufgezogen wird, wird aus bauphysikalischer Sicht außerhalb der Abdichtung eine Dämmung, welche mindestens ein Drittel des Wärmedurchlasswiderstandes der gesamten Wand beträgt, empfohlen.

Es kommt leider immer wieder vor, dass im Bereich der Sockelanschlüsse die genormten Anforderungen nicht eingehalten werden und Holzkonstruktionen unter dem Außenniveau eingebaut werden oder nachträglich das Außenniveau bauherrenseits verändert wird (Beispiele in den Abbildungen rechts). In diesem Fall ist mit einem Fäulnisschaden zu rechnen.

Wenn **BARRIEREFREIE** Eingangs- und Terrassentüren gewünscht werden, stellen die Sockelanschlüsse eine Herausforderung dar. Da in Österreich die Regelungen hinsichtlich der Abdichtungen bei Sockelanschlüssen und Terrassentüren technisch detaillierter sind, werden diese als Empfehlung erläutert. So regelt ÖNORM B 3691:2019–05 in Abhängigkeit von der Lage des Anschlusses (geschützt, teilgeschützt und ungeschützt) für den Regelfall und den Fall mit erhöhten Anforderungen die Mindesthöhen der Abdichtungen auch im Bereich von Türanschlüssen. Als teilgeschützt wird beispielsweise eine Ausführung mit einer vorderseitigen Auskragung des Daches von mindestens 50 Prozent und gleichzeitig einer seitlichen Auskragung von mindestens 25 Prozent der Vordachhöhe definiert.

Erhöhte Anforderungen liegen entsprechend der Norm vor, wenn eine Regenspende $r_{(5/5)}$ > 500 l/(s × ha) oder eine Regelschneelast $s_k$ von > 3,25 kN/m$^2$ vorherrschen.

Bei Wänden liegt die Mindestanschlusshöhe der Abdichtung im Regelfall bei ungeschützter Lage bei 15 Zentimetern. Im Bereich von Tür- und Fensteröffnungen vermindert sich im ungeschützten Regelmaß die Mindesthöhe der Abdichtung auf 10 Zentimeter.

Bei Verwendung einer Entwässerungsrinne mit einer Breite von mindestens 20 Zentimetern kann die gesamte Tiefe der Rinne für die Anschlusshöhe ($h_1$) mitgerechnet werden. Die

**Zu geringe Sockelhöhe bei einem Einfamilienhaus und der angebauten Garage; Brettsperrholzelemente sind unter Niveau verlegt, siehe weißer Pfeil**

**An der Außenwand eines Holzhauses wurde von den Bewohnern nachträglich ein Biotop angebracht.**

Mindesthöhe über Belag $h_2$ beträgt im Regelfall einen Zentimeter; bei erhöhten Anforderungen drei Zentimeter

Bei der Sockelausführung ist nicht nur die Planung entscheidend. Seitens der Bauherren darf das Außenniveau keinesfalls nachträglich erhöht werden. Das betrifft zum Beispiel auch an die Hauswand anschließende Beete!

## Aufgeständertes Haus und Kriechkeller – was ist zu berücksichtigen?

Die Holzbauweise bietet die Möglichkeit, Häuser ohne Keller und ohne Fundamentplatte zu errichten. Damit wird der Betonanteil wesentlich reduziert. Ein optimiertes Beispiel stellt das „Haus ohne Beton" dar (siehe Seite 160).

Achtung vor Niederschlagswasser, welches unter das Gebäude fließen kann

Aufgeständertes Haus mit gut quer durchlüftetem Hohlraum

Grundsätzlich kann zwischen Gebäuden mit Kriechkeller und aufgeständerten Gebäuden unterschieden werden. Bei einem aufgeständerten Gebäude ist aufgrund der vorhandenen guten **DURCHSTRÖMUNG** die Feuchtebelastung geringer als bei einem Kriechkeller. Ein Kriechkeller bezeichnet, wie der Name sagt, einen Keller mit geringer Höhe, welcher früher hauptsächlich aus Kostengründen und für allfällige Wartungsarbeiten der Versorgungsleitungen errichtet wurde. Da sich in dem kühlen Raum über dem Erdreich einerseits aufgrund der geringen Temperaturen und andererseits aufgrund der aus dem Erdreich diffundierenden Luft eine höhere relative Luftfeuchtigkeit einstellt, sind konstruktive Maßnahmen entscheidend. Sie kennen sicherlich den Effekt, wenn Sie im Sommer in einen Keller oder eine Höhle gehen. Die Temperatur ist aufgrund der konstanten Erdtemperatur über den Jahresverlauf gleichbleibend – im Winter ist es wärmer als im Freien und im Sommer kühler. Im Luftraum unter dem Gebäude herrscht vor allem im Sommer eine niedrigere Lufttemperatur und somit eine **HÖHERE RELATIVE LUFTFEUCHTIGKEIT** als in der Außenluft vor. Zur Vermeidung einer zu hohen Holzfeuchtigkeit bei der Decke sind die im Tippkasten auf Seite 153 angeführten Maßnahmen in der Planung, Herstellung und Nutzung zu berücksichtigen.

## Diffusion und Konvektion: zwei ungleiche Geschwister

Der Wasserdampf der Luft kann durch zwei äußerst unterschiedliche Vorgänge transportiert werden. Es handelt sich dabei um die sogenannte Wasserdampfdiffusion und die -konvektion. Im Folgenden werden zum besseren Verständnis die Grundlagen dieser beiden Mechanismen erklärt, wobei kurz auch auf die Luftfeuchtigkeit eingegangen werden muss.

Je wärmer es ist, desto mehr Wasserdampf kann die Luft aufnehmen, da sich mit steigender Temperatur die Bewegungsenergie der Wassermoleküle erhöht. Kühlt nun warme Luft ab, indem sie beispielsweise auf eine kühle

**HIER GEHT ES WEITER:** WEITERFÜHRENDE TECHNISCHE DETAILS ZUR AUSFÜHRUNG VON SOCKELANSCHLÜSSEN FINDEN SIE IN DER „RICHTLINIE SOCKELANSCHLUSS" UNTER → DATAHOLZ.EU/FILEADMIN//DATAHOLZ/MEDIA/HFA_RICHTLINIE_SOCKEL_20150410.PDF

### HINWEISE FÜR KRIECHKELLER UND AUFGESTÄNDERTE HÄUSER

Die **LUFTFEUCHTIGKEIT** unter dem Holzelement darf nicht zu hoch sein. Das Niederschlagswasser des angrenzenden Erdreichs soll nicht unter das Gebäude rinnen. Kritisch ist es, wenn an allen vier Seiten unter dem Gebäude die Böschung abgesenkt wird und das **NIEDERSCHLAGSWASSER** sich unter dem Haus sammeln kann. In diesem Fall ist es von Vorteil, wenn das Gebäude in Hanglage errichtet wird. Vor allem bei sehr dichten Böden wird empfohlen, durch eine Hanglage beziehungsweise wirksame **DRAINAGEN** das Niederschlagswasser rasch abzuleiten. Basierend auf Untersuchungen empfiehlt die Technische Universität München bei durch Streifenfundamente geschlossenen Kriechkellern, zur Verringerung der Diffusion von Wasserdampf aus dem Erdreich auf diesem eine Folie als **DAMPFBREMSE** zu verlegen und mit Schotter zu beschweren. Die Forscher der TU raten dazu, gegebenenfalls durch eine **PUR-DÄMMUNG** auf dem Erdreich die Temperatur im Luftraum ebenfalls zu erhöhen. Mindestens gleich wichtig ist auf alle Fälle eine entsprechende **DURCHLÜFTUNG** des Hohlraumes unter dem Gebäude. Sollten an den Lüftungsöffnungen Gitter zum Schutz vor Kleintieren angebracht werden, so sind diese von den Bewohnern regelmäßig zu kontrollieren und ein Zuwachsen durch Pflanzen ist zu verhindern. Sowohl bei Kriechkellern als auch bei aufgeständerten Gebäuden empfiehlt es sich, an der Unterseite der Decke eine **ZEMENTGEBUNDENE** Spanplatte einzusetzen, da diese gegenüber höherer Feuchtebelastung sehr widerstandsfähig ist.

Oberfläche trifft, erhöht sich die relative Luftfeuchtigkeit, da mit sinkender Temperatur die Luft weniger Feuchtigkeit aufnehmen kann. Die absolute Luftfeuchtigkeit bleibt bis zum Erreichen von 100 Prozent relativer Luftfeuchtigkeit gleich. Sobald der Sättigungsdampfdruck (entspricht einer relativen Luftfeuchtigkeit von 100 Prozent) erreicht ist, kann die Luft die Feuchtigkeit bei der vorliegenden geringen Temperatur nicht mehr an sich binden. Die Folge: Der Wasserdampf **KONDENSIERT**, das heißt, es entsteht an kühlen Oberflächen Flüssigwasser. Der Zeitpunkt, ab dem dies bei einer aus Temperatur und relativer Luftfeuchtigkeit definierten Luft auftritt, wird **TAUPUNKT** und die vorherrschende Temperatur Taupunkttemperatur genannt. Eine Luft mit 20 Grad Celsius und einer relativen Luftfeuchtigkeit von 50 Prozent kondensiert zum Beispiel bei circa 9,3 Grad Celsius (Taupunkttemperatur).

Dies bedeutet, dass im Winter bei diesem Innenklima keine Bauteiloberfläche eine geringere Temperatur als 9,3 Grad Celsius aufweisen darf. Ab einer relativen Luftfeuchtigkeit an den Oberflächen von 80 Prozent kann zudem Schimmelpilzwachstum auftreten. Bei dem angeführten Innenklima besteht die Gefahr von Schimmel ab einer Oberflächentemperatur von etwa 12,6 Grad Celsius.

### WASSERDAMPFDIFFUSION

Unter Diffusion versteht man einen Ausgleich von Konzentrationsunterschieden in Stoffgemischen ohne äußere Einwirkungen. In der Bauphysik ist zur Vermeidung von Feuchteschäden aufgrund von schädlichem Kondensat die Wasserdampfdiffusion von Bedeutung. Im Winter liegt in unseren Klimazonen in den Innenräumen eine höhere absolute Luftfeuchtigkeit als im Freien vor. Es herrscht ein Konzentrationsgefälle des Wasserdampfes von innen nach außen, wodurch eine Diffusion durch die Bauteile nach außen erfolgt.

Je nachdem, wie durchlässig die einzelnen Baustoffe sind, kann mehr oder weniger Wasserdampf durch die Bauteile diffundieren. Die einheitslose Wasserdampfdiffusionswiderstandzahl $\mu$ definiert den Widerstand eines Baustoffes gegen die Wasserdampfdiffusion. Der Wert stellt einen Verhältniswert der Eigenschaft von Luft mit dem Baustoff dar. Dies bedeutet, dass ein Baustoff mit einem $\mu$-Wert von 10 zehnmal so dicht ist wie Luft. Da die Kennwerte auch von der Materialfeuchte abhängen, werden häufig zwei Werte angegeben. Der höhere Wert steht für den trockenen Zustand, und der niedrigere Wert bildet den feuchten Zustand des Baustoffes ab. Da der Widerstand eines Baustoffes neben dem $\mu$-Wert natürlich auch von seiner

## $s_d$-WERTE UNTERSCHIEDLICHER BAUSTOFFE

| Baustoff | Dicke in m | µ-Wert | $s_d$-Wert | Einteilung nach wta Merkblatt 6.8 | |
|---|---|---|---|---|---|
| | | | | Bezeichnung | $s_d$-Wert Bereich |
| MDF | 0,015 | 8 | 0,12 | diffusionsoffen | $s_d \leq 0{,}5$ m |
| OSB | 0,015 | 300 | 4,5 | moderat dampfbremsend | $2 < s_d \leq 5$ m |
| PE-Dampfbremsfolie | 0,0002 | 100000 | 20 | stark dampfbremsend | $10 < s_d < 100$ m |
| Bituminöse Abdichtung | 0,004 | 50000 | 200 | dampfsperrend | $100 \leq s_d < 400$ m |
| Aluminiumkaschierte Bahn | | | ≥ 1500 | dampfdicht | $s_d \geq 1.500$ m |

Dicke abhängt, wird häufiger der sogenannte $s_d$-Wert angegeben. Dieser steht für die wasserdampfdiffusionsäquivalente Luftschichtdicke und ist das Produkt aus der Dicke (d) des Bauteils in Meter und der Stoffeigenschaft (µ-Wert).

Einen Überblick des µ- und des $s_d$-Wertes ausgewählter Baustoffe und deren Einteilung nach dem wta-Merkblatt 6.8 bietet die obenstehende Tabelle.

Im Holzbau wird innerhalb der Dämmung stets eine **DAMPFBREMSENDE SCHICHT** eingebaut. Nach außen sollte der Aufbau diffusionsoffen sein (siehe „Bauphysikalische Holzschutzmaßnahmen", Seite 147).

Die Diffusion spielt aufgrund der alleinigen Ursache der Molekülbewegung hinsichtlich der transportierten Wasserdampfmenge und des zurückgelegten Wegs eine untergeordnete Rolle. Dem Wasserdampftransport durch Luftströmung (Wasserdampfkonvektion) kommt eine wesentlich größere Bedeutung zu.

### WASSERDAMPFKONVEKTION

Wasserdampfkonvektion bezeichnet den durch Luftdruckunterschiede hervorgerufenen Wasserdampftransport aufgrund von strömender Luft. Die **LUFTDRUCKUNTERSCHIEDE** können aufgrund von Temperaturunterschieden oder Windströmungen entstehen. Im Winter kommt es durch die Thermik (warme Luft steigt aufgrund der geringeren Dichte auf) in den Gebäuden im oberen Bereich zu Überdrücken und im Sockelbereich zu Unterdrücken.

Bei einem zweigeschossigen Gebäude mit einer sechs Meter hohen zusammenhängenden Luftsäule (zum Beispiel im Treppenhaus) ergeben sich mittlere Druckunterschiede von etwa drei Pascal während der Wintermonate, wobei der Druckunterschied von der Höhe und der Temperaturdifferenz zwischen innen und außen abhängt. Näherungsweise kann entsprechend durchgeführter Untersuchungen von Hauser und Maas mit einem spezifischen Wasserdampfstrom bei einer 1,5 Millimeter dicken Spalte von rund 40 Gramm Wasserdampf pro Laufmeter und Stunde gerechnet werden. Dies bedeutet, dass an einem Tag rund ein Kilogramm Wasserdampf transportiert werden kann. Im Vergleich hierzu werden aufgrund von Diffusion in diesem Zeitraum lediglich ein paar Gramm transportiert.

Dies verdeutlicht die Bedeutung der Luftdichtheit der Gebäudehülle und einer innenseitig durchgehend angebrachten **LUFTDICHTEN EBENE**, welche eine Luftdurchströmung der Bauteile verhindert oder zumindest stark einschränkt.

### LUFTDICHTHEIT DER GEBÄUDEHÜLLE

Zur Verhinderung von unkontrollierten Luftströmungen durch die Bauteile ist es wichtig, innenseitig eine sogenannte luftdichte Ebene auszubilden. In der Regel wird in der Holztafelbauweise hierzu die **DAMPFBREMSE** mit verklebten Stößen (OSB beziehungsweise Folie) herangezogen (siehe hierzu auch „OSB als Dampfbremse", Seite 47). Grundsätzlich stellen **VERSPACHTELTE GIPSPLATTEN** ebenfalls eine luftdichte Ebene dar. Da allerdings die Elektroinstallationen in diesen eingebaut werden, wird die dahinterliegende Dampfbremse als luftdichte Ebene herangezogen. Häufig werden für einen einfacheren nachträglichen Einbau von Installationen in Außenbauteilen Installationsebenen eingebaut (siehe „Installationsebene: ja oder nein?", Seite 47). Brettsperrholzplatten gelten in der Ebene ebenfalls als luftdicht, im Bereich von Koppelungen sind diese luftdicht auszuführen (siehe „Ist eine Dampfbremse erforderlich?", Seite 56).

Luftströmungen in die Konstruktion können bei Bauteilen mit geringen Trocknungsreserven zu Feuchteschäden führen. Zusätzlich stellen sie unkontrollierte **LÜFTUNGSWÄRMEVERLUSTE** dar, welche einerseits zu höheren Heizkosten führen und zudem aufgrund von Zugerscheinungen die Behaglichkeit beeinflussen. Es ist auch zu berücksichtigen, dass es überall, wo Luft einen Bauteil durchströmen kann, zu einer Verringerung der Schalldämmung kommt. Aus diesem Grund kommt der Beachtung einer möglichst luftdichten Ausführung der Gebäudehülle nicht nur im Holzbau, sondern bei jeder Bauweise eine große Bedeutung zu.

Im Zuge der Detailplanung ist auf die Durchgängigkeit der luftdichten Ebene im Bereich von Bauteilanschlüssen, Material- beziehungsweise Bauweisenänderungen und Installationseinbauten sowie -durchdringungen zu achten. Es werden hierzu für die Verarbeiter spezialisierte Klebebänder, Manschetten und dergleichen angeboten und im Holzbau seit über zwei Jahrzehnten erfolgreich eingebaut. In Bezug auf die Luftdichtheit der Gebäudehülle ist der Holzbau der mineralischen Ziegelbauweise, bei welcher der Innenputz die luftdichte Ebene darstellt, seit Jahrzehnten qualitativ weit voraus.

Die Ausbildung der luftdichten Ebene wird zur Qualitätssicherung mit dem sogenannten **BLOWER-DOOR-TEST** überprüft. Hierzu wird in

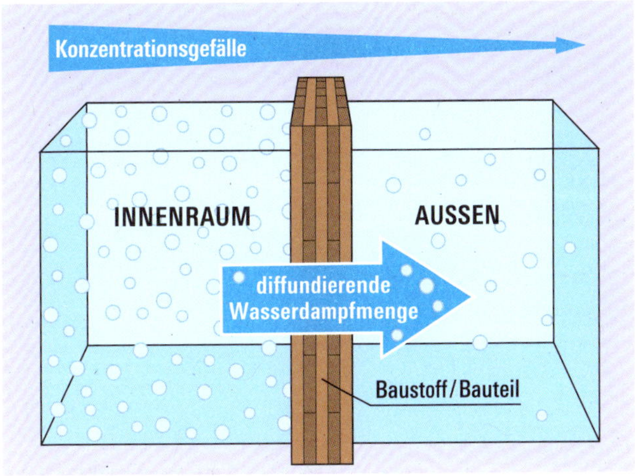


**Darstellung der Diffusion durch einen Baustoff**

die Eingangstür oder in ein Fenster ein Ventilator eingebaut. Dieser erzeugt im Gebäude einen Unter- oder Überdruck. Bei einer konstanten Druckdifferenz von beispielsweise 50 Pascal wird der Volumenstrom der Luftströmung am Ventilator gemessen.

Die durch den Ventilator geförderte Luftmenge strömt durch sogenannte Leckagen (Undichtheiten) in der Gebäudehülle von außen wieder nach. So kann bei einer Unterdruckmessung innenseitig im Rahmen der **LECKAGEORTUNG** die Ausführung der luftdichten Ebene überprüft werden.

Die Norm sieht drei Verfahren zur Prüfung der Luftdurchlässigkeit der Gebäudehülle vor:

→ **VERFAHREN 1**: Messung im Nutzungszustand
→ **VERFAHREN 2**: Messung während der Bauphase zur Qualitätssicherung
→ **VERFAHREN 3**: Sondermessungen

Im Falle eines Neubaus wird bei Ihrem Gebäude eine Messung nach dem Verfahren 2 umgesetzt. Jede Messung muss immer folgende drei Bereiche beinhalten:

→ **UNTERDRUCKMESSUNG** (mehrere Druckstufen, z. B.: 10, 20, 30, 40, 50 Pa)
→ **LECKAGEORTUNG** zur Feststellung von Fehlstellen (bei 50 Pa Unterdruck)
→ **ÜBERDRUCKMESSUNG** (mehrere Druckstufen, z. B.: 10, 20, 30, 40, 50 Pa)

**ANFORDERUNGEN AN DEN $n_{50}$-WERT**

| Gebäude | Luftwechsel bei 50 Pa Druckdifferenz $n_{50}$ in 1/h | Bemerkungen |
|---|---|---|
| Objekte mit Fensterlüftung | ≤ 3,0 | Anforderungen |
| Objekte mit Lüftungsanlage mit Wärmerückgewinnung | ≤ 1,5 | |
| Passivhaus | ≤ 0,6 | Empfehlung |

Im Rahmen der Messung wird der Luftwechsel bei 50 Pa Differenzdruck, der sogenannte $n_{50}$-Wert in 1/h, als Mittelwert zwischen Unter- und Überdruckmessung aus dem gemessenem Volumenstrom (in $m^3$/h und dem berechnetem Luftvolumen (V) in $m^3$ ermittelt.

## Feuchträume im Holzhaus

In Feuchträumen ist die Luftfeuchtigkeit höher, zusätzlich kann es im Bereich von fehlerhaften Abdichtungsfugen, Leckagen in Leitungen und Ähnlichem zu einer Durchfeuchtung von Holzbauteilen kommen. Im Folgenden werden baupraktische Möglichkeiten zur Abdichtung in Feuchträumen und zum Monitoring vorgestellt. Ein Wasserrohrbruch, bei dem große Mengen Wasser in die Deckenkonstruktion sowie in darunter liegende Räume gelangen können, führt, da er sofort erkannt wird, in der Regel zu keinem Fäulnisschaden. Gravierender können sich allerdings kleinste und damit gegebenenfalls unbemerkte Feuchtemengen, beispielsweise im Bereich von nicht fachgerecht angeschlossenen Armaturen oder nicht regelmäßig gewarteten und somit möglicherweise undichten Abdichtungsfugen, auswirken. Gerade bei Massivholzdecken kann es mitunter lange dauern, bis der Schaden erkannt wird.

### GESETZLICHE REGELUNGEN

Die Anforderungen und Regelungen zu Abdichtungen in Feuchträumen sind in Deutschland und Österreich wie auch in anderen Bereichen grundsätzlich ähnlich, aber im Detail liegen doch Abweichungen vor (siehe Tabelle auf Seite 158).

Natürlich gilt in beiden Ländern, dass in Bädern und Feuchträumen im Bereich direkter Feuchtebeanspruchung der Oberflächen (zum

**CHECKLISTE**

### BEURTEILUNG VON FESTGESTELLTEN UNDICHTHEITEN

Der Beurteilung von allfälligen Leckagen (Undichtheiten) kommt bei der Überprüfung eine wesentliche Bedeutung zu. Fehlinterpretationen sind nicht selten. Um Verunsicherungen zu verhindern, sollten Sie bei der Beurteilung die folgenden Punkte beachten:

- ○ Konstruktion: Nach außen diffusionsoffene Bauteile, welche über hohe Trocknungsreserven verfügen, sind robuster und aus diesem Grund vorzuziehen.
- ○ Lage der Leckage im Gebäude: Im Obergeschoss herrschen in der Regel Überdrücke vor. Leckagen in diesem Bereich stellen daher ein größeres Risiko für die Durchfeuchtung der Konstruktion dar.
- ○ Größe der Leckage: Die Größe der Leckage wirkt sich wesentlich auf die Strömungsgeschwindigkeit der Luftströmung aus. Je kleiner eine Fuge, desto größer ist die Strömungsgeschwindigkeit.
- ○ Strömungsgeschwindigkeit: Die Strömungsgeschwindigkeit wirkt sich vor allem auf die Behaglichkeit aus: Je höher sie ist, desto eher wird ein Luftstrom als unangenehm empfunden („Zugluft"). Zur qualitativen Beurteilung von Leckagen in Bezug auf eine allfällige Durchfeuchtung einer Konstruktion ist sie allerdings ungeeignet.
- ○ Art der Raumnutzung und innere Feuchtelast: Je höher die innere Feuchtelast, sprich je höher die absolute Luftfeuchtigkeit im Raum, desto mehr Feuchtigkeit kann infolge von Leckagen transportiert werden.

Beispiel im Spritzwasserbereich in Duschen) ein Eindringen unzuträglicher Feuchtigkeit in die Holzbauteile durch eine Verbundabdichtung verhindert werden muss. Das Merkblatt 5 des Bundesverbandes der Gipsindustrie e.V. gibt für Bäder in Feuchträumen im Holzbau und Trockenbau wertvolle Ausführungsempfehlungen und stellt die Beanspruchungsklassen dar. Die Einstufung in die jeweilige Beanspruchungsklasse erfolgt gemäß den „Prüfgrundsätzen zur Erteilung eines allgemein bauaufsichtlichen Prüfzeugnisses für flüssig zu verarbeitende Abdichtungsfolien im Verbund mit Fliesen- und Plattenbelägen". Badezimmer mit haushaltsüblicher Nutzung fallen in die Feuchtigkeitsbeanspruchungsklassen 0, A 01 und A 02. Diese Bereiche sind bauaufsichtlich nicht geregelt. Im Gegensatz dazu sind Bereiche mit hoher Feuchtigkeitsbeanspruchung, wie etwa Wände und Böden in öffentlichen Duschen, Wand- und Bodenflächen in Schwimmbecken in Bauregelliste A, Teil 2 mit besondere Anforderungen versehen.

Die **VERBUNDABDICHTUNG** unter den Fliesen benötigt an den Wänden Hochzüge und im Bereich der Duschen seitliche Überstände. Die Abbildung auf Seite 159 unten zeigt einen Vergleich der Erfordernisse für Deutschland und Österreich.

Die Planung und Ausführung der Abdichtungsmaßnahmen sind für Österreich in ÖNORM B 3692 und ÖNORM B 3407 geregelt. Hierbei wird nach der Beanspruchung in sechs Klassen unterteilt. Bei den Klassen W 1 und W 2 sind keine Abdichtungsmaßnahmen erforderlich. Im Falle von Badezimmern mit haushaltsüblicher Nutzung können die Spritzwasserbereiche in die Klassen W 3 und W 4 eingestuft werden. Für den Holzbau wird, da es sich um feuchtigkeitsempfindliche tragende Bauteile handelt, in beiden Fällen zusätzlich zur Verbundabdichtung bei Fliesenbelägen eine Abdichtung auf der Rohdecke gefordert.

## WARUM EINE ZWEITE ABDICHTUNG?

Die in Österreich geforderte Maßnahme einer Abdichtung auf der Rohdecke gilt zwar in Deutschland nicht, der kleine Zusatzaufwand ist aber aus holzbautechnischer Sicht durchaus empfehlenswert. Die vom Fliesenleger unterhalb der Fliesen am Estrich beziehungsweise auf den Bekleidungen aufgebrachte Verbundabdichtung verhindert ein Eindringen von Spritzwasser in die Konstruktion. Was ist aber, wenn es bei den Zu- und Abwasserleitungen aufgrund kleinster Undichtheiten zu einem geringen Wassereintritt kommt? Da die Leitungen unter oder hinter der Verbundabdichtung verlegt sind, kann es dadurch zu einer Durchfeuchtung der Holzkonstruktion kommen. Eine durchgehende **ABDICHTUNG AUF DER ROHDECKE** mit seitlichen Hochzügen und Manschetten bei den Durchdringungen kann die Holzkonstruktion vor einem Wassereintritt schützen.

## WAS PASSIERT, WENN WAS PASSIERT?

Wie kann man nun aber trotzdem zeitnah, bevor sich diese durch die Abdichtung auf der Rohdecke hergestellte „Wanne" mit Wasser füllt, eine „außerplanmäßige" Undichtheit feststellen? Einzelne Fertighausbetriebe und Holzmodulproduzenten setzen hierzu im Bereich der Feuchträume zusätzlich Feuchtedetektionssysteme ein, die die Bewohner – gegebenen-

### BAUPRAKTISCHE EMPFEHLUNG

**ACHTUNG:** Bei Wohnungen ohne Lüftungsanlage kann es bei zu dichten Gebäudehüllen (in der Regel liegen im Holzbau $n_{50}$-Werte < 1,0 $h^{-1}$ vor) zu Problemen kommen, wenn keine oder falsch dimensionierte Nachströmöffnungen bei Nassraumlüftern vorhanden sind. Es können Unterdrücke von bis zu 50 Pascal entstehen, wodurch es zu einem Ansaugen von Luft aus Installationsschächten, Nachbarwohnungen etc. beziehungsweise zu Lärmentstehung (Pfeifen im Türfalz) und Problemen beim Öffnen der Eingangstüren kommen kann.

Zusätzlich ist auf eine ausreichende Lüftung durch Stoßlüften zu achten. Grundsätzlich wird bei Niedrigstenergiegebäuden der Einbau von Lüftungsanlagen mit Wärmerückgewinnung empfohlen. Dadurch ist zum einen eine ausreichende Frischluftzufuhr sichergestellt, und zum anderen werden die Lüftungswärmeverluste aufgrund der Wärmerückgewinnung reduziert.

**ZUSAMMENFASSENDE GEGENÜBERSTELLUNG DER FEUCHTEBEANSPRUCHUNGSKLASSEN**
und der erforderlichen Abdichtungsmaßnahmen in Deutschland (D) und Österreich (A)

| Anwendung | Beanspruchungsklasse | | Abdichtungsmaßnahmen | |
|---|---|---|---|---|
| | D | A | D | A |
| Wohnbereich, Gangbereich, WC | 0 | W1 | keine besonderen Maßnahmen erforderlich | |
| Gäste WCs (ohne Dusch- und Bademöglichkeit) | | W2 | | |
| Küchen, Räume ähnlicher Nutzung | | | | |
| Wandflächen in Bädern mit haushaltsüblicher Nutzung im unmittelbaren Spritzwasserbereich von Duschen und Badewannen mit Duschabtrennung | A01 | W3 | Verbundabdichtung | Verbundabdichtung und **im Holzbau** zusätzlich Abdichtung auf der Rohdecke |
| Wandflächen mit bodenebenen Abläufen in der Wandebene (nicht betroffen sind geschlossene Abläufe) | | W4 | Verbundabdichtung | Verbundabdichtung und zusätzlich Abdichtung auf der Rohdecke |
| Bodenfläche in Bädern mit haushaltsüblicher Nutzung **ohne** planmäßig genutzten **Bodenablauf** | A02 | W3 | Verbundabdichtung | Verbundabdichtung und **im Holzbau** zusätzlich Abdichtung auf der Rohdecke |
| Bodenfläche in Bädern mit haushaltsüblicher Nutzung **mit** planmäßig genutztem **Bodenablauf** (z.B. barrierefreie Dusche) | | W4 | Verbundabdichtung | Verbundabdichtung und zusätzlich Abdichtung auf der Rohdecke |

falls sogar mittels eigener App – auf eine erhöhte Feuchtigkeit hinweisen.

Eine „Lowtech-Variante" kann ebenso hilfreich sein und wird mittlerweile auch von einigen Betrieben in Österreich umgesetzt: Zur Feststellung eventueller **WASSEREINTRITTE** wird in die ausgeführte Abdichtung in der Deckenmitte beziehungsweise bei kritischen Bereichen, wie beispielsweise unter einer niveaugleichen Dusche, ein Röhrchen mit einem Durchmesser von 10 Millimetern eingedichtet und bis an die Deckenuntersicht geführt. Liegt ein Wassereintritt vor, beginnt das Röhrchen sofort zu tropfen, und das Leck kann frühzeitig behoben werden.

## BODENGLEICHE DUSCHE IM HOLZBAU

Schwellenlose Eingänge in die Dusche stellen einen Trend in der Badezimmerplanung dar. Sie sind nicht nur bequem, sondern lassen Badezimmer auch optisch großzügiger erscheinen. Ein schwellenloser Eingang stellt allerdings auch für das Wasser keine Barriere dar.

Die Abbildung auf Seite 159 zeigt, wie eine bodengleiche Dusche auf einer Holzbalkendecke sicher eingebaut werden kann und welche Abdichtungs- und Detektionsmaßnahmen empfehlenswert sind. Dabei wird unter der Dusche eine **ABDICHTUNG AUF DER ROHDECKE** in Form einer Bitumen-Kautschuk-Dichtungsbahn mit einem Hochzug bis an die Estrichoberkante ausgeführt. Die Verbundabdichtung unter den Fliesen wird mittels eines Putzbutylbandes dicht an die Dichtungsbahn angeschlossen. Um im Falle eines Wassereintrittes unter die Duschwanne eine großflächige Ausbreitung zu verhindern, wird der Hohlraum unter der Duschwanne an eine Faserzementplatte mit einem Butylband abgedichtet. Die „Lowtech-Variante" mit dem eingedichtetem Röhrchen wird zur frühzeitigen Detektion eines Wasserschadens empfohlen. Zusätzlich ist das Hinterlegen von Wartungsfugen mit Kunststoffprofilen zur Vermeidung einer Beschädigung der dahinterliegenden Abdichtung im Falle einer Erneuerung der Silikonfuge ratsam.

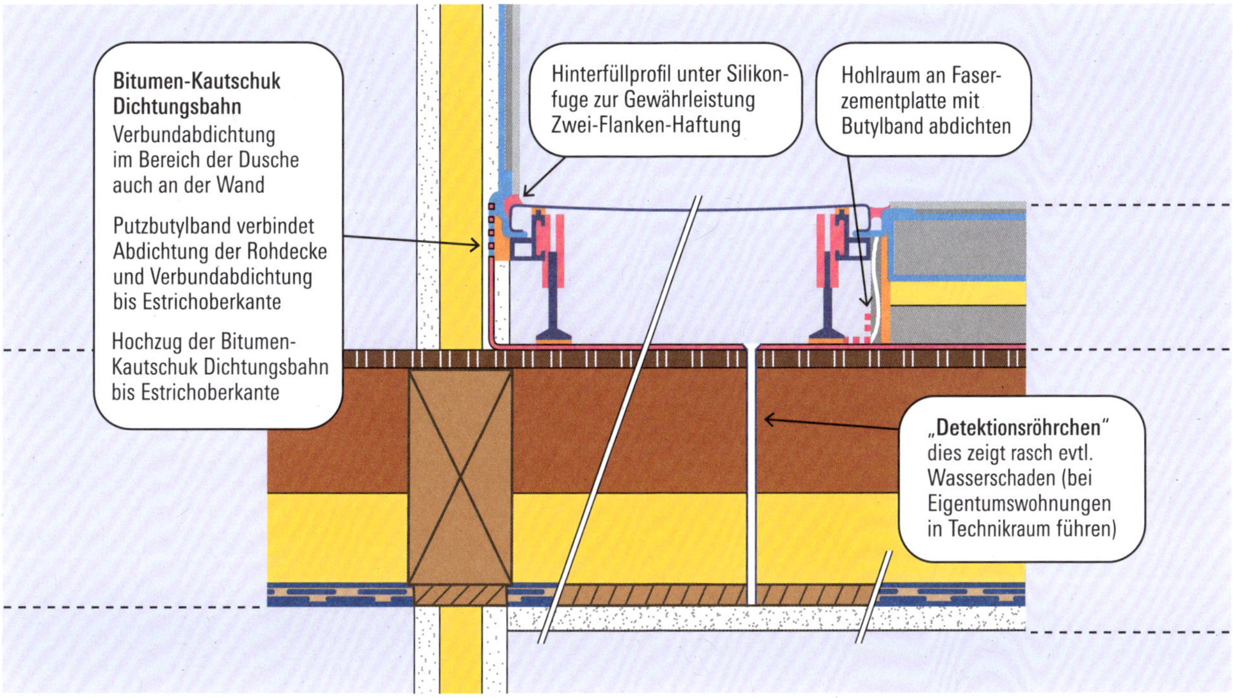


Detaildarstellung einer bodengleichen Dusche bei einer Holzbalkendecke

## EINTEILUNG DER BEANSPRUCHUNGSKLASSEN

und erforderliche Verbundabdichtungen

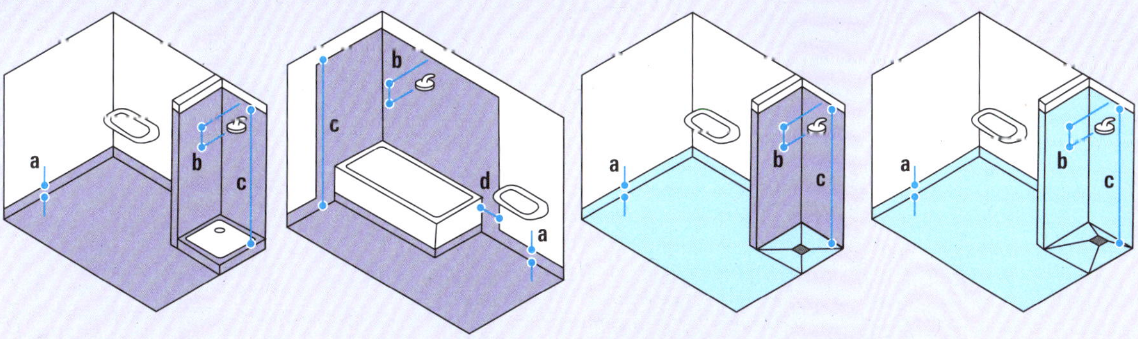


| Einteilung der Beanspruchungsklassen in Österreich | W3 | | W4 | |
|---|---|---|---|---|
| und erforderliche Mindesüberstände der Verbunddichtungen in cm | a | b | c | d |
| in Deutschland | 5 | 20 | | 30 |
| in Österreich | 6 | 30 | 200 | 30 |

# Konsequent natürlich

**NIEDERÖSTERREICH**
**ANDI BREUSS**

Die leichte Hanglage des Gebäudes wird durch einen Niveausprung im Erdgeschoss ausgeglichen.

Ein Haus ohne Beton und ohne gebrannte mineralische Baustoffe, wie Beton, Ziegel und Gips? Kann das funktionieren? Der Architekt Andi Breuss hat es bei einem Einfamilienhaus in der Nähe von Wien eindrücklich unter Beweis gestellt.

Um sich den Herausforderungen von neuen noch nicht begangenen Pfaden zu stellen, braucht es nicht nur engagierte Planende, sondern auch offene Bauherren und Bauherrinnen. Schon bei einem ersten Vorgespräch war klar, dass es ein ökologisches Holzhaus auf Schraubfundamenten werden sollte, um das Ökosystem im Boden möglichst nicht zu stören. Auf die Schraubfundamente wurde eine von unten belüftete Holzbodenplatte gelegt, auf Abdichtungsmaßnahmen und eine Behandlung der Bodenplatte konnte so verzichtet werden.

**Von der Rückseite präsentiert sich das Haus nahezu geschlossen.**

Neben der Kernfamilie mit zwei Kindern soll das Haus auch vom gehandicapten Bruder genutzt werden können. Alle Erschließungen in der Erdgeschosszone sind barrierefrei. Vom Eingang weg führt einerseits eine ebene Fläche zur Wohneinheit des Bruders und geradeaus eine lange Rampe in den 50 cm tiefer gelegenen Wohnbereich, sodass das Gebäude trotz der Anforderungen an die Barrierefreiheit an das abfallende Gelände angepasst werden konnte.
Auf der gegenüberliegenden Seite der Rampe und entlang des Niveausprungs sind offene Regale angesiedelt, die einerseits Durch- und Wechselblicke zulassen und andererseits Stauraum anbieten. So gibt es nicht nur eine barrierefreie Verbindung, sondern auch eine Wechselbeziehung der beiden Ebenen, wo der Wohnbereich miteinander geteilt wird.
Im Obergeschoss, das über eine Holztreppe erschlossen wird, befinden sich die Schlaf- und Sanitärräume der Kernfamilie.
Statt eines Erschließungsgangs zu den Kinderzimmern dient eine zusätzliche großzügige Fläche neben der Treppe als familiärer Treffpunkt. Die Grundrissgestaltung im Obergeschoss ist flexibel und kann an den sich wandelnden Bedarf der Familie angepasst werden.

**Die Bodenplatte aus unbehandeltem Holz ist auf Schraubfundamenten aufgeständert, sodass die natürliche Belüftung die Feuchtigkeit abführen kann.**

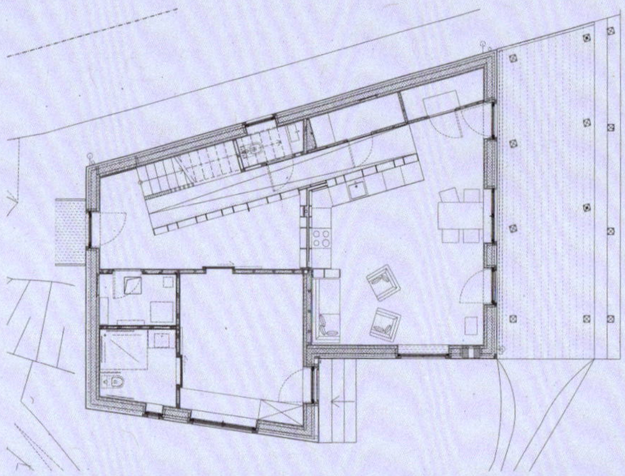

barrierefreier Grundriss im Erdgeschoss

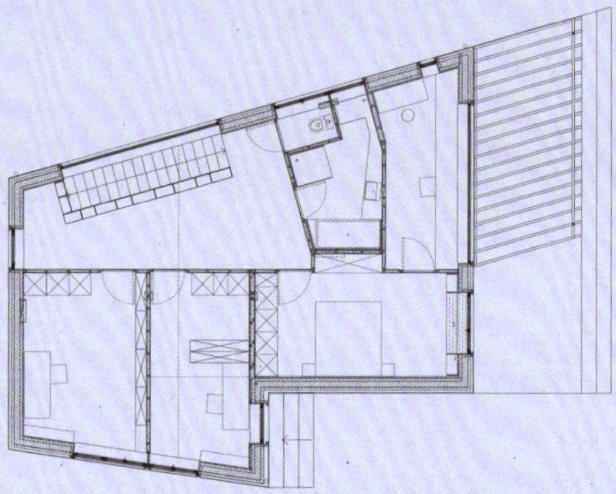

Grundriss Obergeschoss

Das Baustellenbild zeigt die Außenwände in Brettstapelbauweise und die Innenwand als Rahmenbau.

Der Höhenunterschied im Erdgeschoss wird durch eine lange Rampe überbrückt. Entlang der Rampe befinden sich Sanitär- und Abstellräume sowie großzügige offene Regale, die Blickbezüge zum Wohnraum öffnen.

**PROJEKTDATEN**

**Architektur:** Andreas Breuss
**Wohnfläche:** 151 $m^2$
**Anzahl der Vollgeschosse:** 2
**Energiestandard:** 43,67 $kWh/m^2a$
**Konstruktion und Materialien:** Tragstruktur Brettstapelwand aus unverleimten gedübelten Hölzern, Holzfaserdämmung und belüftete Holzfassade, Lehmputz innen
**Jahr der Fertigstellung:** 2020

# → Schallschutz im Holzhaus: Der Schallschutz stellt infolge erhöhter Lärmbelastungen gerade in Ballungsräumen eine größer werdende Herausforderung dar. Wie können Ruheoasen im Holzbau umgesetzt werden?

WAS ERFAHRE ICH?



Erhöhtes Verkehrsaufkommen, ständige akustische „Belästigungen" im öffentlichen Raum – wir sind zunehmend ungewünschten Geräuschen ausgesetzt. Das eigene Heim soll auch das Bedürfnis nach Ruhe befriedigen. Welche Herausforderungen ergeben sich dabei für den Holzbau, der gerade im tiefen Frequenzbereich Schwächen in der Schalldämmung aufweisen kann? Neben den physikalischen Grundlagen zum Schall wird auf den folgenden Seiten gezeigt, welche Anforderungen an den Schallschutz bei Einfamilienhäusern bestehen und wie erhöhter Schallschutz im Holzbautechnisch umgesetzt werden kann.

## Schall: Definition und Messung

Schall ist definiert als mechanische Schwingungen, die sich in elastischen Medien durch Schwingung der Masseteilchen um ihre Ruhelage ausbreiten, wodurch Verdichtungen und Verdünnungen im Medium entstehen. Die Moleküle schwingen um ihre ortsfeste Lage, und die „Störung" (Verdichtungen und Verdünnungen) breitet sich aus. Daher ist zwischen der Ausbreitungsgeschwindigkeit (Schallgeschwindigkeit) der Störung und der Schnelle (Schwingung der Teilchen) zu unterscheiden.

- → Schallgeschwindigkeit in trockener Luft bei 20 Grad Celsius 343 m/s, bei 0 Grad Celsius 331 m/s
- → Schnelle: Geschwindigkeitsamplitude eines Teilchens beträgt in Luft 50 nm/s

Aufgrund der Verdichtungen beziehungsweise der Verdünnungen der Luftmoleküle kommt es zu geringfügigen Änderungen des atmosphärischen Luftdruckes. Auf Meeresniveau beträgt er über 101 000 Pascal (100 000 Pascal entsprechen 1 bar). Die Änderungen aufgrund eines Schallereignisses auf den Luftdruck liegen in einem viel kleineren Bereich zwischen $2 \times 10^{-5}$ Pascal (Hörschwelle) und 100 Pascal (Schmerzgrenze).

## FREQUENZ

Die Frequenz definiert die Anzahl der Schwingungen pro Sekunde in Hertz (Hz) und charakterisiert auch die Tonhöhe. Je höher ein Ton ist, desto höher ist seine Frequenz, und desto geringer ist die Wellenlänge.

Der Hörbereich des Ohrs liegt bei jungen gesunden Personen zwischen 16 Hertz und 20 000 Hertz. Mit dem Alter nimmt der Hörbereich bei höheren Frequenzen und somit höheren Tönen ab. Während bei 20-Jährigen die obere Grenze der Hörfähigkeit noch bei 18 000 Hertz liegt, kann man im Durchschnitt mit einer weiteren Abnahme von etwa 3 000 Hertz alle 15 Jahre rechnen.

## EINHEITEN ZUR SCHALLMESSUNG

Die Schallleistung P (vom englischen power) entspricht der Ursache, während der Schalldruck p (vom englischen pressure) die Wirkung darstellt. In Analogie zum Wärmeschutz kann man die beiden Begriffe auch mit einer Heizung und der sich im Raum einstellenden Temperatur vergleichen. Die sich einstellende Temperatur (Wirkung) in einem Raum hängt neben der Leistung der Heizung (Ursache) von der Raumgröße sowie von den Dämm- und Speichereigenschaften der Bauteile ab. Beim Schall ist es ähnlich. Eine Schallquelle, zum Beispiel ein Staubsauger, erzeugt eine gewisse Schallleistung. Je nach den raumakustischen Eigenschaften, welche vom Volumen und den Schallabsorptionsgraden der Bauteiloberflächen und der Einrichtungen abhängig sind, ergeben sich im Raum Schalldruckänderungen. Diese können wir durch unser Gehör wahrnehmen.

## RECHNEN MIT SCHALLDRUCKPEGELN

Wie werden nun unterschiedliche Schalldruckpegel miteinander addiert? Zwei gleich große Schalldruckpegel ergeben eine Erhöhung um 3 Dezibel (dB) und 10 gleich große Schallquellen eine Steigerung um 10 Dezibel. Während ein Unterschied um 3 Dezibel gerade wahrgenommen werden kann, werden 10 Dezibel höhere Pegel als doppelt so laut empfunden. Zwei Lautsprecher mit jeweils 40 Dezibel ergeben somit in Summe 43 Dezibel, zehn Lautsprecher mit jeweils 40 Dezibel ergeben 50 Dezibel (siehe Tabelle oben).

### BERECHNUNG SCHALLDRUCKPEGEL

| Schalldruckpegel in dB | Anzahl der Schallquellen (40 dB) | empfundene Lautstärke (Lautheit) |
|---|---|---|
| 40 | 1 | 1 |
| 43 | 2 | |
| 46 | 4 | |
| 49 | 8 | |
| 50 | 10 | 2 |
| 52 | 16 | |
| 55 | 32 | |
| 58 | 64 | |
| 60 | 100 | 4 |

## LAUTSTÄRKEEMPFINDEN

Wie laut ein Ton empfunden wird, hängt neben dem Schalldruckpegel L auch von der Tonhöhe (also der Frequenz) ab. Die Empfindlichkeit des menschlichen Gehörs ist nämlich frequenzabhängig. Die höchste Sensibilität (sprich die beste Hörfähigkeit) weist das Gehör bei etwa 4 000 Hertz auf. Gegen tiefere und höhere Frequenzen nimmt die Empfindlichkeit stark ab, weshalb für das gleiche Lautstärkeempfinden bei sehr tiefen und sehr hohen Frequenzen ein Vielfaches des Schalldruckpegels erforderlich ist. Als Einheit der Lautstärke kann aus diesem Grund nicht wie umgangssprachlich oft verwendet die Einheit des Schalldruckpegels, die Dezibel (dB), verwendet werden. Es wird die Einheit **PHON** verwendet, wobei das Lautstärkeempfinden des menschlichen Gehörs in Abhängigkeit der Tonhöhe berücksichtigt wird. In der Bauakustik, die sich die Aufgabe stellt, das Frequenzverhalten des menschlichen Gehörs nachzubilden, werden aus diesem Grund Frequenzbewertungskurven eingesetzt. In der Praxis findet dabei die sogenannte **A-BEWERTUNG** Verwendung.

**FREQUENZBEREICHE IN DER BAUAKUSTIK**

Darstellung der Mittenfrequenzen mit den zugehörigen unteren und oberen Grenzen: rot: bauakustischer Frequenzbereich (100–3150 Hz), grün: erweiterter Frequenzbereich (50–5000 Hz)

| Untere Grenze $f_u$ | Mitten-frequenz $f_m$ | Obere Grenze $f_o$ |
|---|---|---|
| 22,5 | 25 | 28 |
| 28 | 31,5 | 35,5 |
| 35,5 | 40 | 45 |
| 45 | 50 | 56 |
| 56 | 63 | 71 |
| 71 | 80 | 90 |
| 90 | 100 | 112 |
| 112 | 125 | 140 |
| 140 | 160 | 180 |
| 180 | 200 | 224 |
| 224 | 150 | 280 |
| 280 | 315 | 355 |
| 355 | 400 | 450 |
| 450 | 500 | 560 |
| 560 | 630 | 710 |
| 710 | 800 | 890 |
| 890 | 1000 | 1120 |
| 1120 | 1250 | 1410 |
| 1410 | 1600 | 1800 |
| 1800 | 2000 | 2240 |
| 2240 | 2500 | 2800 |
| 2800 | 3150 | 3550 |
| 3550 | 4000 | 4500 |
| 4500 | 5000 | 5600 |
| 5600 | 6300 | 7100 |
| 7100 | 8000 | 9000 |
| 9000 | 10000 | 11200 |

# Bauakustik

Aufgrund der vielseitigen, alltäglichen Schalleinwirkungen und der Zunahme des Verkehrs kommt dem Schallschutz von Gebäuden nicht nur im städtischen Umfeld eine immer größere Bedeutung zu. Wir möchten innerhalb unserer „vier Wände" geschützt vor Lärmereignissen von außen sein. Damit beschäftigt sich die Bauakustik. Es wird nach Art der Schallübertragung in Luft- und Trittschall unterschieden. Die beiden Übertragungsarten weisen unterschiedliche genormte Kennwerte und Überprüfungsmethoden auf, welche in weiterer Folge kurz zum Verständnis erklärt werden. Beiden gemeinsam ist der Frequenzbereich, in dem die Messung der Bauteile durchgeführt wird. So wurde der bauakustische Frequenzbereich, welcher zur Bestimmung der Einzahlkennwerte herangezogen wird, zwischen den Bandmittenfrequenzen 100 Hertz und 3 150 Hertz festgelegt. Dies entspricht 16 Mittelwerten. Der erweiterte Frequenzbereich, welcher für zusätzliche tief- oder hochfrequente Einflüsse herangezogen wird, reicht von den Bandmittenfrequenzen 50 Hertz bis 5 000 Hertz.

## LUFTSCHALLSCHUTZ

Unter Luftschall versteht man die Schallausbreitung in Luft, wobei man den Frequenzbereich des menschlichen Gehörs heranzieht. Der Luftschall beispielsweise von Verkehrslärm regt die Außenbauteile zu Schwingungen an, und diese können das Schallereignis in Abhängigkeit ihrer Eigenschaften in den Raum übertragen, wo die Schwingung wieder als Luftschall weitergeleitet wird. Die luftschalldämmenden Eigenschaften eines Bauteils werden mithilfe des **SCHALLDÄMM-MASSES R** dargestellt. Es handelt sich dabei um den „Widerstand" des Bauteiles gegen Schalleinflüsse. Je größer somit der Wert ist, desto besser „dämmt" das Bauteil den Schall. Die Prüfung des Schalldämm-Maßes R kann nur in einem Prüfstand durchgeführt werden, da die Schallübertragung nur durch das Bauteil erfolgen soll. Dies bedeutet, dass eine Übertragung durch angrenzende Bauteile (Flanken) ausgeschlossen wird. Bei Messungen an Gebäuden

### KENNWERTE DES LUFTSCHALLSCHUTZES

| Kennwert | | Messung | |
|---|---|---|---|
| $R_W$: bewertetes Schalldämm-Maß |   | **ohne** Schallübertragungen durch angrenzende (flankierende) Bauteile; Messung nur im Prüfstand möglich | je **größer**, desto besser! |
| $R'_W$: bewertetes Bauschalldämm-Maß |   | **mit** Schallübertragungen durch angrenzende (flankierende) Bauteile | |

haben natürlich die flankierenden Bauteile einen Einfluss auf den Schallschutz, und es wird dabei das sogenannte Bauschalldämm-Maß R´ bestimmt (siehe „Kennwerte des Luftschallschutzes" oben).

Im Zuge einer Messung werden die schalldämmenden Eigenschaften eines Bauteils in den angeführten Frequenzbereichen (zwischen 100 und 3150 Hertz) ermittelt.

Da der Verlauf der Bezugskurven die im Wohnbau oder durch städtischen Verkehr verursachten Geräuschspektren zu wenig berücksichtigt, wurden zusätzlich zur Bewertung sogenannte **SPEKTRUM-ANPASSUNGSWERTE** definiert. Für den Luftschall handelt es sich dabei um C (Spektrum 1) und $C_{tr}$ (Spektrum 2). Das Spektrum 1 berücksichtigt Wohnaktivitäten (Reden, Musik, Radio), Kinderspielen, Schienenverkehr mit mittleren und hohen Geschwindigkeiten sowie Autoverkehr über 80 km/h. Bei Spektrum 2 werden tieffrequente Ereignisse, wie städtischer Straßenverkehr, Schienenverkehr mit geringer Geschwindigkeit sowie Betriebe, die überwiegend tieffrequenten Lärm abstrahlen, betrachtet.

Wichtig für Praktiker und Nutzer ist zu wissen, dass in der Regel bei Außenbauteilen $C_{tr}$ und bei Innenbauteilen C berücksichtigt werden sollten. Dabei werden die Spektrums-Anpassungswerte zu dem Schalldämm-Maß addiert. Da es sich in der Regel, um negative Werte handelt, verringert sich das Schalldämm-Maß. Die Werte werden in den Prüfberichten in Klammer nach dem bewerteten Kennwert angeführt.

## TRITTSCHALLSCHUTZ

Der Trittschall stellt einen Sonderfall der Körperschallübertragung dar. Durch Gehen, Sesselrücken und dergleichen wird die Decke in Schwingung versetzt und gibt diesen Körperschall im darunterliegenden Raum als Luftschall ab. Die Anregung erfolgt bei der Messung mit dem sogenannten Normhammerwerk. Gemessen wird im Gegensatz zum Luftschallschutz nicht die Dämmung des Bauteils, sondern der **PEGEL**, der durch das Bauteil infolge der Anregung in den Empfangsraum gelangen kann. Aus diesem Grund sind beim Trittschall geringere Kennwerte besser. Der in Prüfzeugnissen angeführte **NORM-TRITTSCHALLPEGEL** $L_n$ definiert – vergleichbar mit R beim Luftschallschutz – ausschließlich die Eigenschaften des Bauteils ohne Einfluss der angrenzenden Bauteile. Er wird somit im Prüfstand ermittelt. $L'_n$ berücksichtigt im Gegensatz zu $L_n$ zusätzlich auch die Einflüsse der angrenzenden Bauteile und wird in Deutschland als Anforderungswert bei Trenndecken herangezogen. In Österreich werden Anforderungen an den volumenabhängigen Kennwert $L_{nT}$ gestellt. Dieser Wert spiegelt das Empfinden der Bewohner besser wider. Aufgrund der Volumenabhängigkeit ergeben sich aber im Gegensatz zu $L'_n$ je nach Raumgröße unterschiedliche Ergebnisse (siehe „Kennwerte des Trittschallschutzes" unten).

## Anforderungen bei Einfamilienhäusern

Es ist ein immer noch weit verbreiteter Irrglaube, dass bei Einfamilienhäusern grundsätzlich keine bautechnischen Anforderungen an den Schallschutz vorhanden sind. Auch bei einem Einfamilienhaus muss der **SCHUTZ VOR AUSSENLÄRM** sichergestellt werden. Gerade, wenn Ihr geplantes Gebäude sich an einem lauten Standort, zum Beispiel in der Nähe einer stark befahrenen Straße befindet, empfiehlt es sich, den Schallschutz insbesondere der Fenster detailliert zu betrachten. In der Regel stellt das Fenster im Vergleich zur Außenwand hinsichtlich des Schallschutzes das schwächere Glied in der Kette dar. Die Schalldämmung von Fenstern hängt zum einen von der Dichtheit des Fensters ab, da durch Fugen der Luftschall in das Gebäude gelangen kann. Zum anderen spielt die schalltechnische Qualität des Rahmens und der Verglasung eine Rolle. Bei der **VERGLASUNG** stellen das Gewicht, ein großer Scheibenabstand und unterschiedliche Scheibendicken bei den Isolierverglasungen einen wesentlichen Vorteil für die Schalldämmung dar.

Für die Nachweisführung der Luftschalldämmung gegenüber Außenlärm ist neben den Schalldämmwerten der einzelnen Außenbauteile deren **FLÄCHENVERHÄLTNIS** untereinander entscheidend. Die Berechnung beziehungsweise Nachweisführung erfolgt raumweise. Da das Fenster wie angeführt in der Regel das schwächere Glied darstellt, können sich bei größeren Fensterflächen in einem Raum höhere Anforderungen an diese Fenster ergeben (siehe Grafik auf der folgenden Seite). Als unterste Grenze für opake (nicht lichtdurchlässige) Bauteile wird in der Literatur bei Objekten ohne Außenlärmbelästigung ein Schalldämm-Maß zwischen 40 und 45 Dezibel empfohlen. Objekte mit Wänden mit geringerem Schalldämm-Maß werden von den Bewohnern als **HELLHÖRIG** empfunden. In Österreich gilt als Mindestanforderung für opake Außenbauteile ein Schalldämm-Maß von 43 Dezibel. Bei mittelmäßiger Außenlärmbelastung wird ein $R_w$ zwischen 45 und 50 Dezibel empfohlen und an Standorten mit hoher Lärmbelastung Außenwände mit mehr als 50 Dezibel.

An **INNENBAUTEILE** in Einfamilienhäusern werden seitens der Baubehörden tatsächlich keine Anforderungen gestellt. Sollten Sie zwischen einzelnen Räumen (zum Beispiel Musikzimmer) einen er-

**KENNWERTE DES TRITTSCHALLSCHUTZES**

| Kennwert | | Messung | |
|---|---|---|---|
| $L_{n,w}$: bewerteter Norm-Trittschallpegel |   | **ohne** Schallübertragungen durch angrenzende (flankierende) Bauteile; Messung nur im Prüfstand möglich | |
| $L'_{n,w}$: bewerteter Norm-Trittschallpegel (mit Flanken) |   | **mit** Schallübertragungen durch angrenzende (flankierende) Bauteile | je **kleiner,** desto besser! |
| $L_{nT,w}$: bewerteter Standard-Trittschallpegel |   | **mit** Schallübertragungen durch angrenzende (flankierende) Bauteile und **volumenabhängig** | |

höhten Schallschutz wünschen, empfiehlt es sich, genaue Grenzwerte mit dem ausführenden Betrieb zu vereinbaren. Vereinbaren Sie lediglich „besseren" oder „erhöhten" Schallschutz ohne eine entsprechenden Quantifizierung der Anforderung, ist Streit vorprogrammiert. Als Basis für einen zu vereinbarenden erhöhten Schallschutz können die in der Publikation „Schallschutz im Holzbau – Grundlagen und Vorbemessung" definierten Schallschutzniveaus herangezogen werden. (siehe auch die baulichen Empfehlungen zum Schallschutz ab Seite 171).

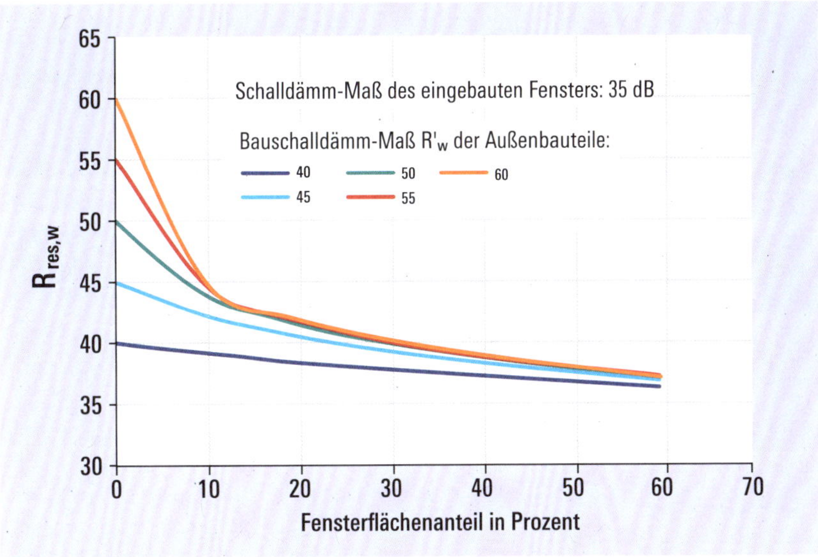


**Zusammenhang zwischen dem Flächenanteil der Fenster und dem Schalldämm-Maß der zusammengesetzten Bauteile bei einem Schalldämm-Maß der eingebauten Fenster von 35 dB bei unterschiedlichen Bauschalldämm-Maßen der Außenwand**

## Ist der Schallschutz im Holzhaus ein Problem?

Holzbau steht im Ruf, schlechte Schallschutzeigenschaften aufzuweisen. Als Grund wird häufig die **GERINGERE MASSE** von Holz im Vergleich zu mineralischen Bauweisen angegeben. Schallschutz wird zuallererst mit Masse in Verbindung gebracht. Dass „Masse Klasse ist", gilt aber nur für monolithische einschalige Bauteile wie Ziegelmauerwerke. Während beispielsweise ein Schallschutzziegel mit einer Rohdichte von knapp über 1 400 kg/m³ mit einem Kalk-Zementputz von zwei Zentimetern und einem Fugenglattstrich ein bewertetes Schalldämm-Maß von 61 Dezibel erzielt, liegen bei den auf den Wärmeschutz optimierten Vergleichsprodukten mit halb so hohen Rohdichten lediglich Schalldämm-Maße zwischen 43 und 47 Dezibel vor. Der Schallschutzziegel benötigt aufgrund der relativ hohen Wärmeleitfähigkeit von 0,45 W/mK ein Wärmedämmverbundsystem, welches allerdings je nach Dämmstoff das Schalldämm-Maß verringern kann. Denn steife Dämmstoffe mit einer hohen dynamischen Steifigkeit wie herkömmliche Styroporplatten (EPS) können den Schallschutz der Rohwand wesentlich verschlechtern.

Auch beim Schallschutz erfordert der Holzbau ein anderes Vorgehen als mineralische Bauweisen: Mittels konsequenter **MASSE-FEDER-MASSE-SYSTEME** wird die geringere Masse kompensiert – so können auch hohe Anforderungen an den Schallschutz erfüllt werden.

### BIEGESTEIF ODER BIEGEWEICH – FRAG DIE KOINZIDENZ-GRENZFREQUENZ

Um nicht Äpfel mit Birnen zu vergleichen, bedarf es auch beim Schallschutz einer genauen Betrachtung der einzelnen Bauweisen. Mineralische monolithische Platten wie beispielsweise Stahlbetonelemente gelten als **BIEGESTEIF**. Biegesteife Baustoffe haben eine sogenannte Koinzidenz-Grenzfrequenz von unter 100 Hertz. Doch was versteht man unter der **KOINZIDENZ-GRENZFREQUENZ**? Die auf eine Platte auftreffende Luftschallwelle erzeugt bei dieser erzwungene Biegewellen. Wenn die Wellenlänge der vom Luftschall erzwungenen Biegewellen jener der freien Biegewellen der Platte gleicht, ist sie koinzident, es kommt zu einer Koppelung der Wellenfelder. Dies bewirkt eine geringere Schalldämmung. Die Koinzidenz-Grenzfrequenz

**HIER GEHT ES WEITER:** DIE BROSCHÜRE „SCHALLSCHUTZ IM HOLZBAU – GRUNDLAGEN UND VORBEMESSUNG" KANN KOSTENLOS UNTER →INFORMATIONSDIENST-HOLZ.DE HERUNTERGELADEN WERDEN.

wird auch zur Einteilung der Baustoffe in biegesteif oder biegeweich herangezogen. Als biegesteif werden Baustoffe bezeichnet, deren Koinzidenz-Grenzfrequenz unter 100 Hertz liegt, und als **BIEGEWEICH**, wenn sie über 2500 Hertz beträgt.

Da es im Bereich der Koinzidenz-Grenzfrequenz zu Einbrüchen in der Schalldämmung kommt, ist es grundsätzlich wichtig, dass entweder biegesteife oder biegeweiche Materialien eingesetzt werden. Baustoffe mit einem Einbruch dazwischen sind schalltechnisch bedenklich, und die Schalldämmung muss durch zusätzliche Schichten verbessert werden. Bei einer reinen Massivholzplatte ist dies der Fall. Bei üblichen Konstruktionsstärken liegt die Koinzidenz zwischen 250 und 500 Hertz. Dies erklärt auch, warum ein Massivholzrohelement eine geringere Schalldämmung als ein Holzrahmenelement aufweist. Durch entsprechende **ZUSÄTZLICHE BAUTEILSCHICHTEN** können allerdings auch bei der Massivholzbauweise die Anforderungen und Bedürfnisse der Kunden erfüllt werden. Die im Holzbau eingesetzten Bekleidungen sollten biegeweich sein. In diesem Fall kommt es zwar zu geringen Einbrüchen des Schalldämm-Maßes im hohen Frequenzbereich. Da in diesem Bereich das Bauteil sehr gute schalldämmende Eigenschaften hat, ergeben sich jedoch keine wesentlichen Einflüsse auf das Schalldämm-Maß. Gipskartonplatten gelten bis zu einer Dicke von 15 Millimeter und Sperrholzplatten bis zu einer Dicke von 10 Millimeter als biegeweich.

### DAS MASSE-FEDER-MASSE-PRINZIP UND DER EINFLUSS DER RESONANZFREQUENZ

Durch eine hohe Masse wird bei einem biegesteifen mineralischen Bauteil mehr Schallenergie absorbiert. Somit liegt eine bessere Schalldämmung vor. Wie kann es nun sein, dass im Leichtbau (Gipsständer- und Holzbauweise) trotzdem gute schalldämmende Eigenschaften vorliegen können? Das Geheimnis liegt im sogenannten Masse-Feder-Masse-Prinzip. Durch die **MEHRSCHICHTIGKEIT** und das Anbringen von Massen an der Außenseite, welche möglichst entkoppelt befestigt werden, kann die Schallenergie sehr gut abgebaut werden. Die Bekleidungen (Gipsplatten, Putzschicht, Estrich) stellen die äußeren Massen dar. Diese werden über eine „Feder" – eine entkoppelte oder freistehende Vorsatzschale, die Dämmschicht des Wärmedämmverbundsystems oder eine Trittschalldämmung – mit dem Rohbauteil **GEKOPPELT**. Die Feder kann eine ruhende Luftschicht oder eine weiche Dämmung sein. Durch die hohe Masse der Bekleidungen und eine gute Federwirkung wird das Eindringen der Schallenergie in die Konstruktion verringert und somit auch der Schalldurchgang durch das Bauteil. Je höher die Massen der Bekleidungen sind und je geringer die dynamische Steifigkeit s' der Zwischenschicht ist, desto besser ist die Schalldämmung des Bauteils. Die **DYNAMISCHE STEIFIGKEIT** ist ein Maß für die Weichheit der Zwischenschicht, also der Feder. Bei Trittschalldämmungen und Dämmungen von Wärmedämmverbundsystemen ist dieser Wert unbedingt zu berücksichtigen. Fasrige Produkte weisen geringere dynamische Steifigkeiten auf und sind somit EPS-Platten vorzuziehen.

Bei mehrschaligen Bauteilen kommt es oberhalb der sogenannten Resonanzfrequenz $f_0$ zu einer Verbesserung von 18 Dezibel pro Oktave. Bei der Resonanzfrequenz schwingen die beiden Massen $m'_1$ und $m'_2$ gegengleich, wodurch es zu einer sehr guten Übertragung der Schwingungen und somit zu einer geringen Schalldämmung kommt. Unter der Resonanzfrequenz entspricht das Schalldämm-Maß des mehrschaligen Bauteils dem eines gleich schweren einschaligen Bauteils. Die beiden Massen schwingen miteinander, wie wenn sie nicht durch eine Feder entkoppelt, sondern starr miteinander verbunden wären. Aufgrund des Einbruchs der Schalldämmung im Bereich der Resonanzfrequenz ist es bei allen mehrschaligen Aufbauten wichtig, diese zu kennen. Die Baustoffschichten sind so auszuwählen beziehungsweise zu dimensionieren, dass die Resonanzfrequenz auf alle Fälle **UNTER 100 HERTZ** liegt. Idealerweise sollte sie sogar unter 50 Hertz liegen. Diese Berücksichtigung ist auch bei mineralischen Bauweisen im Bereich von Decken und vor allem bei Wärmedämmverbundsystemen wichtig. Unzählige Reklamationen von Kunden, die nachträglich bei ihrem Ziegelgebäude ein Wärmedämmverbundsystem mit EPS angebracht haben, bestätigen dies. Es wurde nach der thermischen Sanierung eine Verschlechterung des Schallschutzes beanstandet, wobei die Bewohner zuerst die Fenster verdächtigten, da bekannterweise diese einen geringeren Schallschutz aufweisen. Messungen zeigten allerdings, dass die Resonanzfrequenz der Ziegelwand mit dem Wärmedämmverbundsystem zwischen 200 und 300 Hertz lag. Da es in diesem Bereich zu einem massiven Einbruch der Schalldämmung kam, konnte der Verkehrslärm sehr gut in das Innere übertragen werden. Sofern bei Ihrem Holzhaus eine Holzweichfaserplatte anstelle einer EPS als Dämmung beim Wärmedämmverbundsystem eingesetzt wird, haben Sie mit der Resonanzfrequenz der Außenwand kein Problem. Im anderen Fall empfiehlt es sich gerade bei Standorten mit einem hohen Verkehrsaufkommen, im Vorfeld mit der Firma zu reden und nach den Nachweisen zu fragen.

### EINFLUSS AUF DIE RESONANZFREQUENZ

Für den Holzbau kann die Resonanzfrequenz $f_0$ mittels folgender Formel bestimmt werden:

$$f_0 = 160 \cdot \sqrt{s' \cdot \left(\frac{1}{m'_1} + \frac{1}{m'_2}\right)}$$

Dabei bedeuten:

→ s´: dynamische Steifigkeit des Dämmstoffes (Feder) in $MN/m^3$

→ $m'_1$, $m'_2$: flächenbezogene Masse der Schalen (Masseschichten) in $kg/m^2$

Die flächenbezogene Masse berechnet sich aus dem Produkt der Rohdichte der Baustoffe in $kg/m^3$ und der Dicke der Baustoffe in Meter.

Die dynamische Steifigkeit s' von Trittschalldämmungen wird in Materialdatenblättern angeführt.

Einen weiteren Einfluss auf das Schalldämm-Maß hat die Art der **BEFESTIGUNG DER VORSATZSCHALE** beziehungsweise der abgehängten Decke. Eine direkte Befestigung mittels Holzleisten stellt aufgrund der relativ steifen Befestigung die geringste Verbesserung dar. Eine freistehende Vorsatzschale erzielt erwartungsgemäß die größte Verbesserung des Schalldämm-Maßes. Zur Vermeidung von sogenannten Hohlraumresonanzen, die nur bei Musikinstrumenten gewünscht sind, sind die **HOHLRÄUME VON VORSATZSCHALEN** immer mit fasrigen Dämmstoffen auszudämmen.

→ Auch beim Schallschutz erfordert der Holzbau eine andere Herangehensweise als mineralische Bauweisen.

## Bauliche Empfehlungen bei Außenwänden

Wie bereits angeführt, gelten auch bei Einfamilienhäusern Anforderungen an den Schallschutz der Außenbauteile. Es empfiehlt sich vor allem bei Standorten in der Nähe von stark befahrenen Straßen, die nachfolgend angeführten konstruktiven Maßnahmen zu berücksichtigen und Schallschutzfenster einzubauen. Sie können die bewerteten Schalldämm-Maße der Bauteile bei den entsprechenden Firmen erfragen. Die Holzbauunternehmen können Ihnen entsprechend den jeweils erforderlichen Leistungsnachweisen (CE-Kennzeichnung, Ü-Zeichen oder ÜA-Zeichen) die Werte zeigen. Zusätzlich können Sie sich auch auf der Online-Plattform dataholz.eu einen Überblick über die Werte bei den unterschiedlichen Holzbauweisen verschaffen.

Bei den Außenbauteilen werden Anforderungen an den Luftschallschutz gestellt. Bei diesen Kennwerten gilt: Je größer das Dämm-Maß, desto besser das Bauteil. Für Österreich gilt als Mindestanforderung für opake (nicht lichtdurchlässige) Bauteile ein Schalldämm-Maß von 43 Dezibel. Dies bedeutet, dass Bauteile mit geringeren Schalldämm-Maßen nicht verwendet werden können. Darüber hinaus

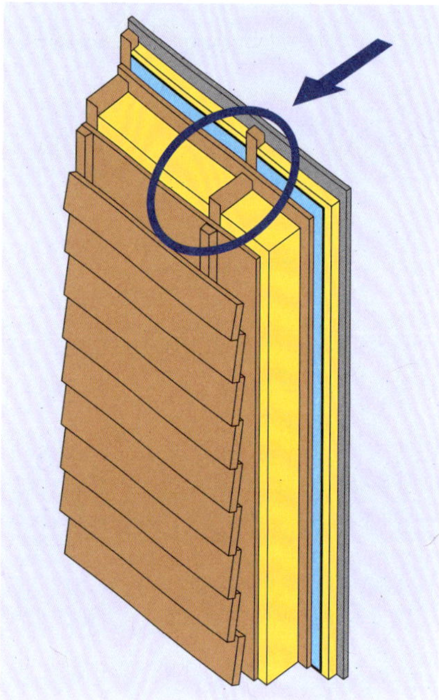

Durchgehende Hölzer stellen eine „Schallbrücke" dar und verringern den Schallschutz.

gelten wie auch in Deutschland Anforderungen an das aus Fenster und opaken Flächen resultierende Schalldämm-Maß in Abhängigkeit vom Außenlärmpegel.

In den folgenden Abschnitten wird gezeigt, welche Faktoren den Schallschutz bei Holzbauwänden beeinflussen. Durch einfache Maßnahmen im Bereich der Fassade und der Innenbekleidung kann das Schalldämm-Maß **WESENTLICH VERBESSERT** werden. Es ist jedoch zu berücksichtigen, dass die Auswirkungen einzelner Maßnahmen sehr stark von den anderen Baustoffschichten abhängen. Die angegebenen Werte müssen daher als grobe Richtwerte betrachtet werden.

## SCHALLSCHUTZMASSNAHMEN BEIM HOLZRAHMENBAU

Mit der Dicke der Rohwand verbessert sich nicht nur der Wärmeschutz, sondern auch der Schallschutz. Im Vergleich zu den Einflüssen der Fassadenausführung beziehungsweise der Installationsebene ist diese Verbesserung mit circa drei Dezibel (zwischen 120 Millimeter und 240 Millimeter) aber nur gering. Nach Möglichkeit sollten nicht nur zur Optimierung des Wärmeschutzes die Lattungen der Installationsebene und der Fassade nicht in einer Ebene mit den Stehern der Holztafelwand sein. Es bilden sich damit nicht nur geringe Wärmebrücken, sondern auch Schallbrücken (Abbildung rechts).

Wird die Fassadenunterkonstruktion an den Stehern befestigt, sorgt die Ausbildung einer **INSTALLATIONSEBENE** für einen besseren Luftschallschutz bei hinterlüfteten Fassaden. Da eine offene Holzfassade mit Fugen im Vergleich zu einer geschlossenen ein geringeres Schalldämm-Maß aufweist, wird in diesem Fall sogar die Ausbildung einer entkoppelten beziehungsweise freistehenden Installationsebene empfohlen. Dabei ist allerdings zu berücksichtigen, dass im Falle einer Anregung im tieffrequenten Bereich, etwa bei hohem Lkw-Verkehrsanteil, diese Maßnahme nur zu geringen Verbesserungen führt. Zusätzliche schwere Bekleidungen oder Konstruktionen mit geteilten Stehern können bei hohen Anforderungen im tieffrequenten Bereich zu Verbesserungen führen.

Bei einem Wärmedämmverbundsystem bewirken weichere Dämmstoffe mit geringerer dynamischer Steifigkeit s' und dickere, schwere Putzschichten ein höheres Schalldämm-Maß. Somit bieten Mineralfaser-, Holzweichfaser- oder Hanfdämmplatten gegenüber den billigeren EPS (Styroporplatten) wesentliche Vorteile. Es können sich dadurch bei ansonsten gleichen Aufbauten um bis zu 9 Dezibel bessere Schalldämm-Maße ergeben.

## SCHALLSCHUTZMASSNAHMEN BEIM HOLZMASSIVBAU

Das Schalldämm-Maß von Massivholzelementen hängt von deren Flächengewicht und ihrer Biegesteifigkeit ab. Durch eine innenseitig angebrachte biegeweiche Gipsplatte können das Flächengewicht und somit das Schalldämm-Maß erhöht werden. Im Falle höherer Anforderungen aufgrund eines lauteren Standorts (höhere Außenlärmpegel) wird eine **INSTALLATIONSEBENE** empfohlen. Auch hier gilt natür-

**LAGE DER ERFORDERLICHEN SCHALLSCHUTZLAGER**

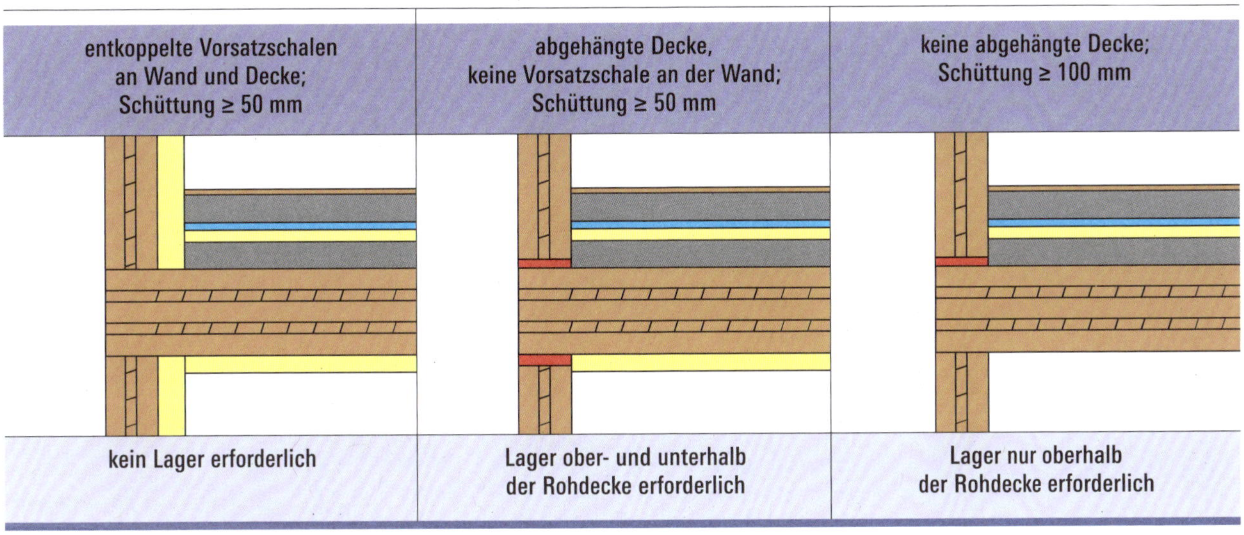


lich, dass eine freistehende gedämmte Installationsebene die größten Verbesserungen bewirkt, wobei die geringen Verbesserungen beziehungsweise gegebenenfalls vorliegenden Verschlechterungen im tiefen Frequenzbereich zu berücksichtigen sind.

Durch die zusätzliche außenliegende Dämmung kann das Schalldämm-Maß der Rohwand ebenfalls verbessert werden.

Von der Verwendung eines Wärmedämmverbundsystems mit einer EPS-Dämmung auf einer Massivholzwand wird **AUSDRÜCKLICH ABGERATEN**. Denn bei einer derartigen Konstruktion ist mit einem sehr geringen Schalldämm-Maß zu rechnen. Zusätzlich passen diese beiden Baustoffe auch aus ökologischer Sicht absolut nicht zusammen.

## Bauliche Empfehlungen bei Decken

Der Trittschallschutz stellt im Holzbau zweifelsohne eine besondere Herausforderung dar. Dennoch kann bei Einhaltung einiger einfacher Regeln ein guter Trittschallschutz erreicht werden. Die im Folgenden erläuterten Maßnahmen sind nicht gesetzlich vorgegeben, aber dennoch zu empfehlen, insbesondere für Familien. So können zum Beispiel im Obergeschoss die Kinder spielen, ohne dass die Ruhe im Wohnzimmer gestört wird.

Der konsequent **SCHWIMMEND VERLEGTE** Fußboden und Estrich stellen die oberste Masseschicht dar. Zwischen Nassestrich und Trittschalldämmung ist bei jeder Bauweise die Verlegung einer lückenlosen Folie erforderlich. Diese und die konsequent verlegten Randdämmstreifen garantieren, dass der Estrich auch wirklich „schwimmend" – also ohne Koppelung zu angrenzenden Bauteilen, wie Rohdecke, Wände, Türzargen, Installationen – verlegt ist.

Die Trittschalldämmung dient als Feder. Sie sollte möglichst „weich" sein und somit eine geringe dynamische Steifigkeit s' aufweisen. Bei Zementestrichen wird für die Trittschalldämmung ein s'-Wert von höchstens 10 MN/m$^3$ empfohlen. Bei Trockenestrichen sind systembedingt höhere Steifigkeiten erforderlich. Wie bei Wärmedämmverbundsystemen gilt auch bei der Trittschalldämmung, dass EPS höhere Steifigkeiten und somit schlechtere Eigenschaften aufweist. Zur Verlegung von haustechnischen Leitungen sind **SCHÜTTUNGEN** erforderlich, damit es zu keiner Koppelung und somit Schallübertragung zwischen Estrich und Rohdecke kommen kann.

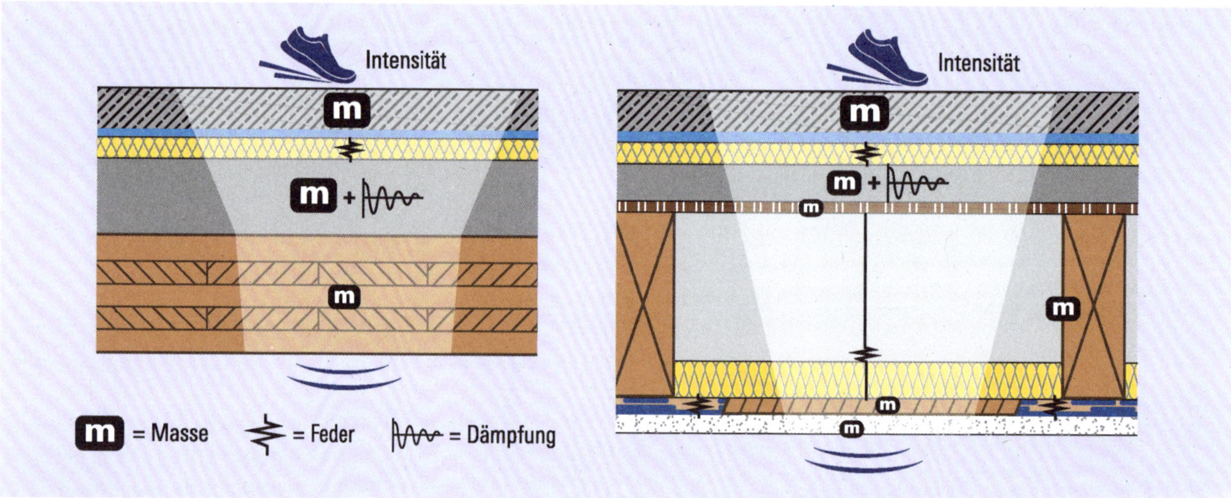


**Symboldarstellung des Masse-Feder-Systems einer Holzbalkendecke und einer Massivholzdecke mit den Funktionen der einzelnen Schichten. Zementestrich, Beschüttungen, Massivholz und die Bekleidungen stellen die Masseschichten dar. Je höher die einzelnen Massen sind, desto besser wirkt es sich auf den Schallschutz aus. Bei den Schüttungen wirkt sich zusätzlich zur Masse auch eine Dämpfung (ungebunden oder elastisch gebunden) positiv aus. Die dazwischen eingebaute Trittschalldämmung, der Lufthohlraum der Tramdecke und die Federschiene der Abhängung bei der Tramdecke stellen die Federn dar. Diese Schichten sollten möglichst weich sein.**

Bei Wohnungstrenndecken werden Schüttungen mit einer Rohdichte von mindestens 1500 kg/m$^3$ eingesetzt. Da diese Schicht nicht nur als Masse, sondern auch als Dämpfung fungiert, werden die Schüttungen ungebunden beziehungsweise elastisch gebunden eingesetzt. Sollten Sie einen besseren Trittschallschutz Ihrer Decke wünschen, was natürlich mit dem ausführenden Unternehmen zu vereinbaren ist, ist eine derartige Schüttung empfehlenswert.

Die Gefache bei **HOLZBALKENDECKEN** stellen bauakustisch ebenfalls eine Feder dar. Die Hohlräume (Gefache) zwischen zwei harten Bekleidungen sind zur Vermeidung von Hohlraumresonanzen mit fasrigen Dämmstoffen auszudämmen. Dabei ist eine Teilausdämmung von ungefähr einem Viertel der Höhe ausreichend. Die Dämmung muss nicht seitlich an den Balken hochgezogen werden. Bei Wohnungstrenndecken und bei höheren Anforderungen an den Trittschallschutz werden elastische Abhängungen der Untersicht in Form von Federbügeln oder Federschienen empfohlen. In der Massivholzbauweise stellt die Flankenübertragung über angrenzende Bauteile eine größere Herausforderung als bei der Holztafelbauweise dar.

Sofern Sie mit dem ausführenden Holzbauunternehmen erhöhte Schallschutzanforderungen an Ihre Massivholzdecke vereinbaren, empfiehlt es sich, zwischen den Wand- und Deckenelementen **ELASTISCHE SCHALLSCHUTZLAGER** einzulegen. Bei allseitig vorhandenen entkoppelten Vorsatzschalen an den Wänden und einer abgehängten Decke sind keine Schallschutzlager erforderlich. Denn in diesen Fällen ist die Massivholzkonstruktion rundum elastisch entkoppelt, wodurch sowohl die Schalleintragung als auch die Abstrahlung vermindert werden. Sofern an den Wänden keine entkoppelten Vorsatzschalen angebracht werden, ist sowohl ober- als auch unterhalb der Rohdecke ein Schallschutzlager einzulegen. Das obere dient der Verringerung der Luftschallübertragung über die obere Wand in die Decke (Fd bzw. Ff). Das untere ist hauptsächlich zur Verringerung des Trittschallübertragungsweges (Df) entscheidend (siehe „Lage der erforderlichen Schallschutzlager" auf Seite

173). Bei Massivholzdecken ohne entkoppelte Untersicht – also direkt bekleidete Decken beziehungsweise Decken in Sichtholzausführung – sind lediglich über der Rohdecke Schallschutzlager erforderlich. In diesen Fällen ist allerdings der Fußbodenaufbau zur Verringerung der Schallenergie an der Rohdecke durch eine Erhöhung der Schüttung zu verbessern.

## Schallschutz beim Doppel- und Reihenhaus

Bei Reihenhäusern werden auch an die Trennwände Trittschallanforderungen gestellt. Aber was ist der Grund? Natürlich geht niemand eine Wand hinauf. Allerdings werden aufgrund der Grundrissgestaltung bei Reihenhäusern die Treppen häufig entlang der Trennwände geführt. Werden diese ohne entsprechende Entkoppelung an der **TRENNWAND** befestigt, kann es zu ungewollten Körperschallübertragungen durch die Trennwand kommen. Deshalb wird empfohlen, die Treppen nach Möglichkeit an den Querwänden zu befestigen. Falls dies aus statisch-konstruktiven Gründen nicht möglich ist, sind die Befestigungen beziehungsweise Auflager unbedingt zu entkoppeln. Bei zweischaligen Trennwänden stellt die Befestigung der Treppen im Vergleich zu einschaligen Ausführungen ein geringeres Problem dar. Der Zwischenraum zwischen den beiden Wänden ist mit einem faserigen Dämmstoff auszudämmen. Dadurch kann verhindert werden, dass die beiden Elemente während der Montage irrtümlich zusammengestellt werden oder dass es durch hineinfallende harte Baustoffreste zu Koppelungen kommen kann. Bei einschaligen Trennbauteilen sind unbedingt beidseitig entkoppelte oder besser freistehende Vorsatzschalen erforderlich. In diesem Fall sind die Deckenauflager und Anschlüsse der angrenzenden (flankierenden) Bauteile zu beachten, um hohe Schallübertragungen über diese Wege zu unterbinden.

Zur Verbesserung des Schallschutzes im tiefen Frequenzbereich sollten **GROSSE ABSTÄNDE** zwischen den zweischaligen Wänden ausgebildet werden (siehe Pfeil in der oberen Abbildung auf Seite 176).

Bei Holztafelbauwänden werden 31 Zentimeter Achsabstand empfohlen. Für die Bekleidungen und Ständer beider Wände sollte ein asymmetrischer Aufbau gewählt werden. Um einen möglichst großen Abstand zwischen den beiden Wänden zu erreichen, sind die Ständer querzustellen.

Eine möglichst große Masse der raumseitigen biegeweichen Bekleidungen kommt dem Schallschutz ebenfalls zugute. Sofern es die brandschutztechnisch-konstruktiven Maßnahmen erlauben, kann durch ein Weglassen der inneren Bekleidungen der schalltechnisch wirksame Abstand der raumseitigen Bekleidungen erhöht werden. In diesem Fall können geringere Bauteildicken umgesetzt werden (siehe Pfeil in der unteren Abbildung auf Seite 176).

## Dachkonstruktionen: Steildächer

Für die Bewertung der schalltechnischen Eigenschaften von Dachkonstruktionen ist in zwischengedämmte und außenliegende Dämmungen zu unterscheiden.

**ZWISCHENGEDÄMMTE KONSTRUKTIONEN** verhalten sich aus schallschutztechnischer Sicht ähnlich wie Holztafelwände. Es liegen Masse-Feder-Masse-Systeme mit ähnlichen Einflüssen der einzelnen Schichten wie bei den Außenwänden vor.

Bei vollgedämmten Steildachkonstruktionen wirken sich die einzelnen Bauteilschichten in unterschiedlichem Maß auf die Schalldämmung aus.

Die Innenbekleidung sollte eine möglichst hohe Masse bei gleichzeitig biegeweichen Eigenschaften aufweisen. Nut-Feder-Profilbretter vermindern, sofern sie nicht auf einer durchgehenden Gipsbekleidung angebracht sind, im Vergleich zu gleichartigen Konstruktionen mit durchgehender Gipsbekleidung aufgrund der vielen Fugen das Schalldämm-Maß um 5 bis 7 Dezibel.

Eine **ENTKOPPELTE BEFESTIGUNG** der Innenbekleidung führt aufgrund der besseren Federwirkung zu einer Verbesserung der Schalldämmung.

Eine Vergrößerung der Höhe der vollgedämmten Sparren mit faserigen Dämmstoffen

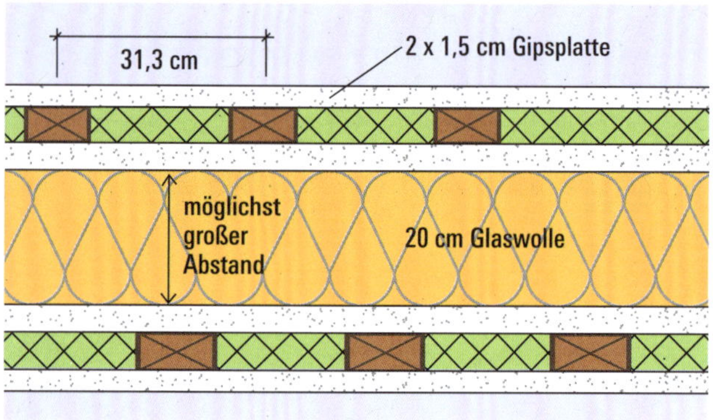


Empfehlung einer Reihenhaustrennwand zur Optimierung des tieffrequenten Bereiches. Der große Abstand zwischen den beiden Wänden verringert die Resonanzfrequenz und verbessert somit den Schallschutz tiefer Töne. Zur Verringerung der Wanddicken werden die Ständer quergestellt. Weiteres Verbesserungspotential liegt durch asymmetrische Bekleidungen vor.

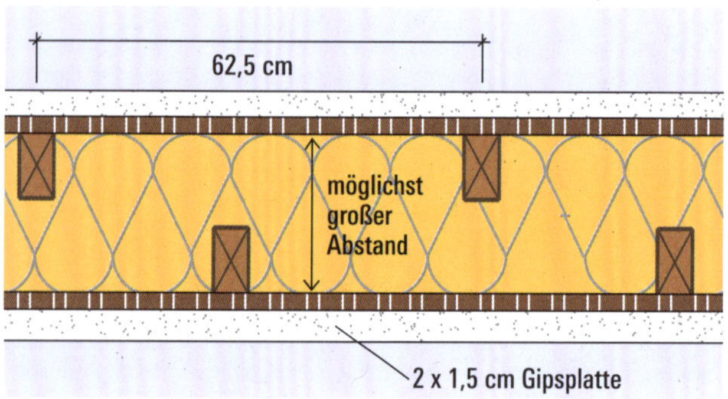


Bei dieser zweischaligen Reihenhaustrennwand kommt es aufgrund der fehlenden innenliegenden Bekleidungen der beiden Rahmenwände ebenfalls zu einer Erhöhung des Abstandes der beiden Masseschichten und somit zu einem guten Schallschutz im tiefen Frequenzbereich. Bei dieser Lösung ist zu berücksichtigen, dass zur Erfüllung des Brandschutzes raumseitig mehr Bekleidungen erforderlich sein können. Weiteres Verbesserungspotentzal liegt durch asymmetrische Bekleidungen vor.

kann ebenfalls das Schalldämm-Maß erhöhen. Geschäumte Dämmstoffe haben in Gefachen auch aus schalltechnischer Sicht nichts verloren.

Aus feuchteschutztechnischer Sicht wird bei ausgebauten Steildachkonstruktionen ein begehbares und regensicheres **UNTERDACH** empfohlen. In Österreich wird dessen Ausbildung auch normativ gefordert. Es darf somit nicht nur eine Unterspannbahn ohne darunterliegende Schalung beziehungsweise Holzwerkstoffplatte eingesetzt werden. Untersuchungen zeigten, dass die Holzschalung unter der diffusionsoffenen Bahn zu einer Verbesserung im tieffrequenten Bereich führen kann, der Einzahlwert wird gegenüber der alleinigen Verlegung einer Unterspannbahn allerdings verschlechtert. Aus diesem Grund werden auch Beschwerungen der Dachschalung mit beispielsweise Bitumenschweißbahnen in diversen Publikationen zum Schallschutz empfohlen. Aus feuchteschutztechnischer Sicht ist zu berücksichtigen, dass der Holzbau nach außen diffusionsoffene Aufbauten benötigt. Eine derartige Beschwerung wird aus diesem Grund nur bei der Ausführung eines sogenannten **DOPPELTEN UNTERDACHS** empfohlen. Dabei wird auf der vollgedämmten Sparrenkonstruktion eine diffusionsoffene Folie angebracht. Anschließend erfolgt die erste Konterlattungsebene, welche die Feuchtigkeit von innen abtransportieren kann. Darauf wird die beschwerte Dachschalung mit der Bitumenbahn angebracht.

Positiv auf die Schalldämmung wirken sich **DACHDECKUNGEN** mit einem großen Flächengewicht und gleichzeitig einer hohen Fugendichtheit aus. Verfälzte Betondachsteine und Biberschwanzziegel verhalten sich besser als leichte Tondachziegel und vor allem als Blechdacheindeckungen aus Trapezblech.

Dächer mit **AUFDACHDÄMMUNG** erreichen in der Regel geringere Schalldämm-Maße. Die Qualität der Schalldämmung von Dächern mit Aufdachdämmung ist ebenfalls von verschiedenen Parametern abhängig.

Bei Sichtsparrendächern mit Aufdachdämmung werden als innere Bekleidung häufig Holzschalungen oder Dreischichtplatten verwendet. Zur Verbesserung des Schallschutzes kann diese Bekleidung außenseitig mit schweren biegeweichen Platten beschwert werden. Diese Verbesserung wirkt auch im tiefen Frequenzbereich. Hierzu könnten Gipswerkstoffplatten oder auch eine Bitumenschweißbahn eingesetzt werden. Zusätzliche Beschwerungen wirken sich bei Konstruktionen mit Faserdämmstoffen wesentlich besser aus als bei PUR-Dämmstoffen.

Als Dämmstoffe werden geschäumte Produkte oder Faserdämmplatten eingesetzt. Die geschäumten Produkte sind in der Regel billiger, mit ihnen wird allerdings auch ein geringeres Schalldämm-Maß erreicht. Als faserige Dämmstoffe werden in der Regel Mineralwolle- und Holzfaserdämmplatten eingesetzt. Diese unterscheiden sich hinsichtlich des Schallschutzes nicht wesentlich voneinander. Die Befestigung der **KONTERLATTUNGEN** hat einen großen Einfluss auf das Schalldämm-Maß. Untersuchungen zeigten, dass durch einen geringeren Anpressdruck der Dämmung eine wesentliche Verbesserung erzielt werden kann.

Wie bei vollgedämmten Steildächern wirken sich schwere Dachdeckungen mit einer hohen Fugendichtheit positiv auf den Schallschutz aus.

## Flachgeneigte Dächer

Bei flachgeneigten Dächern gilt hinsichtlich des Schallschutzes grundsätzlich dasselbe wie bei Steildächern. Konstruktionen mit außenliegender Dämmung weisen geringere Schalldämm-Maße auf und benötigen gegebenenfalls Zusatzmaßnahmen wie abgehängte Innenbekleidungen oder Beschwerungen. Abgehängte Untersichten wirken nach dem beschriebenen Masse-Feder-Masse-System. Die biegeweichen Bekleidungen sollten möglichst schwer sein, und die Abhängung muss möglichst gut entkoppelt sein.

## Fehlerquellen im Schallschutz

Planungs- und Ausführungs-, aber auch Nutzungsfehler können die schalltechnische Qualität eines Holzhauses in hohem Maße beeinflussen. Die Mehrzahl der im Folgenden angeführten Beispiele gilt für alle Bauweisen gleichermaßen.

### FUSSBODENBELAG

Bei einem Fußbodenbelag aus Parkett oder Fliesen ist darauf zu achten, dass die Befestigung **VOLLFLÄCHIG** erfolgt. Bei nicht vollflächig aufgebrachtem Kleber oder Leim kann es zu Hohlraumresonanzen und somit zu einer Verschlechterung des Schalldämm-Maßes bis etwa 1 250 Hertz kommen. Vergleichsmessungen auf Baustellen zeigten, dass sich durch nicht vollständig aufgebrachte Fußbodenbeläge der bewertete Normtrittschallpegel $L'_{n,w}$ um circa 6 Dezibel verschlechterte.

→ Positiv auf die Schalldämmung wirken sich Dachdeckungen mit einem großen Flächengewicht und gleichzeitig einer hohen Fugendichtheit aus.

### ESTRICH

Ein zu früh abgeschnittener Randdämmstreifen kann aufgrund der Koppelung den Trittschallpegel um bis zu 6 Dezibel erhöhen. Der **RANDDÄMMSTREIFEN** ist konsequent auch im Bereich von Zargen und Installationen zu verlegen. Zusätzlich darf er erst nach dem Verlegen des Fußbodens an dessen Oberkante abgeschnitten werden. Es wird empfohlen, die Sockelleisten mit einem Schalldämmband vom Belag zu trennen. Eine Koppelung der Sockelleiste mit dem Boden kann je nach deren Länge zu einer Verschlechterung des Trittschallschutzes von 2 bis 15 (!) Dezibel führen.

Gerade im Bereich von Wand-Bodenverfliesungen kommt es häufig aufgrund des Aufstellens der **WANDFLIESE** am Boden zu einer Koppelung. Diese führt zu einer Verschlechterung des Trittschallschutzes von bis zu 8 Dezibel. In der Fuge zwischen Boden- und Sockelfliese wird aus diesem Grund das Einbringen von versprödungsfreien, dauerelastischen Materialien empfohlen.

**Konsequente Verlegung des Randdämmstreifens bis an die Rohdecke**

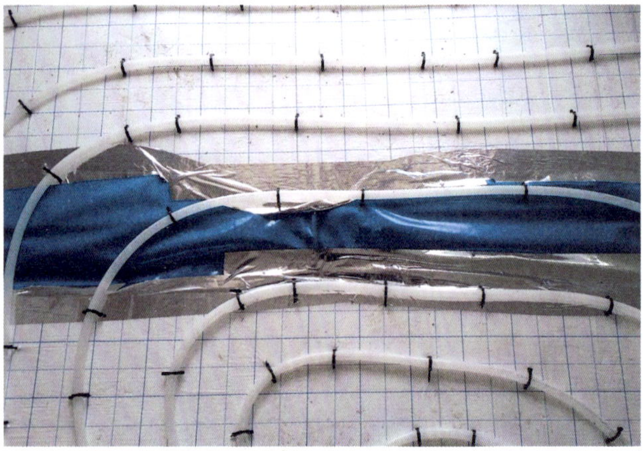

**Deckenaufbau mit 5 cm geplanter Schüttungshöhe und ca. 9 cm Höhe der im Gefälle verlegten Abwasserleitungen und Ausführung der Trittschalldämmung mit Fußbodenheizung vor Estricheinbringung**

Wenn Schmutz, Nivelliermasse oder Kleber zwischen Wand und Fußbodenbelag geraten, führt dies ebenfalls zu einer Verschlechterung des Trittschallschutzes. Die obere Aufnahme aus der Bauphase zeigt eine konsequente Verlegung des Randdämmstreifens bis an die Rohdecke.

## SCHÜTTUNGSHÖHE

Fehlt die **ESTRICHTRENNUNG** durch eine durchgehende Folie, kann dies aufgrund der Koppelung des Estrichs mit der Rohdecke je nach Aufbau zu Verschlechterungen zwischen 9 und 15 Dezibel führen. Auch Koppelungen aufgrund von Installationen infolge zu geringer Schüttungshöhen erhöhen den Trittschallpegel um bis zu 4 Dezibel.

Bei einem Objekt mit einer Trenndecke aus Stahlbeton wurde eine Schüttungshöhe von 5 Zentimetern geplant. Darin wurden Abwasserleitungen im Gefälle verlegt. Aufgrund des erforderlichen Gefälles und der Verbindungsstücke ergab sich bei der Abwasserleitung mit einem Durchmesser von 5 Zentimeter eine maximale Höhe von 9 Zentimeter.

In diesem Bereich wurde vom Estrichleger anstelle der Trittschalldämmung aus Platzmangel lediglich eine Folie eingelegt (siehe Foto links unten). Die Folge ist eine massive Verschlechterung des Trittschallschutzes, egal in welcher Bauweise die Decke errichtet wurde.

## VERLEGUNG HAUSTECHNISCHER LEITUNGEN

Abwasserfallrohre sollten bei einschaligen Wänden nicht in der Holzkonstruktion befestigt werden, sofern die Wände an Aufenthaltsräume mit Schallschutzanforderungen angrenzen. Es empfiehlt sich in diesem Fall, die Abwasserleitungen mit entkoppelten Rohrschellen an **FREISTEHENDEN METALLSTÄNDERN**, die nur mit dem Boden und der Decke verbunden sind, zu befestigen. Gerade im Erdgeschoss sind bei Abwasserleitungen Aufprallgeräusche, welche insbesondere bei zu großen Bögen im Keller entstehen, zu beachten.

Abwasserleitungen, welche in der Holzkonstruktion von Außenwänden ohne Installationswände befestigt sind, können aufgrund der durchgehenden Bekleidungen zu Körperschallübertragungen in angrenzende Räume führen.

Auch **STARRE VERBINDUNGEN** der Wand- und Deckenbekleidungen mit Sanitär-, Heizungs- oder Lüftungsrohren können zu unerwünschten Körperschallübertragungen führen.

## SONSTIGE FEHLER

Auch der Möbeleinbau kann zu unerwünschten Schalleinträgen führen. Wenn etwa Kücheneinrichtungen, welche am Boden aufgestellt sind, zusätzlich in Trennwänden verschraubt werden, kann es ebenfalls zu störenden Schallbrücken kommen.

# → **Brandschutz:** Kann aus einem „Brennstoff" ein sicheres Heim errichtet werden? Ja! Untersuchungen zeigen: Nicht die Brennbarkeit, sondern die konstruktive Detailausführung ist für die Sicherheit entscheidend.

**WAS ERFAHRE ICH?**



Das Thema Brandschutz im Holzbau ist bei vielen Menschen noch immer mit Ängsten besetzt. In den Köpfen sind Bilder von verheerenden historischen Stadtbränden gespeichert – und nun soll das Eigenheim aus Holz errichtet werden? Ist dies nicht verantwortungslos? Natürlich nicht, denn es haben sich sowohl die bautechnischen Möglichkeiten als auch die Risiken für einen Brand entscheidend verändert. Die katastrophalen Stadtbrände im Mittelalter sind auf die besonderen Umstände der damaligen Zeit zurückzuführen: Viele Personen lebten auf engem Raum, es wurde viel mit offenem Feuer hantiert – sei es aus gewerblichen Gründen bei Fettsiedern und Schmieden oder im privaten Haushalt. Die Bebauung war sehr eng. Es waren kaum Feuermauern ausgebildet. Als Dachdeckung wurden teilweise brennbare Baustoffe wie Schilf verwendet, und selbst die Rauchfänge waren mitunter aus Holz ausgeführt. Dazu kommt, dass es kaum ein organisiertes Feuerwehrwesen gab. Im Laufe der Jahrhunderte wurden sukzessive gesetzliche Anforderungen an den Brandschutz und die Brandbekämpfung eingeführt. Diese wurden teilweise so strikt umgesetzt, dass die Holzbauweise zumindest im Geschossbau sehr eingeschränkt wurde. Erst Mitte der 1990er-Jahre kam es zu einer Renaissance des mehrgeschossigen Holzbaus in Europa. Nationale und internationale Forschungsarbeiten und Prüfungen trugen dazu bei, dass die Behörden das erforderliche Vertrauen in die Bauweise erlangten. Nach und nach wurden die gesetzlichen Anforderungen in Bezug auf den Brandschutz neutraler formuliert, und mit Holz konnte bei Einhaltung konstruktiver Maßnahmen brandsicher auch in die Höhe gebaut werden.

Internationale Leuchtturmprojekte im Hochhausbereich in Holz-Hybridbauweise veranschaulichen die Leistungsfähigkeit und Brandsicherheit der Bauweise.

## Wie hoch ist das Risiko?

Wie hoch ist die Gefahr eines Brandes beziehungsweise das Risiko, bei einem Brandgeschehen ums Leben zu kommen? Basierend auf den Daten der World Fire Statistics für Deutschland, Österreich und die Schweiz aus den Jahren 2017 bis 2023 zeigt sich, dass es in den drei Ländern pro Jahr und 1 000 Einwohnern zwischen 1,51 und 6,19 Brände gab. Die Anzahl der Brandtoten liegt zwischen 0,2 und 0,52 pro 100 000 Einwohnern. Die Anzahl der Verkehrstoten im selben Zeitraum ist mit 2,53 bis 4,38 fast um den Faktor 10 höher.

Grundsätzlich ist das Risiko, an einem Brandereignis zu sterben, also sehr gering.

Birgt der Holzbau erhöhte Risiken im Vergleich zu anderen Bauweisen? Die Brennbarkeit der Bauweise – also die sogenannte immobile Brandlast – stellt für die Bewohner vor allem im Einfamilienhausbau kein erhöhtes Risiko dar. Die Hauptgefahr im Brandfall ist eine tödliche Rauchvergiftung. Bereits ein Kilogramm Schaumstoff beispielsweise einer Matratze kann ein Einfamilienhaus mit 250 Kubikmetern Volumen in sechs Minuten verrauchen. Daher ist der Einbau von **RAUCHWARNMELDERN** unabhängig von der Bauweise in den Aufenthaltsräumen in Deutschland und Österreich gesetzlich vorgeschrieben. Diese Maßnahme hat nichts mit der Bauweise zu tun. Beim Einbau von Kachel-, Schwedenöfen und Kaminanschlüssen sind in Holzbauten besondere konstruktive Maßnahmen zur Verhinderung einer Brandentstehung aufgrund eines Hitzestaus zu treffen.

→ Holzkonstruktionen können berechenbar und sicher lange einem Feuer trotzen.

In diesem Zusammenhang kommt immer wieder die Frage auf, ob ein höherer **HOLZBAUANTEIL** zu mehr Brandtoten in der Gesellschaft führt. Diese globalen Ängste wurden teilweise von Lobbyisten geschürt und beschäftigten aus diesem Grund Behördenvertreter. Der ehemalige Leiter der Brandverhütungsstelle Vorarlbergs, Kurt Gieselbrecht, hat eine umfassende mehrjährige Studie zu den Brandtoten Österreichs erstellt. Unter anderem hat er auch einen möglichen Zusammenhang zwischen Brandopfern und der jeweiligen Bauweise analysiert. Sieben Prozent der Todesfälle entfielen in der Statistik auf Holzbauten bei einem Holzanteil von ungefähr 24 Prozent in Österreich. Ein Zusammenhang kann somit eindeutig ausgeschlossen werden.

Manche Menschen befürchten im Zusammenhang mit dem möglichen Brand eines Holzhauses ein **ABRUPTES BAUTEILVERSAGEN**. Diese Gefahr ist allerdings bei Holzbauten deutlich geringer als bei Bauten mit Stahlträgern. Stahl ist im Vergleich zu Holz zwar nicht brennbar, verliert aber ab etwa 500 Grad Celsius abrupt seine Festigkeitseigenschaften. Ungeschützte Stahlträger erreichen Feuerwiderstände von lediglich ein paar Minuten.

In der Praxis werden Stahlträger durch Gipsbekleidungen oder Brandschutzanstriche brandschutztechnisch ertüchtigt. Holz wiederum ist brennbar, allerdings ist der Abbrand berechenbar. Man kann grob zwei Zentimeter Abbrand pro 30 Minuten Feuerwiderstandszeit kalkulieren. Bei stark rissigem Holz oder im Bereich von Kanten liegt ein etwas höherer Abbrand vor. Mit 2,5 Zentimetern liegt man aber auch hier auf der sicheren Seite. Bei Hallen mit Holztragwerken besteht für Feuerwehrkräfte eine wesentlich geringere Gefahr eines Einsturzes als bei Stahlhallen. Hinzu kommt, dass sich ein möglicher Einsturz bei Holzkonstruktionen im Vorfeld im Gegensatz zu Stahlkonstruktionen akustisch ankündigt. Man könnte natürlich den nicht brennbaren Stahlträger auch mit einer brennbaren Holzschalung brandschutztechnisch ertüchtigen. Dies wird beispielsweise in Japan häufig umgesetzt.

Die Vorstellung, dass sich Brände in Holzbauten **UNKONTROLLIERT AUSBREITEN** können, ist ebenfalls weit verbreitet. Es gilt: Im Bereich von Bauteilanschlüssen, Installationseinbauten, Durchdringungen und Fassaden besteht bei jeder Bauweise die Gefahr einer unkontrollierten Brandweiterleitung. Gerade im Geschossbau mit unterschiedlichen Nutzungseinheiten sind hierzu bautechnische Maßnahmen, wie beispielsweise Bildung von Brandabschnitten und Abschottungen im Bereich von Installationsschächten zu treffen.

## Holz brennt – aber sicher!

Holz stellt einen normal brennbaren Baustoff dar. Nach den Euroklassen zum Brandverhalten wird es in die Klasse D eingeteilt. Holzkonstruktionen können berechenbar und sicher lange einem Feuer trotzen. Bei einem Brand entsteht nämlich an der Oberfläche eine **ISOLIERENDE HOLZKOHLESCHICHT**, welche das dahinterliegende Holz schützt. Die Temperaturen bleiben im Inneren niedrig und somit die Festigkeitseigenschaften nahezu unverändert. Im Brandfall wird die kohlenstoffhaltige Holzsubstanz in Wasserdampf und Kohlendioxid zersetzt.

Der Abbrand wird in der Praxis im Zuge der Bauteildimensionierung bei tragenden Bauteilen berücksichtigt. Somit können ohne Probleme beispielsweise Brettschichtholzträger mit einer Standsicherheit im Brandfall von über 90 Minuten ausgeführt werden.

## Brandphasen

Die Brandphasen lassen sich in zwei Teilbereiche unterteilen: die sogenannte Entstehungsbrandphase und den Vollbrand. Aufgrund der unterschiedlichen Temperaturen im Raum bestehen auch unterschiedliche Anforderungen. In der ersten Phase ist das Baustoffverhalten der Bekleidungen und in der zweiten Phase das Bauteilverhalten entscheidend.

### BRANDVERHALTEN = BAUSTOFFVERHALTEN

In der Entstehungsbrandphase ist das Baustoffverhalten (Brandverhalten) der eingesetzten **BEKLEIDUNGEN UND BELÄGE** entscheidend. Unter Bekleidungen werden jene abschließenden Schichten verstanden, welche aus bautechnischer, konstruktiver Sicht bei den Bauteilen erforderlich sind und auch in den Baueinreichungen angeführt werden. So werden Holzwände auf den Innenseiten häufig mit Gipsplatten verkleidet. Mit Belag werden Schichten bezeichnet, welche für das „Funktionieren" des Bauteiles nicht erforderlich sind und nachträglich von den Bewohnern angebracht werden. Dies können bei Wänden Tapeten oder zusätzliche Holzschalungen sein.

Zur Beurteilung des Baustoffverhaltens stellen die Entzündbarkeit, die Brennbarkeit, die Flammenausbreitung, die Rauchentwicklung sowie die Abbrandgeschwindigkeit wesentliche Eigenschaften dar. Mittels europäisch standardisierter Prüfungen werden die Baustoffe untersucht und eingeteilt.

Massivholz mit einer Mindestdichte von 350 kg/m$^3$ und einer Mindestdicke von 22 Millimetern wird in die Klasse D-s2, d0 eingeordnet. Bei einem Einfamilienhaus werden hinsichtlich des Baustoffverhaltens mit Ausnahme an die Fassade und die Dachdeckung keine gesonderten Anforderungen gestellt. Mit handelsüblichen Fassadenbaustoffen – sowohl mit Holz als auch den gängigen Wärmedämmverbundsystemen – werden diese Anforderungen gut erreicht. Bei Wänden an der Grundstücksgrenze empfiehlt es sich, keine brennbaren Fassadenmaterialien zu verwenden. Bei Einsatz eines Wärmedämmverbundsystems wird in diesem Fall als Dämmstoff Mineralwolle mit einem Schmelzpunkt von mindestens 1 000 Grad Celsius empfohlen.

Dacheindeckungen müssen die Klassifizierung $B_{ROOF}$ (t1) erfüllen. Alle gängigen Dachdeckungen erfüllen diese Anforderungen. Sollten Sie bei Ihrem Einfamilienhaus eine Holzdeckung wünschen, so gibt es auch von Holzschindelanbietern entsprechende brandschutztechnische Nachweise.

### FEUERWIDERSTAND = BAUTEILVERHALTEN

Zum Zeitpunkt des sogenannten flash overs kommt es zu einem sprunghaften Temperaturanstieg. Sämtliche brennbaren Stoffe und Gase im Brandraum entzünden sich schlagartig. Der Zeitpunkt des flash overs hängt von den **BRANDLASTEN** und den Ventilationsbedingungen ab. In dieser Phase ist das Bauteilverhalten (Feuerwiderstand der Bauteile) entscheidend. Wichtig in diesem Zusammenhang ist, dass die Anforderungen an den Feuerwiderstand immer an das **GESAMTE BAUTEIL** gestellt werden. Wird beispielsweise behauptet, eine 12,5 Millimeter dicke Gipskartonplatte ermögliche einen Feuerwiderstand von 30 Minuten, ist das nicht nur irreführend, sondern auch technisch falsch. Die Platte kann lediglich bei einer

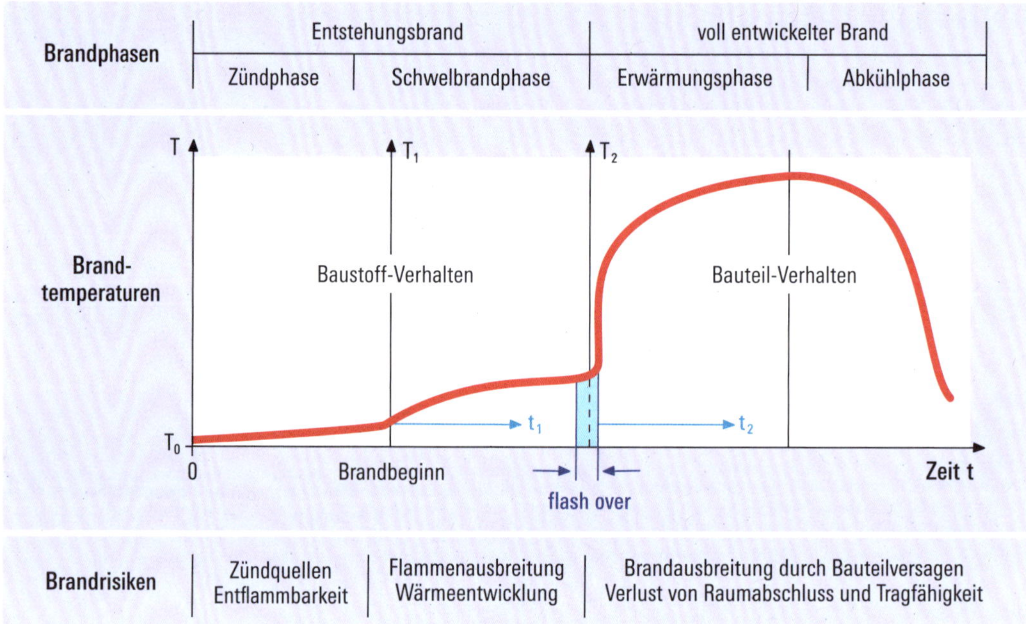


Brandphasen mit den zugehörigen Anforderungen an Baustoff- und Bauteilverhalten

Quelle: Schneider, Ulrich (2009): Ingenieurmethoden im Brandschutz

entsprechenden Gesamtkonstruktion zu einem Feuerwiderstand von 30 Minuten beitragen. Früher wurde auf nationaler Ebene von den sogenannten F-Klassen, also F30, F60 und F90, zur Einteilung der Brandschutzqualitäten von Bauteilen gesprochen. Heutzutage wird entsprechend der europäischen Klassifizierungsnorm EN 13501–2 der Feuerwiderstand im Wesentlichen mit drei Buchstaben definiert.

## Brandschutzanforderungen im Einfamilienhaus

Die Brandschutzanforderungen sind – wie auch die anderen bautechnischen Anforderungen – bundesländerweise geregelt. Bei Einfamilienhäusern werden vom Gesetzgeber in der Regel **KEINE HOHEN ANFORDERUNGEN** gestellt. Sowohl in Deutschland als auch in Österreich werden bei freistehenden Einfamilienhäusern keine Anforderungen an den Feuerwiderstand der oberirdischen Bauteile gestellt. Die Decke zum Keller stellt eine Ausnahme dar. Für diese wird in Deutschland ein Feuerwiderstand von 30 Minuten und in Österreich von 60 Minuten gefordert.

Bei Doppel- und Reihenhäusern liegen natürlich höhere Anforderungen an die Wände zwischen den einzelnen Gebäuden vor. Diese können je nach Bundesland und Größe des Objektes, in Österreich auch je nach Widmungsbedingungen (alle Objekte auf Einzelgründen oder Parifizierungen) zwischen 60 und 90 Minuten liegen.

Sofern die Wand zwischen den Wohnungseinheiten einen höheren Feuerwiderstand als die restlichen Bauteile aufweisen muss, ist dies durch konstruktive Maßnahmen sicherzustellen. Im Falle der Plattformbauweise (siehe Seite 62) muss gewährleistet werden, dass durch ein Versagen der Wände mit geringeren Anforderungen an den Feuerwiderstand die einstürzende Decke nicht zu einem Versagen der Trennwand führt. Dies kann konstruktiv durch die Änderung der Deckenspannrichtung parallel zur Trennwand, durch tragende Elemente mit einem höheren Feuerwiderstand oder durch entsprechende Abstützungen der Trennwand erfolgen. Auf alle Fälle müssen bei diesen Spezialgebieten Planende und Ausführende konstruktive Zusatzmaßnahmen frühzeitig planen und entsprechend umsetzen.

## Brandschutztechnische Besonderheiten im Holzbau

Für ein brandschutztechnisch sicheres Gebäude ist neben der Auswahl klassifizierter Bauteile und der Einhaltung der geforderten Baustoffeigenschaften die Verbindung der Elemente untereinander mindestens genauso wichtig. Die Elementverbindungen und die Einbauten müssen natürlich so ausgeführt werden, dass derselbe Feuerwiderstand wie bei den flächigen Bauteilen erreicht wird. Dieser Grundsatz gilt natürlich auch für mineralische Bauweisen. So führen nicht abgeschottete Durchdringungen bei der besten Brandwand zu einem Versagen derselben im Brandfall. Gerade im mehrgeschossigen Bau sind bei Fassadenausbildungen, den Anschlüssen von Trennbauteilen und der Abschottung von Schächten besondere konstruktive Maßnahmen zu treffen.

Im Bereich der Elementkoppelungen gelten aus brandschutztechnischer Sicht folgende Konstruktionsregeln. Diese lassen sich aus umfangreichen Untersuchungen zum Feuerwiderstand von Holzbauteilen und Anschlüssen, welche der Autor begleiten konnte, ableiten:

→ **UNKONTROLLIERTE HOHLRÄUME VERMEIDEN:** Bei zweischaligen Trennwänden beispielsweise bei Doppel- oder Reihenhäusern sind die Hohlräume zwischen den beiden Wandscheiben mit nicht brennbarem Dämmstoff auszudämmen. Der Dämmstoff verhindert eine unkontrollierte Brandausbreitung über den Hohlraum. Er vermeidet eine mögliche Koppelung der beiden Wände und die unerwünschte Schallübertragung.

→ **ELEMENTE PASSGENAU VERARBEITEN:** Dies ist aufgrund des hohen Vorfertigungsgrades im Holzbau grundsätzlich gegeben. Sollten Unebenheiten zwischen Kontaktflächen vorliegen, so sind diese brandschutztechnisch zu verschließen.

→ **ELEMENTE KRAFTSCHLÜSSIG UNTEREINANDER VERBINDEN:** Dies ist aus statischen Gründen generell erforderlich.

### SCHORNSTEINDURCHDRINGUNGEN

Im Einfamilienhausbau mit (nur) einer Nutzungseinheit und der geringen Bauhöhe ist in erster Linie auf die brandsichere Umsetzung bei Schornsteindurchdringungen und Einbauten von Kaminöfen zu achten.

Abgasanlagen werden in Schornsteinanlagen, Abgasleitungen und Luft-Abgas-Systeme unterteilt. Schornsteinanlagen werden meist aus vorgefertigten hochbeanspruchbaren Formsteinen hergestellt, in denen ein abgasführender Kanal (meist aus Keramik oder Schamotte) verläuft. Dazwischen ist eine mineralische Dämmung eingebracht. Anders als bei Abgasleitungen können bei Schornsteinanlagen auch Feuerstätten mit festen Brennstoffen verwendet werden. Abgasanlagen werden aus Keramik-, Kunststoff- oder Edelstahlrohren hergestellt. Bei Luft-Abgas-Systemen wird aufgrund konzentrischer oder nebeneinander liegender Schächte die kühle Zuluft der Heizung durch die Abluft vorerwärmt.

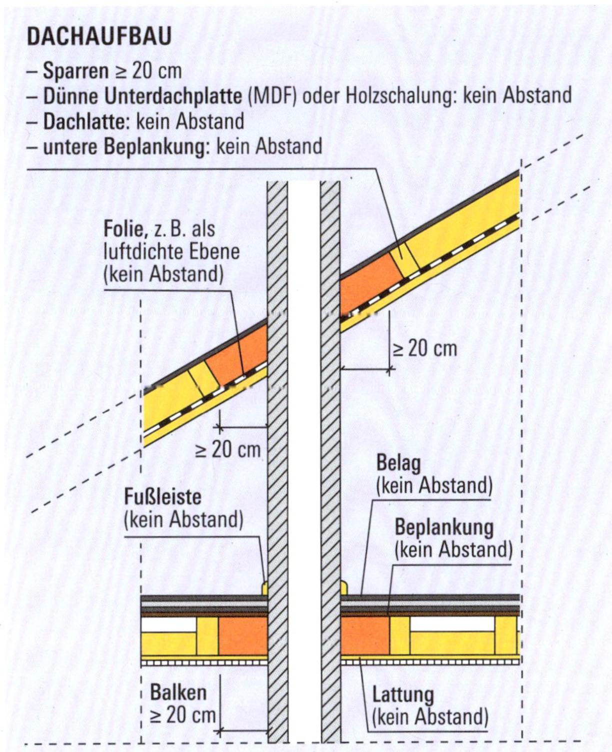


**Geforderte Abstände zu brennbaren Bauteilen für nicht hinterlüftete Ausführung bei Feuerstätten für Festbrennstoffe nach FeuVO**

Die Abgasanlagen müssen entsprechend der Muster-Feuerungsverordnung (MFeuV) Mindestabstände zu Bauteilen aus brennbaren Baustoffen einhalten. Die Abstände müssen so groß sein, dass an den brennbaren Bauteilen keine höhere Temperatur als 85 Grad Celsius auftritt. Im Falle eines Rußbrandes darf die Temperatur 100 Grad Celsius nicht überschreiten. Die geforderten **MINDESTABSTÄNDE** hängen natürlich von den Abgastemperaturen ab. Bei Feuerstätten für flüssige und gasförmige Brennstoffe liegen diese erheblich unter denen von festen Brennstoffen. Im ersteren Fall, wenn die Abgastemperatur bei Nennleistung weniger als 160 Grad Celsius beträgt, ist ein Mindestabstand von zwei Zentimetern zu Balken oder Sparren und fünf Zentimetern zu flächigen Bauteilen einzuhalten. Dies gilt sowohl für hinterlüftete als auch nicht hinterlüftete Abstände. Bei Feuerstätten mit festen Brennstoffen gelten die angeführten Abstände lediglich im Fall eines hinterlüfteten Abstandes.

Einbau eines mit Lehm verputzten Ofens in ein Holzhaus

Da die Schornsteine durch gedämmte Decken und Dächer führen, werden aus Wärmeschutzgründen vollgedämmte Konstruktionen mit nicht hinterlüfteten Anschlüssen ausgeführt. In diesem Fall schreibt die FeuVO, sofern kein bauaufsichtlicher Nachweis durch den Hersteller vorliegt, einen Mindestabstand zu brennbaren Baustoffen von 20 Zentimetern vor. Dieser Abstand ist mit mineralischen, formbeständigen Dämmstoffen ($\lambda \leq 0{,}04$ W/mK) auszudämmen.

Zu beachten ist, dass zu Bauteilen mit gering an den Schornstein anliegenden Flächen, wie Fußleisten, Dachlatten und stirnseitig anschließende Verschalungen, kein Mindestabstand erforderlich ist. Voraussetzung dafür ist, dass die Bauteile **AUSSENSEITIG FREILIEGEN** oder außenseitig nicht zusätzlich wärmegedämmt sind, damit die Wärme abgeleitet werden kann. In Österreich sind die Mindestabstände in ÖNORM B 2331 definiert. Diese sind den deutschen Anforderungen grundsätzlich sehr ähnlich. Es gibt aber einen Unterschied, nämlich dass bei Abgasanlagen mit einem Wärmedurchlasswiderstand $\geq 0{,}12$ m$^2$K/W und einem Feuerwiderstand von EI 90 der Abstand zu brennbaren Bauteilen auch bei nicht hinterlüfteter Ausführung in Österreich auf fünf Zentimeter reduziert werden kann.

## EINBAU VON KAMINÖFEN

Die Feuerungsverordnung regelt neben den Betrieb auch die Aufstellung von Kaminöfen. Da sich die Regelungen in den einzelnen Bundesländern unterscheiden, sind im Vorfeld unbedingt mit dem Ofenbauer oder Rauchfangkehrer die **SPEZIFISCHEN REGELUNGEN** abzuklären. Dies gilt insbesondere für die Mindestabstände zwischen der Heizung und brennbaren Bauteilen. Die Abnahme vor der ersten Inbetriebnahme erfolgt durch den regional zuständigen Schornsteinfeger (Rauchfangkehrer). In Österreich sind in ÖNORM B 2331 erforderliche Mindestabstände und Hinterlüftungsquerschnitte für den Einbau von Kachelöfen und eisernen Feuerstätten (Kaminöfen) definiert. Diese können für den deutschen Raum zumindest als technische Hilfestellung herangezogen werden.

# → **Innenausbau:** Für die Innenbekleidung der Wände und Decken gilt Ähnliches wie für die Fassadenausführung. Grundsätzlich ist alles möglich. Holz bietet sich natürlich an, muss aber nicht generell verwendet werden.

**WAS ERFAHRE ICH?**



Die Optik und die positiven Eigenschaften von Sichtholzoberflächen werden von vielen Holzhausinteressenten besonders geschätzt. Sie sind aber keinesfalls darauf beschränkt. Hinsichtlich der Innenbekleidung des Einfamilienhauses stehen Ihnen als Bauherr oder Bauherrin alle Möglichkeiten offen. Bei der Auswahl ist es empfehlenswert, neben den eigenen Vorlieben und ästhetischen Ansprüchen insbesondere die bautechnischen Eigenschaften der einzelnen Baustoffe und Materialien sowie deren jeweilige Auswirkungen auf die Behaglichkeit, wie beispielsweise die Feuchtepufferung, zu berücksichtigen.

Grundsätzlich spricht nichts gegen eine Kombination unterschiedlicher Materialien. Gips oder Lehmoberflächen lassen sich ohne Weiteres mit natürlichen Holzoberflächen kombinieren.

## Materialien für Wand- und Deckenbekleidungen

Wände und Decken können auf vielfältige Weise verkleidet werden. Gebräuchlich sind Gipsplatten, Lehmbauplatten oder Holzoberflächen. Abgesehen von der unterschiedlichen optischen Wirkung haben die Materialien jeweils spezifische Eigenschaften, die bei der Auswahl berücksichtigt werden sollten.

### GIPSPLATTEN

Für die Bekleidungen der Wand- und Deckenbauteile werden insbesondere von der Fertighausindustrie in der Regel Gipsbekleidungen eingesetzt. Die Platten gelten als Ersatz für einen **INNENPUTZ** und stellen somit einen wichtigen Bestandteil für die Trockenbauweise dar. Sie leisten in Bezug auf den Brand- und Schallschutz der Holzkonstruktionen einen wesentlichen Beitrag. Es wird zwischen Gipskarton- und Gipsfaserplatten unterschieden. Bei **GIPSKARTONPLATTEN** befindet sich ein Gipskern in einer Ummantelung aus Karton. Man unterscheidet vier Plattentypen, wobei im Holzbau in der Regel Gipskartonfeuerschutzplatten oder in Feuchträumen imprägnierte Gipskartonfeuerschutzplatten verwendet werden.

Bei **GIPSFASERPLATTEN** wird der Gips mit Zellulosefasern oder anderen Fasern vermengt, wodurch die Fasern eine „Bewehrung" darstellen. Gipsfaserplatten weisen höhere Festigkeitseigenschaften auf und ermöglichen aufgrund der höheren Rohdichte auch einen etwas

**Lehmoberflächen in Kombination mit Holzoberflächen in einem Badezimmer (Beispiel „Haus ohne Beton")**

besseren Schallschutz der Bauteile. Mittels Spezialdübel können in den Gipswänden auch Hängekästen befestigt werden. Hierbei sind die Angaben der Systemanbieter zu berücksichtigen. Es empfiehlt sich aber gerade bei schwereren Hängekästen, wie beispielsweise in Küchen, im Vorfeld in diesen Bereichen durch das Holzbauunternehmen eine entsprechende **UNTERKONSTRUKTION** einzuplanen.

## LEHMBAUPLATTEN

Eine ökologische Alternative zu industriell angebotenen Gipsbekleidungen stellen für Innenoberflächen zweifelsohne Lehmbauplatten oder Lehmputze dar. Diese werden vor allem von Kunden, die besonderen Wert auf nachhaltige natürliche Baustoffe legen, eingesetzt. Lehmbauplatten bestehen aus Lehm und zur Stabilisierung beziehungsweise Armierung aus Holz- oder Strohspänen beziehungsweise Schilfrohrmatten. Es handelt sich dabei um ausschließlich natürliche Rohstoffe, und der Primärenergiegehalt – die Energie zur Herstellung von Produkten – ist im Vergleich zu anderen Innenbekleidungen äußerst gering. Die Platten werden auch als nicht brennbare Platten hergestellt und verfügen über sehr gute Schallschutzeigenschaften. Da Lehm sehr gute Feuchtesorptionseigenschaften hat, wirken sich die Oberflächen gut auf die **RAUMLUFTFEUCHTIGKEIT** aus. Zusätzlich kann Lehm Schadstoffe und Gerüche aus der Raumluft binden.

Die Platten können auf dahinterliegenden Holzwerkstoffplatten oder auf einer Unterkonstruktion befestigt werden. Nachträglich werden die Stöße mit einem Gewebe armiert und der Lehmputz mit einer Dicke von vier bis fünf Millimetern aufgebracht. Ohne Lehmbauplatte beträgt die Putzdicke circa 15 Millimeter. Lehmbauplatten eignen sich auch für die Kombination mit Wand- oder Deckenheizungen. Die Platten sind zu 100 Prozent recycle- oder

**GIPSKARTONPLATTENTYPEN**

| Plattenart | Bezeichnung | Kennzeichnung | Anmerkung |
|---|---|---|---|
| Gipskartonbauplatte | GKB | blaue Aufschrift | bei brandschutztechnisch erforderlicher Wirkung im Holzbau kaum eingesetzt |
| Gipskartonbauplatte, imprägniert | GKBI | blaue Aufschrift, grüner Karton | bei brandschutztechnisch erforderlicher Wirkung im Holzbau kaum eingesetzt; Einsatz in Feuchträumen |
| Gipskartonfeuerschutzplatte | GKF | rote Aufschrift | |
| Gipskartonfeuerschutzplatte, imprägniert | GKFI | rote Aufschrift, grüner Karton | Einsatz in Feuchträumen |

**Sichtholzoberflächen in Kombination mit weiß ausgemalten Oberflächen**

kompostierbar – auch aus ökologischer Sicht eine interessante Alternative zu herkömmlichen Gipsplatten. Wer auf ökologisches Bauen Wert legt, sollte auch für den Anstrich Wandfarben ohne chemische Zusätze wählen.

Es empfiehlt sich, als Farben **LEHMFARBEN** zu verwenden, welche als natürlicher Baustoff aus fein gemahlenen Tonmehlen bestehen. Lehmfarbe kann wie Lehm Schadstoffe und Gerüche aus der Luft aufnehmen, ist diffusionsoffen und wirkt feuchtigkeitsregulierend. Zudem lädt sich Lehm wie alle natürlichen Farben nicht elektrostatisch auf, wodurch keine Schmutzpartikel aus der Luft durch den Anstrich angezogen werden.

Als Nachteile von Lehmbaufarben kann angesehen werden, dass das Pulver vor Ort angerührt wird, wodurch sich farbliche Unterschiede ergeben können, und dass intensive Farbtöne schwer möglich sind. Als Alternativen bieten sich Lehm-Kalkfarben an, welche bereits fertig gemischt bezogen werden können, oder reine **KALKFARBEN**, welche auch intensivere Farbtöne ermöglichen.

Kalkfarben als Naturprodukt sind wie Lehmfarben diffusionsoffen, feuchteregulierend und weisen eine desinfizierende Wirkung auf. Zusätzlich verhindert Kalk aufgrund seiner Alkalität Schimmelbildung.

## HOLZOBERFLÄCHEN

Zur Bekleidung der Innenwände Ihres Holzhauses bieten sich natürlich auch Holzoberflächen an, sei es in Form einer massiven Sichtholzdecke oder durch Holzschalungen oder Holzwerkstoffe. Die Auswahl ist groß – von einer rustikalen Profilholzschalung bis zu mondän anmutenden Vertäfelungen aus Holzwerkstoffplatten. Für Holzoberflächen gilt grundsätzlich: Holz als natürlicher Baustoff ist nicht homogen und kann wachstumsbedingte Unterschiede aufweisen.

Wird eine **SICHTHOLZOBERFLÄCHE** mit Brettsperrholz- oder Brettstapelelementen gewünscht, sind einige Grundsätze zu berücksichtigen. Aufgrund der über das Jahr auftretenden Unterschiede der relativen Luftfeuchtigkeit kommt es zu mehr oder weniger großen Quell- und Schwindverformungen der Hölzer (siehe dazu den Abschnitt „Quellen und Schwinden", Seite 15). Diese können in den Wintermonaten gerade bei sehr geringer relativer Luftfeuchtig-

Exklusiver Holzfußboden in Kombination mit einer Wandvertäfelung

keit zu **TROCKNUNGSRISSEN** in der Decklage von Brettsperrholzelementen führen. Bei Decklagen mit einer Schmalseitenverklebung treten diese tendenziell häufiger unkontrolliert in den einzelnen Brettern auf. Dadurch kann es mitunter zu einem Knall kommen. Keine Angst, es besteht keinerlei Gefahr für die Bewohner. Die Risse in der Decklage wirken sich nicht auf die Tragfähigkeit und die bauphysikalischen Eigenschaften der Decke aus. Bei einer höheren relativen Luftfeuchtigkeit während der Sommermonate verkleinern sich die Risse wieder.

Brettsperrholzelemente werden am MArkt in drei unterschiedlichen **SICHTQUALITÄTEN** angeboten. Diese werden als „Nicht-Sicht-Qualität", „Industrie-Sicht-Qualität" und „Wohn-Sicht-Qualität bezeichnet. Die Zuordnung zu den einzelnen Klassen wird im Brettsperrholz-Merkblatt vom Februar 2023 wiedergegeben, welches in Kooperation der Studiengemeinschaft Holzleimbau e. V. mit dem Fachverband der Holzindustrie Österreichs erstellt wurde und im Internet unter informationsdienst-holz.de verfügbar ist. Herstellerspezifische Abweichungen können vorliegen. Es wird daher generell empfohlen, die Oberflächenqualitäten schriftlich zu vereinbaren und Probeteile zu bemustern.

Auch bei Wohn-Sicht-Oberflächen sind Harzgallen bis zu einer Größe von 5 x 50 Millimeter beziehungsweise mit gleichem Flächeninhalt zulässig. Harzgallen können ausrinnen, was unschöne Spuren hinterlässt (siehe Seite 57). Wer hier ganz sichergehen will, kann versuchen, mit dem ausführenden Betrieb im Vorfeld eine mögliche höhere Qualität oder eine nachträgliche Montage von beispielsweise Dreischichtplatten zu vereinbaren. Wichtig für Bauherren ist auch zu wissen, dass die definierten **OBERFLÄCHENQUALITÄTEN** bei einer Holzfeuchte von 12 M-% gelten. Durch ein zu „scharfes" Ausheizen der Estriche oder durch eine zu geringe relative Luftfeuchtigkeit während der Nutzung können vermehrt größere Trocknungsrisse beziehungsweise Fugen in der Oberfläche auftreten. Bei 23 Grad Celsius und einer relativen Luftfeuchtigkeit von 30 Prozent stellt sich eine Holzausgleichsfeuchtigkeit von 6 M-% ein (siehe dazu das Diagramm zur Abschätzung der Holzfeuchtigkeit auf Seite 14). Teilweise werden zu große Fugen im Vorfeld von den Holzbaubetrieben verkittet. Dies kann

**Holz und Lehm: eine ideale Kombination für ein positives Lebensgefühl**

im Fall von Rissen aufgrund der Unregelmäßigkeiten zu einem sehr unregelmäßigen und somit störenderen Rissbild führen. Wir raten deshalb davon ab.

Es ist wichtig, dass sämtliche am Gebäude beteiligten Gewerke während der Bauphase wissen, welche Oberflächen in Sichtausführung bleiben, und diese bei ihren Arbeiten entsprechend **SCHÜTZEN**. Verunreinigungen müssen vermeiden werden. Denn ein nachträgliches Abschleifen verunreinigter Sichtoberflächen ist problematisch: Ein farblicher Unterschied der nachträglich geschliffenen Oberflächen zu den nicht geschliffenen wird lange erkennbar bleiben, da die nicht geschliffenen Oberflächen aufgrund der längeren Sonneneinstrahlungsdauer bereits etwas stärker verfärbt sind.

## Welchen Fußboden wünschen Sie?

Grundsätzlich hat die Bauweise des Hauses keinen Einfluss auf die Wahl des Fußbodens. Sie können in Ihrem Holzhaus jeden gewünschten Fußboden verlegen, sei es ein Fliesenboden, beispielsweise im Badezimmer, oder ein kostengünstiger Laminatboden. Viele Bewohner von Holzhäusern wählen natürlich auch einen Holzfußboden, beispielsweise in Form von Parkett oder Dielenboden, da sie neben der Holzoptik die technischen Vorteile, wie angenehme Fußwärme aufgrund der geringen Wärmeleitfähigkeit, keine elektrostatische Aufladung und die bereits angeführten positiven Einflüsse auf das Raumklima schätzen. Trotz der geringen Wärmeleitfähigkeit können Parkettböden aber auch bei Fußbodenheizungen verlegt werden. Bei der Umsetzung sollten allerdings nicht zu dicke Produkte eingesetzt werden. Zudem sollte die Oberflächentemperatur des Heizestrichs nach Möglichkeit nicht über 25 Grad Celsius liegen. Generell sind die Verarbeitungsanweisungen der jeweiligen Anbieter zu berücksichtigen.

**MASSIVHOLZDIELEN** bestehen aus einem durchgehenden Holz und können wie Massivparkett mehrmals abgeschliffen werden. Sie weisen somit eine sehr hohe Lebensdauer auf, haben allerdings höhere Anschaffungskosten. **LANDHAUSDIELEN** wiederum bestehen wie Fertigparkett aus mehreren Lagen und weisen eine Deckschicht von wenigen Millimetern auf. Diese Produkte sind aufgrund der mehrschichtigen Verleimung **FORMSTABILER** als Massivholzprodukte, bei denen aufgrund von jahreszeitlich bedingten Luftfeuchteänderungen mit einer größeren Fugenbildung zu rechnen ist. Aus diesem Grund empfiehlt es sich, schmalere Bretter zu verwenden. Breiten über 160 Millimeter werden bei Massivholzdielen nicht empfohlen.

Neben Holz als Fußbodenbelag kann auch ein exquisites **BAMBUSPARKETT** oder ein Plattenbelag aus **KORK** verwendet werden. Diese sind grundsätzlich dauerhaft, ebenfalls fußwarm, allerdings auch teurer. Korkbeläge sind leicht elastisch und dämpfen Schrittgeräusche.

**LAMINAT** stellt eine preiswerte Variante dar. Hierbei wird auf Holzwerkstoffplatten eine dünne bedruckte Dekorschicht und eine Schutzbeschichtung aufgebracht. Die Dekors sollen einen hochwertigen Holzbelag imitieren. Die positiven Eigenschaften wie Fußwärme sind allerdings bei dieser preiswerten Alternative nicht gegeben.

## Auswirkungen auf die Behaglichkeit

Die Innenbekleidung wird in der Regel nicht allein wegen ihrer bauphysikalischen Eigenschaften ausgewählt, auch wenn diese unbedingt mit in die Erwägungen einfließen sollten. Mindestens genauso wichtig ist aber das Behaglichkeitsempfinden der Bewohner. Nach unserer Kleidung stellen die Innenbekleidungen unserer Wohnräume die sogenannte dritte Haut dar.

Natürliche Baustoffe und Oberflächen wie Holz und Lehm sind aufgrund ihrer positiven feuchteregulierenden Eigenschaften, ihrer wärmetechnischen Eigenschaften und natürlich aus Gründen der Nachhaltigkeit insbesondere bei regionaler Nutzung unschlagbar. Um diese positiven Eigenschaften voll ausnutzen zu können, ist es entscheidend, auch **NATÜRLICHE OBERFLÄCHENBEHANDLUNGEN** zu wählen. Anstelle von preisgünstigen Kunstharzanstrichen empfiehlt es sich, nachhaltige Lehm- oder Kalk-Lehmfarben auf verputzten Oberflächen sowie Öle oder Wachse auf Holzoberflächen einzusetzen.

Für den Einsatz einer Holzverkleidung oder einer Sichtoberfläche im Massivholzbau sprechen neben den vielfältigen Gestaltungsmöglichkeiten insbesondere die das **RAUMKLIMA** verbessernden Eigenschaften. So kann eine unbehandelte oder diffusionsoffen behandelte Oberfläche aus Holz und natürlich auch aus Lehm Feuchtespitzen der relativen Luftfeuchtigkeit sehr gut abpuffern und somit Schwankungen ausgleichen. Solche Oberflächen nehmen Schadstoffe aus der Raumluft auf und können diese speichern. Oberflächen können somit nicht nur optische Ansprüche erfüllen, sondern stellen auch einen wichtigen Beitrag für das Lebensgefühl in unseren Wohnräumen dar.

## Dauerhaftigkeit und Nachhaltigkeit

Die Dauerhaftigkeit von natürlichen Baustoffen im Innenbereich steht anderen Baustoffen in nichts nach. Im Gegenteil: Bei einem Massivholzboden können im Gegensatz zu einem kostengünstigen Laminat- oder Kunststoffboden Beschädigungen und „abgelebte" Stellen – sofern dies überhaupt gewünscht wird – durch **ABSCHLEIFEN** entfernt werden. Es liegt nach der Renovierung (Abschleifen und erneute Oberflächenbehandlung) wieder ein neuwertiger Boden vor. Je dicker der Boden beziehungsweise die Deckschicht bei einem mehrschichtigen Produkt ist, desto öfter können Renovierungen durchgeführt werden. Die Verwendung heimischer Hölzer verbessert zusätzlich die schon gute Ökobilanz des natürlichen Baustoffes. Auch Lehmprodukte können ohne große Transportwege eingesetzt werden. Darüber hinaus können sowohl unbehandeltes Holz als auch Lehmbaustoffe einfach recycelt werden und sind sogar kompostierbar.

Massivholzdielen können selbstverständlich auch **OHNE ESTRICH** auf einer Holzunterkonstruktion mit Naturdämmstoffen eingebaut werden. Dadurch wird die Menge an Beton bei Ihrem Einfamilienhaus reduziert, und das Gebäude weist eine noch bessere ökologische Bilanz auf. Für das Beispielgebäude „Haus ohne Beton" wurde ein derartiger Fußbodenaufbau gewählt (siehe Seite 160).

# → **Emissionen:** Eine gute Innenraumluftqualität ist für die Gesundheit und das Wohlbefinden entscheidend. Um diese sicherzustellen, sind Baustoffe und Einrichtungen mit geringen Emissionen sowie eine ausreichende Lüftung entscheidend.

**WAS ERFAHRE ICH?**



Die Raumluftqualität ist kein neues Thema. Bereits 1858 schlug der deutsche Hygieniker Max von Pettenkofer einen Grenzwert für die $CO_2$-Konzentration von 1 000 ppm (parts per million) als Kriterium für gut belüftete Räume vor. Er erkannte bereits Mitte des 19. Jahrhunderts die Bedeutung der Lüftung zur Verringerung der $CO_2$-Konzentration in den Räumen und somit zur Verbesserung der Luftqualität. Basierend auf Untersuchungen und mit den zunehmenden Kenntnissen des Einflusses der Innenraumluftqualität auf die Gesundheit wurden Richt- und Referenzwerte für die Innenraumluft und Grenzwerte zur nachträglichen Freisetzung von luftverunreinigenden Stoffen aus Bauprodukten und Einrichtungsgegenständen geschaffen. Gesundheit wird in der Präambel der Verfassung der Weltgesundheitsorganisation WHO von 1948 folgendermaßen definiert: „Gesundheit ist der Zustand des vollständigen körperlichen, geistigen und sozialen Wohlbefindens und nicht nur das Freisein von Krankheit und Gebrechen." Das Wohlbefinden eines Menschen in einem Innenraum hängt von vielen Parametern ab (siehe „Behaglichkeit und Wohngesundheit", Seite 21) und kann somit nicht allein durch Grenzwerte eines Baustoffs definiert sein.

## Schadstoffarme Baustoffe bevorzugen

Trotzdem sind bei der Wahl der eingesetzten Baustoffe schadstoffarme zu bevorzugen. Dichtungsmasse, Kunstharzfertigputze, Kleber, Bodenbeläge, Lacke und Lasuren, Wandfarben sowie Holzwerkstoffe können Emissionsquellen für **FLÜCHTIGE ORGANISCHE VERBINDUNGEN** (VOC) darstellen. Es gibt eine Vielzahl von organischen Verbindungen, welche unterschiedliche Einflüsse auf die menschliche Gesundheit haben können. Zur Klassifizierung von Bauprodukten erfolgt die Prüfung der sogenannten NIK-Werte in Prüfkammern nach genormten Bedingungen. Trotz des Einsatzes positiv geprüfter Produkte können sich allerdings bei Raumluftmessungen aufgrund der vielfältigen äußeren Einflüsse Grenzwertüberschreitungen ergeben. Dabei spielen neben den Emissionsquellen das Benutzerverhalten und klimatische Einflüsse eine wesentliche Rolle (siehe Abbildung auf der rechten Seite). Emissionsquellen stellen neben Baumaterialien und Einrichtungs-

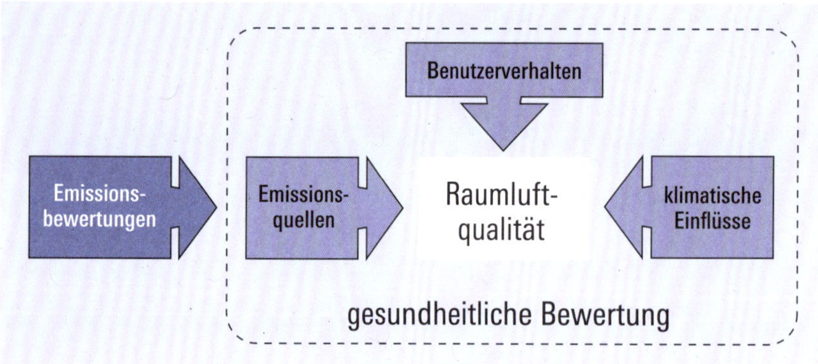


Einflüsse auf die Raumluftqualität und die gesundheitliche Bewertung von Innenräumen

gegenständen auch Verbraucherprodukte (wie Putz-, Reinigungs- und Desinfektionsmittel, Tabakrauch, Insektenspray, Duftstoffe) sowie Allergene (wie Schimmel, Hausstaub, Tierhaare) dar.

Zusätzlich können sich durch Einflüsse von außen (Autoabgase, Luftschadstoffe aus Gewerbe und Industrie, Radon) Belastungen ergeben. Selbst durch das Schälen einer Orange können laut Untersuchungen der TU Wien mehr Emissionen freigesetzt werden als durch Holzoberflächen. Klima und Lüftungsverhalten der Bewohner sowie ein allfälliges Verschmutzungspotenzial einer Klimaanlage haben ebenfalls einen Einfluss auf die Messungen am Gebäude und können zu Fehlinterpretationen führen.

Grundsätzlich sollten beim Hausbau insbesondere an der Innenoberfläche nur zertifizierte, schadstoffgeprüfte und emissionsarme Baustoffe verwendet werden. Hilfestellungen bieten hierbei Prüfzeichen und Umweltsiegel, wie beispielsweise „Blauer Engel" oder „natureplus". Mithilfe des Umweltzeichens **BLAUER ENGEL** können schadstoffarme Bauprodukte für Innenräume ausgewählt werden. Die Tabelle auf der folgenden Seite führt für verschiedene Bauprodukte die entsprechenden Umweltzeichen an.

Die freiwillige Bewertung von Emissionen aus Bauprodukten für Innenräume erfolgt in Deutschland nach dem AgBB-Schema in Verbindung mit dem angeführten Blauen Engel und in Österreich nach dem Österreichischen Umweltzeichen.

## Holz und Holzprodukte

Seit vielen Jahrhunderten wird Holz als Baustoff im Wohnbau eingesetzt. Der für viele typische Holzgeruch ist auf die Abgabe von natürlichen Holzinhaltsstoffen in Form von flüchtigen organischen Stoffen (VOC) zurückzuführen. Dabei sind holzartenspezifische Unterschiede feststellbar – selbst Laien können den Unterschied zwischen Nadel- und Laubholz erkennen. Bei weiterverarbeiteten Holzwerkstoffen können zusätzliche Emissionen von VOC durch Klebstoffe und Oberflächenbehandlungen auftreten – dies besonders bei Produkten, die organische Lösemittel enthalten.

Der mit Sicherheit in der breiten Öffentlichkeit bekannteste flüchtige organische Stoff ist das **FORMALDEHYD**, ein krebserzeugender Stoff, der als Stoffwechselprodukt von Pflanzen auch in geringer Menge im natürlichem Holz vorkommt. Somit kann es kein komplett formaldehydfreies Holz geben. Aufgrund hoher Belastungen in Innenräumen wurden bereits vor über 40 Jahren die ersten Richtwerte für Formaldehydemissionen von Baustoffen eingeführt. In den 1970er- und 1980er-Jahren gab es insbesondere aufgrund der hohen Belastungen von Spanplatten im Holz- und im Möbelbau große Diskussionen.

Basierend auf intensiven Forschungsarbeiten und Produktentwicklungen im Bereich der Klebstoffe konnte die Formaldehydemission von Spanplatten und natürlich auch anderer Holzwerkstoffe rigoros gesenkt werden. Es werden heute formaldehydfrei verleimte Produkte beziehungsweise Produkte, deren Emissionen weit unter den gesetzlichen Anforderungen liegen, angeboten. Holzwerkstoffe, die mit dem RAL-Umweltzeichen (RAL-UZ 76) gekennzeichnet sind, weisen maximale Emissionswerte unter 0,05 ppm auf. Dieser Wert liegt im

Vergleich zu Platten der Emissionsklasse E 1 bei der Hälfte und wird von der Weltgesundheitsorganisation als unbedenklich eingestuft.

In umfangreichen Studien des Fraunhofer-Instituts für Holzforschung WKI wurden mit freiwilligen Probanden mögliche gesundheitsschädigende Effekte aufgrund einer deutlich erhöhten Belastungssituation mit frisch getrocknetem Kiefernholz sowie frisch hergestellten OSB aus Kiefernspänen untersucht. Dabei wurden weder bei Gesundheitsparametern wie Lungenfunktion und Entzündungsreaktionen noch bei Befindlichkeitsstörungen wie Reizungen der Augen- und Rachenschleimhäute, Kopfschmerzen, Unwohlsein, Übelkeit oder Schwindel gesundheitsschädigende Effekte nachgewiesen. Die Versuchsteilnehmer und -teilnehmerinnen erkannten lediglich den intensiven Holzgeruch, wobei dies großteils als positiv bewertet wurde. Das Fazit: „Gemessen an den in Realräumen auftretenden holz- und holzwerkstoffspezifischen VOC sind auf der Basis der durchgeführten Untersuchungen gesundheitliche Risiken für die Bewohner nicht zu erkennen, zumal bei sachgerechter Verbauung die Konzentrationen spezifischer VOC deutlich niedriger sind als in der Studie und zumeist rasch abklingen. Damit ist zwar nicht bewiesen, dass Holz gesund ist oder gesund macht, aber es konnte gezeigt werden, dass ein gesundheitliches Risiko bei der sachgerechten Anwendung von Holz und Holzprodukten im Innenraum nicht zu erwarten ist." (Marutzky, 2012)

**BAUPRODUKTE FÜR INNENRÄUME MIT DEM UMWELTZEICHEN BLAUER ENGEL**

| Bauprodukte für Innenräume | Umweltzeichen Blauer Engel |
|---|---|
| Emissions- und schadstoffarme Lacke | RAL-UZ 12a |
| Emissionsarme Holzwerkstoffplatten | RAL-UZ 76 |
| Emissionsarme Wandfarben | RAL-UZ 102 |
| Emissionsarme Bodenbelagsklebstoffe und andere Verlegewerkstoffe | RAL-UZ 113 |
| Elastische Fußbodenbeläge | RAL-UZ 120 |
| Emissionsarme Dichtstoffe für den Innenraum | RAL-UZ 123 |
| Emissionsarme textile Bodenbeläge | RAL-UZ 128 |
| Emissionsarme Wärmedämmstoffe und Unterdecken für die Anwendung in Gebäuden | RAL-UZ 132 |
| Emissionsarme Verlegeunterlagen für Bodenbeläge | RAL-UZ 156 |
| Emissionsarme Bodenbeläge, Paneele und Türen aus Holz und Holzwerkstoffe für Innenräume | RAL-UZ 176 |
| Emissionsarme Innenputze | RAL-UZ 198 |

## Anstriche, Beschichtungen

Der Einfluss der Anstriche und Beschichtungen auf die Raumluftqualität und die bauphysikalischen Eigenschaften der dahinterliegenden Bekleidungen wird von vielen Laien unterschätzt. Die Verwendung von konventionellen Farben sperrt die Wand ab. Das bedeutet, dass die positiven feuchtepuffernden Eigenschaften von Putz- und Holzoberflächen blockiert werden. Aus diesem Grund sollten Sichtholzoberflächen an Wänden und Decken nach Möglichkeit unbehandelt ausgeführt werden. Sollte dennoch eine Beschichtung der Hölzer gewünscht sein, sind diffusionsoffene und emissions- beziehungsweise schadstoffarme Produkte mit den Umweltzeichen zu verwenden.

Dasselbe gilt auch für Wandfarben. Konventionelle Farben sperren nicht nur die Wand ab, sondern können auch Konservierungsstoffe und chemische Lösemittel beinhalten, welche die Raumluftqualität beeinflussen. Aus diesem Grund werden **NATÜRLICHE FARBEN** auf Lehm- und/oder Kalkbasis empfohlen. Diese weisen bei einer entsprechenden Auftragsdicke die bereits angeführten raumluftverbessernden Eigenschaften auf (siehe Seite 186/187) und können auch gänzlich ohne Konservierungsmittel eingesetzt werden.

Sofern die Verwendung dieser Naturprodukte nicht gewünscht wird, sind unbedingt emissionsarme Produkte mit den entsprechenden Umweltzeichen Blauer Engel (Deutschland) beziehungsweise Österreichisches Umweltzeichen (Österreich) auszuwählen.

# Viel Platz auf wenig Raum

**BAYERN, DEUTSCHLAND**
**FORMAT ELF ARCHITEKTEN**

Zur Straße hin ist die Fassade aus Sicht- und Schallschutzgründen weitgehend geschlossen. Die Anordnung der Fenster betont die Asymmetrie des Baukörpers.

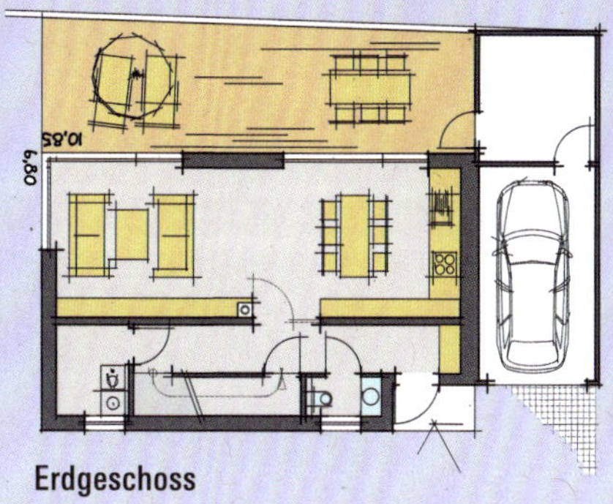

Erdgeschoss

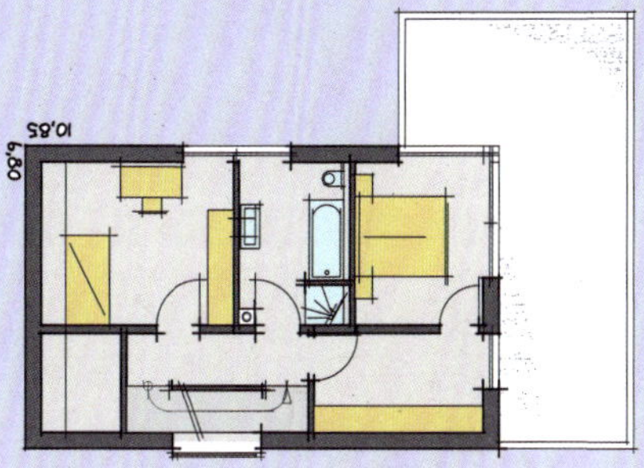

Obergeschoss

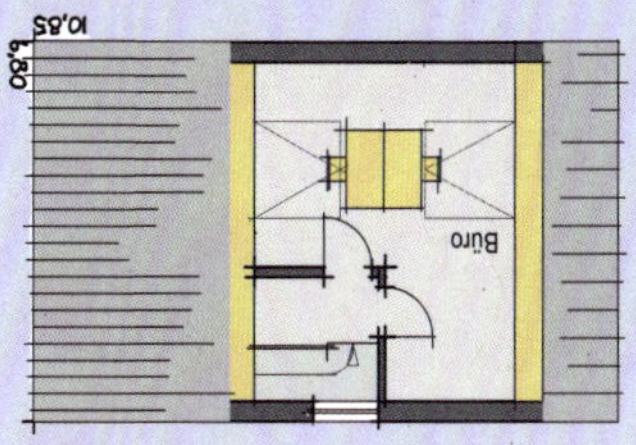

Dachgeschoss

## Auf einem engen städtischen Restgrundstück entstand ein Holzbau, der den verfügbaren Platz optimal nutzt.

Unter Ausnutzung aller Spielräume des Bebauungsplans entwickelten die Architekten ein kompaktes Haus, das sich am Umfeld orientiert, mit einer asymmetrischen Silhouette und einer klaren Linienführung ohne Dachüberstände aber auch eigene Akzente setzt. Der Baukörper wurde um 40 Zentimeter unter das Straßenniveau abgesenkt, um trotz der vorgeschriebenen Firsthöhe unter dem Dach ein großzügiges Arbeitszimmer realisieren zu können. Mit der schlanken Holzrahmenkonstruktion ließ sich bei gleichem Dämmwert deutlich mehr Wohnfläche realisieren als mit einem Mauerwerk plus Zusatzdämmung. Zum Garten hin öffnen große Glasflächen die Fassade zum Außenraum.

Optisch bestimmen Holzoberflächen in Naturtönen und Anthrazit die Wohnräume im Erdgeschoss, die Brettstapeldecken wurden sichtbar belassen. Im Obergeschoss akzentuieren sparsamer eingesetzte Holzoberflächen die Gestaltung. Das ganz in Weiß gehaltene Arbeitszimmer im Dachgeschoss kann bei Bedarf in zwei Räume geteilt werden.

### PROJEKTDATEN

**Architektur:** Format Elf Architekten
**Wohnfläche:** 121 $m^2$
**Anzahl der Vollgeschosse:** 2
+ Arbeitszimmer im Dachgeschoss
**Energiestandard:** Effizienzhaus
**Konstruktion und Materialien:** Holzrahmenkonstruktion; Putzfassade; Brettstapeldecken; Gastherme
**Jahr der Fertigstellung:** 2016

Oben: Anthrazitfarbene Wandflächen im Erdgeschoss signalisieren Einbauschränke.

Links: Das ganz in Weiß gehaltene Arbeitszimmer unter dem Dach

Im Erdgeschoss dominieren Holzoberflächen, die weißen Böden reflektieren das einfallende Licht.

→ **Terrassen und Balkone:** Kein Eigenheim ohne Terrasse oder Balkon. Auf diese Verbindung zwischen dem privaten Innenbereich und der Außenwelt will kaum jemand verzichten. Um den erweiterten Wohnraum lange sorglos nutzen zu können, sind einige konstruktive Regeln zu beachten.

**WAS ERFAHRE ICH?**



Sie wünschen sich bei Ihrem Traumhaus einen Holzbalkon als Gestaltungselement, aber auch zum Relaxen und für ein paar Pflanzen? Sehr schön! Damit Sie diesen auch über viele Jahre mit Freude genießen können, sind die nachfolgenden konstruktiven Regeln zu berücksichtigen. Diese gelten in erster Linie für die Planenden und Ausführenden. Auch während der Nutzung gilt es einige Punkte zu beachten.

## Konstruktiver Holzschutz

Balkone stellen, sofern Sie sich nicht ein Haus mit einem extremen Vordach wünschen, stark bewitterte Bauteile dar. Aus diesem Grund gelten hier ganz besonders die bereits angeführten Regeln des konstruktiven Holzschutzes. Niederschlagswasser muss möglichst rasch ungehindert abrinnen können. Ferner darf es in keinem Bereich zu einer Staunässe und zu kapillarem Wassereintritt in das Hirnholz kommen.

### WAS IST BEI PLANUNG UND BAU ZU BEACHTEN?

Grundsätzlich gilt: Vorgestellte Balkone erfordern aufgrund der nicht vorhandenen Durchdringungen keine aufwendigen Abdichtungsmaßnahmen. Im Gegensatz hierzu bedingen Dachterrassen und rückspringende Loggien aufwendige Abdichtungsmaßnahmen – was sich auf die Baukosten niederschlägt.

Im folgenden werden die wesentlichen konstruktiven Maßnahmen kurz zusammengefasst und auf den nachfolgenden Seiten auch grafisch dargestellt.

Die **BALKONSTÜTZEN** sind mindestens 15 Zentimeter (bei nicht bekiestem Untergrund mindestens 30 Zentimeter) aufzuständern. Bei der Unterkonstruktion darf zwischen Holz und Stützenfuß kein Wasser stehen bleiben können. Das Hirnholz des oberen Stützenabschlusses ist bei direkter Bewitterung besonders vor Wassereintritt zu schützen. Es ist durch eine schräge Holzabdeckung oder eine hinterlüftete Verblechung vor stehendem Wasser zu schützen. Beim Anschluss von waagrechten oder schrägen Holzteilen wird von der Ausbildung stumpfer Stöße abgeraten, da es in diesen Bereichen zu Wassereintritten über die Kapillaren kommen kann. Aus holzbautechnischer Sicht wäre eine Fuge von 10 Millimetern empfeh-

## DETAILLÖSUNGEN VON BALKONEN

Im Folgenden werden überblicksmäßig Detaillösungen für Holzbalkone dargestellt.

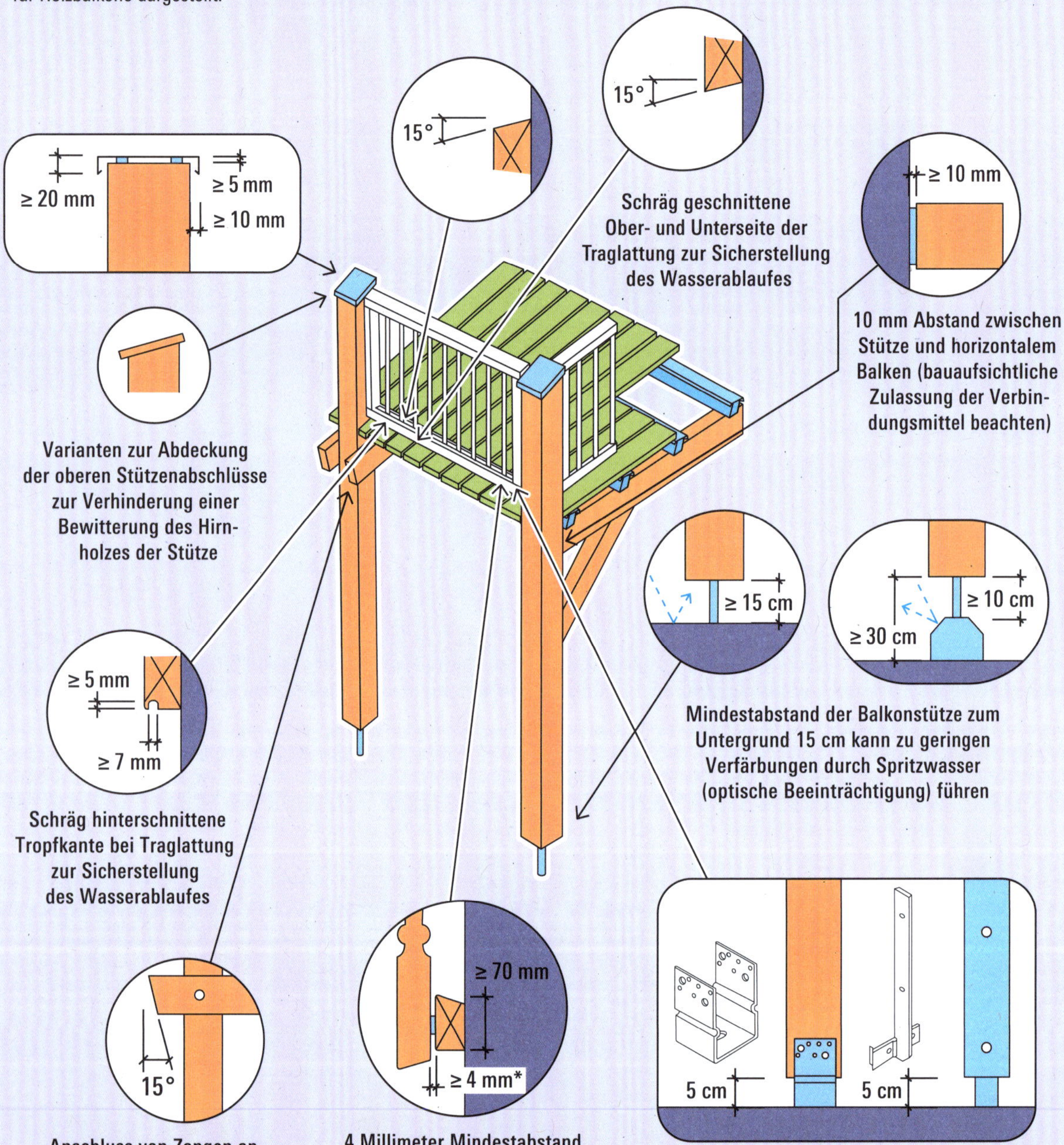


Schräg geschnittene Ober- und Unterseite der Traglattung zur Sicherstellung des Wasserablaufes

10 mm Abstand zwischen Stütze und horizontalem Balken (bauaufsichtliche Zulassung der Verbindungsmittel beachten)

Varianten zur Abdeckung der oberen Stützenabschlüsse zur Verhinderung einer Bewitterung des Hirnholzes der Stütze

Mindestabstand der Balkonstütze zum Untergrund 15 cm kann zu geringen Verfärbungen durch Spritzwasser (optische Beeinträchtigung) führen

Schräg hinterschnittene Tropfkante bei Traglattung zur Sicherstellung des Wasserablaufes

Anschluss von Zangen an die Stütze mit Abstand und schräggeschnittenem Abstand zur Vermeidung eines Wasserstaus

4 Millimeter Mindestabstand zwischen horizontaler Traglattung und Geländersprossen bzw. Beplankung
* in Deutschland 6 mm Mindestabstand

Mögliche Varianten der Fußpunktausbildung von Geländerstehern mit 5 cm Mindestabstand zum Boden als Spritzwasserschutz

lenswert. Hierzu gibt es allerdings nur wenige Produkte mit einer entsprechenden bauaufsichtlichen Zulassung. Zangen (Querhölzer) sollten am Hirnholz schräg geschnitten werden, und mittels Abstandshalter ist ein Mindestabstand von 10 Millimetern zu den Stützen einzuhalten.

Die **GELÄNDERSTÜTZEN** sind mit einem Mindestabstand von fünf Zentimetern zum Boden zu montieren. Bei den Befestigungsmitteln wie Metallwinkeln, Stahlblechformteilen und dergleichen mehr ist zu beachten, dass diese in der Regel zur Aufnahme von Anpralllasten nicht oder nur bedingt geeignet sind.

Bei den horizontalen **TRAGLATTEN** der Balkongeländer werden ab einer Höhe von 70 Millimeter wasserableitende Maßnahmen, beispielsweise mindestens vier Millimeter Abstand zu den Geländersprossen, empfohlen. Grundsätzlich empfiehlt es sich, die Traglattung an der Oberseite abzuschrägen. An der Unterseite kann die Lattung abgeschrägt werden oder es kann eine Tropfkante ausgebildet werden.

Die Oberseite der Beplankung wird durch den **HANDLAUF** geschützt. Dieser ist durch Abschrägung und die Ausbildung von Tropfkanten vor stehendem Wasser zu schützen. An der Unterseite der Beplankung ist ebenfalls ein kapillarer Wassereintritt zu verhindern.

So weit zu den konstruktiven Anforderungen an Planung und Ausführung für Holzbalkone. Um den hölzernen Balkon lange genießen zu können, müssen Sie als Nutzer einige Arbeiten beziehungsweise Kontrollen durchführen. Im Detail finden Sie die Instandhaltungsmaßnahmen für das gesamte Haus im Abschnitt „Was sollte in welchem Abstand am Haus gemacht werden?" ab Seite 246. Im Folgenden erläutern wir, worauf Sie bei der Nutzung Ihrer Balkone besonders achten sollten.

## WAS IST BEI DER NUTZUNG WICHTIG?

Stellen Sie Ihre Blumentröge, Sonnenschirmhalterungen und dergleichen mehr nicht direkt auf den Holzbelag. Aufgrund der eingeschränkten Abtrocknungsmöglichkeiten des Belages kann es anderenfalls zu unzulässigen Holzfeuchtigkeiten und damit zu einer Zerstörung des Holzes kannen.

**Fehler beim konstruktivem Holzschutz haben einen Fäulnisschaden beim Tragbalken hervorgerufen: Die Auflagerfläche der beiden Balken ist zu breit, der untere Tragbalken nicht schräg geschnitten.**

Der Balkon ist mindestens einmal jährlich zu **REINIGEN**, um Verschmutzungen aus Laub und Erde zu entfernen. Von der Verwendung von Hochdruckreinigern wird abgeraten. Es ist wichtig, dass **ENTWÄSSERUNGSRINNEN** freigehalten werden. Zur Reinigung beschichteter Oberflächen sollten klares Wasser und ein weicher Schwamm verwendet werden. Es ist empfehlenswert, im Zuge der Reinigung die beschichteten Oberflächen auf mechanische Beschädigung, Verfärbungen und weiche Stellen zu **ÜBERPRÜFEN**. Erforderliche Wartungsanstriche müssen entsprechend de Herstellerangaben durchgeführt werden.

## LANG LEBE DER TERRASSENBELAG!

Terrassenbeläge aus Holz erfreuen sich immer größerer Beliebtheit. Neben Tropenhölzern und thermisch modifizierten Hölzern wird als heimische Holzart in der Regel Lärchenholz verwendet.

**LÄRCHENHOLZ** ist im Vergleich zu den angebotenen nicht heimischen Holzalternativen nicht nur nachhaltiger, sondern kann bei richtiger konstruktiver Ausführung ebenso langlebig sein. Damit Sie lange Freude an Ihrem Terrassenbelag haben, sollten die nachfolgend angeführten konstruktiven Grundsätze zur Planung und Ausführung berücksichtigt werden.

**Verringerte Abtrocknung des Belages im Bereich von Sonnenschirmaufständerungen und Blumentrögen**

**Sonnenschirmständer lassen den Belag durchfeuchten.**

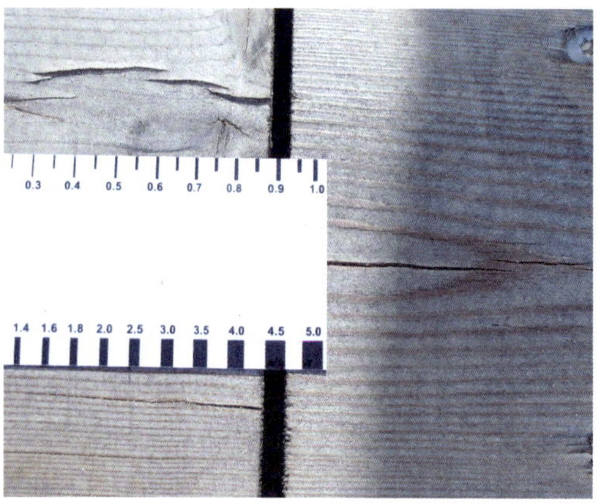


**Zu geringe Fugenbreite von 4,5 Millimetern anstelle der geforderten 7 Millimeter**

Bei der Verlegung muss die Holzfeuchtigkeit der Terrassenbelagsbretter 16 ± 2 M-% betragen. Aufgrund der Einbausituation haben die Bretter bei trockenem Wetter an der Unterseite eine um ungefähr zwei Prozent höhere Feuchtigkeit. Dies bedingt eine Verformung (Schüsselung) von Fladerbrettern. Aus diesem Grund werden für den Terrassenbelag am besten **RIFT- ODER HALBRIFTBRETTER** (mit stehenden Jahrringen) verwendet. Diese weisen nicht nur in Bezug auf die angeführten Verformungen, sondern auch auf Riss- und Schieferbildung sowie Quell- und Schwindverhalten bessere Eigenschaften auf.

Bei dieser Sortierung, welche schriftlich zu vereinbaren beziehungsweise auszuschreiben ist, ist allerdings mit höheren Kosten zu rechnen.

Hinsichtlich der **SCHIEFERBILDUNG** bei Fladerbrettern ist zu berücksichtigen, dass die linke Seite (also die dem Kern abgewandte Seite) weniger schiefert. Kernbretter mit an der Oberfläche beziehungsweise im Brett verlaufender Markröhre sollten aufgrund der gravierenden Rissbildung nicht verwendet werden. Nähere Details zu den Schnittrichtungen von Brettern finden Sie im Kapitel „Warum ein Holzhaus?" ab Seite 13.

Als maximale Brettbreite werden 120 Millimeter und als Mindestdicke bei Nadelhölzern 24 Millimeter beziehungsweise bei Laubhölzern 20 Millimeter empfohlen. Im Handel sind Brettbreiten bis 146 Millimeter gebräuchlich, wobei grundsätzlich gilt, dass schmalere Bretter zu bevorzugen sind.

Zur **BEFESTIGUNG** sollten ausschließlich Produkte aus rostfreiem Edelstahl verwendet werden, um Verfärbungen und Rostbildung zu vermeiden.

Bei Lärchenholz wird ein Achsabstand der Unterkonstruktion zwischen 400 und 500 Millimetern und bei Thermoholz und Laubholz zwischen 400 und 450 Millimetern empfohlen. Die Fugenbreite zwischen den einzelnen Brettern sollte mindestens sieben Millimeter oder sechs Prozent der Brettbreite betragen. Die Fuge am Längsstoß sollte ebenfalls mindestens sieben Millimeter betragen (siehe auch Abbildung links unten).

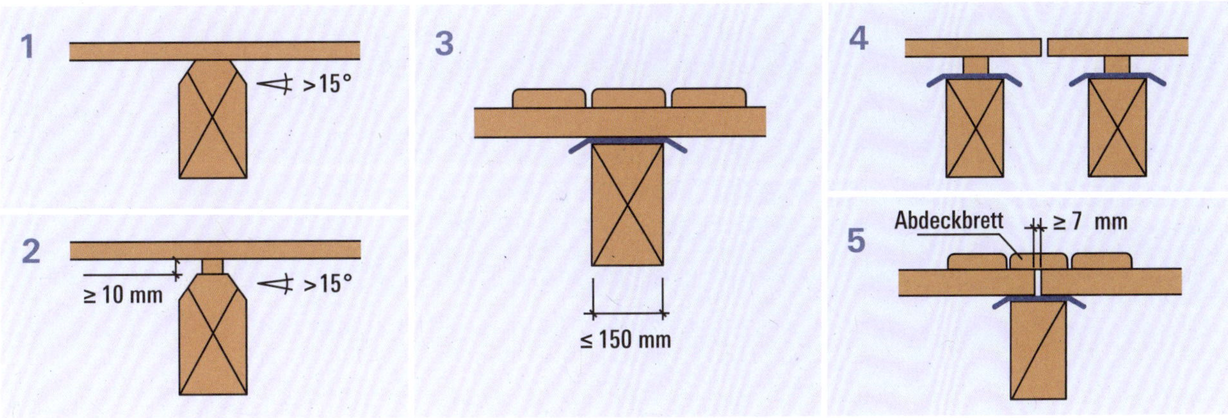


**Konstruktive Empfehlungen für den Auflagerbereich zwischen Holzbelag und Tragbalken von Balkonen. Zur Verhinderung einer Auffeuchtung des Tragbalkens können Abdeckungen eingesetzt werden (rechts im Bild), oder alternativ (linke Beispiele) können die Seiten im oberen Anschluss um mehr als 15 Grad schräg hinterschnitten und die obere Auflagerkante somit verringert werden.**

Der Längsstoß zweier Bretter sollte luftumspült sein und nicht auf der Unterkonstruktion aufliegen. Der Abstand des Terrassenbelags zu umgebenden Bauteilen sollte mindestens 20 Millimeter betragen. Diese Anschlussfugen sind auch regelmäßig von Laub und Schmutz zu reinigen, um die Lebensdauer nicht zu verringern.

Da an großen Kontaktflächen zwischen Traglattung und Terrassenbelag die Feuchtigkeit nicht gut abtrocknet, kann dies in kurzer Zeit zu einem Fäulnisschaden führen. Aus diesem Grund sollte die **KONTAKTFLÄCHE** zwischen dem Holzbelag und der hölzernen Unterkonstruktion sollte in der Breite maximal 50 Millimeter und in der Längsrichtung maximal 150 Millimeter betragen.

Werden als Unterkonstruktion Holzlatten eingesetzt, so empfiehlt es sich Hölzer mit einer höheren natürlichen Dauerhaftigkeit, etwa Eiche, zu verwenden. Fichten- und Tannenholz sollte als Unterkonstruktion nicht eingesetzt werden. Ein direktes Aufliegen der Traglattung am Untergrund verringert aufgrund der Staunässe die Lebensdauer. Bei durch Beschattung oder regelmäßiger Bewässerung stark belasteten Terrassen oder geringer Aufbauhöhe hat sich der Einsatz von nicht hölzernen Unterkonstruktionen bewährt.

Tragende Balken, zum Beispiel Balkonbalken, weisen größere Breiten als 50 Millimeter auf. In diesem Fall können hinterlüftete Verblechungen eingesetzt werden. Zusätzlich kann durch Abschrägen des Balkens im oberen Bereich die Auflagerfläche verkleinert werden.

Die Unterkonstruktion und der Terrassenbelag müssen **AUSREICHEND BELÜFTET** sein. Bei versenkten Terrassenkonstruktionen mit eingeschränkter Lüftung ist ein Abstand zwischen Boden und Oberkante des Belags von mindestens 70 Millimetern erforderlich. Je besser die Durchluftung etwa durch mehrseitig offene Ränder oder höhere Unterkonstruktionen ist, desto langlebiger ist die Konstruktion.

Bei einer hölzernen Unterkonstruktion ist ein Abstand von mindestens 10 Millimetern zum Untergrund einzuhalten. Kunststoffpads im Verlegeabstand von ungefähr 40 Zentimetern und einer Höhe von 20 Millimetern haben sich bewährt. Noch besser ist eine Konstruktionshöhe von mindestens 150 Millimetern, welche auch eine gute Durchlüftung der Holzlattung gewährleisten kann.

Das **GEFÄLLE DES BODENS** sollte mindestens zwei Prozent betragen. Um Pfützenbildungen zu vermeiden, wird ein Mindestgefälle von fünf Prozent empfohlen. Die Unterkonstruktion sollte in Gefällerichtung verlegt werden.

**HIER GEHT ES WEITER:** WEITERFÜHRENDE DETAILS ZU TERRASSENBELÄGEN KÖNNEN DER INFORMATIVEN BROSCHÜRE DER HOLZFORSCHUNG AUSTRIA SCHOBER, PETER ET AL. (2013) → TERRASSENBELÄGE AUS HOLZ. HOLZFORSCHUNG AUSTRIA WIEN ENTNOMMEN WERDEN.

# WIE UND MIT WEM WOLLEN WIR BAUEN?

5

Es gibt viele Wege, sich ein Haus zu bauen. Von der Grundstückssuche über die Entscheidung für die richtigen Baupartner – Architektin, Handwerksunternehmen oder ein Komplettanbieter von Fertighäusern – bis zur Vertragsfindung stellen sich viele Aufgaben. Wir zeigen Ihnen, wie Sie am besten vorgehen.

→ **Kriterien für das Grundstück:** Für Holzhäuser benötigt man keine besonderen Grundstücke. Was auf einem Grundstück zulässig ist, sollte vor dem Grundstückserwerb geprüft werden. Dazu muss man zunächst wissen, ob ein Bebauungsplan existiert.

**WAS ERFAHRE ICH?**



Das öffentliche Baurecht bestimmt, was wo gebaut werden darf. Die jeweilige Landesbauordnung und die Bauleitplanung geben grundsätzlich den Rahmen vor. Um die Regelungen richtig bei der Planung umzusetzen, bedarf es der Kenntnis des Baugesetzbuches und der Baunutzungsverordnung. Bauvorlageberechtigte Personen, etwa Architektinnen, können schon im Vorfeld eines Grundstückerwerbs dazu **BERATUNGSLEISTUNGEN** anbieten.

Wichtig sind natürlich auch persönliche Wünsche zur Lage, zum baulichen Umfeld und dem Infrastrukturangebot vor Ort, die Sie abwägen sollten, wenn Sie auf die Suche nach einem geeigneten Grundstück gehen.

## Gebäudeform und bauliches Umfeld

Je nachdem, welche Bauart gewünscht ist, ob Einzelhaus, Doppelhaus, Reihenhaus oder Mehrfamilienhaus, muss das Grundstück dafür geeignet sein. In ausgewiesenen Wohnbaugebieten, in denen ein Bebauungsplan existiert, kann das anhand der Festsetzungen in dem Plan erkannt werden. In Gebieten ohne eine solche Regelung liegt die Entscheidung über die Zulässigkeit der Bauformen bei den Kommunen und der unteren Bauaufsichtsbehörde. Dabei spielt das bauliche Umfeld eine wichtige Rolle.

### GIBT ES EINEN B-PLAN?

Ob ein Bebauungsplan, oft „ B-Plan“ genannt, vorliegt oder nicht, ist entscheidend für die Bebaubarkeit des infrage kommenden Grundstücks. Viele Kommunen oder Landkreise stellen die geltenden Bebauungspläne im Internet zum Download zur Verfügung. Da ältere Bebauungspläne nicht immer digitalisiert vorliegen und nicht immer alle aktuellen Bebauungspläne von den zuständigen Stellen in die Portale eingestellt werden, sollte man sich auf jeden Fall bei der zuständigen kommunalen Behörde erkundigen, ob es einen Bebauungsplan für das infrage stehende Grundstück gibt. Gegen eine Kopiergebühr kann man Bebauungspläne erhalten.

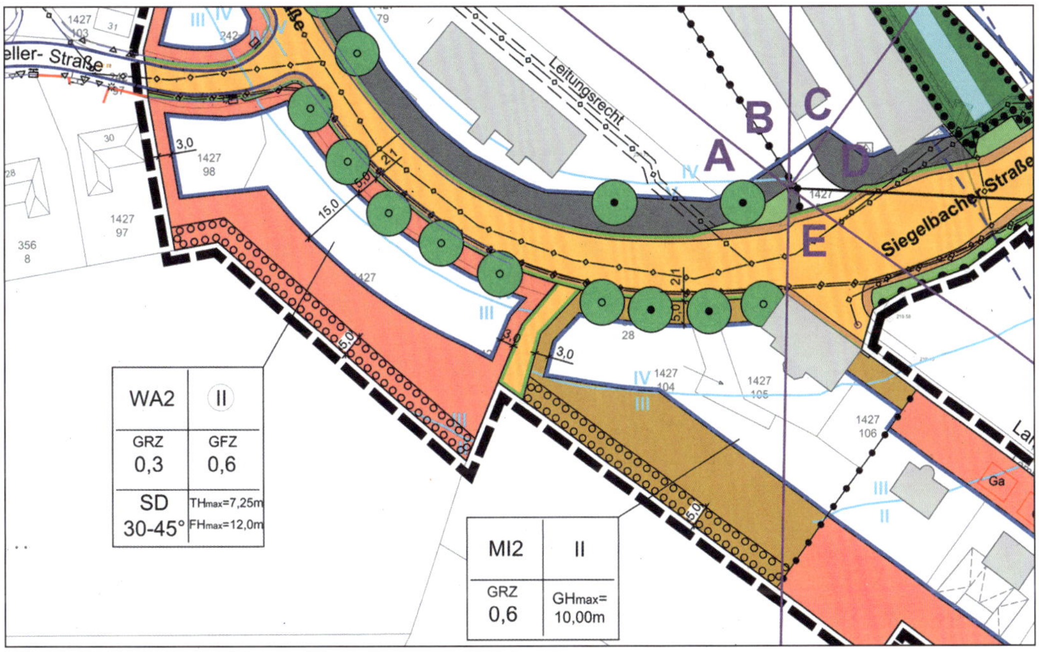


Ausschnitt aus einem Bebauungsplan mit Nutzungsschablonen

## OHNE B-PLAN: BAUVORANFRAGE VORSCHALTEN!

Ist kein Bebauungsplan vorhanden, sollte über eine **BAUVORANFRAGE** geklärt werden, ob das geplante Bauvorhaben grundsätzlich an dieser Stelle möglich ist. Dafür ist es sinnvoll, zunächst einen Vorentwurf auszuarbeiten und aus diesem die Fragestellung für die Bauvoranfrage abzuleiten. Zwar gibt es keine Formvorschriften für eine solche Behördenanfrage, und es ist auch nicht verpflichtend, eine Architektin oder einen Architekten damit zu betrauen, doch ist anzuraten, solche **FACHLEUTE** hinzuzuziehen. Denn wenn eine Bauvoranfrage ungünstig formuliert ist und abgelehnt wurde, wird es nicht leicht sein, den eigentlichen Wunsch umzusetzen. Erfahrene Architektinnen und Architekten können abschätzen, welches Bauvolumen vor Ort denkbar ist. Eine Bauanfrage wird dann so ausgearbeitet, dass ein gewisser Spielraum bleibt, in dem das eigentliche Gebäude realisiert werden kann. Ein positiver Bauvorbescheid ist **BAURECHT**. Das bedeutet, dass innerhalb der Geltungsdauer des Bescheids im Rahmen des Genehmigten gebaut werden darf. Natürlich bedarf es dazu noch der tatsächlichen Baugenehmigung, die nach einem Bauantrag im vereinfachten Genehmigungsverfahren erteilt werden muss. Aber im Rahmen dieses Genehmigungsverfahrens darf die Bauordnungsbehörde nicht Dinge versagen, die im Rahmen des vorgeschalteten Bauvorbescheids positiv beschieden wurden. Ein solcher Bauvorbescheid behält seine Gültigkeit, auch wenn danach der Gemeinde- oder Stadtrat eine Veränderungssperre für das betroffene Gebiet beschließt.

## WIE LESE ICH DEN B-PLAN?

Der Bebauungsplan regelt genau, in welchem Maß und wo auf Grundstücken innerhalb des Geltungsbereiches des Bebauungsplanes gebaut werden darf. Mit einer dicken schwarzen gestrichelten Linie wird dieser Geltungsbereich markiert. Innerhalb dieses Gebietes sind **TEILGEBIETE** dargestellt, in denen die Nutzungen jeweils festgelegt sind. In dem Beispiel in der Abbildung oben auf dieser Seite gibt es ein Mischgebiet „MI2" mit ockergelber Hinterlegung und ein allgemeines Wohngebiet, dieses ist rosafarben hinterlegt. Die Tabellen mit zwei Spalten und zwei oder drei Zeilen stellen die

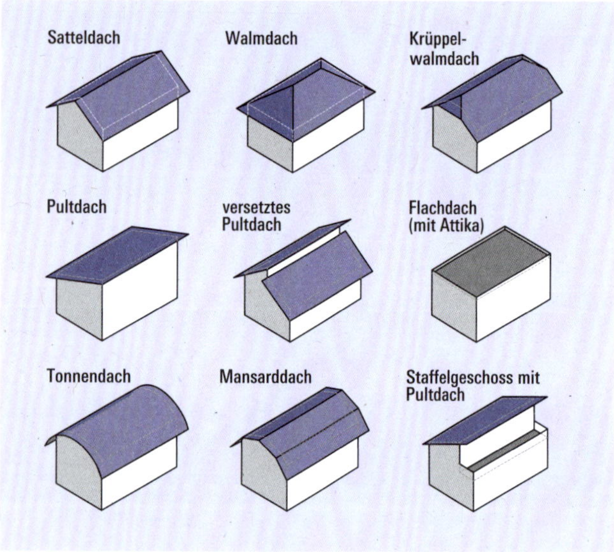


**Verschiedene Dachformen**

**NUTZUNGSSCHABLONEN** dar, aus denen hervorgeht, was in dem markierten Gebiet vorgegeben ist. Die Nutzungsschablone zu dem allgemeinen Wohngebiet „WA2" weist mit der römischen Ziffer II aus, dass zwei Vollgeschosse gebaut werden dürfen. Die Landesbauordnungen definieren, was im jeweiligen Bundesland

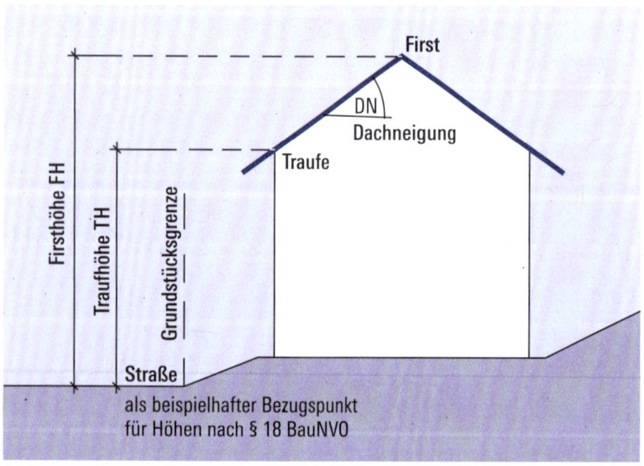


**Höhenbezugspunkte und Dachneigung aus dem Bebauungsplan. Der Bezugspunkt wird in den textlichen Festsetzungen zum B-Plan beschrieben.**

für Vollgeschosse gilt. In der Musterbauordnung liest sich das so: „In Wohngebäuden der Gebäudeklassen 1 und 2 gelten Geschosse, die über mindestens zwei Drittel ihrer Grundfläche eine für Aufenthaltsräume in solchen Gebäuden erforderliche lichte Höhe haben, als **VOLLGESCHOSSE**." Das bedeutet im Umkehrschluss, dass ein Geschoss, welches auf weniger als zwei Drittel der Grundfläche eine lichte Höhe für Aufenthaltsräume hat, kein Vollgeschoss ist und zusätzlich vorhanden sein kann. Das ist dann in der Regel das Dachgeschoss, welches oberhalb der in diesem Fall zwei zulässigen Vollgeschosse liegt. Nach Baunutzungsverordnung BauNVO bezeichnet „GRZ" die Grundflächenzahl, die vorliegend 0,3 beträgt. Damit wird die Grundfläche multipliziert, um zu ermitteln, wie viel Fläche des Grundstücks maximal mit dem Hauptbaukörper bebaut werden darf. Darüber hinaus kann diese maximale Fläche um 50 Prozent erhöht werden für die Flächen, die mit Garagen oder Nebengebäuden bebaut werden und durch Außenanlagengestaltung versiegelt werden.

Die **GESCHOSSFLÄCHENZAHL** GFZ – im Beispiel 0,6 – gibt nach BauNVO an, „wie viel Quadratmeter Geschossfläche je Quadratmeter Grundstücksfläche (...) zulässig sind." Demnach ist die Geschossfläche nach den Außenmaßen der Gebäude in allen Vollgeschossen zu ermitteln. Eventuelle Balkone, Loggien, Terrassen und andere zulässige bauliche Anlagen bleiben bei der Ermittlung der Geschossfläche unberücksichtigt.

Es dürfen Satteldächer „SD" mit 30 bis 45 Grad Dachneigung realisiert werden, wobei die maximale Traufhöhe THmax = 7,25 Meter beträgt und die maximale Firsthöhe FHmax = 12,0 Meter. Die Gebäude selbst dürfen nur innerhalb der mit einer blauen Linie als Baugrenze eingefassten Fläche liegen. Anstelle der blauen Linie kann bei schwarz-weiß erstellten Plänen auch eine Strich-Strich-Punkt-Linie die Baugrenze, die nicht überschritten werden darf, markieren. Anstelle der Baugrenze kann auch eine mit Punkt-Punkt-Strich markierte Baulinie dargestellt sein. An dieser Baulinie muss dann gebaut werden, so stehen die Gebäude alle in gleicher Flucht.

Andere **DACHFORMEN** werden in den Nutzungsschablonen wie folgt bezeichnet:

→ **WD** … Walmdächer
→ **PD** … Pultdächer
→ **FD** … Flachdächer
→ **KWD** … Krüppelwalmdächer

**Rundstammhaus bei der Montage**

## ALTE REGELUNGEN IN B-PLÄNEN MIT HOLZHAUSVERBOT

In manchen alten Bebauungsplänen ist noch geregelt, dass keine Holzhäuser errichtet werden dürfen. Diese vor Jahrzehnten formulierten Bestimmungen bezogen sich auf Rundstammhäuser oder Blockhäuser. Man wollte die Optik dieser Bauart im Sinne der zulässigen Fassadengestaltungen ausschließen. Holzrahmenbauten oder Brettsperrholzgebäude, die häufig mit Putzfassade ausgeführt werden und sich von herkömmlichen Mauerwerksbauten im Grunde nicht unterscheiden, werden von dieser Regelung jedoch nicht erfasst und können realisiert werden.

Wenn in einem solchen Baugebiet dennoch ein Rundstammhaus oder Blockhaus errichtet werden soll, dann ist es aus heutiger Sicht nicht unwahrscheinlich, eine **BEFREIUNG** von dieser Regelung zu bekommen. Es wurden in den letzten 20 Jahren viele Regelungen in alten Bebauungsplänen von Gerichten für nichtig erklärt, da sie zu sehr in den Gestaltungsbereich des Grundstückseigentümers eingreifen. Die heute oft vertretene Auffassung dazu ist, dass Farb- und Oberflächengestaltungen in Bebauungsplänen nur dann geregelt werden sollten, wenn der Ort selbst dazu aufgrund seines Gesamterscheinungsbildes den Rahmen gibt.

## BAUEINGABEPLANUNG BEIM GÜLTIGEN B-PLAN

In allen Bundesländern außer in Hamburg besteht eine Genehmigungsfreistellung für Wohngebäude der Gebäudeklassen 1 bis 3, wenn diese im Geltungsbereich eines Bebauungsplanes liegen und den Festsetzungen des B-Planes nicht widersprechen. Während in Hamburg auch für solche Gebäude ein vereinfachtes Genehmigungsverfahren durchzuführen ist, werden in den anderen Bundesländern die von einem planvorlageberechtigten Entwurfsverfasser erstellten Unterlagen für die Baueingabe bei der zuständigen Behörde eingereicht. Das Verfahren wird in den einzelnen Landesbauordnungen unterschiedlich bezeichnet: Meistens heißt es wie in der Musterbauordnung „Genehmigungsfreistellung".

In Baden-Württemberg wird es als „Kenntnisgabeverfahren" bezeichnet, in Brandenburg als „Bauanzeigeverfahren", in Rheinland-Pfalz nennt es die LBauO „Freistellungsverfahren", und in Niedersachsen gibt es keine eigene Bezeichnung. Nach Niedersächsischer Bauordnung NBauO ist die „beabsichtigte Baumaßnahme (…) der Bauaufsichtsbehörde mitzuteilen (…)".

Als zuständige Behörden, bei denen die Baueingabeunterlagen einzureichen sind, werden in den Landesbauordnungen sowohl die Gemeinde als auch die Bauaufsichtsbehörde genannt. Bei Gemeinden als Empfänger müssen diese die Unterlagen an die Bauaufsicht weiterleiten. Wenn jedoch mit dem geplanten Bau von den Festsetzungen des B-Plans abgewichen werden soll, dann wird bei Wohngebäuden der Gebäudeklassen 1 bis 3 immer ein **VEREINFACHTES VERFAHREN** durchgeführt. Wenn dabei Ausnahmen oder Befreiungen von einzelnen Festsetzungen beantragt werden, so müssen diese begründet werden.

Holzhäuser passen gut in alte Ortskerne.

### MUT ZUR LÜCKE: BAULÜCKEN IN ORTSKERNEN KÖNNEN ATTRAKTIV SEIN

Eine echte Alternative zum Kauf eines Grundstücks in ausgewiesenen Neubaugebieten kann es sein, in Ortskernen neu zu bauen – sei es in vorhandenen Baulücken oder als Ersatzbau für den Abriss von für eine Sanierung nicht geeigneten Gebäuden. Für den Lückenschluss eignet sich insbesondere die **VORGEFERTIGTE** Holzbauweise mit sehr kurzen Bauzeiten. Dadurch wird das bewohnte Umfeld weniger belastet, und die Verkehrsbehinderungen in engen Ortslagen werden kurz gehalten.

Während in Neubaugebieten oft jahrelang gebaut wird, fügt man sich in ein gewachsenes Umfeld ein. Auch die nachbarlichen Bäume und Gärten sind schon gut angelegt und dicht bewachsen. Zudem kann man die aktuelle Nachbarschaft im Vorfeld kennenlernen.

Nicht zuletzt können für die Revitalisierung von Ortskernen **FÖRDERMÖGLICHKEITEN** von Kommunen oder aus Landesmitteln zur Verfügung stehen.

Ob in Ortskernen ein Bebauungsplan existiert, ist immer vor Planungsbeginn zu prüfen, da auch in schon seit langer Zeit bebauten Gebieten ein solcher B-Plan aufgestellt sein kann. Das ist zum Beispiel der Fall, wenn die Gemeinde dort oder in unmittelbarer Nähe ein Plangebiet ausgewiesen hat, weil größere Änderungen angestrebt sind. Wenn kein B-Plan vorliegt, kann im Bestand auch eine Gestaltungssatzung oder ein Denkmalschutzgebiet vorliegen. Die darin enthaltenen **REGELUNGEN** sind bei der Planung zu beachten. Es kann dort vorgeschrieben sein, wie bei Neubauten Fassaden zu gestalten sind, damit diese zum Beispiel in ein historisch geprägtes Ortsbild passen. Auch Dachformen oder Oberflächenfarben für Dächer und Fassaden können verbindlich auf diese Weise festgelegt sein.

### EBENES GRUNDSTÜCK ODER BAUEN AM HANG?

Oft hat man gar nicht die Wahl, da sich allein aus der Topgrafie zwangsläufig diese Beschaffenheit des Grundstücks ergibt. Wenn aber alternativ sowohl ein ebenes als auch ein Grundstück am Hang zur Auswahl stehen, so ist neben anderen Fragen zur Lage selbst entscheidend, wie über die Anforderungen an die Gründung gedacht wird. Ist kein Keller gewünscht, so ist das ebene Grundstück besser geeignet. Bei einem hängigen Grundstück können dagegen auch im Keller wohnlich genutzte Aufenthaltsräume vorgesehen werden, und das Kellergeschoss kann einen direkten Ausgang nach außen erhalten (siehe auch „Gründung des Holzhauses", Seite 110).

## Wie groß muss das Grundstück sein?

Um eine Vorstellung zu bekommen, wie groß das Grundstück mindestens sein sollte, wird die Erdgeschossfläche durch 0,4 geteilt. Der Grund: Sehr viele Bebauungspläne schreiben die Grundflächenzahl GRZ = 0,4 vor. Sie bedeutet, dass der Anteil des zu errichtenden Hauses an der gesamten Grundstücksfläche maximal 40 Prozent betragen darf.

Planen Sie beispielsweise ein Haus mit einer Erdgeschossfläche von 120 Quadratmetern, sieht die überschlägige Rechnung aus wie folgt:

$$120\ m^2 : 0{,}4 = 300\ m^2$$

Ein Grundstück für dieses Haus müsste mindestens 300 Quadratmeter groß sein.

Zur Probe: Bei einem Grenzabstand von drei Metern von der Außenwand bis zum Nachbargrundstück kann man die Mindestgrundfläche auch abschätzen, indem man sich ein Rechteck überlegt, welches die Bruttogrundfläche (BGF) beschreibt. Beiden Seiten schlägt man nun die 2 x 3 Meter Grenzabstand zu.

**Für ein rechteckiges Gebäude mit 10 m auf 12 m Grundfläche (Beispielform A aus Abbildung auf Seite 101)**

$(10\ m + 6\ m) \times (12\ m + 6\ m) = 288\ m^2$

Für die anderen Beispielformen aus der Abbildung auf Seite 101 im Abschnitt „Wie viel Haus brauchen wir?" ergeben sich folgende Mindestgrundstücksgrößen:

→ B: 289 $m^2$
→ C: 324 $m^2$
→ D: 320 $m^2$
→ E: 400 $m^2$

Also sollte für das Beispielhaus das Grundstück über eine Fläche von etwa 300 bis 400 Quadratmeter oder mehr verfügen, damit genug Planungsspielraum bleibt.

Bei Doppelhäusern oder Reihenhäusern muss nur jeweils an einem oder an keinem der beiden Nachbargrundstücke der Mindestgrenzabstand berücksichtigt werden. Das vermindert ganz im Sinne des zu begrenzenden Flächenverbrauchs den Bedarf an Grundstücksfläche.

### WEITERE ASPEKTE DER GRUNDSTÜCKSWAHL

Wichtig: Informieren Sie sich rechtzeitig über vorhandene **BAULASTEN**, die im Baulastenverzeichnis des Grundbuchs eingetragen sind. Da kann es zum Beispiel Wege- oder Leitungsrechte für Flächenbereiche geben, die nicht überbaut werden dürfen, oder es sind zugunsten von Nachbargrundstücken Abstandsflächen im Grundbuch vermerkt, sodass die Grenzabstände zum Nachbargrundstück vergrößert sind. Deshalb kann es sein, dass ein solches Grundstück entsprechend größer sein muss, damit das gewünschte Gebäude dort platziert werden kann.

Für die Wahl des Grundstücks ist es nicht zuletzt auch wichtig, was auf dem Grundstück außer dem Wohngebäude noch errichtet werden soll. Wird eine Garage oder ein Carport gewünscht? Soll ein Nebengebäude für Gartengeräte oder Fahrräder errichtet werden? Diese und andere Fragen sollte man sich stellen und prüfen, ob es **ÖRTLICHE EINSCHRÄNKUNGEN** gibt, die die Realisierung dieser Wünsche auf dem ausgewählten Grundstück erschweren.

## Ist das Gelände für den Bau eines Holzhauses geeignet?

Das Grundstück, welches dann zur Auswahl steht, sollte auch bezüglich der Bebaubarkeit mit einem vorgefertigten Holzgebäude betrachtet werden.

### FREILEITUNGEN ÜBER DEM GRUNDSTÜCK

Wenn Freileitungen des Elektroversorgungsunternehmens vorhanden sind, sollte geprüft werden, inwieweit diese die Bauabläufe stören. Das betrifft insbesondere den Kraneinsatz. Falls die Freileitung stört oder eine Gefahr darstellen kann, sollte mit dem Versorgungsunternehmen frühzeitig geklärt werden, ob es die Möglichkeit gibt, die Freileitung zumindest während der Bauzeit ganz zu entfernen oder diese entsprechend zu sichern.

In diesem Zusammenhang sollte auch geklärt werden, ob die **HAUSEINFÜHRUNG** des Stroms zwingend von oben erfolgen muss oder ob es möglich ist, eine Kabelverbindung über das Erdreich zu schaffen. Ein Dachständer zur Stromversorgung über das Dach hat einige Nachteile für das Gebäude. So ist die Blitzeinschlagsgefahr erhöht, und auch Photovoltaikmodule können auf dem Dach nur noch eingeschränkt verlegt werden. Außerdem kann über die Kabeleinführung und die Ständerbefestigung im Dach eine Wärmebrücke entstehen. Neben dem zusätzlichen Energieverlust für die Gebäudebeheizung besteht durch ein kaltes metallisches Rohr in der Konstruktion eine Gefahr der Kondensatbildung. Auch die Hauptversorgungsleitung wird über das Rohr durch die gedämmte Dachkonstruktion geführt werden und soll revisionierbar bleiben. Das hat

**Der Dachständer für Freileitungen auf einem neuen Dachstuhl durchdringt das gedämmte Dach, neben dem neu errichteten Holzhaus ist der Mast für die Freileitung neu vom Versorger aufgestellt worden. Die Hauseinführung erfolgt über das Erdreich.**

dann möglicherweise negative Auswirkungen auf die Luftdichtheit des Gebäudes.

Deswegen wird empfohlen, mit dem Versorger zu vereinbaren, einen **STROMMAST** an anderer Stelle auf dem Grundstück aufzustellen und ein Erdkabel in das Gebäude zu führen (siehe Abbildung oben). Eine solche Lösung ist zwar etwas teurer. Wird im Baugebiet zu einem späteren Zeitpunkt doch von Freileitungen auf Erdleitungen umgestellt, muss dafür nicht an der Gebäudehülle gearbeitet werden.

## ZUFAHRTSMÖGLICHKEITEN – WIE GROSS IST EIN LKW?

Wenn gebaut wird, stellt sich immer die Frage, wie das Grundstück für die Anlieferung von Baumaterialien erreichbar ist. Bei vorgefertigten Bauteilen wird neben den dann etwas größeren Lastkraftwagen für die Elemente auf jeden Fall ein Kran benötigt. Alle Fahrzeuge müssen möglichst nah an die Baustelle beziehungsweise an die Stelle, wo das Gebäude auf dem Grundstück stehen soll, herankommen. Dazu muss die Zufahrtsstraße breit genug sein. Lkw sind schon ohne Rückspiegel knapp um 2,50 Meter breit, und für den Transport von Holzelementen werden auch Fahrzeuge eingesetzt, die beidseits 20 Zentimeter Überbreite haben dürfen und so auf rund 2,90 Meter Breite kommen. Damit der notwendige **RANGIERPLATZ** vorhanden ist, werden so mindestens 3,5 Meter Zufahrtsbreite benötigt. Wenn es sich um eine Sackgasse handelt und die Lkw nicht geradeaus weiterfahren können, muss eine Möglichkeit zum Wenden vorhanden sein, oder die Strecke sollte nicht zu lang sein, damit die Lkw keine langen Rückwärtsfahrten machen müssen. Bei beschränkten Zufahrtsmöglichkeiten kann sonst der Bauablauf gestört werden, und es können ungeplante Zusatzkosten entstehen, weil auf kleinere Lkw umgeladen werden muss. Alle beteiligten Firmen, insbesondere das Kranunternehmen und die Zulieferer, sollten sich deshalb vor Angebotsabgabe die Randbedingungen des Baugrundstücks genau anschauen.

## AUFSTELLFLÄCHEN FÜR KRAN UND GERÜST

Jeder Neubau braucht ein Gerüst, und dafür muss rund um das Gebäude ein Abstand von mindestens 1,5 Meter vorgesehen werden. Zusätzlich bedarf es ausreichender Lagerfläche für Material und Stellfläche für die Baustelleneinrichtung. Dafür sollten mindestens 100 Quadratmeter in direkter Nähe zu dem zu errichtenden Gebäude zur Verfügung stehen.

Für einen Baustellenkran ist für die Standzeit eine Fläche von etwa fünf Meter mal fünf Meter vorzusehen. Diese Kranstellfläche muss mit dem Lkw von der Straße aus erreichbar sein; für die Kranmontage und -demontage besteht zusätzlicher Platzbedarf. Mobilkrane benötigen eine längere Aufstellfläche als Baustellenkrane.

Das **GERÜST** wird bereits vor dem Aufbau des Holzhauses aufgestellt und wird nach außen abgestützt, weil es nicht am Baukörper befestigt werden kann. Für die Abstützungen wird je nach Gebäudehöhe seitlicher Platz benötigt.

### NUTZUNG VON NACHBARGRUNDSTÜCKEN

Wenn das eigene Grundstück nicht genug Fläche bietet und Nachbargrundstücke genutzt werden sollen, darf das nicht ohne Zustimmung der Nachbarschaft erfolgen. Eine Nutzung sollte **SCHRIFTLICH VEREINBART** werden einschließlich der Zeiträume, die für die Inanspruchnahme vorgesehen sind.

Bevor ein Grundstück gekauft wird, kann man das zwar zeitlich noch nicht einschätzen, dennoch sei angeraten, mit den Nachbarn frühzeitig die Möglichkeit grundsätzlich abzuklären.

### SIND STRASSENSPERRUNGEN ERFORDERLICH?

Müssen der Gehweg vor dem Grundstück oder auch die Straße für Lagerflächen, Baustelleneinrichtung oder Kran – auch temporär für einen Mobilkran – genutzt werden, bedarf es auch hierfür einer rechtzeitigen Abstimmung mit dem Ordnungsamt und einer Beantragung. In der Regel wird das durch die ausführenden Unternehmen veranlasst, die selbst genau wissen, welche Flächen benötigt werden und wie lange die Nutzung dauern wird.

Die Genehmigung der Straßennutzung ist mit Gebühren verbunden. Zudem werden von der Ordnungsbehörde ein Beschilderungsplan und Angaben zur notwendigen Absperrung übermittelt, diese Einrichtung kann ebenfalls erhebliche Kosten verursachen. Klären Sie daher in den Verträgen mit den ausführenden Unternehmen eindeutig, wer diese Kosten trägt.

## Grundstück und Haus zusammen kaufen?

Gerade von Fertighausanbietern gibt es oft Angebote für einen Grundstückskauf, der mit dem Abschluss eines Hauskaufs verbunden ist. Dieses Vorgehen ist aus zwei Gründen problematisch. Zum einen wird in so einem Fall auch auf den Hauspreis selbst die Grunderwerbssteuer fällig, sofern Grundstückskauf und Hauskauf in ein und demselben Vertrag notariell vereinbart werden. Wenn es zwei Verträge sind, jedoch in diesen jeweils beide Vertragsparteien personenidentisch sind, wird steuerlich von einem Geschäft ausgegangen, und es entsteht eine Grunderwerbssteuerschuld über die gesamte Höhe beider Verträge.

Darüber hinaus sind andererseits Kopplungsverträge aus Grundstückskauf und Planungsleistung nach § 2 des Gesetzes zur Regelung von Ingenieur- und Architektenleistungen **UNWIRKSAM**, sofern vereinbart wird, dass das Grundstück nur veräußert wird, wenn auch eine Planungsleistung eines bestimmten Architekten oder Ingenieurs zwingend mit beauftragt wird. Der Grundstückskaufvertrag bleibt dabei bestehen, der Planungsvertrag nicht. Das kann auch auf die oben genannte Konstellation aus Grundstücksverkauf und Hausverkauf zutreffen, wenn für das mitverkaufte Haus eine individuelle Planung von dem Hausverkäufer oder dessen Partner zu erstellen ist.

**Gerüst und Kran auf einem engen Grundstück im städtischen Umfeld**

Baugrunduntersuchung zur Gründungsplanung

## Baugrundgutachten

Damit vor einem Grundstückskauf Klarheit besteht, welche Voraussetzungen das Grundstück bietet, aber auch welche Gefahren und Risiken bestehen, sollte dieses vor dem endgültigen Kauf intensiv untersucht werden. Wenn noch keine gültigen Gutachten zu den nachfolgend aufgeführten Fragestellungen vorliegen, ist zu empfehlen, eventuell zumindest ein Vorgutachten dazu zu beauftragen.

### VORHANDENE GUTACHTEN NUTZEN?

Oftmals geben Erschließungsträger den Kaufinteressenten Bodengutachten, die im Rahmen der Grundstückserschließung erstellt wurden, an die Hand. Da jedoch in diesen Dokumenten in der Regel keine Aussagen zur Gründung von Gebäuden enthalten sind und auch die Untersuchungspunkte nicht an dem jeweiligen Grundstück selbst gemacht wurden, sind diese **NICHT SINNVOLL NUTZBAR**. Allerhöchstens können in Bezug auf die Altlastenuntersuchung dort Informationen enthalten sein, die für die Kaufentscheidung wichtig sind.

Wenn in dem Gebiet schon gebaut wurde, haben möglicherweise andere Erwerber bereits Gutachten zur Gründung erstellen lassen. Solche Gutachten sollten nur mit Vorbehalt für das eigene Projekt herangezogen werden: Neben rechtlichen Fragen des Urheberschutzes ist zu bedenken, dass von einem zum anderen Grundstück andere Bodenverhältnisse herrschen können. Außerdem wird auf dem Nachbargrundstück vermutlich ein anderes Gebäude mit anderer Gründungstiefe, anderer Gründungsart und anderen Belastungen gebaut. Für einen ersten Eindruck können diese Gutachten aber hilfreich sein.

### BAUGRUNDGUTACHTEN FÜR DIE GRÜNDUNGSPLANUNG

Unbedingt erforderlich ist das Baugrundgutachten für die Gründungsplanung. Dafür muss die begutachtende Person wissen, wo auf dem Grundstück das Gebäude errichtet werden soll und welche Gründungsart angedacht ist – empfohlen ist für Holzgebäude die **FLACHGRÜNDUNG**. Außerdem müssen die Gründungstiefe, also ob mit Keller oder auf Bodenplatte gebaut wird, und die Anzahl der Geschosse sowie die geplante Bauweise bekannt sein.

Bei kleineren Bauprojekten werden in der Fläche des späteren Baukörpers in der Regel zwei Rammsondierungen und zwei Bohrungen gemacht (siehe Abbildung links). Damit erhält man eine Aussage über die Druckfestigkeit des Bodenmaterials in unterschiedlichen Tiefen und auch die Zusammensetzung der ersten Meter im Gründungsbereich. Im Rahmen dieses Gutachtens wird eine **GRÜNDUNGSEMPFEHLUNG** ausgesprochen. Zusätzlich wird anhand der Grundwasserverhältnisse oder – falls Schichtenwasser angetroffen wird – auch mit diesen Informationen geprüft, ob und inwieweit eine **WASSERHALTUNG** erforderlich ist. Ist ein hoher Grundwasserstand zu erwarten, muss während der Baumaßnahme das Grundwasser kontinuierlich so weit abgesaugt werden, dass die Gründung und gegebenenfalls auch der Keller problemlos hergestellt werden können. Die Frage der Wasserhaltung hat wesentlichen Einfluss auf die Gründungskosten. Die Abbildungen auf der rechten Seite zeigen den aufwendigen Einbau einer Spundwand bei einem Projekt mit hohem Grundwasserstand in der Nähe eines Flusses. Wenn über die ge-

**Mit der Ramme wurden bei diesem Grundstück wegen eines hohen Grundwasserstandes in einem ersten Schritt Spundwände in den Boden getrieben, …**

**… anschließend wurde innerhalb der Spundwände der Boden ausgehoben, und das Grubenwasser wird fortlaufend abgepumpt, bis der als sogenannte weiße Wanne ausgeführte wasserdichte Keller fertig und die Baugrube wieder verfüllt ist. Dann werden die Spundwände wieder herausgezogen.**

nauen Bodenverhältnisse vor Baubeginn keine Kenntnis besteht, ist das Risiko relativ hoch, dass zum Beginn des Erdaushubs eine nicht erwartete Situation festgestellt wird und dadurch eine Bauunterbrechung droht sowie unerwartete hohe Kosten entstehen.

## UNTERSUCHUNG DES BODENS AUF SCHADSTOFFE/ALTLASTEN

Vor dem Grundstückskauf sollte auch geklärt werden, ob auf dem Grundstück Altlasten, also Schadstoffe aus vorherigen Nutzungen vorhanden sind. Zur Klärung dienen zum einen Dokumente zu früheren Nutzungen des Grundstücks. Zum anderen wird beim Verdacht auf Altlasten vor Ort nach Augenschein überprüft, wo Kontaminationen des Erdreichs vorliegen könnten. Vor Ort genommene Proben werden im Labor untersucht. Die Ergebnisse der Untersuchung geben Auskunft darüber, ob eine Sanierung erforderlich ist oder ob ein Aushub notwendig ist, der auf **SONDERDEPONIEN** gefahren werden muss. Wenn die zu bebauende Fläche zuvor über lange Zeit nur landwirtschaftlich genutzt wurde oder die früheren Nutzungen genau bekannt und Altlasten nicht zu erwarten sind, kann auf eine solche Untersuchung verzichtet werden. Die aktuelle Gesetzgebung zur Kreislaufwirtschaft sieht vor, dass Aushubmaterialien, die an andere Stellen verbracht werden, beprobt werden müssen.

## SCHADSTOFFFREIHEIT IM KAUFVERTRAG FESTSCHREIBEN

Im Grundstückskaufvertrag sollte eine Klausel vorhanden sein, die eine Schadstofffreiheit zum Zeitpunkt des Eigentumsübergangs seitens des Verkäufers erklärt und die Verantwortung der Beseitigung oder ein Recht auf Rückabwicklung des Kaufvertrags regelt, wenn sich nach Übernahme des Grundstücks herausstellt, dass Schadstoffe oder Altlasten vorhanden sind. Zu einer solchen vertraglichen Vereinbarung ist der Notar zurate zu ziehen, der diesbezüglich eine Beratungspflicht hat.

Die Beratungspflicht des Notars erstreckt sich auch zu allen anderen Themen rund um den Grundstückserwerb. Notare sind zur Neutralität verpflichtet: Sie müssen beide Seiten auf mögliche Problemstellungen hinweisen und dafür jeweils vertragliche Lösungen vorschlagen.

# → Architekt oder Fertighausanbieter?

Am Anfang steht oft die Frage: Plant man mit einem Architekten, der den Prozess von der Planung bis zum Einzug begleitet, oder geht man zu einem Fertighausanbieter, der ein „Rundum-sorglos-Paket" anbietet?

WAS ERFAHRE ICH?



Beides hat seinen Charme. Das angebotene Fertighaus, bei dem alles enthalten zu sein scheint, befriedigt diejenigen, die möglichst umfangreich bedient werden wollen, ohne sich zu tief in einzelnen Themen einarbeiten zu müssen. Gleichzeitig wecken Fertighausangebote den Eindruck eines nach oben begrenzten Festpreises für das Traumhaus.

Dagegen steht das individuelle Architektenhaus, mit der größten Freiheit bei der Umsetzung eigener Vorstellungen. Jedoch ist Letzteres vermeintlich verbunden mit wenig Sicherheit über die tatsächlichen Kosten und Ausführungszeiten. Doch treffen beide geschilderten Fälle nur in Teilen zu. Etwas Licht in diesen Angebotsdschungel bringt die Betrachtung der unterschiedlichen Bauleistungen.

## Verstehen, wovon die Rede ist

Die unterschiedlichen Anbieter von Häusern verwenden in ihren Angeboten und Leistungsbeschreibungen Begriffe, die unterschiedlich aufgefasst werden können. Deshalb soll hier ein Überblick zum Verständnis solcher Angaben weiterhelfen.

### DER BEGRIFF „BAUSEITIG" ODER „BAUSEITS"

Wenn in Leistungsbeschreibungen oder Bauverträgen von „bauseitig" oder „bauseits" die Rede ist, dann handelt es sich um Bauherrenleistungen. Das stellt klar, dass diese Leistungen eben **NICHT IM AUFTRAG ENTHALTEN**, sondern eine von der Bauherrschaft zu leistende Voraussetzung für die Leistungserbringung durch den Auftragnehmer sind. So ist zum Beispiel vom „bauseitig zu stellenden Gerüst" die Rede, oder es heißt „die Gründung erfolgt bauseits". Laien interpretieren das irrtümlicherweise als auf der Baustelle zu erledigende Maßnahmen, die der Auftragnehmer vor Ort macht. Werden bei Angeboten und Verträgen bauseitige Leistungen definiert, müssen Sie sich darüber im Klaren sein, dass diese Leistungen dann von Ihnen organisiert und zusätzlich bezahlt werden müssen!

### DER BEGRIFF „SCHLÜSSELFERTIG"

Wird ein Gebäude zu einem Pauschalpreis als „schlüsselfertig" angeboten, so könnte man der Auffassung sein, dass am Ende der Baumaßnahme der Schlüssel zu einem bezugsfertigen Haus übergeben wird. Doch rechtlich ist dieser Begriff **NICHT EXAKT GEKLÄRT**. Wie weit der Ausbauzustand eines schlüsselfertigen Gebäudes zur Fertigstellung sein muss, kann nur über die vertraglich genau definierten Leistungen bestimmt sein. Ob Malerarbeiten, Bodenbelagsarbeiten, Innentüren oder andere Ausstattungsdetails zur vertraglichen Leistung des Unternehmers dazugehören oder nicht, sollte in der **LEISTUNGSBESCHREIBUNG**, auf der der Vertrag fußt, erfasst sein.

Wenn ein Hausanbieter selbst seine Leistungen als „schlüsselfertig" benennt und einen Pauschalpreis dafür anbietet, dann sind für die Vollständigkeit des Gebäudes notwendige Bauleistungen, ohne dass diese explizit in der Baubeschreibung erwähnt sind, Teil der geschuldeten Leistung – es sei denn, es ist eindeutig beschrieben, dass diese Leistungen eben nicht Teil des Auftrags sind.

Deshalb ist bei einem Schlüsselfertig-Vertrag genau zu beachten, wo die Leistungsabgrenzungen liegen. Das betrifft den Innenausbau, aber auch den Außenbereich: Sind beispielsweise das Eingangspodest und die erforderlichen Wasserführungen vor der Haustür Teil der Leistung? Zu beachten ist auch, ob der um das Gebäude umlaufende Anschluss von der Außenanlage zum Haus, zum Beispiel über einen Kiesstreifen, und die Terrassen im Leistungsumfang enthalten sind. Wenn Garagen zum schlüsselfertig angebotenen Haus gehören, ist auch dort zu klären, ob zum Beispiel die Zufahrt und die Rinne, die im Regelfall als Entwässerung vor dem Garagentor verläuft, zur Leistung gehören.

Bei „schlüsselfertig" angebotenen Fertighäusern ist oft der Keller beziehungsweise die Bodenplatte nicht enthalten. Für diese werden dann pauschale Angebote durch eine Drittfirma vermittelt. In deren Pauschalpreisangeboten ist zu prüfen, wer für die Schnittstellen zwischen beiden Leistungsbereichen verantwortlich ist. So ist der **SOCKELANSCHLUSS** außen ein heikles Detail, bei dem viel falsch gemacht werden kann. Und wenn sich dann keiner eindeutig dafür zuständig fühlt und in den Verträgen mit beiden Unternehmen nichts dazu eindeutig beschrieben ist, dann bleibt die Verantwortung bei der Auftraggeberseite – also bei Ihnen! – hängen. Leistungsbeschreibungen von Kellern oder Bodenplatten beinhalten häufig nur die Entwässerung bis zur Außenkante des Gebäudes, und es fehlt damit der Strang der Entwässerungsgrundleitungen bis zum Straßenanschluss.

### DER BEGRIFF „AUSBAUHAUS"

Ein „Ausbauhaus" wird vom Anbieter nicht ganz fertiggestellt, und die Bauherrschaft kann durch Eigenleistungen oder durch Fremdvergaben an Dritte den Innenausbau selbst in die Hand nehmen. Auch hier muss in einer Leistungsbeschreibung klar definiert sein, welche Leistungen vom Haushersteller auszuführen sind.

## Eigenleistungen

Wenn man selbst Arbeiten am eigenen Haus erbringen möchte, spart das Geld, gibt einem selbst aber zusätzlich auch das gute Gefühl, etwas erschaffen zu haben. Positiv in Erinnerung bleibt das aber nur, wenn man sich dabei nicht übernimmt.

### WIE VIEL LÄSST SICH SPAREN?

Um abschätzen zu können, wie viel die mögliche **EIGENLEISTUNG** wert sein wird, sollte man folgende Überlegung für sich anstellen: Wie viele Stunden können ich und andere helfende Familienmitglieder selbst in der vorgesehenen Bauzeit aufbringen? Wenn man davon ausgeht, dass eine Handwerkerstunde um 50 bis 60 Euro kostet und dort mit viel Routine und geeignetem Werkzeug gearbeitet wird, dann sollte man den Wert einer Eigenleistungsstunde bei maximal der Hälfte ansetzen. Zu bedenken ist, dass neben der eigentlichen Arbeit auf der Baustelle auch Zeit benötigt wird, um Material

## MÖGLICHE EIGENLEISTUNGEN

Holzgebäude eignen sich sehr gut für Eigenleistungen. Ist das Dach einmal montiert und das Gebäude damit witterungsunabhängig, können folgende Arbeiten selbst in Angriff genommen werden:

### EIGENLEISTUNGEN AM HOLZHAUS SELBST

- Montage der Außenfassade aus Holz oder Fassadenplatten. Achtung: Aus Gewährleistungsgründen sollte man das nur bei guter fachlicher Begleitung selbst in die Hand nehmen.
- Einlegen von flexiblen Dämmstoffen in Gefache von Wänden und Dachsparren
- Montage von Beplankungsplatten auf Wänden (OSB-, Gipsfaser-/Gipskarton-, Lehmbauplatten)
- Mithilfe beim Einblasen von Zellulosedämmung oder anderen Einblasdämmstoffen. Bei dieser Arbeit muss eine Person an der Einblasmaschine laufend den Dämmstoff aus Säcken in den Vorratsbehälter der Maschine schütten. Bei einer Mitarbeit wird oftmals ein Preisnachlass gewährt.
- Herstellen der inneren luftdichten Ebene durch Verkleben von OSB-Platten mit geeigneten Luftdichtheitsklebebändern. Alternativ können auch feuchtevariable Luftdichtheitsbahnen selbst verlegt werden. Der Messdienstleister für den Luftdichtheitstest („Blower-Door-Test") kann zur korrekten Ausführung beraten.
- Verspachteln von Gipsfaser- oder Gipskartonplatten
- Einbau eines Trockenestrichs
- Einbau von Innenfensterbänken
- Ausführung von Malerarbeiten
- Verlegung von Wand- und Bodenfliesen
- Verlegung von Bodenbelägen
- Einbau von Innentüren
- Kücheneinbau

### MITWIRKUNG BEI INSTALLATIONSARBEITEN

- Elektroinstallationen: Mithilfe beim Einziehen der Kabel nach Angaben des Elektrofachbetriebs, der die weiteren Installationsarbeiten und die Inbetriebnahme ausführen wird. Auch die Leuchten kann man in der Regel gut selbst anbringen.
- Einbau von Entwässerungsrohren. Dabei ist auf sorgfältigstes Anschließen der Rohre untereinander zu achten. Die Dichtungen müssen richtig sitzen, den Folgeschäden im Holzhaus können bei Wasseraustritt erheblich ausfallen – und für Eigenleistende übernimmt keine Versicherung die Haftung.
- Einbau von Badobjekten kurz vor Fertigstellung des Gebäudes. Die Frischwasserinstallation an sich darf nur von beim Versorger zugelassenen HLS-Installateuren ausgeführt werden.
- Einbau von Lüftungsrohren für eine mechanische Lüftungsanlage. Diese Arbeiten sind für Personen mit Geschick bei Metallarbeiten sehr gut selbst ausführbar, wenn eine gute Rohrleitungsplanung vorliegt. Die Installation des Lüftungsgeräts selbst und die Inbetriebnahme sollten von einem Fachbetrieb ausgeführt werden. Vorteil der Eigenleistung bei den Rohren: Sicherstellung, dass in den Rohren keine Verschmutzung vorhanden ist und die offenen Rohrenden bis zur Inbetriebnahme immer verschlossen werden und geschlossen bleiben.

### EIGENLEISTUNGEN BEI AUSSENANLAGEN

- Herstellen einer Terrasse mit Terrassendielen aus Holz
- Pflanzen setzen
- Rasenfläche einsäen

### VON DEN FOLGENDEN EIGENLEISTUNGEN WIRD ABGERATEN!

- Montage von vorgefertigten Holzbauteilen: Der Umgang mit dem Kran erfordert viel Erfahrung von einer eingewiesenen und befähigten Person. Der Krantransport kann schnell zum Unfallschwerpunkt mit erheblichen Gefährdungen für Leben und Gesundheit von Personen sowie für Sachen und Umwelt werden.
- Dacheindeckung: Aus Sicherheitsgründen sollte man sich nur mit entsprechender Erfahrung und den vorgeschriebenen Schutzmaßnahmen gegen Absturz (Gerüst, Hubsteiger sowie gegebenenfalls persönliche Schutzausrüstung PSA) auf das Dach begeben. Wegen der möglichen folgenschweren Schäden aus Niederschlagseintritt bei Fehlern zahlt bei Eigenleistungen keine Versicherung. Die Ausführung durch einen Fachbetrieb sichert Gewährleistungsansprüche.

zu besorgen und eventuell Maschinen beim Baumaschinenverleih zu holen und wieder zurückzubringen. Außerdem bedarf es ohne tägliche Routine mehr Zeit, sich die Arbeitsabläufe zu überlegen und zu organisieren – auch wenn man handwerklich sehr geschickt ist.

Beim Ansatz von 25 Euro pro selbst geleisteter produktiver Arbeitsstunde am eigenen Haus können mit 400 Arbeitsstunden ungefähr 10 000 Euro Handwerkerleistungen eingespart werden. Das Material wird dabei nicht betrachtet, da dieses bei der Eigenleistung genauso wie bei der Ausführung durch den Handwerksbetrieb als Kosten anfällt. Zum Vergleich: Ein Arbeitnehmer leistet bei Berücksichtigung von Feiertagen, Urlaubszeiten und durchschnittlichem krankheitsbedingtem Ausfall rund 1 600 produktive Arbeitsstunden pro Jahr. Wenn eine vollbeschäftigte Person innerhalb eines Jahres 10 000 Euro an Eigenleistung erbringen will, müssen in dieser Zeit also zusätzlich zur regulären Arbeitszeit noch 400 weitere Stunden aufgebracht werden. Das ist ein Viertel der regulären jährlichen Arbeitszeit – insgesamt arbeitet man also zu 125 Prozent. Dieser **ZUSÄTZLICHEN BELASTUNG** sollte man sich genau bewusst sein, bevor man sich zur Erbringung von Eigenleistungen entscheidet.

## WAS IST ZU BEACHTEN?

Für die Bauherrschaft selbst besteht keine automatische **UNFALLVERSICHERUNG** bei der Berufsgenossenschaft der Bauwirtschaft (BG Bau). Die bauenden Ehe- oder Lebenspartner können sich freiwillig bei der BG Bau versichern. Das ist allerdings nicht unbedingt günstig– die aktuellen Beiträge und Leistungen finden Sie auf der Website der BG-Bau bgbau.de unter „Themen" > „Mitgliedschaft und Beitrag" > „Freiwillige Versicherung". Ein Vergleich mit Beiträgen und Leistungen der eigenen Unfallversicherung ist zu empfehlen.

Werden **WEITERE HELFER** direkt hinzugenommen, die bei den Eigenleistungen mitwirken, sind diese automatisch bei der BG-Bau unfallversichert. Die Bauherrschaft ist verpflichtet, diese innerhalb einer Woche nach Baubeginn bei der Berufsgenossenschaft anzumelden. Das geht auch online unter bgbau.de.

In den Unterlagen, die mit der Baugenehmigung zugestellt werden, sind nähere Informationen dazu von der BG Bau enthalten. Sollten die Meldungen über solche Helfer nicht gemacht werden oder fehlerhaft sein, drohen schwerwiegende Sanktionen für die Bauherrschaft. Insbesondere dann, wenn ein Unfall auf der Baustelle passiert und danach eine Prüfung erfolgt.

Bei einer Bezahlung von Helfern müssen **STEUERN UND SOZIALABGABEN** entrichtet werden, ansonsten wird diese Arbeit zur verbotenen Schwarzarbeit.

Wichtig: Für Eigenleistungen gibt es **KEINE GEWÄHRLEISTUNG!** Verändert man dabei Leistungen anderer Unternehmen, so kann es für diese auch den Verlust der Gewährleistungsansprüche geben. Verständigen Sie sich auf jeden Fall genau mit dem oder den ausführenden Unternehmen über die beabsichtigten Eigenleistungen!

Wir empfehlen, alle Arbeiten, die bei fehlerhafter Ausführung einen Schaden an der Holzkonstruktion verursachen können, von Fachleuten durchführen zu lassen. Dies betrifft neben der Herstellung von Abdichtungsarbeiten auch die Fassadenausführung und die Herstellung der luftdichten Ebene.

Im Bauwesen übernimmt der Nachfolgehandwerker die Fehler seines Vorgängers, auf dessen Leistungen er seine eigene erbringt. Das bedeutet, er muss das Vorgewerk prüfen und bei Bedarf begründete Bedenken gegen die vorhandene Ausführung anmelden und, bis diese ausgeräumt sind, seine Arbeit an der betroffenen Stelle einstellen. So muss ein Bodenleger (Fliesenleger, Parkettleger) den zuvor vom Estrichleger eingebauten Estrich unter anderem darauf prüfen, ob dieser fest genug ist. Wenn der Bodenleger entscheidet, seine Arbeit auszuführen, und sich später der Bodenbelag löst, so kann er sich nicht auf einen Fehler des Estrichs berufen, solange es sich nicht um einen Fehler handelt, der grundsätzlich nicht durch den Bodenleger hätte festgestellt werden können.

Deshalb müssen auch Eigenleister solche Prüfungen vornehmen und übernehmen selbst große Verantwortung für den eigenen Bau und haben im Zweifelsfall später einen Schaden,

**Individuell vom Architekturbüro geplantes Holzhaus**

für den der eigentlich Ausführende nicht mehr geradestehen muss.

## Bauen mit Architektin oder Architekt

Wer Wert auf eine individuelle Planung legt und auch während der Planungs- und Bauphase noch Entscheidungen treffen möchte, sollte mit einem Architekturbüro gemeinsam den eigenen Bauwunsch angehen und umsetzen. Lassen Sie sich Zeit bei der Auswahl des Architekturbüros und sehen Sie sich die Referenzen des jeweiligen Büros genau an. Klären Sie auch, inwieweit bereits Erfahrung im Holzbau besteht. Das Büro sollte für das Thema offen sein und die einschlägigen Fachregeln kennen. Aber wichtig ist auch, dass die mit der Planung betraute Person einerseits eigene Ideen zum Entwurf beisteuern kann und nicht nur Vorgegebenes abzeichnet, aber andererseits auch die individuellen Wünsche der Bauherrschaft ernst nimmt und dafür konkrete Umsetzungsvorschläge unterbreiten kann.

Der Planungsprozess für eine Familie mit konkreten Personen als spätere Nutzer ist für Architektinnen und Architekten etwas anderes als eine anonyme Planung eines Investors, bei der die späteren Nutzer nicht bekannt sind und wahrscheinlich auch häufiger wechseln. Im ersten Fall ist es besonders wichtig, dass die Chemie stimmt und Bauherrschaft und Planende sehr gut zusammenpassen.

### AUFGABEN DES ARCHITEKTEN

Je nach vereinbartem Leistungsumfang begleitet die Architektin oder der Architekt das Entstehen des Gebäudes vom ersten Gedanken, wie es aussehen könnte, bis zur Fertigstellung. Neben den reinen Planungsaufgaben steht dabei die Beratung der Bauherrschaft und die Vertretung von deren Interessen im Vordergrund. Deshalb ist ein gutes Vertrauensverhältnis zwischen diesen beiden Parteien erforderlich.

Im Rahmen der Beratung muss die Architektin oder der Architekt auch stets die Risiken im Kopf haben und erkennen, wann es erforderlich ist, zu informieren und zu handeln.

Was sind die grundsätzlichen Aufgabenbereiche der Architektinnen und Architekten im Sinne der Bauherrschaft?

Sie müssen die **KOSTENENTWICKLUNG** in der gesamten Planungs- und Bauphase stets im Blick behalten. Droht der Kostenrahmen überschritten zu werden, muss sofort ein Hinweis an die Bauherrenschaft erfolgen. Dann muss gemeinsam überlegt und besprochen werden, welche Maßnahmen ergriffen werden können und wie das Projekt weitergeht.

Architekten beraten Sie auch hinsichtlich des Erfordernisses, **FACHPLANERINNEN** oder Fachplaner hinzuzuziehen, wenn das Architekturbüro selbst nicht in der Lage ist, Themenfelder zu bearbeiten. Das betrifft beispielsweise Baugrund- und Bodengutachten, Entwässerungsplanung, Vermessungsleistungen, Tragwerksplanung, Brand- und Schallschutzplanung sowie Wärmeschutz- und Energieeffizienzberechnungen, aber auch die Haustechnikplanung und nicht zuletzt die Sicherheits- und Gesundheitskoordination (SiGeKo).

Die Erkenntnisse aus der Beratung durch die Fachplanungen und die Planungsergebnisse sind in die **ARCHITEKTURPLANUNG** zu übernehmen und auf dem Bau umzusetzen.

Schließlich verhandeln Architektinnen auch mit zuständigen **BEHÖRDEN** und Versorgungsdienstleistern (Strom, Wasser, Entwässerung, Nah- oder Fernwärme, Telekommunikation) über das Bauvorhaben und fungieren als Schnittstelle zur Bauherrschaft. Sie beraten und helfen bei fälligen Entscheidungen. Auch zu Versicherungen für die Planungs- und Bauphase können sie beraten.

Aber auch Bauherren fallen in diesem Zusammenhang gewisse Aufgaben zu. Sie müssen – häufig zeitnah – Entscheidungen zu anstehenden Fragestellungen treffen, um die Abläufe nicht zu behindern. Der Abschluss der erforderlichen Versicherungen liegt genauso in ihrer Verantwortung wie das Einholen von Rechtsberatung durch Juristen für Fragestellungen des privaten oder öffentlichen Baurechts. Eine Rechtsberatung ist der Anwaltschaft überlassen. Im Rahmen der Architekturleistungen wird zwar auf rechtliche Regelungen, etwa im Bau- oder Vertragsrecht, Bezug genommen, jedoch kann von diesem Berufszweig keine juristische Einschätzung zu Sachverhalten vorgenommen werden.

Erforderliche **ANTRÄGE** (zum Beispiel Bauantrag, Entwässerungsantrag, Anträge bei Versorgern, Förderanträge) müssen nach Beratung durch das Architekturbüro oder andere Fachplanende rechtzeitig von der Bauherrschaft gestellt werden. Wenn erforderlich, bereiten die Planenden entsprechende Antragsunterlagen für die Bauherrschaft vor.

Schriftstücke und Informationen, die den Bau betreffen, müssen zeitnah an das Architekturbüro weitergegeben werden.

Auch die Preis- und Vertragsverhandlungen mit den am Bau beteiligten Planenden und Ausführenden und anschließend das Unterzeichnen rechtswirksamer **VERTRÄGE** in enger Absprache mit dem Architekturbüro obliegen der Bauherrschaft. Zwar ist es auch möglich, der Architektin oder dem Architekten eine Vollmacht auszustellen, berechtigt Aufträge im Namen der Bauherrschaft zu erteilen, jedoch sei in beiderlei Interesse davon abgeraten.

Bauherren sollten auch darauf achten, die durch die Bauleitung freigegebenen **RECHNUNGEN** von Baubeteiligten fristgerecht zu begleichen. Dadurch wird vermieden, dass Baubeteiligte ihre Leistung bei Zahlungsverzug einstellen und es so zu vermeidbaren Störungen im Bauablauf kommt.

Schließlich müssen die Leistungen der Baubeteiligten nach fachlicher Beratung durch die mit der Bauleitung beauftragten Planenden von der Bauherrschaft abgenommen werden.

### LEISTUNGSPHASEN NACH HOAI

Die Verordnung über die Honorare für Architekten- und Ingenieurleistungen (Honorarordnung für Architekten und Ingenieure – HOAI) gilt in der aktuellen Fassung seit 1. Januar 2021 als Rechtsverordnung der deutschen Bundesregierung und regelt die Honorare von Architekten- und Ingenieurleistungen. Schon seit 1950 wird in Deutschland der Rahmen für Honorare von Architekturleistungen festgelegt. Der Hintergrund dafür fußt auf dem Kulturanspruch gebauter Architektur, verbunden mit dem Ziel hoher Planungsqualität und Verbraucherschutz. Es soll erreicht werden, dass nicht der Preis über die Beauftragung von Planungsleistungen entscheidet, sondern ob der oder die von der Auftraggeberseite ausgesuchte Planende für die Umsetzung des Projekts geeignet ist und persönlich passt. Nach einem EuGH-Urteil mit Blick auf die Wettbewerbsfreiheit in Europa wurde in der nun geltenden Fassung der HOAI anstelle der bisherigen Verbindlichkeit der Honorarhöhe ein **EMPFEHLUNGSCHARAKTER** zugesprochen. Grundsätzlich ist das Honorar für die Bauplanungsleistungen frei vereinbar, jedoch wird die Orientierung an den Honorarvorgaben für die jeweiligen in der HOAI aufgeführten Leistungen empfohlen.

Die HOAI teilt über die gesamte Planungs- und Bauphase die Tätigkeiten in neun einzelne **LEISTUNGSPHASEN** (LPH) auf. Sie listet zu diesen Leistungsphasen die den Grundleistungen zugeordneten Honorarermittlungen auf. Die HOAI legt jedoch nicht fest, welche dieser Leistungen Vertragsbestandteil sind und somit zwingend erbracht werden müssen. Das ist Gegenstand des Architektenvertrages (siehe dazu Seite 231).

Zu unterscheiden sind **GRUNDLEISTUNGEN** und besondere Leistungen. Während die Grundleistungen als Leistungsbild einer Leistungsphase regelmäßig im Rahmen der Objektplanung auszuführen sind und im Allgemeinen zur ordnungsgemäßen Erfüllung des Auftrags erforderlich sind, können daneben **BESONDERE LEISTUNGEN** vereinbart werden, die gesondert zu vergüten sind.

## Leistungsphasen zusammenfassen

Es ist sinnvoll, die Leistungsphasen nach HOAI bei einer Beauftragung zu Blöcken mit einer Zielvereinbarung zusammenzufassen. Es können aufeinander aufbauend die einzelnen Blöcke nacheinander beauftragt werden. Im Folgenden zeigen wir, wie eine solche Beauftragung ablaufen könnte.

### ZIEL 1: LPH 1 UND 2: GRUNDLAGENERMITTLUNG UND VORPLANUNG

Beauftragt werden ein oder mehrere Vorentwurfslösungen mit einer Kostenschätzung nach DIN 276. Die Vorentwürfe können skizzenhaft im Maßstab 1:200 oder 1:100 erstellt werden. Am Ende von Ziel 1 entscheidet die Bauherrschaft über die Umsetzung des Vorentwurfs. Wenn eine Bauvoranfrage erstellt werden soll, so wird diese als besondere Leistung vor der nächsten Zielplanung ausgeführt.

### ZIEL 2: LPH 3 UND 4: ENTWURFSPLANUNG UND GENEHMIGUNGSPLANUNG

In dieser Phase wird aus dem Vorentwurf unter Abgleich mit öffentlich-rechtlichen Vorgaben und anderen planerisch Beteiligten im Maßstab 1:100 eine Planung für das Gebäude mit Grundrissen aller Geschosse, Schnitten und Ansichten sowie Lageplan erstellt (LPH 3). Dazu gehört auch die Erstellung einer Kostenberechnung nach DIN 276.

Falls zu diesem Zeitpunkt bereits ein Holzbauunternehmen für die Ausführung vonseiten der Bauherrschaft vorgesehen ist, sollte es in die Planung mit einbezogen werden. So können bei der Entwurfsplanung gegebenenfalls Planungsvorgaben zu üblichen Bauteilaufbauten und Vorzugsmaße berücksichtigt werden.

Nach Vorlage der Planung entscheidet die Bauherrschaft, ob die Entwurfsplanung wie geplant umgesetzt werden und als Bauantrag fertiggestellt werden soll. Nach der Entscheidung werden die Bauantragsunterlagen zusammengestellt und auch die der anderen fachlich beteiligten Planenden. Das Ende von Ziel 2 ist dadurch definiert, dass von der Bauherrschaft die Bauantrags- oder Baugesuchsunterlagen gegebenenfalls ergänzt, unterzeichnet und bei der zuständigen Behörde eingereicht werden.

### ZIEL 3: LPH 5 BIS 7: AUSFÜHRUNGSPLANUNG, VORBEREITUNG DER UND MITWIRKUNG BEI DER VERGABE

Sinnvollerweise wird vor der weiteren Planung in Leistungsphase 5 die Baugenehmigung abgewartet, denn die im Rahmen der Ausführungsplanung zu erstellenden Details hängen auch von Auflagen ab, die im Rahmen der Genehmigung ausgesprochen werden. Wenn auf Wunsch der Auftraggeberseite bereits vorher weitergeplant werden soll, dann können nachträgliche Änderungen aufgrund der Inhalte der Genehmigung erforderlich werden, die zusätzliche Planungskosten nach sich ziehen können.

Auch bei der Ausführungs- und Detailplanung sollte das ausführende Holzbauunternehmen mit einbezogen werden. Werden bereits zu diesem Zeitpunkt konkrete Vorgaben des Holzhausbauers berücksichtigt, können spätere Anpassungen vermieden werden.

Bevor die Leistungsbeschreibungen in Leistungsphase 6 für die einzelnen Gewerke erstellt werden, sollten von der Auftraggeberseite die Ergebnisse der Ausführungsplanung freigegeben werden.

Im Rahmen des Erstellens der Leistungsverzeichnisse werden über Einzelpreise der Leistungen und der ermittelten Mengen aus der Erfahrung des Planenden beziehungsweise aus Baukostendatenbanken zu erwartende Kosten ermittelt. Diese Kosten werden mit der Bauherrschaft besprochen, um planerisch nachzusteuern, wenn erforderlich. Im Rahmen der Angebotswertung aller Gewerke erfolgt ein Abgleich der angebotenen Gesamtkosten mit den bislang geplanten Kosten. Somit besteht noch vor der Vergabe an die ausgewählten Unternehmen eine Möglichkeit der Kostensteuerung. Daher ist es sinnvoll, alle Leistungsverzeichnisse im Rahmen der gewerkeweisen Ausschreibung gleichzeitig an die infrage kommenden Bieter zu versenden und die Frist zur Angebotsabgabe weitgehend auf dasselbe Datum zu legen. Werden dagegen die Angebotsabfragen der Gewerke über einen längeren Zeitraum gestreckt, müssen eventuell wegen der Bindefristen schon Aufträge erteilt werden, obwohl noch nicht alle Angebote anderer Gewerke vorliegen und so noch kein verlässlicher Kostenüberblick erstellt werden kann.

Am Ende von Ziel 3 werden die Aufträge an die für die Ausführung einzelner Gewerke in Leistungsphase 7 ermittelten Firmen vergeben und dabei möglichst verbindliche Ausführungszeiten mit diesen Firmen anhand des Bauzeitenplans vereinbart.

### ZIEL 4: LPH 8: OBJEKTÜBERWACHUNG – BAUÜBERWACHUNG UND DOKUMENTATION

Mit Beginn der Bauausführung startet auch die Bauüberwachung durch das Architekturbüro. Bei kleineren Objekten muss und kann die Bauüberwachung nicht täglich und die ganze Zeit vor Ort sein. Bei Beginn von wesentlichen Arbeitsschritten und bei fehleranfälligen Tätigkeiten sollte die Anwesenheit der Bauleitung aber sichergestellt sein, damit die Arbeiten fachkundig überprüft werden können. Im schriftlichen oder elektronischen Bautagebuch wird der Bauablauf dokumentiert. Dort werden in Textform der Bautenstand, die anwesenden Firmen und Mitarbeiteranzahlen sowie deren Tätigkeiten festgehalten und auch besondere Vorkommnisse. Anhand von notierten Wetterdaten können später bei Bedarf Rückschlüsse zu Ausführungen (etwa Trocknungszeiten) erfolgen. In Fotos, Skizzen und gegebenenfalls Ablichtungen von Lieferscheinen und Verpackungsbeschriftungen von angelieferten Baumaterialien führt die Bauleitung den Nachweis über tatsächlich enthaltene Materialien und kann prüfen, ob die technischen Werte den Vorgaben entsprechen.

Eingehende Rechnungen werden von der Bauleitung geprüft und zur Zahlung freigegeben. Nach der Baufertigstellung und dem Eingang aller Schlussrechnungen werden im Rahmen der Bauleitung die tatsächlichen Kosten festgestellt. Eine Übersicht über Gewährleistungszeiten der Gewerke wird erstellt und an die Bauherrschaft übergeben. Am Ende von Ziel 4 ist das Projekt abgeschlossen und das Gebäude kann genutzt werden.

### ZIEL 5: LPH 9: OBJEKTBETREUUNG

Diese Leistungsphase wird oft vonseiten der Bauherrschaft selbst bis zum Ablauf der Gewährleistungszeit der ausgeführten Bauleistungen übernommen. Das Architekturbüro kann mit Beauftragung dieser Leistung auftretende Mängel fachlich bewerten und vor Ablauf der Verjährungsfrist der Gewährleistungsansprüche vor Ort das Objekt auf sichtbare Mängel untersuchen.

## Bauen mit Zimmerei, Holzhausbauer oder Fertighausanbieter

Anstelle der Beauftragung eines Architekturbüros kann ein Holzhaushersteller direkt mit der Planung und Errichtung eines Gebäudes beauftragt werden. Dafür kommen handwerk-

Handwerkliche Vorproduktion von Holzrahmenbauelementen

Automatisierte Elementfertigung

lich arbeitende Zimmereien beziehungsweise Holzbauunternehmen oder industrielle Fertighausfirmen in Betracht.

Während die Fertighausfirmen häufig mit einem bundesweit organisierten Vertriebsnetz und Musterhaussiedlungen und einem oder mehreren größeren Produktionsstandorten jährlich mehrere Hundert bis über tausend Hauseinheiten produzieren, sind die baugewerblich orientierten Zimmerer- und Holzbaubetriebe stärker regional geprägt. Jedoch sind auch diese Firmen zum einen bundesweit aktiv und zum anderen mit hochmodernen Produktionsmethoden und Maschinenparks ausgestattet, die auch größere Stückzahlen zulassen. Auch solche Firmen haben teilweise am eigenen Standort Musterhäuser errichtet und können im Regelfall sehr individuell auf Wünsche der Kunden reagieren und unterschiedliche Konstruktionen realisieren.

Die **FERTIGHAUSANBIETER** haben mit ihren industriell geprägten Produktionsprozessen nur in begrenztem Umfang Variationen bei Bauteilaufbauten im Programm. Diese Möglichkeit, optimiert zu produzieren, senkt zwar die Herstellkosten für die Häuser, doch ist der Vertriebsaufwand und damit der Verwaltungsaufwand im Verhältnis dazu wesentlich höher als bei Handwerksbetrieben. Somit lohnt sich für interessierte Bauherren und Bauherrinnen der Preisvergleich bei beiden Arten von Hausanbietern.

## GÜTESICHERUNG VON VORGEFERTIGTEN ELEMENTEN

Gemeinsam haben die Anbieter, ob aus industrieller oder handwerklicher Produktion, dass sie die Wand-, Decken- und auch Dachelemente vorfertigen. Bauaufsichtlich eingeführt ist die Vorschrift, dass solche beidseitig geschlossenen Tafelelemente mit Rippen für tragende Zwecke nur von güteüberwachten Betrieben gefertigt werden dürfen. An die Elemente werden in folgenden Bereichen **ANFORDERUNGEN** gestellt, die im Rahmen der Güteüberwachung in Form von Eigen- und Fremdüberwachung geprüft werden (DIN 1052–11, 2022):

→ Vorgaben aus der Baugenehmigung
→ Standsicherheit gemäß Standsicherheitsnachweis („Statik")
→ Energieeinsparung und Wärmeschutz gemäß Vorgaben aus dem Energiespar- und Wärmeschutznachweis (GEG-Nachweis)
→ Feuchteschutz gemäß Feuchteschutznachweis (Diffusionsberechnung/Taupunktberechnung nach DIN 4108–3)
→ Schallschutz gemäß Schallschutznachweis (Normenreihe DIN 4109)
→ Brandschutz gemäß Nachweis zur Erfüllung der Brandschutzanforderungen (brandschutztechnischer Nachweis)
→ Holz- und Korrosionsschutz gemäß Tragwerksplanung beziehungsweise Standsicherheitsnachweis, bauphysikalische Nachweise und Holzschutzplanung

- Toleranzen nach DIN 18203, falls keine anderen Vorgaben vorhanden sind
- Hygiene-, Gesundheits- und Umweltschutz nach gesetzlichen Anforderungen
- Herstellung insgesamt

Bei der Prüfung der Einhaltung dieser genannten Anforderungen werden für die verwendeten Komponenten auch die jeweiligen Verarbeitungsvorgaben der Produkthersteller berücksichtigt. Das heißt: Die vorfertigenden Firmen müssen die Produktionsprozesse in Bezug auf diese Anforderungen über Elementdatenblätter dokumentieren und über eine lückenlos dokumentierte Wareneingangskontrolle die Qualität der eingesetzten Materialien nachvollziehbar darstellen. So muss beispielsweise für jede Holzlieferung stichprobenartig die Holzfeuchte gemessen und der Messwert aufgezeichnet werden.

Den Kern der Nachweisführung stellt die sogenannte **EIGENÜBERWACHUNG** dar, die normativ als „Werkseigene Produktionskontrolle" (WPK) bezeichnet wird, bei der die vorgenannte Dokumentation der produzierten Elemente regelmäßig mit geeignetem Fachpersonal überprüft wird. Für jedes gefertigte Bauvorhaben sind die Anforderungen im Rahmen der WPK zu prüfen und das Ergebnis zu dokumentieren.

Ergänzend zur WPK wird eine regelmäßige Fremdüberwachung durchgeführt. Zweimal jährlich erfolgt eine Regelüberwachung zur Einhaltung der Anforderungen, um die Gültigkeit der Zertifizierung zu bestätigen. Jedes Element, welches mit den geprüften Anforderungen übereinstimmt, muss auf dem Element oder auf einem dauerhaft an dem Element angebrachten Etikett gekennzeichnet sein. Die **KENNZEICHNUNG** muss deutlich mit diesen Angaben erfolgen:

- Nennung der anzuwendenden Prüf-Norm: „DIN 1052–11"
- Identität des Herstellers: Logo oder Firmenname
- Eine Kennung, die die Rückverfolgbarkeit von Elementen oder von Elementgruppen sicherstellt
- Die Buchstaben „PT" bei Behandlung mit Holzschutzmitteln

### ZERTIFIKAT VOR AUFTRAGS-ERTEILUNG ANFORDERN

Da für die vorgefertigten Elemente die Zertifizierung der Übereinstimmung mit den Anforderungen für den produzierenden Betrieb Pflicht ist, sollte man sich bereits vor der Auftragserteilung **DAS GÜLTIGE ZERTIFIKAT** und die Bestätigung des weiteren Bestehens der Gültigkeit aushändigen lassen. Sollte der Vertragspartner nicht selbst der Hersteller der Elemente sein und diese von anderen Produzenten zukaufen, dann ist das Zertifikat dieses Betriebs vorzulegen. Es wird im Nachhinein schwierig sein, ein Zertifikat zu bekommen, wenn der Betrieb nicht bereits vor der Herstellung des Gebäudes zertifiziert war oder zu diesem Projekt eine Erstzertifizierung veranlasst. Nur in diesem letzten Fall kann die Zertifizierung erst nach der Erstüberwachung vorgelegt werden. Dann muss der Betrieb aber von vornherein erklären, dass er noch nicht zertifiziert ist und die erstmalige Zertifizierung mit diesem Projekt anstrebt.

Darüber hinaus sind folgende Angaben entweder auf dem Element zu kennzeichnen oder in einem Begleitdokument aufzuführen:

- Produkttyp, zum Beispiel Außenwandelement
- Bezeichnung des Klebstoffs
- Name und Anschrift des Kunden, sofern maßgebend

Sofern der montierende Betrieb auf der Baustelle nicht selbst auch der Hersteller der vorgefertigten Elemente ist, müssen die Stellen für sicheres Anheben und für die sichere Handhabung während des Transports und des Einbaus auf den Elementen gekennzeichnet sein.

## GÜTEZEICHEN UND QUALITÄTSGEMEINSCHAFTEN

Verschiedene Vereine und Verbände haben sich zum Ziel gesetzt, Qualitätsstandards im Holzhausbau zu definieren und vorzuschreiben. Die Mitgliedsunternehmen dieser Organisationen lassen sich bezüglich der Einhaltung dieser Qualitätsstandards von unabhängiger

**Montage eines vorgefertigten Hauses**

Stelle überprüfen und durch den Zertifikatsgeber zertifizieren. Für den Hersteller von Holzhäusern bedeuten die Mitgliedschaft und die damit verbundene Überprüfung der Einhaltung der jeweiligen Kriterien einen Marketingvorteil gegenüber nicht zertifizierten Mitbewerbern, aber auch einen reinen Wissenstransfer, da zwischen den Unternehmen im Rahmen von Verbandsversammlungen oder Seminaren ein intensiver Wissensaustausch stattfindet.

Die holzbauspezifischen Verbände haben sich auf die gemeinsame Verwendung der RAL-Gütezeichen „Holzrohelementherstellung“ und „Holzhausbau“ geeinigt. Damit wurden einheitliche Qualitätslabel geschaffen. Für den Holzhausbau interessant sind folgende RAL-Gütezeichen:

- → **RAL-GZ 421 HOLZROHELEMENTHERSTELLUNG**: Herstellung vorgefertigter Holzrohelemente (beidseitig bekleidete oder beplankte Wand-, Decken- und Dachelemente)
- → **RAL-GZ 422 HOLZHAUSBAU**: Holzhausbau, Herstellung vorgefertigter Bauprodukte (beidseitig bekleidete oder beplankte Wand-, Decken- und Dachelemente) sowie Errichtung von Holzhäusern (Montage) in den folgenden Bauarten: Holztafelbauart/Holzrahmenbauart, Holzskelettbauart, Massivholzbauart und Modulbauart
- → **RAL-GZ 402 BLOCKHAUSBAU „ERRICHTUNG“**: Herstellung von Teilen aus Massivholz und Montage von Blockhäusern
- → **RAL-GZ 427 BRETTSTAPEL- UND DÜBELHOLZ**: Herstellung von statisch tragenden und nichttragenden Brettstapelelementen mit mechanischen Holzverbindungsmitteln
- → **RAL-GZ 429 DACHBAU**: Herstellung von witterungs- und strömungsdichten Hüllen, Dachbau und Umbau von Dachgeschossen, Dachdeckungen und Dachentwässerungen, Herstellung von Dachkonstruktionen und Dachbauteilen, Dachdeckungen und Dachentwässerungen, Umbau und Ausbau von Dachgeschossen
- → **RAL-GZ 405 INGENIEURHOLZBAU**: Errichtung von Ingenieurholzbauten
- → **RAL-GZ 601 NAGELPLATTENPRODUKTE**: Herstellung von Nagelplattenbindern, Nagelplattenwandelementen und sonstigen Nagelplattenprodukten sowie deren Montage

### WANN FINDET DIE BEMUSTERUNG STATT?

Die Festlegung der tatsächlich einzubauenden sichtbaren Ausstattungsdetails, wie Boden- und Wandbeläge, Innentüren, Badobjekte und Farben von Bauteilen, sollte im Rahmen einer Bemusterung vor der Auftragserteilung erfolgen.

**ACHTUNG FALLE:** Findet die Bemusterung erst nach der Auftragserteilung statt, besteht das hohe Risiko, dass ungeplante Mehrkosten entstehen. Der Grund: In den allgemein gehaltenen Leistungsbeschreibungen der Anbieter sind in der Regel nur die günstigen Standardausstattungen enthalten. Wenn die Bauherrschaft im Verlauf der Auftragsbearbeitung in ein sogenanntes **BEMUSTERUNGSZENTRUM** eingeladen wird, dann wird seitens der Fertighausfirma versucht, anstelle der Standardprodukte teurere Ausstattungen schmackhaft zu machen. In Hausprospekten steht regelmäßig versteckt am Rand und bei Musterhäusern auf Schildern: „Das Haus enthält Sonderausstattungen, die nicht im Angebotspreis enthalten sind." Man sollte sich daher in der Angebotsphase genau zeigen lassen, was **STANDARD** und was nur mit Zusatzkosten erhältlich ist.

## WAS IST DER LEISTUNGSUMFANG?

Bei Beauftragung des Baus von vorgefertigten Holzhäusern ist der Leistungsumfang vor Beauftragung vollständig zu klären. Die Zuständigkeiten insbesondere im Planungsbereich müssen **GENAU FESTGELEGT** werden.

Die zu verwendenden Baumaterialien für die Bauteile und die Schichtdicken sollen in einer Leistungsbeschreibung für alle Bauteile wie Außen- und Innenwände, Decken und Dächer vollständig enthalten sein. Auch alle anderen Ausstattungsdetails müssen detailliert beschrieben sein.

Das Bürgerliche Gesetzbuch BGB regelt für Verbraucherbauverträge in § 650j mit Verweis auf Artikel 249 des Einführungsgesetzes zum Bürgerlichen Gesetzbuch (EBGB) den vorgeschriebenen Inhalt der Baubeschreibung, die der Unternehmer für den Bau eines neuen Gebäudes in Textform vorlegen muss:

Die Baubeschreibung muss „die wesentlichen Eigenschaften des angebotenen Werks in klarer Weise" darstellen. Außerdem muss sie verbindliche Angaben zum Zeitpunkt der Fertigstellung beziehungsweise der Dauer der Arbeiten enthalten.

Die wesentlichen Informationen sind wie folgt definiert:

1. allgemeine Beschreibung des herzustellenden Gebäudes oder der vorzunehmenden Umbauten, gegebenenfalls Haustyp und Bauweise,
2. Art und Umfang der angebotenen Leistungen, gegebenenfalls der Planung und der Bauleitung, der Arbeiten am Grundstück und der Baustelleneinrichtung sowie der Ausbaustufe,
3. Gebäudedaten, Pläne mit Raum- und Flächenangaben sowie Ansichten, Grundrisse und Schnitte,
4. gegebenenfalls Angaben zum Energie-, zum Brandschutz- und zum Schallschutzstandard sowie zur Bauphysik,
5. Angaben zur Beschreibung der Baukonstruktionen aller wesentlichen Gewerke,
6. gegebenenfalls Beschreibung des Innenausbaus,
7. gegebenenfalls Beschreibung der gebäudetechnischen Anlagen,
8. Angaben zu Qualitätsmerkmalen, denen das Gebäude oder der Umbau genügen muss,
9. gegebenenfalls Beschreibung der Sanitärobjekte, der Armaturen, der Elektroanlage, der Installationen, der Informationstechnologie und der Außenanlagen.

## WER MACHT DIE BAUEINGABEPLANUNG?

Bietet der Holzhaushersteller auch die notwendige Baueingabeplanung an, ist zu klären, ob die bauvorlageberechtigte Person vor Ort auf der Baustelle agiert, Fragen aus dem Genehmigungsverfahren direkt mit den Behörden klären kann und so auch für die Bauherrschaft ein räumlich naher Ansprechpartner ist, oder ob das zentral von der Firma erledigt wird und so bei größerer Entfernung kein direkter Bezug zu den örtlichen Genehmigungsbehörden besteht.

**Einbau einer Dämmschicht aus Glasschaumschotter auf einem Geotextil in die Gründungsohle, bevor die Bodenplatte betoniert wird. Der Glasschaumschotter übernimmt gleichzeitig die Aufgabe der kapillarbrechenden Schicht und der Dämmung.**

**Fertigteilkeller aus zweischaligen Betonelementen, die nach der Deckenmontage mit Beton verfüllt werden**

## WER MACHT ERFORDERLICHE WEITERE NACHWEISE?

Auch wenn die Baueingabeplanung vom Haushersteller übernommen wird, sind erforderliche weitere Unterlagen für notwendige Anträge oftmals nicht Gegenstand des Leistungsumfanges. Neben den reinen Zeichnungen des Gebäudes und den Bauantragsunterlagen werden auch das Entwässerungsgesuch über die Grundstücksentwässerung sowie die Versorgeranträge (Elektro, Wasser/Abwasser) benötigt. Es ist sinnvoll, mit den Versorgern die Versorgungsmöglichkeiten und Randbedingungen zu klären, bevor ein Bauantrag eingereicht wird. Hinzu kommen die statische Berechnung (wer macht die Abnahmen wesentlicher tragender Bauteile? Wer ist für die Bewehrungsabnahmen zuständig?) sowie der Wärmeschutznachweis nach GEG.

## WER IST FÜR DIE BODENPLATTE ODER DEN KELLER VERANTWORTLICH?

Auch ist zu definieren, was zum Inhalt des Angebots gehört. Es gibt folgende Möglichkeiten:

Sind Keller oder Bodenplatte im Hauspreis enthalten, muss geklärt werden, ob der **ERDAUSHUB** und die Sauberkeitsschicht auch zum Leistungsumfang gehören oder ob diese Posten gesondert zu organisieren und zu bezahlen sind. Zudem müssen die Ausstattungsdetails des Kellers geklärt werden und die Frage, durch welche Subunternehmerfirma der Keller oder die Bodenplatte errichtet wird, da dies üblicherweise nicht durch die Fertighausfirma geschieht. Schließlich ist festzulegen, wer für die Hausanschlüsse verantwortlich ist.

Sind Keller oder Bodenplatte **BAUSEITIGE LEISTUNGEN**, dann sind sie nicht im Gesamtpreis enthalten. In diesem Fall müssen Sie als Bauherrin oder Bauherr selbst für Planung und Bau des Kellers oder der Bodenplatte Sorge tragen. Wichtig ist in einem solchen Fall eine enge Koordination mit der Hausbaufirma. Es muss vereinbart werden, wer für den Kellerwerkplan zuständig ist und ob der Hausheršteller zumindest einen **DECKENDURCHBRUCHPLAN** einschließlich der exakten Abmessungen für das Treppenloch erstellt. Klären Sie, ob die Bodenplatten- oder Kellerstatik im Hauspreis enthalten ist oder ob nur ein Lastenplan vorgelegt wird. Die Schnittstellen der Verantwortlichkeit sind zu definieren.

Wichtig ist auch, wer die Verantwortlichkeit für den **ÄUSSEREN ÜBERGANG** vom Keller zum Haus übernimmt: Dies betrifft etwa die Abdichtung, die Sockelausführung und den Anschluss der Regenfallleitungen.

Besprechen Sie mit dem Fertighausunternehmen, ob dieses auch Fenster für den Keller liefern kann, damit diese zum Gesamtbild passen. Dasselbe gilt für die Innenausbauten im Keller. Zu klären ist, ob diese vom Fertighausunternehmen übernommen werden können, damit die Ausstattungsdetails im Haus auch zusammenpassen, oder ob zumindest passendes Material für die Ausbauten geliefert werden kann.

Wenn ein Kellerbauer durch die Bauherrschaft zu suchen ist, können Sie ein herkömmliches **ROHBAUUNTERNEHMEN** beauftragen: In diesem Fall sind weitere Ausbauleistungen an zusätzliche Handwerksunternehmen zu vergeben, sofern die Leistungen nicht vom Rohbauer selbst oder vom Fertighausunternehmen übernommen werden.

Ein **FERTIGKELLER** ist eine weitere Möglichkeit. Die bundesweit tätigen Hersteller von Fertigkellern und Bodenplatten schränken ihren Leistungsumfang oft ein. Nicht enthalten sind unter Umständen Baugrubenaushub und das Wiederverfüllen um den Keller, die Kiesfilterschicht als kapillarbrechende Schicht sowie Kanal-Grundleitungen ab Außenkanten Keller/Bodenplatte. Wie beim Fertighaus ist der Leistungsumfang genau in Textform festzuhalten.

In allen Fällen ist zu klären, wer die Kellerbauleitung übernehmen wird.

## FESTLEGUNG VON HÖHENANGABEN

Vor dem Bauaushub muss ein vom Bauherrn zu beauftragendes **VERMESSUNGSBÜRO** die anhand der Ausführungsplanung festgelegten Höhen an einer nicht veränderlichen Stelle markieren. Es bietet sich zum Beispiel ein Laternenmast an. Dieser **FIXPUNKT** ist dem Erdbauunternehmen zu zeigen, verbunden mit der Angabe über die auszuführende Höhe der Gründungssohle unterhalb dieses Fixpunktes. Dem Rohbauunternehmen ist die Höhe ab der Oberkante (OK) des Rohfußbodens der Kellerdecke oder der Bodenplatte zu übermitteln. Für die Weitergabe der Höhenangaben ist der von der Bauherrschaft zum Beispiel im Rahmen der Leistungsphase 8 HOAI beauftragte Bauleiter zuständig, der diesen Vorgang im Bautagebuch dokumentiert. Wenn es keinen separat von der Bauherrschaft beauftragten Bauleiter gibt, weil die Bauleitung zum Aufgabenbereich des Holzhausherstellers oder des Kellerbauunternehmens gehört, so muss die Bauherrschaft die Übergabe der Angaben des Vermessungsbüros an das entsprechende Unternehmen übermitteln und diesen Vorgang dokumentieren und sich den Empfang der Daten bestätigen lassen.

**Bei einem Betonkeller im Hang muss die Absturzkante bis zur Holzhausmontage durch ein Geländer gesichert sein.**

## WER IST DER BAULEITER NACH LANDESBAUORDNUNG?

In vielen Landesbauordnungen wurde der Bauleiter gemäß § 56 der Musterbauordnung MBO wortgleich übernommen. Diese von der Bauherrschaft zu beauftragende natürliche Person wacht in erster Linie darüber, dass die öffentlich-rechtlichen Anforderungen bei der Umsetzung der Baumaßnahme eingehalten werden.

Zur Durchsetzung des öffentlichen Baurechts hat der öffentlich-rechtliche Bauleiter beziehungsweise die Bauleiterin die Weisungsbefugnis gegenüber den anderen Baubeteiligten. Zudem ist es ihre oder seine Aufgabe im Rahmen der Bauleitungstätigkeit, auf den sicheren bautechnischen Betrieb der Baustelle und auf das gefahrlose Ineinandergreifen der Arbeiten verschiedener Unternehmer zu achten. Dabei bleibt die Verantwortlichkeit für die Sicherheit durch die Unternehmer selbst unberührt.

Für diese verantwortungsvolle Tätigkeit muss die beauftragte Person über die erforderliche **SACHKUNDE UND ERFAHRUNG** verfügen und sollte nicht aus einem ausführenden Unternehmen selbst kommen, sondern von den an der Baumaßnahme tätigen Unternehmen **UNABHÄNGIG** sein.

**FÖRDERUNGEN VOR BEAUFTRAGUNG VON BAULEISTUNGEN BEANTRAGEN**

Um Ansprüche auf Förderungen nicht zu verlieren, sollen keine ausführenden Unternehmen vor Eingang des Förderbescheids beauftragt werden. Die Beauftragung von **PLANUNGSLEISTUNGEN** ist dabei unschädlich, schließlich werden für die Förderanträge in der Regel Angaben aus den Planungen benötigt.

Über die möglichen Förderinstrumente können die bei der Deutschen Energie-Agentur (dena) gelisteten Energie-Effizienz-Experten für Förderprogramme des Bundes (EEE) beraten. Die **ENERGIE-EFFIZIENZ-EXPERTEN-LISTE** ist unter energie-effizienz-experten.de abrufbar

Ist eine Architektin mit der Leistungsphase 8 HOAI beauftragt, dann gehört neben der Prüfung der fachlich richtigen Bauausführung auch die öffentlich-rechtliche Bauleitung zu diesem Aufgabenbereich.

Zu beachten ist: Wird jemand ausschließlich mit der öffentlich-rechtlichen Bauleitung beauftragt, wird in diesem Rahmen nicht die Bauausführung im Hinblick auf Einhaltung der Fachregeln und privatrechtlich vereinbarter Eigenschaften und Bauabläufe überprüft. Also ist in diesem Fall nicht sichergestellt, dass die **FACHGERECHTE AUSFÜHRUNG** überprüft wird.

## FÖRDERANTRÄGE: KANN DER HERSTELLER FÖRDERUNGEN BEANTRAGEN?

Sollen für die Baumaßnahme Fördergelder in Anspruch genommen werden, sind diese im Regelfall **VOR DER BEAUFTRAGUNG** der ausführenden Unternehmen zu beantragen. Der Antrag muss normalerweise von der Bauherrschaft gestellt werden. Die ausführenden Unternehmen können selbst keine Förderanträge stellen, es sei denn, die Unternehmen treten selbst als Bauherr auf und veräußern nach Fertigstellung das Gebäude einschließlich Grundstück. In einem solchen Fall muss die gewährte Förderung mit dem Verkauf an Erwerbende übertragen werden, sofern dieses gemäß Bedingungen des Förderprogramms möglich ist.

Die Tätigkeit eines Energieeffizienzexperten kann selbst auch förderfähig sein, wenn für das Gebäude Förderungen bewilligt und in Anspruch genommen werden. Architektinnen oder andere am Projekt beteiligte Fachplanende (Statik, Haustechnik) können selbst in der EEE-Liste geführt sein und dürfen für das Projekt auch in dieser Funktion tätig werden. Jedoch dürfen Bauausführende, die in der EEE-Liste enthalten sind, im Regelfall nicht Förderanträge für Projekte bearbeiten, wenn sie selbst an diesen Projekten Bauleistungen ausführen sollen. Ausnahmen gibt es für güteüberwachte vorfertigende Unternehmen. Ob eine Ausnahme vorliegt, sollte sich die Bauherrschaft vom Hausbauunternehmen **BESTÄTIGEN** lassen, wenn dieses anbietet, bei der Beantragung von Förderungen mitzuwirken.

## BAUBEGLEITUNG UND ABNAHMEN

Wenn keine Bauüberwachung durch ein Architekturbüro nach Leistungsphase 8 der HOAI beauftragt ist, sollte zur Sicherstellung der Ausführungsqualität bei Herstellung des Holzhauses durch eine pauschal beauftragte Holzbaufirma oder ein Fertighausunternehmen eine Baubegleitung durch externe Dritte, die fachlich geeignet sind, zu folgenden Punkten hinzugezogen werden:

**LUFTDICHTHEITSTESTS:** Wenn die luftdichte Gebäudehülle im Rohbau einschließlich Fenstern fertiggestellt ist, jedoch der Innenausbau noch nicht begonnen ist, sollte mittels Druckdifferenzmessung („Blower-Door-Messung") die Luftdichtheit der Gebäudehülle im Bauzustand ermittelt werden. Falls die Grenzwerte nicht erreicht werden, kann zu diesem Zeitpunkt noch relativ problemlos nachgebessert werden. Nach Gebäudefertigstellung wird dann bei der Luftdichtdichtheitsmessung im Nutzungszustand der endgültig erreichte Luftdichtheitswert der Gebäudehülle ermittelt. Sollte der für das Gebäude geltende oder vereinbarte Grenzwert nicht eingehalten werden, muss eine Nachbesserung vor der Abnahme (siehe Seite 238) erfolgen. Wenn ausführende Unternehmen selbst diese Luftdichtheitstests ausführen können, so ist das für die eigene Qualitätssicherung sinnvoll. Der abschließende Luftdicht-

**HIER GEHT ES WEITER:** AKTUELLE INFORMATIONEN ZU FÖRDERMÖGLICHKEITEN RUND UMS BAUEN BIETET DIE STIFTUNG WARENTEST UNTER → TEST.DE/FOERDERUNG-HAUS-HEIZUNG

heitstest sollte in jedem Fall durch eine von den ausführenden Firmen unabhängige Person durchgeführt werden.
Der Luftdichtheitstest wird zwar bei einigen Förderprogrammen verpflichtend gefordert, aber dieser Test ist nicht – wie oft gesagt – „nur wegen der Förderung zu machen". Die Prüfung der Gebäudehülle auf Luftdichtheit ist insbesondere zur Sicherstellung der Ausführungsqualität unbedingt zu empfehlen.
**QUALITÄTSÜBERPRÜFUNG DER BAUAUSFÜHRUNG** durch einen unabhängigen Baubegleiter beziehungsweise eine Energieeffizienzexpertin. Als unabhängige Baubegleiter können Architekten beauftragt oder auch über Internetportale Bauherrenberater bestellt werden. Wichtig ist dabei, dass insbesondere die tatsächliche Erfahrung der dafür tätigen Person im Holzbau bestätigt wird. Es können dafür auch öffentlich bestellte und vereidigte Sachverständige für das Zimmererhandwerk und den Holzbau herangezogen werden.

**SCHLUSSABNAHME**: Die Abnahme stellt eine juristisch bedeutsame Funktion dar. Alle offensichtlich erkennbaren Abweichungen vom vereinbarten Soll und alle vorher von Auftraggeberseite gerügten Punkte, die noch nicht zur Zufriedenheit erledigt wurden, werden mit der Abnahme in der zu diesem Zeitpunkt vorliegenden Art akzeptiert, sofern nicht im Abnahmeprotokoll für diese explizit ein Vorbehalt in Textform festgehalten wird. Es ist sinnvoll, zur Abnahme bei Projekten, die ohne Bauüberwachung durch ein Architekturbüro durchgeführt wurden, eine fachlich geeignete Unterstützung hinzuzuziehen.

## Es geht auch beides: Architekt und Pauschalanbieter

Es ist auch möglich, ein Gebäude individuell durch ein Architekturbüro planen und anschließend von einem Komplettanbieter errichten zu lassen. Dabei kann mit dem Planungsbüro und dem Hausbauunternehmen vereinbart werden, inwieweit eine Bauüberwachung oder „künstlerische Oberbauleitung" seitens der Architektin oder des Architekten erfolgen kann. Ein Vorteil dieser Lösung ist, dass für einen Großteil der Ausführungsleistungen ein fester Preis auf Basis der Planung des Architekturbüros mit dem Holzbauunternehmen vereinbart werden und sich das Planungsbüro im Sinne der Bauherrschaft um alle Dinge kümmern kann, die nicht im Vertragsumfang mit dem Hausbauunternehmen enthalten sind.

## Einzelgewerke

Ist kein Komplettanbieter für den Bau des Hauses vorgesehen, dann kann im Rahmen des Architektenvertrags in dem oben beschriebenen Ziel Nummer 3 (siehe Seite 220) das Gebäude detailliert geplant und gewerkeweise ausgeschrieben werden. Eine **KOORDINATION** der Ausführung dieser Leistungen im Rahmen des Ziels Nummer 4 sollte damit verbunden sein. Für Bauherrschaften von Privathäusern, die als Laien die üblichen Bauabläufe nicht kennen und keine Fachkenntnisse aufweisen, bedeutet eine selbstständige Bauüberwachung ohne anderweitige Unterstützung viel Stress und kann zu unerkannten Ausführungsfehlern insbesondere an den Schnittstellen zwischen den einzelnen Gewerken führen.

Die Vorteile der Beauftragung einzelner gewerkebezogener Firmen liegen zum einen darin, dass **BESONDERE WÜNSCHE** der Bauherren umgesetzt werden können und dafür realistische Preise angeboten werden, und zum anderen darin, dass die ausführenden Firmen nicht als Subunternehmer eines Komplettanbieters tätig sind, sondern direkt beauftragt werden. Dadurch hat die Bauherrschaft direkten Einfluss auf die und eine **WEISUNGSBEFUGNIS** gegenüber diesen Firmen und hat die Kontrolle, wer tatsächlich auf der eigenen Baustelle tätig ist. Von Komplettanbietern werden Subunternehmerleistungen selbst eingekauft und mit Zuschlägen in die Kalkulation des Hauspreises eingepflegt. Insofern ist die Direktbeauftragung im Regelfall **KOSTENGÜNSTIGER**.

Es kann jedoch auch bei Gebäuden, die komplett bei einer Holzbaufirma oder einem Fertighausunternehmen beauftragt wurden, vereinbart werden, dass einzelne Gewerke nicht zum Leistungsumfang gehören und direkt von der Bauherrschaft beauftragt werden.

**NICHT AUSSPERREN LASSEN**

Im **VERTRAG** über die Herstellung eines Fertighauses sollte enthalten sein, dass die Bauherrschaft während der Bauausführung jederzeit mit Dritten das Gebäude betreten darf und **QUALITÄTSÜBERWACHENDE MASSNAHMEN** durchgeführt werden dürfen.

## ANGEBOTE EINHOLEN

Prinzipiell stehen drei Wege der Angebotserstellung für die angefragten Firmen für Einzelleistungen offen:

Das Angebot kann anhand des **LEISTUNGSVERZEICHNISSES** des Architekturbüros erfolgen: Über die beschriebene Leistungsphase 6 der HOAI wird detailliert aufgeführt, welche Mengen und einzelnen Leistungen benötigt werden. Jedes einzusetzende Material und die Art des jeweiligen Einbaus werden in Einzelpositionen genau beschrieben. Detailzeichnungen aus Leistungsphase 4 „Ausführungsplanung" verdeutlichen die geforderte Leistung. Eine Leistungsbeschreibung ist vollständig und erschöpfend, wenn zu jeder Darstellung in der Planung eine Leistungsposition für das jeweils zuständige Gewerk vorhanden ist. Dann ist sichergestellt, wem die Ausführung jeweils zugeordnet wird. Werden alternative Ausführungsarten gewünscht, so sind zu den jeweiligen Grundpositionen Wahlpositionen auszuschreiben, die die andere Ausführungsmöglichkeit detailliert beschreiben. Ist bei einzelnen Leistungen noch nicht sicher, ob diese tatsächlich zur Ausführung kommen sollen, so werden diese als sogenannte **BEDARFSPOSTIONEN** aufgeführt.

Die Anbieter nennen **EINZELPREISE** zu diesen Leistungspositionen. Aus den Mengen und Preisen können dann vergleichbare Gesamtangebotspreise von mehreren Anbietern ermittelt werden.

Auch eine **EIGENE LEISTUNGSAUFSTELLUNG** des Bieters für ein Angebot ist möglich – als Einzelpreisangebot oder als Pauschalpreis. Wenn kein Leistungsverzeichnis ausgearbeitet wird, stellen angefragte Anbieter nach eigenem Ermessen die Leistungen zusammen und nennen einen Preis dafür. Das Problem dabei: Bei mehreren Anbietern sind die Preise nicht unbedingt vergleichbar, da unterschiedliche Systeme angeboten werden können und bei der Mengenermittlung unterschiedlich genau gearbeitet wird. Selbst bei gleicher Systemlösung kann es vorkommen, dass eine Firma ihrem Angebot eine vollständige Leistungsbeschreibung zugrunde legt und bei anderen manche Leistungen fehlen. Das erschwert die Bewertung und den Vergleich mehrerer Angebote zum selben Gewerk.

Schließlich kann bei sehr besonderen Leistungen, beispielsweise bei Um- und Anbauten oder bei der Aufstockung von Bestandsgebäuden, bei denen die auszuführenden Arbeiten im Vorfeld nicht klar definiert werden können, oder wenn die Wünsche der Bauherrschaft nicht klar sind und wichtige Entscheidungen während des Bauablaufs getroffen werden sollen, auch eine Abrechnung nach **STUNDEN- UND MATERIALAUFWAND** erfolgen. Wird diese Option gewählt, sollte zuvor ein Angebot über Stundenlöhne und einzubauende Materialien erfolgt sein. Hierbei ist es sinnvoll, vorab zumindest eine Stunden- und Materialschätzung vorzunehmen, um die Höhe des Auftragsvolumens abschätzen zu können. Bei der Beauftragung sollte klar geregelt werden, dass durch das ausführende Unternehmen arbeitstäglich eine nachvollziehbare Aufzeichnung des Stundenaufwands und Materialverbrauchs erfolgt. Außerdem sollen diese Aufzeichnungen in kurzen Abständen von maximal einer Woche der Auftraggeberseite übergeben und von dieser gegengezeichnet werden. Ferner sollte bei dieser Variante vereinbart werden, dass bei Erreichen definierter Kostenlimits eine Abschätzung des abzusehenden Restaufwands erfolgen soll, damit seitens der Bauherrschaft Entscheidungen zur Kostenentwicklung getroffen werden können.

Die Angebote aus allen drei Wegen sollten möglichst so umfassend sein, dass es während der Baumaßnahme beziehungsweise am Ende keine unerwarteten Nachtragsforderungen gibt.

# → **Vertragsgestaltung:** Werden umfangreiche Verträge geschlossen, ist juristischer Rat zu empfehlen. Musterverträge können hilfreich sein.

**WAS ERFAHRE ICH?**



Werden **MUSTERVERTRÄGE** verwendet, ist zu beachten, dass immer auf die aktuell verfügbare Version dieser Muster zurückgegriffen wird und am Haupttext der Vorlagen keine Veränderungen vorgenommen werden. Nur an den Stellen, an denen ausdrücklich eine Freitexteingabe möglich ist, können die Eintragungen vorgenommen werden. Dazu gibt es bei den weiter unten beschriebenen Musterverträgen Ausfüllhilfen. Eigene Ergänzungen und Änderungen an den Vertragstexten bergen die Gefahr, dass einzelne Vereinbarungen oder sogar das gesamte Vertragswerk bei einer Inhaltskontrolle im Streitfall infrage gestellt werden.

Auch Musterverträge können fehlerhaft sein oder die aktuelle Rechtsprechung nicht vollumfänglich berücksichtigen, jedoch sind diese von Kammern oder Verbänden herausgegebenen Vertragsvorschläge von einschlägig erfahrenen Juristen erstellt und werden regelmäßig an aktuelle Entwicklungen angepasst.

Mit der Novellierung des Bürgerlichen Gesetzbuches BGB im Jahr 2018 hat sich das Bauvertragsrecht innerhalb des Werkvertragsrechts deutlich geändert. Mit den §§ 650a bis 650v BGB wurden die unterschiedlichen Vertragsarten für Bauaufträge einschließlich Architekten- und Ingenieurvertrag erstmalig explizit geregelt und detailliert.

Wenn von Vertragspartnern vorbereitete Verträge vorgelegt werden, sollten diese eingehend **JURISTISCH GEPRÜFT** werden. Juristisch werden Verträge, die mehrfach Anwendung finden, weil sie nicht individuell auf genau einen Vertragsfall erstellt wurden, allgemeine Geschäftsbedingungen und werden bei einem Rechtsstreit auch so behandelt. Zwar ist der Endverbraucher besser vor nachteiligen Formulierungen geschützt als der Unternehmer, jedoch gilt zunächst immer das, was im Vertragstext formuliert ist.

Man sollte sich nicht darauf verlassen, dass eine für Verbraucher ungünstige Regelung als unwirksam betrachtet wird. Zu berücksichtigen ist auch, dass Bauherrinnen und Bauherren, die das gebaute Objekt ganz oder teilweise vermieten wollen, selbst juristisch in die Unternehmereigenschaft rutschen und möglicherweise nicht mehr als Verbraucher beziehungsweise Verbraucherinnen agieren.

Verbraucherinnen und Verbrauchern steht bei Vertragsabschluss unter bestimmten Voraussetzungen ein 14-tägiges **WIDERRUFSRECHT** zu, über das die Unternehmer zu informieren haben. Es ist auch darüber zu informieren, ob ein Grund vorliegt, dass kein Widerrufsrecht existiert. Erfolgt die Aufklärung seitens des Unternehmens nicht oder nicht korrekt, kann sich das Widerrufsrecht um ein Jahr verlängern.

## Architekten- und Ingenieurverträge

Wie oben bereits erwähnt, können Honorare für Architektur- und Ingenieurleistungen **FREI VEREINBART** werden. Die HOAI steckt dafür einen Orientierungsrahmen ab. Eine Vereinbarung der Honorare bedarf der Textform. Wenn keine Honorarvereinbarung in Textform festgelegt ist, gilt als vereinbart, dass der jeweilige Basishonorarsatz für Grundleistungen nach HOAI vereinbart ist.

Die Architektenkammern in den einzelnen Bundesländern stellen Muster-Architektenverträge zur Verfügung. Die Verwendung dieser Muster wird empfohlen, da in diesen bereits die meisten denkbaren Fragestellungen enthalten sind und somit auch besondere Konstellationen berücksichtigt werden können.

Im Werkvertragsrecht des BGB sind für Architektenverträge die §§ 650a bis 650h im Allgemeinen und §§ 650p bis 650t im Speziellen heranzuziehen.

Die bereits genannten Ziele, die teilweise mehrere Leistungsphasen aus der HOAI zusammenfassen, können als **STUFENWEISE BEAUFTRAGUNG** herangezogen werden. Damit legt sich die Auftraggeberseite nicht von Anfang an auf einen großen Umfang fest. Zu beachten ist dabei jedoch, dass sich das Architekturbüro eher auch anderen Aufträgen zuwenden muss, wenn wegen der Stufenbeauftragung nicht sicher ist, ob die nächste Stufe tatsächlich beauftragt wird. Darum sollte in diesem Fall rechtzeitig gemeinsam festgelegt werden, wann die einzelnen Stufen beauftragt werden, um den gesamten Planungs- und Bauablauf im Sinne der Beteiligten zu regeln.

## Bauverträge über einzelne Gewerke

Die in den §§ 650a bis 650h BGB enthaltenen Regelungen gelten für die Bauverträge über die gewerkeweise Beauftragung von Bauleistungen, die nicht die komplette Erstellung des Hauses durch ein Unternehmen zum Vertragsinhalt haben. Eine Textform ist zwar nicht vorgeschrieben, der Vertrag sollte aber unbedingt in dieser Form erfolgen.

### CHECKLISTE

**VOR VERTRAGSABSCHLUSS BEACHTEN**

Schließen Sie Verträge mit Hausanbietern erst ab, wenn folgende Voraussetzungen erfüllt sind:

- ○ Der Grundstückserwerb ist sicher abgeschlossen – es kann nichts mehr schiefgehen.
- ○ Es ist geklärt, dass das vertragsgegenständliche Haus auch tatsächlich auf das Grundstück passt.
- ○ Die Gründung des Gebäudes ist sichergestellt, sodass keine Überraschungen nach Planungs- oder Baubeginn erfolgen können.
- ○ Die Finanzierung steht.
- ○ Förderanträge sind gestellt und zugesagt.
- ○ Die wesentlichen Entscheidungen zur Bauausführung und Hausausstattung sind getroffen.
- ○ Der Hausanbieter hat eine ausführliche Baubeschreibung erstellt, und diese entspricht Ihren Vorstellungen – lassen Sie sich von einem unabhängigen Dritten beraten. Zusatzleistungen, die weder in der Baubeschreibung noch im Vertrag selbst aufgeführt sind, kosten Geld!
- ○ Der Vertragsentwurf regelt eindeutig, welcher Vertragspartner welche Aufgaben hat und zu welchem Zeitpunkt diese erledigt werden müssen.
- ○ Der Zahlungsplan ist dem Baufortschritt angemessen, und eventuelle Vorauszahlungen sind durch Bürgschaften abgesichert.
- ○ Es sind Regelungen zur Gewährleistung getroffen: Länge der Gewährleistung: fünf Jahre nach mängelfreier Abnahme; Gewährleistungseinbehalt (angemessen sind fünf Prozent) in Form von Einbehaltung durch den Auftraggeber oder Gewährleistungsbürgschaft des Auftragnehmers über die gesamte Gewährleistungszeit.

Von den Verbänden Zentralverband der Deutschen Haus-, Wohnungs- und Grundeigentümer e. V. (Haus und Grund), als Vertreterin der Bauherreninteressen, und dem Zentralverband des Deutschen Baugewerbes e. V. (ZDB), als Vertreterin der ausführenden Unternehmen, wird ein gemeinsam entwickeltes Vertragsmuster für Handwerkerverträge kostenlos zur Verfügung gestellt. Dieses ist im Internet unter der Web-Adresse hausundgrund.de/efh-handwerk abrufbar und beinhaltet die zu vereinbarenden Regelungen einschließlich der Widerrufsbelehrung.

#### ZAHLUNGSPLÄNE UND SKONTO-VEREINBARUNGEN

Wenn Zahlungspläne vereinbart werden, ist darauf zu achten, dass bei Abschlags- oder Teilrechnungen **KEINE ÜBERZAHLUNG** geleistet wird und der Baufortschritt der Zahlung hinterherläuft. Ist eine Bauüberwachung beauftragt, so hat diese zu überprüfen, ob die angeforderte Zahlung dem Leistungstand entspricht und ob dabei auch ein ausreichender Einbehalt zur Sicherstellung der Fertigstellung und Gewährleistung berücksichtigt ist. Im Regelfall werden dafür fünf Prozent des bis dahin erfolgten Leistungsumfangs vertraglich festgelegt. Das Zahlungsziel sollte so vereinbart sein, dass ausreichend Zeit für die **RECHNUNGSPRÜFUNG** bleibt.

Dem stehen häufig Skontovereinbarungen von nur wenigen Tagen entgegen. Im Rahmen der Bauüberwachung nimmt die Rechnungsprüfung oft zeitlich neben anderen Tätigkeiten viel Raum ein, und teilweise sind gleichzeitig mehrere unübersichtlich zusammengestellte Rechnungen gleichzeitig zu prüfen. Deshalb sollten Skontovereinbarungen mit einem 14-tägigen Zahlungsziel verbunden werden. Damit erhält das Unternehmen die Vergütung für die Gewährung des Skontonachlasses deutlich früher als in der gesetzlichen Zahlungsfrist von 30 Tagen.

Ein kürzeres Zahlungsziel sollte nur für eindeutig definierte Abschlags- oder Teilzahlungen festgelegt werden, deren pauschale Höhe vorher bestimmt wurde und die von einem leicht prüfbaren Zwischenziel abhängen. Das kann zum Beispiel so lauten: „X Prozent der Auftragssumme sind zu zahlen, wenn die Erdgeschossdecke vollständig montiert ist."

Sollten **VORAUSZAHLUNGEN** seitens des Unternehmens gewünscht werden, so sind diese durch das Unternehmen über eine Vorauszahlungsbürgschaft zu besichern.

## Hausbauverträge mit Komplettanbietern

Im Bürgerlichen Gesetzbuch heißen diese Verträge „Verbraucherbauvertrag" und sind dort in den Paragrafen § 650i bis § 650n geregelt. Die allgemeinen Bauvertragsregeln der §§ 650a bis 650h gelten ohnehin.

Auch für diesen Fall wird von den Verbänden Haus und Grund und dem Zentralverband des Deutschen Baugewerbes e. V. (ZDB) ein gemeinsam entwickeltes Vertragsmuster unter dem Titel „Einfamilienhaus/Schlüsselfertigbauvertrag" als Verbraucherbauvertrag kostenlos zur Verfügung gestellt. Auch dieses Formular ist online unter der Webadresse hausundgrund.de/efh-handwerk abrufbar und beinhaltet die zu vereinbarenden Regelungen einschließlich der Widerrufsbelehrung.

In dem Vertragsmuster ist ein Vorschlag für einen adäquaten **ZAHLUNGSPLAN** enthalten, der auch angepasst werden kann. Wie bei den Verträgen mit einzelnen Handwerksfirmen gilt auch hier: Sollten Vorauszahlungen seitens des Unternehmens gewünscht werden, so sind diese durch das Unternehmen über eine Vorauszahlungsbürgschaft zu besichern.

Als Komplettanbieter treten Fertighausfirmen am Markt auf. Diese legen Ihre eigenen Vertragsmuster vor und sind über ihr meist auf Provisionsbasis arbeitendes Verkaufspersonal an einem schnellen Vertragsabschluss interessiert. Werden Fragen zu Vertragsinhalten und Wünsche nach Vertragsanpassungen nicht ernsthaft verfolgt oder wird nur ein unveränderten Vertragstext akzeptiert, sollte man vor Unterzeichnung juristischen Rat von einem Fachanwalt für Bau- und Architektenrecht oder einer Beratungsstelle, wie zum Beispiel den Verbraucherzentralen, dem Verband Privater Bauherren oder dem Bauherren-Schutzbund einholen.

# → **Bauablauf:** Wenn die Baugenehmigung oder die Baufreigabe der Bauaufsicht vorliegt und alle Bemusterungen und sonstige Festlegungen zur Bauausführung getroffen wurden, kann es mit dem Bau des neuen Hauses endlich losgehen.

**WAS ERFAHRE ICH?**



Es ist spannend zu beobachten, wie ein Holzhaus entsteht. In Abschnitten, die mal schnell ablaufen, sich aber auch länger hinziehen können, entsteht nach und nach der Neubau. Je fertiger das Gebäude wird, desto besser kann man sich das Endergebnis vorstellen. Das Aufrichten des Holzbaus innerhalb von nur ganz wenigen Tagen stellt dabei das Highlight dar. Im Folgenden erklären wir, wie Sie den Bauprozess optimal vorbereiten und was bei Problemen und Verzögerungen während des Baus zu tun ist.

Bevor es auf der Baustelle tatsächlich losgehen kann, müssen viele Bedingungen erfüllt sein und Genehmigungen vorliegen. Bereits in den Abschnitten zu den Themen Angebot der Hausanbieter beziehungsweise ausführenden Gewerke (siehe Seite 221) und Architektenleistungen (siehe Seite 218) wurden die verschiedenen Leistungen angesprochen, die im Rahmen der Bauvorlage und bis zum Baubeginn vorgelegt werden müssen.

## Baugenehmigung

Im Zusammenhang mit der Grundstückssuche wurde bereits dargelegt, unter welchen Umständen ein vereinfachtes Genehmigungsverfahren durchgeführt wird und wann eine Zustimmung bei Genehmigungsfreistellung (beziehungsweise Kenntnisgabeverfahren, Freistellungsverfahren) zum Tragen kommt (siehe Seite 207).

Für den Baubeginn ist wichtig, dass grundsätzlich eine Baugenehmigung beziehungsweise eine Zustimmung der unteren Bauaufsicht für die Baumaßnahme vorliegen muss, bevor vor Ort gebaut wird. Zwar können auf dem Grundstück schon Erdarbeiten vorgenommen werden, bevor die vorgenannten Dokumente vorliegen, davon raten wir jedoch ab. Denn wenn Baugruben schon ausgehoben sind, besteht zum einen die Gefahr, dass bei Starkregenereignissen die Böschungswände abrutschen können, selbst wenn ein Schutz über Folien angebracht wurde. Zum anderen verändert sich die Baugrubensohle, wenn nicht unmittelbar weitere Schichten aufgebracht werden. Die durch den Aushub freigelegte gewachsene Bodenschicht erodiert mit der Zeit, und die Druckfestigkeit nimmt ab. Daraus folgend kann die Setzungssicherheit des Baukörpers gefährdet sein.

### BAUGENEHMIGUNG ENTHÄLT WICHTIGE UNTERLAGEN

Die Baugenehmigung beziehungsweise die Zustimmung bei genehmigungsfreien Vorhaben enthält als Anlagen zahlreiche Dokumente. Enthalten sind gegebenenfalls auch Auflagen, die an die Umsetzung des Bauvorhabens gestellt werden. Den ausführenden Unternehmen, die davon betroffen sind, müssen diese Dokumente einschließlich der Genehmigung beziehungsweise Zustimmung selbst übergeben werden. Ein Unternehmer darf den Rohbau nicht erstellen, wenn ihm die Genehmigung dafür nicht vorliegt.

### WEITERE BAUTECHNISCHE NACHWEISE

Vor dem tatsächlichen Baubeginn muss auf jeden Fall auch für die Vorlage folgender Unterlagen bei den zuständigen Stellen gesorgt werden:

- → Entwässerungsgesuch
- → Wärmeschutznachweis nach GEG
- → Nachweis der Standsicherheit
- → Gegebenenfalls Anhörung weiterer Behörden beim Bauen in Überflutungsgebieten
- → Einmessung des Baukörpers durch einen öffentlich bestellten und vereidigten Vermessungsingenieur

Während das Entwässerungsgesuch selbst von der zuständigen Abwasserbehörde genehmigt werden muss und während der Bauausführung auch seitens der zuständigen Stelle die in der Erde verlegten Grundleitungen vor dem Verfüllen der Rohrgräben besichtigt und freigegeben werden müssen, reicht es in einigen Bundesländern aus, wenn sowohl der Wärmeschutznachweis als auch der Nachweis der Standsicherheit nicht mehr als Dokument vorgelegt wird, sondern seitens der Ausstellenden dieser Nachweise lediglich über ein Formular bestätigt wird, dass die Nachweise vollständig und ordnungsgemäß geführt wurden. In diesem Fall sind die Ausstellenden verpflichtet, die Dokumente aufzubewahren und auf Verlangen vorzulegen. Es muss in diesen Fällen sichergestellt sein, dass die Dokumente während der Bauausführung jederzeit zur Vorlage auf Nachfrage durch die Bauaufsicht auf der Baustelle vorhanden sind.

Für Gebäude, die in möglichen Überflutungsgebieten entstehen, wird im Rahmen des Baugenehmigungsverfahrens auch durch die Wasserbehörden des Landes geprüft, inwieweit zusätzliche Maßnahmen, wie zum Beispiel Abgrabungen auf dem Grundstück zur Sammlung von durch den neuen Baukörper verdrängtem Niederschlagswasser, die erforderliche Stärke aufweisen. Solche Auflagen sind planerisch umzusetzen und bei der Errichtung des Gebäudes zu beachten.

## Bauzeitenplan

Ob mit einem bauüberwachenden Architekturbüro oder mit einem Komplettanbieter gebaut wird: In jedem Fall sollte ein Bauzeitenplan den vorgesehenen Bauablauf festlegen, damit andere Beteiligte koordiniert werden können und Meilensteine festgelegt sind, wie zum Beispiel besonders zu überwachende Tätigkeiten. Auch Messtermine, wie beispielsweise die Luftdichtheitsmessung, sind darin zu terminieren.

## SiGeKo und Arbeitssicherheit

Die Einhaltung der Arbeits- und Baustellensicherheit ist für alle am Bau beteiligten Personen unabdingbar. Nicht nur die unmittelbar auf dem Bau Beschäftigten, sondern auch Dritte sind vor Unfällen zu schützen.

Im Aufgabenbereich des bereits erwähnten öffentlich-rechtlichen Bauleiters ist die Baustellensicherheit enthalten, jedoch obliegt ihm nicht automatisch die konkrete Organisation und Koordination der einzelnen notwendigen Schritte dafür, da er – je nach Umfang der Beauftragung – nicht unbedingt gegenüber jedem auf der Baustelle anwesenden Mitarbeiter eines Unternehmens weisungsbefugt ist.

Die Verordnung über Sicherheit und Gesundheitsschutz auf Baustellen, auch **BAUSTELLENVERORDNUNG** oder BaustellV, dient der wesentlichen Verbesserung von Sicherheit und Gesundheitsschutz der Beschäftigten auf Baustellen. Sie legt fest, dass bei der Planung der Ausführung eines Bauvorhabens, insbesondere bei der Einteilung der Arbeiten, die gleichzeitig oder nacheinander ausgeführt werden, die allgemeinen Grundsätze nach Paragraf 4 des Arbeitsschutzgesetzes zu berücksichtigen sind, also die allgemeinen Grundsätze des Arbeitsschutzes.

Nach Baustellenverordnung muss für jede Baustelle, deren voraussichtliche Dauer mehr als 30 Arbeitstage beträgt und auf der mehr als 20 Beschäftigte gleichzeitig tätig werden oder bei der der Umfang der Arbeiten voraussichtlich 500 Personentage überschreitet, der Verantwortliche – das ist der Bauherr – der zuständigen Behörde spätestens zwei Wochen vor Errichtung der Baustelle eine **VORANKÜNDIGUNG** übermitteln. Zuständig ist die untere Bauaufsichtsbehörde bei der Kreisverwaltung. Die Vorankündigung muss folgende Angaben enthalten:

- → Ort der Baustelle,
- → Name und Anschrift des Bauherrn,
- → Art des Bauvorhabens,
- → Name und Anschrift des anstelle des Bauherrn verantwortlichen Dritten,
- → Name und Anschrift des Koordinators,
- → Voraussichtlicher Beginn und voraussichtliche Dauer der Arbeiten,
- → Voraussichtliche Höchstzahl der Beschäftigten auf der Baustelle,
- → Zahl der Arbeitgeber und Unternehmer ohne Beschäftigte, die voraussichtlich auf der Baustelle tätig werden,
- → Angabe der bereits ausgewählten Arbeitgeber und Unternehmer ohne Beschäftigte.

Während davon auszugehen ist, dass bei den beschriebenen Bauaufgaben im Regelfall keine 20 Personen gleichzeitig tätig sind, ist das andere Kriterium „500 Personentage" eher erreicht. Wenn durchschnittlich drei Personen auf der Baustelle tätig sind, ergeben sich mindestens 167 Tage. Bei etwa 21 monatlichen Arbeitstagen sind ab acht Monaten Bauzeit 500 Personentage erreicht.

Für **VORGEFERTIGTE HOLZGEBÄUDE**, die in kurzer Zeit auf einem Fertigteilkeller aufgestellt werden können, kann zwar von einer kürzeren Bauzeit ausgegangen werden, aber schon bei geringen Störungen im Bauablauf sind die 500 Personentage auch hier schnell erreicht. Es ist daher sinnvoll, in Absprache mit dem bestellten öffentlich-rechtlichen Bauleiter zu klären, ob eine solche Vorankündigung nach BaustellV erteilt werden muss.

Unabhängig von dieser Vorankündigung muss der Bauherr für Baustellen, auf denen Beschäftigte mehrerer Arbeitgeber tätig werden, einen oder mehrere geeignete Koordinatoren bestellen. Da es fast keine Fallkonstellation gibt, in der von Anfang bis Ende tatsächlich nur Beschäftigte eines Arbeitgebers arbeiten, ist davon auszugehen, dass immer ein solcher **SICHERHEITS- UND GESUNDHEITSKOORDINATOR** (SiGeKo) bestellt werden muss. Wenn die oder der Bauüberwachende beziehungsweise öffentlich-rechtliche Bauleiter über die entsprechende Eignung verfügt, kann von dieser Seite diese SiGeKo-Aufgabe übernommen werden. Andernfalls ist ein geeigneter Dritter oder eine geeignete Dritte hinzuzuziehen. Qualifizierte Personen als SiGeKo können beispielweise über die Internetseiten der Architekten- und Ingenieurkammern in den einzelnen Bundesländern gefunden werden.

## Wenn etwas schiefgeht

Selten gibt es Bauvorhaben, bei denen wirklich alles glatt läuft. Man muss sich darauf einstellen, dass Fragestellungen auftreten, die nicht vorhersehbar waren.

Zur Realität des Bauens gehört, dass es Schwierigkeiten geben kann – selbst wenn man sich für einen Komplettanbieter entscheidet und damit davon ausgeht, man sei mit Problemen nicht konfrontiert. In solchen Fällen ist die Mitwirkung insbesondere der Auftraggeberseite, aber auch der anderen Baubeteiligten erforderlich. Nur wenn vertrauensvoll und gut zusammengearbeitet wird, kann man auf unvorhergesehene Ereignisse wie Unfälle, Beschädigungen von Bauteilen oder Materialdiebstahl, aber auch fehlerhafte Ausführungen, angemessen reagieren und ein Ergebnis erzielen, mit dem der Bau dann sicher zu Ende geführt werden kann.

## Nachjustierung der Bauabläufe während der Projektumsetzung

Gerade wenn mehrere einzeln beauftragte Gewerke tätig sind, kann es zu Störungen im Bauablauf kommen. Aber auch andere äußere Umstände, wie unvorhersehbarer Wettereinfluss oder Lieferengpässe von Baumaterialien, sorgen für Unterbrechungen bei den Arbeiten, die sich auf Nachfolgewerke auswirken. Wenn einzelne Firmen die vorgesehenen Leistungen nicht wie vereinbart erbringen können, weil Vorleistungen noch nicht erbracht sind, dann haben sie das Recht, eine sogenannte **BEHINDERUNG** anzumelden. Eine solche Meldung hat nicht nur Auswirkungen auf vereinbarte Fristen, die dann für das betroffene Unternehmen außer Kraft treten, sondern kann sogar finanzielle Ansprüche des Unternehmens gegenüber der Bauherrschaft bewirken, wenn die Firma nachweislich in der Stillstandszeit keine anderen Aufträge ausführen kann. Deshalb ist es einerseits wichtig, dass in den Verträgen beiderseits keine zu engen Zeiträume festgelegt werden, andererseits muss auch für alle beteiligten Gewerke eine entsprechende **FRISTVEREINBARUNG** mit Folgenandrohung vorgesehen werden, damit zusätzliche Kosten durch Bauverzug, sofern ein oder mehrere Unternehmen dafür verantwortlich sind, an diese weitergereicht werden können.

Somit kommt der rechtzeitigen Setzung von angemessenen Fristen und der Festlegung von Sanktionen, falls diese Fristen nicht eingehalten werden, eine besondere Bedeutung zu. Grundsätzlich muss bei der Steuerung des Projektablaufs der Fokus darauf gelegt werden, dass ein gutes Miteinander existiert und alle möglichen Störungen rechtzeitig kommuniziert werden, um die daraus folgenden Konsequenzen abschätzen zu können und gegebenenfalls andere Arbeiten, die von der Störung nicht direkt betroffen sind, rechtzeitig vorziehen zu können.

## Fehler in der Bauausführung

In der Bauausführung können Fehler passieren. Es gibt offensichtliche Ausführungsfehler, die schnell erkannt werden und bei denen entsprechend nachgebessert werden kann. Versteckte Abweichungen vom Bausoll können erst zu einem späteren Zeitpunkt Probleme bereiten, dann ist möglicherweise ein aufwendigerer Rückbau der danach ausgeführten Arbeitsschritte erforderlich, aus dem unerwartete Kosten resultieren. Darüber muss mit den Beteiligten gesprochen und eine Lösung gesucht werden. Zu klären ist, wo die Verantwortlichkeit für diese Fehler liegen und wer die daraus resultierenden Kosten tragen muss. Dabei ist zu berücksichtigen, dass auch Nachfolgegewerke verpflichtet sind, das Vorgewerk vor der eigenen Ausführung zu **ÜBERPRÜFEN** und gegebenenfalls Bedenken über die fehlerhafte Ausführung anzumelden.

Ausführungsfehler, die möglicherweise einen noch größeren Bauschaden an anderen Bauteilen oder Ausstattungsgegenständen nach sich ziehen, müssen von dem Verursacher des Fehlers rechtzeitig nach Erkennen als sogenannter **FOLGESCHADEN** an dessen Versicherung gemeldet werden.

### RÄUME WIRKEN IM ROHBAU KLEINER

Erfahrungsgemäß wirken Räume **IM ROHBAU KLEINER**, als sie eigentlich sind. So freut man sich direkt nach der Holzhausmontage auf das neue Haus und betritt zum ersten Mal das zukünftige Heim. Nun schießt so manchen in den Kopf, man habe zu klein geplant, auch die Fenster scheinen nicht groß genug, und eine leichte Enttäuschung kommt auf. Hier sei Entwarnung gegeben: Baustellen wirken im Rohbau dunkler, als es später im fertigen Zustand sein wird, da die Materialien der unverkleideten Wände dunkler sind. Solange das Gerüst außen steht, sind auch die Fenster teils verdeckt.

## Sachverständige einschalten

Wenn die Ursache für einen festgestellten Schaden nicht ohne Weiteres ermittelbar ist oder wenn es auf der Baustelle mit den Beteiligten Unstimmigkeiten über die Verantwortung gibt, besteht die Möglichkeit, einen für das betreffende Sachgebiet bestellten Sachverständigen oder eine Sachverständige einzuschalten. Da vor einer Abnahme die Beweislast für die Fehlerfreiheit der eigenen Ausführung bei den Unternehmen liegt, sind diese je nach Zuordnung des Schadens zunächst für die Kosten des Sachverständigeneinsatzes verantwortlich. Wenn sich herausstellt, dass die Schadensursache von demjenigen, der die **GUTACHTERKOSTEN** trägt, nicht zu verantworten ist, sind die Kosten von der Auftraggeberseite zu übernehmen, da von dieser Seite aus die Schadensbehauptung erfolgt ist.

Wenn eine Architektin oder ein Architekt bei der Umsetzung der Baumaßnahme eingesetzt ist, besteht eine gesamtschuldnerische Haftung mit dem ausführenden Unternehmen. In § 650t BGB wird geregelt, dass dem bauausführenden Unternehmer zunächst eine angemessene **FRIST ZUR NACHERFÜLLUNG** bestimmt werden muss, bevor die Architektenleistung wegen eines Überwachungsfehlers mit diesem Mangel in Anspruch genommen werden soll.

## Abnahme der Bauleistung

Die Vertragserfüllung endet im Werkvertragsrecht immer mit einer Abnahme der Werkleistung durch den Besteller – so bezeichnet das Bürgerliche Gesetzbuch BGB durchgängig den Auftraggeber, und Auftragnehmer werden dort „Unternehmer" genannt.

Die **FOLGE EINER ABNAHME** ist einerseits die Umkehr der Beweislast. Das bedeutet, dass bis zur Abnahme stets durch den Unternehmer zu beweisen ist, dass ein behaupteter Mangel nicht vorliegt. Nach der Abnahme muss der Besteller beweisen, dass ein Mangel tatsächlich vorhanden ist. Andererseits bewirkt die Abnahme die Fälligkeit der vollständigen Zahlung der vereinbarten Vergütung beziehungsweise des noch ausstehenden Rests.

Das heißt, es kann sofort eine Schlussrechnung gestellt werden, und diese ist sofort fällig. Bei Nicht-Bezahlung kommt der Besteller, sprich: Sie als Bauherr oder Bauherrin, nach 30 Tagen in Zahlungsverzug, sofern nichts anderes vereinbart ist. Ganz wichtig ist die dritte Folge der Abnahme: Ab diesem Zeitpunkt beginnt die **GEWÄHRLEISTUNGSFRIST**. Ist im Vertrag keine abweichende Frist vereinbart, so gilt nach BGB eine Frist von fünf Jahren ab diesem Zeitpunkt.

Als Bauherrin oder Bauherr müssen Sie unbedingt beachten: Selbst wenn es keine formelle Abnahmehandlung gibt, kann durch reines Handeln des Bestellers eine **FIKTIVE ABNAHME** erfolgen. Als solche kann beispielsweise das Benutzen des Werks oder das vollständige Bezahlen gelten, wenn keine schriftliche Erklärung seitens des Bestellers erfolgt, dass das Werk noch Mängel aufweist oder noch nicht vollständig erbracht ist. Konkret bedeutet das: Wenn Sie vor der Abnahme schon einziehen, kann das als fiktive Abnahme gewertet werden.

Gerade bei Bauverträgen sollte aus diesem Grund immer die formelle Abnahme vereinbart werden und die fiktive Abnahme vertraglich ausgeschlossen werden. Die Abnahmehandlung kommt zustande, nachdem der Unternehmer erklärt hat, dass sein Werk fertiggestellt sei und ein Abnahmetermin solle innerhalb einer festzulegenden Frist erfolgen. Dabei ist die Abnahme selbst eine einseitige Handlung des Bestellers, die schriftlich im sogenannten Abnahmeprotokoll zu dokumentieren ist.

Zur Abnahme ist der Besteller des Werks gemäß § 640 BGB **VERPFLICHTET**. Das Gesetz verweist auch darauf, dass wegen unwesentlicher Mängel die Abnahme nicht gänzlich verweigert werden kann. Verstreicht eine vom Unternehmer gesetzte angemessene Frist zur Abnahme und der Besteller hat die Abnahme nicht unter Angabe von mindestens einem Mangel verweigert, so gilt das Werk auch als abgenommen. Wichtig dabei ist: Der Unternehmer muss Verbraucher explizit zusammen mit der Aufforderung zur Abnahme in Textform auf diese Rechtsfolge der fiktiven Abnahme hinweisen.

### MÄNGELVORBEHALT

Wenn dem Besteller **MÄNGEL** vor der Abnahme nachweislich bekannt sind, so muss er sich die ihm aus Mängeln zustehenden Rechte bei der Abnahme vorbehalten. Das bedeutet, dass seitens des Bestellers im Abnahmeprotokoll festgehalten wird, dass die Abnahme vorbehaltlich der Inanspruchnahme der Rechte nach § 634 BGB bezüglich der genau zu benennenden Mängel gilt. Die Mängel müssen dabei beschrieben und örtlich im Baukörper zugeordnet werden. Eine solche Mangelbehauptung soll nicht zu allgemein gehalten sein. Wenn eine Nachbesserung durch den Unternehmer bei der Abnahme besprochen wird, so ist eine **ANGEMESSENE FRIST** dafür festzulegen. Diese Frist muss im Abnahmeprotokoll festgehalten werden. So kann eine Formulierung für einen solchen Fall beispielsweise wie folgt lauten: „Die Abnahme erfolgt vorbehaltlich der Beseitigung der aufgeführten Mängel durch den Unternehmer bis zum …".

Zeigt der Unternehmer die Fertigstellung der Mangelbeseitigung dem Besteller an, so sollte dieser unmittelbar prüfen, ob die Mangelbeseitigung erfolgreich war und gegebenenfalls dem Unternehmer kurzfristig schriftlich widersprechen. Dabei muss die noch nicht vollständige Mangelbeseitigung konkret benannt werden. Wird dies versäumt, kommt durch die unwidersprochene Fertigstellungsmeldung die fiktive Abnahme zustande.

### ABNAHMEPROTOKOLL

Das **ABNAHMEPROTOKOLL** ist mit Datum und eigenhändiger Unterschrift des Bestellers zu versehen, um wirksam zu werden, und ist im Original für den Unternehmer bestimmt. Eine Unterzeichnung durch den Unternehmer selbst ist genauso wenig verpflichtend wie die Unterschrift der Bauleitung. Jedoch empfiehlt es sich, dass mindestens der Unternehmer oder ein von diesem beauftragter Vertreter unterschreibt und der Besteller eine Durchschrift als Nachweis erhält. Dieses wichtige Dokument sollte mindestens für die Zeit der Gewährleistungsansprüche vom Besteller aufbewahrt werden, um bei Bedarf nachweisen zu können, wann die Gewährleistungszeit endet.

### ZUSTANDSFESTSTELLUNG BEI VERWEIGERUNG DER ABNAHME

Wenn der Besteller die Abnahme wegen Mängeln verweigert, kann der Unternehmer nach BGB § 650g verlangen, dass der Besteller an einer gemeinsamen Feststellung des Werks mitwirkt. Dabei wird der Zustand schriftlich festgehalten und von beiden Vertragsparteien mit Angabe des Tages der Zustandsfeststellung unterschrieben.

Wenn der Besteller zu einem vereinbarten oder vom Unternehmer mit angemessener Frist bestimmten Termin zur Zustandsfeststellung grundlos und ohne Mitteilung dazu nicht erscheint, so kann der Unternehmer die Zustandsfeststellung auch **EINSEITIG** vornehmen. Er muss dem Besteller eine Abschrift der Zustandsfeststellung zustellen. Es sollte vom Bauherrn vermieden werden, dass es zu einer solchen einseitigen Zustandsfeststellung kommt, die dann eine Rechtswirksamkeit erlangt.

Es ist empfehlenswert, zu einer Zustandsfeststellung einen öffentlich bestellten und vereidigten Sachverständigen (ö. b. u. v. SV) des betreffenden Gewerks – bei Holzgebäuden sind das von Handwerkskammern öffentlich bestellte und vereidigte Sachverständige für das Zimmererhandwerk – hinzugezogen wird, der die benannten Mängel dokumentiert und vor Ort eine fachliche Einschätzung gibt.

## Vertragskündigung

Für die Kündigung von Bauverträgen legt das Bürgerliche Gesetzbuch in § 650h lediglich fest, dass die Kündigung der schriftlichen Form bedarf. Im juristischen Sinn bedeutet schriftlich, dass das tatsächlich auf Papier mit unter dem Kündigungstext stehender persönlicher Unterschrift derjenigen Person, die die Kündigung erklärt, erfolgen und dieses Schriftdokument der anderen Partei nachweisbar zugehen muss (Einwurfeinschreiben ist ausreichend). Die für andere Willenserklärungen im Zusammenhang mit dem Werkvertragsrecht inzwischen zugestandene Textform bedeutet dagegen, dass beispielsweise eine E-Mail diese Form erfüllt. Für die Kündigung reicht eine E-Mail jedoch nicht aus.

# Klarer Kubus

**VORARLBERG, ÖSTERREICH**
**FIRM ARCHITEKTEN**

Der geradlinig reduzierte Baukörper öffnet sich im Erdgeschoss großflächig zur Landschaft.

Die horizontal gerippte Fassade des Neubaus stellt Beziehungen zu den angrenzenden Bauernhäusern her.

## Ein dreigeschossiger Wohnturm steht im Dialog mit der dörflichen Umgebung.

Aufgrund der Hanglage des Bauplatzes ist der quadratische Sockel in Sichtbeton ausgeführt. Statisch konsequent ruhen die in Massivholz ausgeführten Obergeschosse auf drei massiven Buchenholzstützen im Erdgeschoss. Der dadurch ermöglichte Gebäudeeinschnitt eröffnet einen Panoramaausblick nach drei Seiten aus dem Ess- und Wohnbereich, der dadurch zu einer Art-Indoor-Balkon wird.
Im Gegensatz zum zu drei Seiten geöffneten Erdgeschoss werden die Ausblicke in den beiden Obergeschossen durch präzise Setzung der Fenster gelenkt, je weiter man nach oben kommt, desto besser wird die Aussicht auf die umliegenden Täler. Die Platzierung der Fenster und die horizontale Holzlattung aus Fichtenholz gliedern die Fassade. Als Bindeglied zum Bestand fungiert der in Stahlbeton ausgeführte Nebenbaukörper. Das organisch geformte Dach dient als Autounterstellplatz und schützt den Außensitzplatz.
Wände und Decken des Holzwürfels bestehen aus leimfrei gedübelten, 2×12 Zentimeter starken Holzelementen. Tanne wurde für die Fenster, die Möbel und die Akustikdecke, Buche für die Dielenböden und die Treppe sowie Ulme für die Möbel des Außensitzplatzes verwendet. Zusätzlich zum Holz kommen Lehmputz und Schwarzstahl in Form eines Bücherregals entlang der Treppe als weitere Materialien zum Einsatz.

Oben: Panoramablick aus dem Erdgeschoss

Links: Das Bücherregal in Schwarzstahl entlang der Treppe kontrastiert die hellen Holzoberflächen.

Das tageslichthelle Badezimmer im ersten Obergeschoss

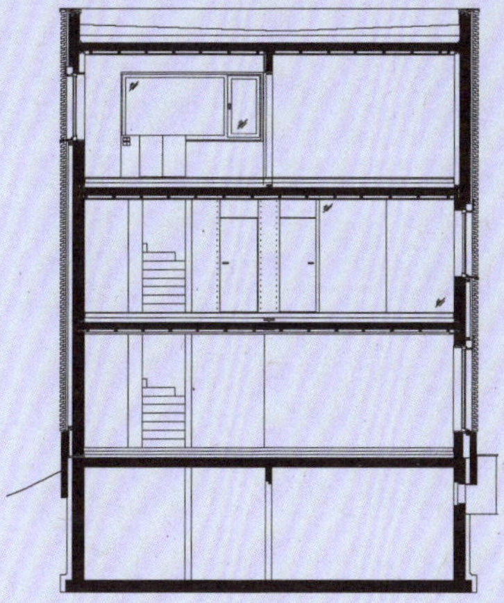

Querschnitt Ost-West

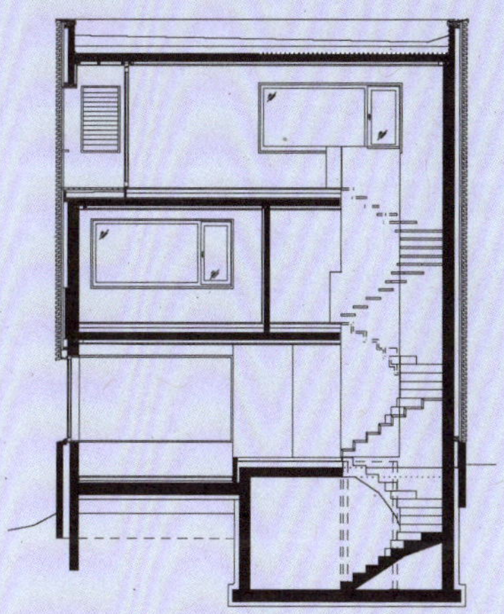

Querschnitt Nord-Süd

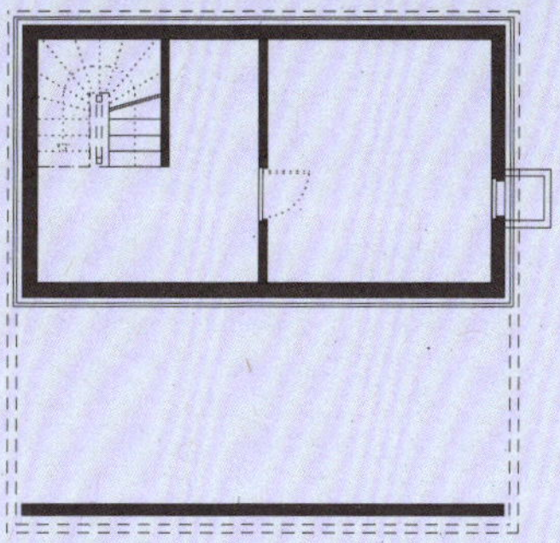

Keller

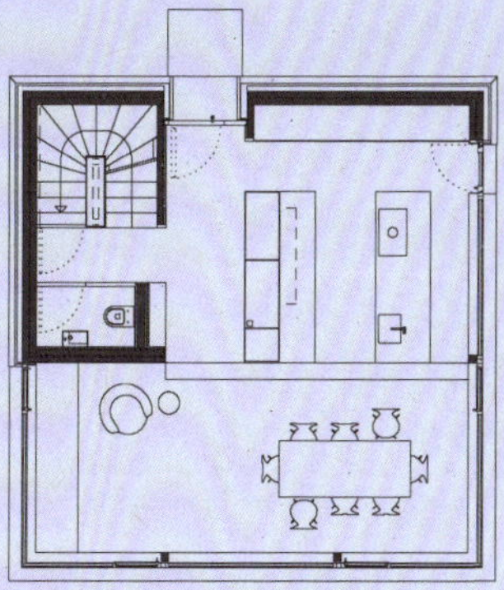

Erdgeschoss

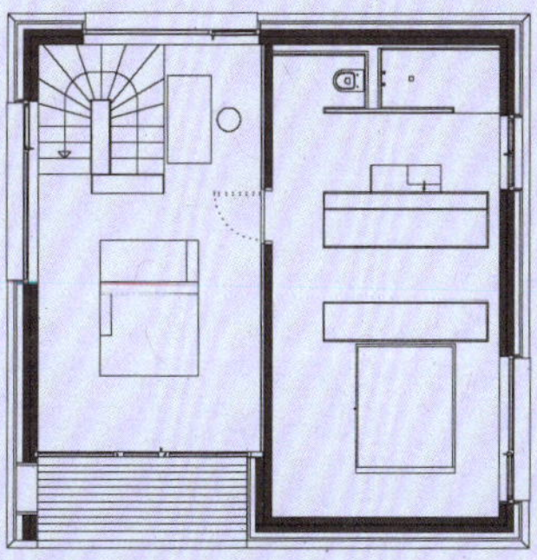

Zweites Obergeschoss

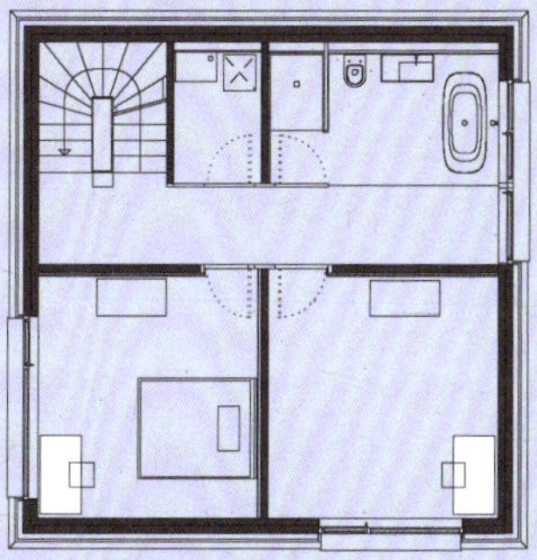

Erstes Obergeschoss

**PROJEKTDATEN**

**Architektur:** firm Architekten
**Wohnfläche:** 170 $m^2$
**Anzahl der Vollgeschosse:** 3
**Energiekonzept:** Erdwärmepumpe
**Konstruktion und Materialien:** Sockel aus Sichtbeton, Geschosse aus leimfreien Massivholzelementen, Fassade aus Fichtenholz
**Jahr der Fertigstellung:** 2020

# QUALITÄTSKONTROLLE UND NUTZUNGSÄNDERUNGEN

6

Damit Sie an Ihrem Traumhaus lange Freude haben, sind regelmäßig Kontrollen und Wartungen durchzuführen. Was zu tun ist, um den Wert des Hauses lange zu erhalten, und wie Sie auf veränderte Nutzungsanforderungen reagieren können, zeigen wir Ihnen in diesem Kapitel.

# → Was sollte in welchem Abstand am Haus gemacht werden? Um die Qualität der Gebäudesubstanz zu bewahren, sind bei allen Gebäuden in jeder Bauweise entsprechende Instandhaltungsmaßnahmen erforderlich.

**WAS ERFAHRE ICH?**



Unter **INSTANDHALTUNG** versteht man Maßnahmen zur Bewahrung und Wiederherstellung der Funktionstüchtigkeit und Dauerhaftigkeit des ursprünglichen Zustands eines Gebäudes sowie seiner Bestandteile sowie die Feststellung und Beurteilung des aktuellen beziehungsweise tatsächlichen Zustandes (Ist-Zustand). Instandhaltung stellt somit einen Oberbegriff dar, der Inspektion, Wartung, Instandsetzung und Verbesserungen beinhaltet. Wartungsmaßnahmen dienen der Bewahrung des ursprünglichen Zustandes (Soll-Zustand) durch regelmäßige Kontrollen und Reinigungs- sowie Pflegemaßnahmen. Werden Abweichungen vom Soll-Zustand festgestellt, kann die Wiederherstellung durch Instandsetzungsmaßnahmen, zum Beispiel Reparaturen, erfolgen. Unter **MODERNISIERUNG** werden Verbesserungen zur Erhöhung des Gebrauchswertes des Gebäudes und zur Steigerung der Wohnqualität verstanden.

Die nachfolgend angeführten Tipps für Pflege, Wartung und Instandhaltung Ihres Hauses gehen ohne Anspruch auf Vollständigkeit auf wesentliche Bereiche und Bauteile im Außen- und Innenbereich ein. Auch wenn Sie Ihr Haus lediglich als Wochenend- oder Ferienhaus nutzen, sollten Sie die angeführten Intervalle einhalten. Gerade bei Gebäuden, die nur wenige Wochen im Jahr bewohnt werden, werden erforderliche Maßnahmen häufig zulasten der Bausubstanz vernachlässigt.

## Keller

Nicht beheizte und schlecht gedämmte Keller stellen insbesondere bei Altbauten ein Feuchteproblem dar. Gerade in der Sommerzeit kann es durch zu viel einströmende warme Außenluft im Keller aufgrund der geringen Temperatur zu einer hohen Luftfeuchtigkeit kommen. Aus diesem Grund sollten Keller je nach Nutzung im Sommer, wenn überhaupt, nur zu kühlen Zeitpunkten- also in der Regel frühmorgens oder am späten Abend – kurz quergelüftet werden. Vermeiden Sie zusätzlichen Feuchteeintrag beispielsweise durch feuchte Wäsche, und stellen Sie keine großen Möbel direkt an die Außenwände, da dadurch die Luftströmung an diesen Wänden eingeschränkt werden kann.

Die Kellerbauteile sind in regelmäßigen Abständen zwischen drei und fünf Jahren auf Risse und Schäden durch **FEUCHTIGKEIT** zu kontrollieren. Dabei ist auf eindringende Feuchtigkeit oder Salzausblühungen auf den Bauteilen zu achten. Ein muffiger Geruch lässt auf eine zu hohe Luftfeuchtigkeit und einen damit einhergehenden Schimmelpilzbefall schließen.

## Fassaden

So wie bekanntlich „Kleider Leute machen", prägen Fassaden das Erscheinungsbild des Hauses, wobei sie natürlich starken Witterungseinflüssen ausgesetzt sind. Unbehandelte Holzoberflächen können aufgrund unterschiedlich starker **BEWITTERUNG** bei den einzelnen Himmelsrichtungen sowie zwischen geschützten Stellen (etwa unter Vorsprüngen) und besonders beanspruchten Bereichen (zum Beispiel Sockel) sehr unterschiedlich altern. Die sich einstellenden optischen Alterungserscheinungen haben keinen Einfluss auf die Festigkeit. Ein wesentlicher Vorteil von Holzfassaden ohne Oberflächenanstriche ist, dass diese beinahe wartungsfrei sind. Lediglich nach extremen Wetterereignissen empfiehlt es sich, eine optische Kontrolle durchzuführen. Generell sind bei **HINTERLÜFTETEN FASSADEN** die Insektenschutzgitter im Bereich der Hinterlüftungsöffnungen zu überprüfen und gegebenenfalls zu reinigen.

Bei **BESCHICHTETEN FASSADEN** sind die Pflege- und Wartungshinweise des Herstellers zu berücksichtigen. Bei zu langen Wartungsintervallen kann es zu teuren Renovierungen kommen. Ungefähre Richtwerte können der Tabelle rechts entnommen werden.

Zu beachten ist, dass mit Lasuren behandelte Oberflächen mit jedem Wartungsanstrich dunkler werden.

**GEPUTZTE FASSADEN** sind ebenfalls einmal pro Jahr auf Feuchteschäden und Risse, insbesondere im Sockelbereich, und bei Anschlüssen zu Verblechungen, zum Beispiel Fensterbänken, zu überprüfen. Es empfiehlt sich, alle drei Jahre genauere Inspektionen vorzunehmen.

Empfehlungen zur Pflege und Wartung von Fassaden mit einem **WÄRMEDÄMMVERBUNDSYSTEM** von der Qualitätsgruppe Wärme-

**WARTUNGSINTERVALLE FÜR BESCHICHTETE HOLZFASSADEN**

| Art | Farbton | Lage | Wartungsintervall[1] |
|---|---|---|---|
| Imprägnierlasur, Dünnschichtlasur | hell | geschützt[2] | 3 Jahre |
| | | exponiert | 1–2 Jahre |
| | dunkel[2] | geschützt[2] | 3–4 Jahre |
| | | exponiert | 2 Jahre |
| Mittelschichtlasur | hell | geschützt[2] | 5 Jahre |
| | | exponiert | 2 Jahre |
| | dunkel[2] | geschützt[2] | 6–7 Jahre |
| | | exponiert | 3 Jahre |
| deckender Lack | hell[2] | geschützt[2] | bis 15 Jahre |
| | | exponiert | 10 Jahre |
| | dunkel | geschützt[2] | 10–12 Jahre |
| | | exponiert | 8 Jahre |

1) ungefähre, unverbindliche Richtwerte der Wartungsintervalle für beschichtete Holzfassaden 2) verlängert Wartungsintervall
Quelle: Schober et al (2010): Fassaden aus Holz. Wien: proHolz Austria

**Risse im Putz des WDVS bei einer Holzrahmenkonstruktion im Bereich der Decke und beim Anschlussbereich zur Fensterbank aufgrund mangelhafter Wartung führten zu einem gravierenden Wasserschaden an der Holzkonstruktion.**

## SO WARTEN SIE PUTZFASSADEN RICHTIG

| | Worauf ist zu achten? | Was ist zu tun? | Was droht bei Nichtbeachtung? |
|---|---|---|---|
| **Regelmäßige Aktivitäten erforderlich** | Verschmutzungen | Schmutzablagerungen auf waagrechten Flächen regelmäßig nass reinigen, um Ablaufspuren zu vermeiden | Optische Beeinträchtigungen |
| | | Fassadenoberfläche mit Hochdruckreiniger (geringer Druck, Bürste und Abstand) reinigen | |
| | Mikrobieller Befall (Mauerspinnen, Algen, …) | Reinigen | Optischer Mangel; auf Dauer ist eine Zerstörung der Deckschicht möglich |
| | Direkter Kontakt durch Äste und Blätter durch wilden Bewuchs | Entfernen und Rückschneiden von Büschen und Bäumen | Feuchtes Mikroklima fördert Bewuchs mit Algen und Pilzen; mechanische Beschädigung der Beschichtung durch Äste kann zu Feuchteeintritt führen |
| **Umgehende Maßnahmen erforderlich** | Gefälle bei Terrassen, Geländeanschluss | Kontrolle, ob ausreichendes Gefälle (> 2 %) vom Gebäude weg besteht, Wasserableitung muss gegeben sein | Durchfeuchtung bis hin zu Feuchteschäden |
| | Kleinflächige mechanische Beschädigung von Flächen, Ecken, Kanten inkl. Vandalismus | Fachgerechte Reparatur (Ausfüllen mit artgleichem Dämmstoff), Neuaufbau des Putzsystems mit entsprechenden Überlappungen | Durchfeuchtung bis hin zu Feuchteschäden |
| | Spechtlöcher | Fachgerechte Wiederherstellung des Witterungs- und Wärmeschutzes | Durchfeuchtung bis hin zu Feuchteschäden |
| | Risse (oft nur durch Verschmutzungen sichtbar, noch nicht wassersaugend) | Je nach Breite und Häufigkeit gemäß den Angaben des Systemanbieters überarbeiten | Durchfeuchtung bis hin zu Feuchteschäden |
| | Fassadendurchdringungen | Auf Schlagregensicherheit, Versprödung und Abnutzung der Fugenabdichtung zum Beispiel bei Geländeranschlüssen, Abluftrohren, Regenfallrohren achten; Reparatur oder Erneuerung der Anschlüsse | Durchfeuchtung bis hin zu Feuchteschäden |
| | Anschlüsse an Fenster und Türen | Fugenausbildungen mit Fugendichtbändern/Anschlussprofilen sind regelmäßig auf Versprödung und Abnutzung zu prüfen; Risse, Stöße und Haftung zum Untergrund beachten; Reparatur oder Erneuerung der Anschlüsse | Verschmutzung, Durchfeuchtung bis hin zu Feuchteschäden |
| | Fensterbank | Ordnungsgemäße Befestigung, Funktionsfähigkeit der wasserführenden Ebene kontrollieren, Fugenausbildung und Fugendichtbänder in regelmäßigen Abständen auf Versprödung und Abnutzung prüfen und ggf. erneuern | Durchfeuchtung bis hin zu Feuchteschäden |
| | Kreiden des Anstriches / Absanden des Oberputzes | Überprüfung mit Handwischprobe, Reinigung; Tiefengrund und neuer Anstrich | Durchfeuchtung bis hin zu Feuchteschäden |
| | Durchfeuchtung | Bei augenscheinlicher Durchfeuchtung Ursache ergründen und fachgerecht reparieren | Feuchteschäden bis hin zu großflächigen Schäden möglich |
| | Anschluss im erdberührten Bereich und Sockel | Alle An- und Abschlüsse auf deren Funktionstauglichkeit prüfen | Durchfeuchtung bis hin zu Feuchteschäden |

dämmverbundsysteme ist in der nebenstehenden Tabelle nach den Kategorien „regelmäßige Aktivitäten erforderlich" und „umgehende Maßnahmen erforderlich" zusammengefasst.

**VERFÄRBUNGEN AN DER FASSADE** im Bereich von Bauteilanschlüssen können auf Feuchteschäden in der dahinterliegenden Konstruktion hinweisen. Sobald dies bemerkt wird, ist umgehend ein Fachmann zu kontaktieren, um größere Schäden zu vermeiden (siehe Foto rechts).

**Verfärbungen an der Fassade wurden zu lange ignoriert und die Holzkonstruktion dahinter wies einen massiven Feuchteschaden auf.**

## Dächer

Sowohl bei flachgeneigten Dächern als auch bei Steildächern ist die Innenbekleidung kontinuierlich auf feuchte Flecken zu kontrollieren und eine einwandfreie **DACHENTWÄSSERUNG** sicherzustellen. Infolge des vermehrten Auftretens von Starkregenereignissen ist sicherzustellen, dass die Dachabläufe unverlegt sind. Die Dachentwässerung muss halbjährlich kontrolliert und gegebenenfalls gereinigt werden. Die in den Fallrohren eingebauten Laubfänge sind ebenfalls regelmäßig zu reinigen. Falls aus Notüberläufen Wasser rinnt, ist der Ablauf verstopft. Es wird empfohlen, umgehend das Fachunternehmen zu verständigen, das die Dachentwässerung installiert hat.

Beim Betreten der Dächer muss immer auf eine entsprechende Absturzsicherung geachtet werden. Die **DACHEINDECKUNG**, welche starken Witterungseinflüssen ausgesetzt ist, ist mindestens einmal im Jahr (idealerweise nach dem Abtauen der Schneedecke und nach heftigen Unwettern) auf oberflächliche Schäden und starke Verschmutzung zu überprüfen. Starke Verschmutzungen durch Pflanzenbewuchs und Laub sollten umgehend entfernt werden. Zusätzlich sollten Lüftungssteine und Lüftungsöffnungen im Traufen- und Firstbereich überprüft werden. Es ist empfehlenswert, alle drei bis fünf Jahre eine Vorsorgekontrolle der Dachdeckung durch ein Fachunternehmen durchführen zu lassen, wobei dieses auch sämtliche Anschlüsse, Dachöffnungen und den Schornstein überprüfen sollte. **GULLYS** sind zweimal jährlich zu inspizieren und die Laubfangkörbe zu entleeren, am besten im Herbst nach dem Laubabfall und im Frühjahr nach der Baumblüte.

Im Zuge der Kontrolle der Dachdeckung sind auch die **DACHABSCHLÜSSE** zu überprüfen. Sollten metallische Bauteile Korrosionsschäden aufweisen, sind sie umgehend durch Fachpersonal zu sanieren beziehungsweise zu erneuern.

## Fenster, Türen, Beschattung

Fenster und Außentüren sind stark beanspruchte Bauteile, welche sämtliche bauphysikalischen und bautechnischen Anforderungen von Außenbauteilen auf dünnen Querschnitten erfüllen müssen. Für eine lange Nutzungsdauer ist ebenfalls eine **UMFANGREICHE WARTUNG** erforderlich. So sollten die Beschläge einmal jährlich überprüft und nachgefettet werden. Die Dichtungsprofile sind einmal jährlich zu reinigen und mittels Vaseline geschmeidig zu halten. Es wird empfohlen, alle fünf bis zehn Jahre die Dichtungen von einem Fachunternehmen kontrollieren zu lassen. Bei Holzfenstern hat die Pflege und Nachbehandlung der Beschichtung entsprechend den Herstellerangaben zu erfolgen. Sie sollte außen einmal jährlich auf Beschädigungen und innen alle fünf Jahre überprüft werden. Kleine Verletzungen in der Beschichtung sind nach den Herstellerempfehlungen auszubessern. Es emp-

1, 2 Fehlende Wartung und Kontrolle: leichte Schäden am Anstrich, Schimmelpilzwachstum an der linken Holzkonstruktion, holzzerstörender Pilz im unteren Anschluss

3 „Idyllische" Terrassenbepflanzung, welche allerdings die Haltbarkeit der Holzkonstruktion massiv verringert
4 Zu dichter Anstrich und Wassereintritte über Risse führte zu Holzzerstörung

5 Längst fällige Wartung der Beschichtung eines exponierten Handlaufs und Blumentrogs
6 Zu dichter Anstrich führte zu einer Holzfäulnis bei einem Blumentrog

7 Mangelhafte Wartung
8 Nicht gereinigte Dachrinne bei einem Balkon, angesammelte Erde bedingt Wasserrückstau und unkontrollierten Abfluss.

fiehlt sich, bei größeren Beschädigungen ein Fachunternehmen zu beauftragen.

Für die **EINGANGSTÜR** gilt grundsätzlich dasselbe wie für Fenster. Zusätzlich ist zu beachten, dass Türschlösser und Zylinder nicht geölt werden dürfen. Diese werden mit Graphitpulver, welches bei Schlüsseldiensten erhältlich ist, trocken geschmiert.

Bei **SONNENSCHUTZ**- beziehungsweise Beschattungssystemen sind die Metallteile auf Korrosion und die Textilien auf Risse und Beschädigungen zu kontrollieren. Die Systeme sind regelmäßig zu reinigen und Bedienungsgurte auf allfällige Abnutzungen zu kontrollieren und gegebenenfalls zu tauschen.

## Balkone, Terrassen und deren Beläge

Balkone und Terrassen sind mindestens einmal jährlich gründlich zu reinigen. Dabei sind Verschmutzungen durch Erde oder Laub zu entfernen. Die Fugen des Holzbelags und die Unterkonstruktion müssen stets von **VERSCHMUTZUNGEN** freigehalten werden, damit das Holz durch die Luftumspülung abtrocknen kann. Auch Laub, das auf den Holzbelag fällt, sollten Sie sofort entfernen und verhindern, dass es etwa durch Fugen unter die Konstruktion gerät. Denn durch verrottendes Laub entsteht Erde. Dadurch kann es bei unregelmäßiger Reinigung zu einer Moderfäule an der Unterkonstruktion und dem Belag und somit zu einer massiven Verringerung der Lebensdauer kommen.

Im Zuge der jährlichen Reinigung sind auch Entwässerungsrinnen zu kontrollieren und beschichtete Oberflächen mit klarem Wasser und einem weichen Schwamm abzuwaschen. Von der Verwendung eines Hochdruckreinigers wird an dieser Stelle dringend abgeraten. Im Zuge der Reinigung sollte auch gleich eine Kontrolle der Beschichtung auf Risse, mechanische Beschädigungen, Verfärbungen, Abblätterungen der Farbe und auf Fäulnisschäden (sehr weiche Stellen, auffällige Querrisse, Pilzfruchtkörper) erfolgen.

Achtung: Wenn Fruchtkörper der **PILZE** aus der Holzkonstruktion herauswachsen, ist das Holz bereits zerstört und dringender Handlungsbedarf gegeben.

Die Wartungsintervalle der Beschichtungen sind von deren Art und der Bewitterung abhängig. Stark exponierte Bereiche wie beispielsweise Handläufe oder Oberkanten von Blumentrögen sind gegebenenfalls in kürzeren Intervallen zu warten.

Zu berücksichtigen ist ferner, dass bei nicht maßhaltigen Bauteilen keine **DICKSCHICHTLASUREN** verwendet werden dürfen. Auch durch zu häufiges Streichen kann ein zu dicker und damit zu dichter Anstrich entstehen. In diesem Fall kann über Risse oder Kanten eingedrungene Holzfeuchtigkeit nicht mehr abtrocknen, und es kommt zu einer Zerstörung des Holzes.

## Boden-, Wand- und Deckenbeläge

Holzfußböden sind unabhängig von der Oberflächenbeschichtung und der Holzart sorgfältig zu reinigen und entsprechend der Herstellerangabe richtig zu pflegen. Zusätzlich zur täglichen bis wöchentlichen Unterhaltsreinigung durch Kehren oder Saugen sollte bei stärkerer Verschmutzung „nebelfeucht" mit vom Hersteller empfohlenen Reinigungsmitteln aufgewaschen werden. Zu nasses Aufwaschen kann zu Verfärbungen von Stoßfugen und unerwünschtem Quellverhalten führen. **DIE GRUNDPFLEGE** entsprechend den Herstellerangaben ist bei stark beanspruchten Oberflächen in Abständen zwischen vier und sechs Wochen und bei weniger beanspruchten Bereichen ein- bis zweimal jährlich durchzuführen.

**SICHTHOLZOBERFLÄCHEN** von Wänden und Decken sind nicht so starken Beanspruchungen wie Böden ausgesetzt. Sollten Sie eine beschichtete Oberfläche haben, so sind zur Pflege und Wartung die Herstellerangaben zu berücksichtigen. Die einzelnen Produkte und die verschiedenen Holzarten erfordern unterschiedliche Behandlungen. Keinesfalls sollten Sie an den Innenoberflächen Holzfarben für den Außenbereich einsetzen! Diese können Inhaltsstoffe gegen Pilz- und Algenbefall enthalten und sind für Innenräume aus diesem Grund nicht geeignet.

**Wartungsfuge (dauerelastische Fuge) im Bereich des Dachanschlusses (roter Pfeil). Anmerkung: Die dargestellte Konstruktion weist auch Mängel im Bereich des konstruktiven Holzschutzes auf.**

**Mangelhafte Wartung des Kaminkopfes sowie der Anschlussfugen**

**Mangelhafte Kontrolle der Wartungsfugen: geöffnete Risse zum Kamin (Pfeil) und heraushängendes Dichtungsprofil beim Fensteranschluss (Kreis)**

Für **INNENANSTRICHE** beziehungsweise Tapezierarbeiten können folgende Richtwerte für Erneuerungen und Renovierungen herangezogen werden:

→ Bäder, Küchen: alle drei Jahre
→ Wohn- und Schlafräume: alle fünf Jahre
→ Nebenräume: alle sieben Jahre

Es empfiehlt sich bei der Produktwahl emissions- beziehungsweise schadstoffarme Produkte mit einem Umweltzeichen zu verwenden.

## Wartungsfugen

Dauerelastische Fugen stellen sogenannte Wartungsfugen dar. Diese findet man in Bereichen notwendiger Bauteiltrennungen, beispielsweise im Außenbereich bei Fensterbankanschlüssen, Blechabdeckungen, Kaminanschlüssen, Regenrohrabdichtungen, Wand-Deckenanschlüssen und Ähnlichem.

Eine **UMFANGREICHE INSPEKTION** der außenliegenden Wartungsfugen sollte mindestens alle drei Jahre erfolgen. Im Zuge der jährlichen Kontrolle der Oberflächen werden diese natürlich auch angesehen. Stellen Sie dabei Ablösungen, Risse und ähnliche Schäden fest, sollten unverzüglich Reparaturen durchgeführt werden.

Im **WOHNUNGSINNEREN** können vor allem die Wartungsfugen im Sanitär- und Küchenbereich bei zu geringer Wartung zu einem Wassereintritt in die Konstruktion führen. Da das Dichtungsmaterial mit der Zeit austrocknet, können Risse entstehen, welche zur Vermeidung permanenter Wassereintritte zu verschließen sind.

Im Bereich von **ANSCHLUSSFUGEN** der Wandverfliesung an Badewannen und Duschtassen kann aufgrund der hohen Feuchtebelastungen eine schwarze Verfärbung durch Schimmelpilzwachstum entstehen. Durch monatliches Abwaschen der Fugen mit Essigwasser können diese gereinigt werden. Fugen der Küchenarbeitsplatten sowie Anschlüsse der Wand- und Fußbodenverfliesungen sind ebenfalls regelmäßig zu überprüfen.

# → Schädigungsarten und Sanierungsmöglichkeiten: Welche Schäden können bei einem Holzhaus auftreten, und mit welchen Maßnahmen kann man diese beheben? Die folgenden Beispiele zeigen, worauf Sie achten müssen.

**WAS ERFAHRE ICH?**



„Wichtiger als die Kenntnis von Regeln ist das Verständnis für technische Zusammenhänge, damit man in den immer wieder wechselnden Einzelfällen mit Vernunft die angemessenste Lösung findet." Diese Aussage von Prof. Dr.-Ing. Rainer Oswald vom Aachener Insitut für Bauschadensforschung und angewandte Bauphysik benennt, worum es beim Kampf gegen Holzschädlinge geht.

## Holzschädlinge im Überblick

Bevor wir uns den Schadensbeispielen widmen, sollten wir kurz ein paar Grundlagen über die Wachstumsbedingungen und Lebensweisen von Holzzerstörern klären. In der Natur sorgen Insekten gemeinsam mit Mikroorganismen dafür, dass abgestorbene Bäume wieder für neues Wachstum in ihre Bestandteile zerlegt werden. Dies ist ein natürlicher und auch wichtiger Vorgang. Dieser natürliche Prozess soll bei verbautem Holz unterbunden werden. Dass dabei insbesondere der bauliche Holzschutz und die Vermeidung einer lang anhaltenden Durchfeuchtung des Holzes eine wesentliche Rolle spielen, haben wir bereits erfahren (siehe Seite 144 ff.). Doch worauf ist im Detail bei den Holzschädlingen zu achten, um einen Schaden zu vermeiden?

### HOLZVERFÄRBENDE PILZE

Grundsätzlich unterscheidet man in holzzerstörende und holzverfärbende Pilze. Zu den holzverfärbenden Pilzen werden die Bläue- und die **SCHIMMELPILZE** gezählt. Bei beiden kommt es zu keiner Abminderung der Festigkeitseigenschaften und auch nicht zu Fäulnis und Abbau der Holzstruktur. Da die Bläue auch innerhalb des Holzes wächst, kann sie nicht oberflächlich entfernt werden. Sie tritt nur an nassem oder sehr feuchtem Holz auf und stirbt bei Trocknung ab. Man unterscheidet Stamm-, Schnittholz- und die Anstrichbläue.

Schimmelpilze wachsen bei hoher Luftfeuchtigkeit und entsprechenden Temperaturen an der Oberfläche. Das Wachstum hängt neben dem Substrat auch von der Dauer der Beanspruchung der Klimabedingungen (relative Luftfeuchtigkeit/Temperatur) ab. Bei einer Temperatur von 20 Grad Celsius kann auf einer

**Schnittholzbläue, rein optischer Mangel**

**„Schöner" Fruchtkörper des Echten Hausschwammes an einem Türsteher eines Klosters mit Ausgangspunkt im dahinter liegenden Kellerraum**

Fichtenoberfläche bei einer oberflächennahen relativen Luftfeuchtigkeit von 80 Prozent nach etwa fünf Monaten ein Schimmelpilz wachsen. Je niedriger die Temperatur ist, desto höher muss die relative Luftfeuchtigkeit beziehungsweise die Zeitdauer sein.

Im Vergleich zur Bläue können Schimmelpilze relativ einfach entfernt werden, da sie an der Oberfläche wachsen. Es können allerdings fleckige Verfärbungen bestehen bleiben.

## HOLZZERSTÖRENDE PILZE

Im Gegensatz dazu führen holzzerstörende Pilze zu einer **FÄULNIS** und somit zu einer Zerstörung des Holzes. Entsprechend dem Zerstörungsbild können die Pilze in Braunfäule erzeugende und Weißfäule erzeugende Pilze sowie die Moderfäule unterteilt werden.

Als Wachstumsbedingung für holzzerstörende Pilze gilt der **FASERSÄTTIGUNGSBEREICH**. Darunter wird der Bereich verstanden, ab dem die Holzfaserstruktur vollständig mit Wasser gesättigt ist. Der Bereich wird in der Literatur für Nadelholz zwischen 26 M-% und 32 M-% angegeben. Im Gegensatz zu einem Schimmelpilzwachstum muss für einen Fäulnisbefall die relative Luftfeuchtigkeit wesentlich höher sein.

An verbautem Holz können die Braunfäuleerreger große Schäden anrichten. Die Pilze bauen vorwiegend die Zellulose ab. Zurück bleibt das Lignin, wodurch sich nicht nur die braune Verfärbung einstellt, sondern sich auch ein charakteristischer Würfelbruch bildet.

Zur Braunfäule wird auch der gefürchtete **ECHTE HAUSSCHWAMM** gezählt (siehe Abbildung links unten). Dieser ist deswegen so gefährlich, weil er die Feuchtigkeit von einem Ausgangspunkt, zum Beispiel von nassem Holz im Keller, weiterleiten kann und damit ursprünglich trockenes Holz im Erdgeschoss befeuchtet, um es später ebenfalls abbauen zu können. Bei einem Befall durch einen Echten Hausschwamm sind aus diesem Grund umfangreichere Sanierungsmaßnahmen umzusetzen.

Wesentlich häufiger können insbesondere bei Flachdächern und bei bewittertem Holz im Außenbereich (Balkonen, Fenstern) **BLÄTTLINGSPILZE** auftreten. Diese erzeugen eine sogenannte Innenfäule. Der Name kommt daher, dass der Pilz lange Zeit unbemerkt im Holz wachsen kann. Die Fäulnis wird häufig erst erkannt, wenn Fruchtkörper bei Rissen herauswachsen.

## INSEKTEN

Am verbauten Holz werden Schäden von Tieren hauptsächlich durch Insekten verursacht, wobei in unseren Breiten **KÄFER** die größte Rolle spielen. Ein Befall aufgrund von Holzwespen, Ameisen und diversen Schmetterlingsarten kommt selten vor. Termiten stellen in Mitteleuropa glücklicherweise keine Gefahr dar. Diese gefräßigen Holzschädlinge kommen in südlicheren, insbesondere in tropischen Ländern vor.

Käfer durchlaufen, ähnlich wie Schmetterlinge, vier Entwicklungsstadien: Ei – Larve – Puppe – Vollinsekt. Die Larve frisst sich während ihrer Entwicklung durch das Holz und zerstört dieses.

Man unterscheidet Frischholz- und Trockenholzinsekten. Frischholzinsekten befallen den stehenden Baum oder frisch gefälltes Holz, welches noch einen Großteil der ursprünglichen Feuchtigkeit enthält. Diese Insektenart stellt für das verbaute Holz kein Problem dar. Denn aufgrund der Trocknung sterben die Larven ab, und in weiterer Folge können Frischholzinsekten das Holz nicht mehr befallen. Trockenholzinsekten jedoch können, wie der Name sagt, trockenes Holz als Nahrungsquelle befallen – teilweise über mehrere Generationen. Die drei wesentlichen Schädlinge in unseren Breiten sind Hausbockkäfer, Nagekäfer (Anobien) und Splintholzkäfer.

Der **HAUSBOCKKÄFER** hat sich an den Befall von getrocknetem Holz in Bereichen höherer Temperaturen (Dachstühle) angepasst. Die Larven fressen hauptsächlich im Randbereich das nährstoffreichere Splintholz und lassen dabei eine dünne Schicht stehen. Zur Feststellung des Befalls kann die Holzkonstruktion mit einem Hammer abgeklopft werden. Im Bereich des Befalls fällt dadurch das Bohrmehl heraus. Ein Befall in einem neu errichteten Holzhaus ist heutzutage unwahrscheinlich, da in der Regel ausschließlich **TECHNISCH GETROCKNETES** Holz eingesetzt wird. Bei diesem ist der Gehalt an Nährstoffen und Pheromonen, welche die Hausbockweibchen zur Eiablage anlocken, verringert. Dadurch sinkt auch die Befallswahrscheinlichkeit. Sollte es dennoch zu einem Befall kommen, ist die Wahrscheinlichkeit, dass die nächste Generation im selben Dach die Eier ablegt, vernachlässigbar gering. Hinzu kommt, dass ein möglicher Befall des Konstruktionsholzes mit den nicht zuletzt aufgrund der Wärmeschutzanforderungen großen Dimensionen statisch kein Problem darstellt. Manchmal kommt es vor, dass Bewohner im ruhigen Schlafzimmer unter der Dachschräge in der Nacht Fressgeräusche der Larven hören können. Dies verunsichert verständlicherweise Laien, stellt aber wie angeführt in der Regel kein statisches Problem dar. In der Vergangenheit kam es bei aus Altholz errichteten Häusern – vorzüglich im Tourismusbereich eingesetzt – vereinzelt zu einem „Einschleppen" eines Hausbockbefalls. In gravierenden Fällen können durch eine thermische Bekämpfung, wobei Abschnitte des Hauses oder das ganze Gebäude eingehaust werden, die Larven bei einer

**Thermische Behandlung eines Vierkanthofes im Österreichischen Freilichtmuseum, Stübing**

**Befall durch den Hausbock im Dachstuhl eines Gründerzeithauses**

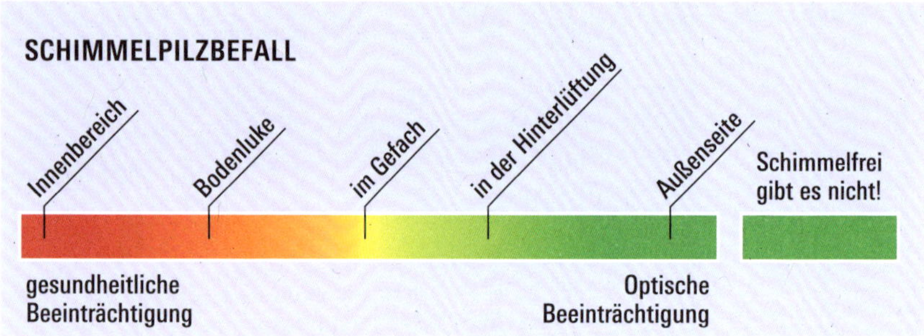


**Einteilung eines Schimmelpilzwachstums hinsichtlich der Lage**

Holzinnentemperatur von 55 Grad Celsius abgetötet werden. Hierzu empfiehlt es sich, mit Fachfirmen Kontakt aufzunehmen, da nicht nur die Temperatur in den Räumen, sondern zur Vermeidung von Rissen auch die Luftfeuchtigkeit erhöht werden muss. Mittlerweile wird auch Altholz vor der Verwendung in einem Neubau technisch getrocknet, wodurch ein derartiges Verschleppen ausgeschlossen werden kann.

Anders als der Hausbock befallen **NAGEKÄFER** Holz beziehungsweise Holzmöbel, welche in kühlen und feuchten Räumen, vorzugsweise Kirchen, vorkommen. Umgangssprachlich wird der Nagekäfer aufgrund der Größe und der kleinen Ausfluglöcher auch als „Holzwurm" bezeichnet. Die Nagekäfer bleiben über Generationen im gleichen Holz und können dieses komplett zerstören. Auch hier empfiehlt sich insbesondere bei wertvollen antiken Gegenständen eine Hitzebehandlung in einer Kammer durch ein Fachunternehmen.

Aufgrund der geringen Feuchtebedingungen kann ein Befall durch Anoben an der Holzkonstruktion ausgeschlossen werden.

## Schimmelpilzwachstum

Schimmel kann gesundheitsgefährdend sein, wobei insbesondere Personen mit schwachem Immunsystem und Kinder von den Folgen eines Schimmelbefalls in der Wohnung betroffen sein können. Die eingeatmeten Schimmelpilzsporen können Allergien, Reizerscheinungen und Infektionen verursachen. Grundsätzlich ist immer zu beachten, dass es eine absolute Schimmelfreiheit nicht gibt. In der Außenluft sind Schimmelpilzsporen immer enthalten, durch das Lüften gelangen die Sporen in den Wohnraum. Zusätzlich kann es aufgrund spät entleerter Biotonnen zu einer vermehrten Konzentration von Sporen kommen.

Bei der Bewertung eines Schimmelpilzbefalls sind der Ort und die Größe des Befalls zu berücksichtigen. Wir unterscheiden an dieser Stelle zwischen einem Befall an Außenoberflächen, in Hinterlüftungsebenen, auf der Außenseite gedämmter Gefache und in unbeheizten Spitzböden sowie an Innenoberflächen. An **RAUMSEITIGEN INNENOBERFLÄCHEN** ist ein Schimmelpilzwachstum grundsätzlich zu vermeiden. Im gedämmten Gefach sollte es vermieden werden, stellt aber aufgrund der nicht vorhandenen beziehungsweise sehr eingeschränkten Verbreitungsmöglichkeit der Sporen in den Innenraum ein geringes Problem dar. An der **AUSSENOBERFLÄCHE** kann ein Schimmelpilzwachstum als unkritisch beziehungsweise bei entsprechendem Mikroklima als nicht vermeidbar angesehen werden.

Ein Schimmelpilzwachstum an der Außenseite kann als optische Beeinträchtigung gewertet werden. In der Vergangenheit kam es insbesondere bei Vordächern mit Seekiefernsperrholzplatten zu Reklamationen. Ursache für ein Wachstum bei Vordächern können bauliche Mängel, eine starke Unterkühlung bei schlanken Dachüberständen, gekippte Fenster im Obergeschoss, zum Beispiel im Badezimmer, aber auch mikroklimatische Einflüsse sein.

Als baulicher Mangel führt eine mangelhafte Ausbildung der luftdichten Ebene zwischen Wand und Dach zu einem Ausströmen der warmen Innenluft und an der kalten Oberfläche zu einer höheren Feuchtigkeit. Bei Fassaden mit einem **WÄRMEDÄMMVERBUNDSYSTEM** könnte zusätzlich auch eine Hinterströmung der Dämmplatte infolge nicht fachgerechter Verklebung eine Ursache darstellen.

### UNTERSUCHUNG, BEWERTUNG UND SANIERUNG VON SCHIMMELPILZWACHSTUM IN INNENRÄUMEN

| Schäden und Maßnahmen | Kategorie 1 | Kategorie 2 | Kategorie 3 |
|---|---|---|---|
| sichtbare und nicht sichtbare Materialschäden | Keine bzw. sehr geringe Biomasse, zum Beispiel geringe Oberflächenschäden | Mittlere Biomasse, oberflächliche Ausdehnung, tiefere Schichten nur lokal begrenzt betroffen | Große Biomasse, große, flächige Ausdehnung, auch tiefere Schichten können betroffen sein |
| Ausdehnung | < 20 $cm^2$ | < 0,5 $m^2$ | > 0,5 $m^2$ |
| Beispielbild | 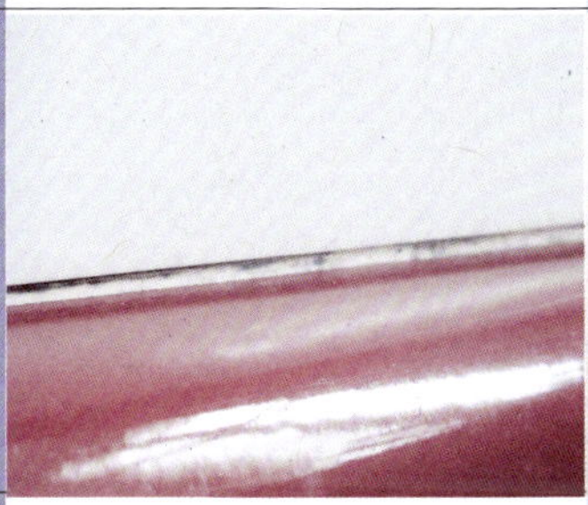 |  | 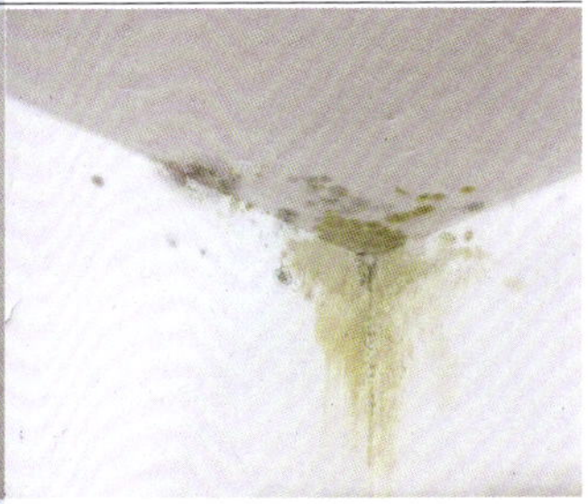 |
| Schadenskategorie | Geringfügiger Schaden | Geringer bis mittlerer Schaden | Großer Schaden |
| Maßnahmen | Mechanische Entfernung, in der Regel vorerst keine weiteren Maßnahmen notwendig | Ursachenklärung und -behebung, mechanische Entfernung | Ursachenklärung und Unterbindung der Freisetzung von Schimmelsporen, Beratung zum Nutzerverhalten, nach erfolgter Sanierung „Freimessung" durchführen |

Quelle: Bundesverband für Schimmelsanierung & technische Bauteiltrocknung, 2014

Wenn das Wachstum im Dach-Wandanschluss verläuft, kann mit großer Sicherheit auf bauliche Mängel zurückgeschlossen werden. Diese sollten auch aufgrund der im Abschnitt zu Wasserdampfkonvektion (siehe Seite 154) angeführten negativen Auswirkungen von Leckagen in der luftdichten Ebene fachmännisch behoben werden. Gerade beim Kauf eines älteren Fertigteilhauses empfiehlt es sich, genau auf solche Bereiche zu achten und eventuell bei der Besichtigung eine sachkundige Person hinzuzuziehen.

Sollte ein Schimmelpilzwachstum im Wohnraum auftreten, so stellt dies einen Indikator für (zu) hohe Feuchtigkeit dar. Vor einer Entfernung sind die **URSACHEN** für den Befall zu erkunden. Handelt es sich um ein falsches Lüftungsverhalten der Bewohner, liegt eine Wärmebrücke vor, oder kam es aufgrund von Wassereintritten zu einer Durchfeuchtung des Bauteils?

Hinsichtlich der Größe des Befalls kann man diesen in **DREI KATEGORIEN** unterteilen. Bei Kategorie 1 handelt es sich um eine kleine Fläche, beispielsweise im Bereich von Wartungsfugen bei Badewannen oder Duschtassen. Die Stellen können selbstständig entfernt werden. Bei Größen ab 0,5 Quadratmetern sollte unbedingt eine Ursachenklärung und auch Behebung erfolgen. Bei der Kategorie 3 wird zusätzlich nach der Sanierung ein sogenanntes Freimessen empfohlen.

Erkennen lässt sich ein möglicher Befall durch den muffigen, modrigen Geruch. Im Zweifelsfall können zur Lokalisierung des Befalls auch Schimmelsuchhunde eingesetzt werden.

## Feuchte- und Wasserschäden

Feuchte- und Wasserschäden und eine dadurch bedingte lang anhaltende Durchfeuch-

## URSACHEN VON FEUCHTESCHÄDEN UND MASSNAHMEN ZUR VORBEUGUNG UND BEHEBUNG

| Schadensursache | Zeitraum | Maßnahmen zur Vorbeugung und Behebung |
|---|---|---|
| Leitungswasserschaden | kurzfristig | Sofort reagieren |
| | langfristig | Abdichtungsmaßnahmen und gegebenenfalls Monitoring |
| Spritzwasser im Innenbereich | langfristig | Kontrolle und Ausbesserung der Wartungsfugen |
| | | Verbundabdichtung unter Fliesen |
| Restbaufeuchte | kurzfristig nach der Errichtung | Im Holzbau aufgrund der Trockenbauweise geringere Gefahr, Achtung: bei Herbstbaustellen mit Estrichen und Innenputzen |
| Eintritt von Niederschlags- und Meteorwasser | kurzfristig | Sofort reagieren, bei Feuchteflecken etwa nach Starkregenereignis |
| | langfristig | Witterungsschutz und zweite regensichere Ebene (Unterdach bzw. Unterspannung beim Dach und Fassadenbahn bei hinterlüfteten Fassade) |
| | | Wartungsintervalle beachten |
| Spritzwasser von außen | langfristig | Sockelausbildung mit entsprechenden Höhen und Abdichtungen |
| Überschwemmungsschäden | kurzfristig | Erfahrene Sanierungsfirma hinzuziehen |
| Eintritt von Grundwasser | eher langfristig | Abdichtungen an der Bodenplatte bzw. den Kellerbauteilen |
| Kapillar aufsteigende bzw. seitlich intretende Bodenfeuchte | | Sollte bei der Holzkonstruktion aufgrund der Abdichtung gegen aufsteigende Feuchtigkeit zwischen Holz und Beton kein Problem darstellen |
| Eintritt von vadosem Wasser (unterirdisches Wasser durch Einsickern meteorischer Wässer) | | |
| Tauwasserausfall im Bauteilinneren | langfristig | Diffusionsoffene Bauweise mit Trocknungsreserven und luftdichte Ausbildung |
| Tauwasserausfall an Bauteiloberfläche | kurz-/langfristig | Gute wärmedämmende Eigenschaften und Wärmebrückenfreiheit |
| Löschwasser nach Bränden | kurzfristig | Erfahrene Sanierungsfirma hinzuziehen |

tung der Holzkonstruktion können zu deren Schädigung durch holzzerstörende Pilze führen.

Wie bereits angeführt, stellen in der Regel kleine kontinuierliche und unbemerkte Wassereintritte ein größeres Problem dar. Aus diesem Grund kommt der regelmäßigen Kontrolle von Wartungsfugen (zu näheren Informationen dazu siehe Seite 252) eine große Bedeutung zu. Außerdem empfiehlt es sich, in den Badezimmern eine Abdichtung auf der Rohdecke in Kombination mit einer Feuchtedetektion auszubilden (siehe hierzu auch „Feuchträume im Holzhaus"; Seite 156). Sind kurzfristig große Wassermengen eingedrungen, sieht man in der Regel **WASSERFLECKEN** und Verfärbungen an den Innenbekleidungen. In diesem Fall ist sofort zu handeln und der Ursache gegebenenfalls unter Beiziehung von Sachverständigen und/oder der ausführenden Firma auf den Grund zu gehen, um zeitnahe Sanierungsmaßnahmen einzuleiten.

Die Abbildung auf der rechten Seite stellt überblicksmäßig Ursachen für eine erhöhte Feuchtigkeit in Bauteilen dar. Dazu werden in der Tabelle oben auf dieser Seite vorbeugende Maßnahmen und Möglichkeiten der Schadensbehebung aufgeführt.

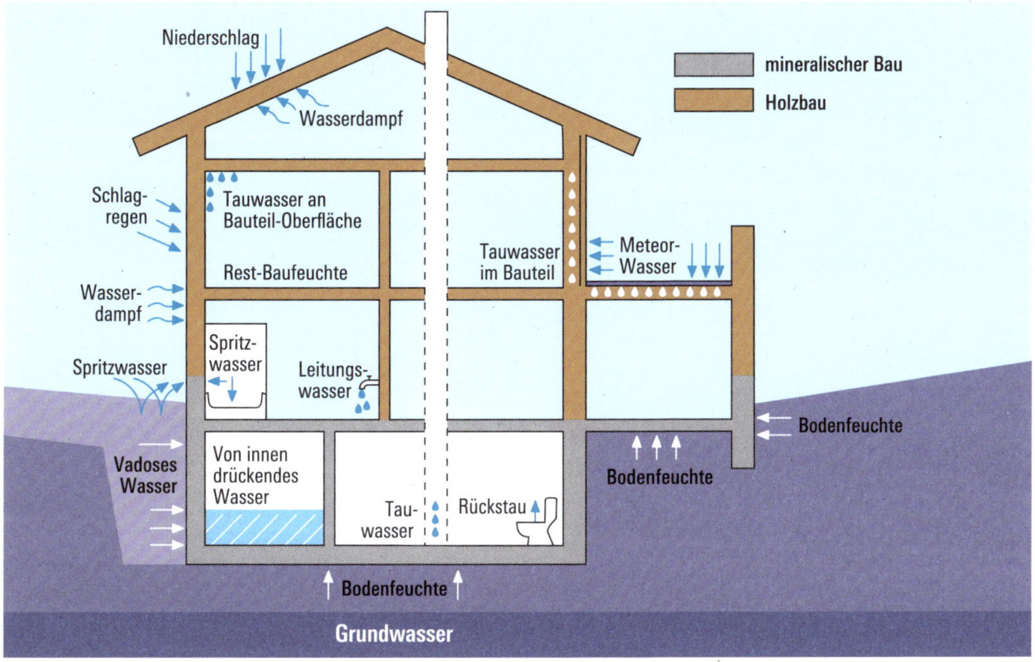


**Ursachen für erhöhte Feuchtigkeit in Bauteilen**

## Sanierung von Wasser- und Feuchteschäden

Grundsätzlich gilt natürlich nach jedem Feuchte- oder Wasserschaden, dass das Wasser so schnell wie möglich aus der Konstruktion muss! Wird bei einem Wasserschaden, sei es nach einem Starkregen oder einem Hochwasser, schnell reagiert, ist bei Holzhäusern eine **SCHADENSSANIERUNG** oft sehr rasch umsetzbar, und die Gebäude sind schnell wieder bewohnbar. Dabei wird wie folgt vorgegangen:

Zunächst gilt es, das Schadensausmaß entsprechend dem höchsten Pegelstand zu ermitteln. Die **INNENBEKLEIDUNG** muss unter Berücksichtigung der statischen Erfordernisse bis circa 30 Zentimeter über dem höchsten Pegelstand entfernt werden. Zur Vermeidung von Schimmel- und Fäulnisbefall ist die Konstruktion innerhalb kürzester Zeit bevorzugt innenseitig zu öffnen. Durchnässte Wärmedämmung muss entfernt werden, ebenso auch die Fußbodenkonstruktion inklusive Estrich bis zur Rohdecke.

Ist die **TRAGKONSTRUKTION** verschlammt, wird sie mittels Gartenschlauch oder Hochdruckreiniger gesäubert. Anschließend sollte die Holzkonstruktion auf möglichen Befall durch Schimmel- und holzzerstörende Pilze untersucht werden. Falls Befall festgestellt wird, ist eine entsprechende Sanierung durchzuführen.

Danach wird die Tragkonstruktion bis zu einer maximalen Holzfeuchtigkeit von 20 M-% (auch im Inneren des Holzes) getrocknet. Mögliche Feuchtenester sind zu vermeiden. Die Trocknung kann mehrere Wochen dauern. Bei Vorliegen einer durchgehenden Holzfeuchtigkeit unter 20 M-% kann anschließend mit dem **WIEDERAUFBAU** (Einbringen der Wärmedämmung, Anbringen der Dampfbremse und luftdichten Ebene, Innenausbau mit Installationen und Bekleidungen) begonnen werden.

Bei Schäden infolge von Hochwasser und Starkregenereignissen sind in jedem Fall erfahrene Sanierungsfirmen und das Holzbauunternehmen, welches das Gebäude errichtet hat, hinzuzuziehen.

**HIER GEHT ES WEITER:** DIE BROSCHÜRE „SANIERUNG VON HOCHWASSERGESCHÄDIGTEN HOLZHAUSBAUTEN" BIETET EINEN AUSFÜHRLICHEN LEITFADEN ZUR SANIERUNG VON WASSERSCHÄDEN UND KANN UNTER → HOLZFORSCHUNG.AT/DOWNLOADS/ KOSTENLOS HERUNTERGELADEN WERDEN.

**Stark durchfeuchtete und aufgequollene OSB (Pfeil) bei einem geschädigten Dachelement**

Bei andersartigen Durchfeuchtungen der Holzkonstruktion sehen die Trocknungsmaßnahmen grundsätzlich ähnlich aus. Als Erstes sind Schadensausmaß und -ursache festzustellen. Zur Feststellung der Holzfeuchtigkeit wird bevorzugt die elektrische Widerstandsmessung (siehe auch „Holzfeuchtigkeit", Seite 13) angewendet. Dabei werden zwei dünne isolierte Messspitzen in das Holz eingeschlagen und aufgrund des gemessenen Widerstandes zwischen den beiden Spitzen die Holzfeuchtigkeit in Abhängigkeit von der Temperatur und Holzart abgeschätzt. Mittels längerer Elektroden können auch dickere Querschnitte untersucht und ein Feuchteprofil über deren Dicke ermittelt werden. Kapazitive Untersuchungsmethoden können zerstörungsfrei, aber nur an der Oberfläche den Feuchtegehalt messen. Als kapazitive Messgeräte werden häufig Universal-Baustoff-Messgeräte eingesetzt, welche sich zur raschen Auffindung von **FEUCHTENESTERN** eignen. Sie geben allerdings in der Regel keine absoluten Feuchtewerte an und sind deswegen für detaillierte Aussagen zu Feuchtegehalten des Holzes ungeeignet.

Bei geringfügigen Durchfeuchtungen bis maximal Fasersättigungsbereich kann man auch auf eine natürliche Trocknung zurückgreifen. Dafür muss natürlich auch die betroffene Holzkonstruktion luftumspült sein. Die Umgebungsluftfeuchtigkeit sollte gering sein. Die betroffenen Räume müssen aufgeheizt und die Feuchtigkeit muss regelmäßig abgelüftet werden.

Grundsätzlich gilt, dass eine **TROCKNUNG** von durchfeuchteten Baustoffen umso schneller erfolgt, je höher das Wasserdampfdruckgefälle zwischen dem betroffenen Holz und der Umgebungsluft ist. Zur Beschleunigung werden vor allem bei stark durchfeuchteten Konstruktionen technische Trocknungsgeräte von fachkundigen Unternehmen eingesetzt. Zu beachten ist dabei, dass eine zu rasche und intensive Trocknung des Holzes zu einer sogenannten **VERSCHALUNG** führen kann. Dies bedeutet, dass die Oberflächenbereiche im Gegensatz zum inneren Holz sehr rasch austrocknen und dabei die Kapillarleitung unterbrochen wird. Die im inneren Holzquerschnitt befindliche Feuchtigkeit kann in weiterer Folge nur sehr langsam austrocknen. Holzrahmenbauteile können aufgrund der vorliegenden Hohlräume wesentlich einfacher als Massivholzbauteile getrocknet werden.

Feuchtenester sind generell zu vermeiden. Besonders muss auf Anschlussfugen sowie Hirnholzbereiche aufgrund deren kapillarer Wasseraufnahme geachtet werden. Bei **HOLZWERKSTOFFPLATTEN**, insbesondere Spanplatten und OSB, kann es schon bei geringen Durchfeuchtungen aufgrund starker Dickenquellungen zu Einschränkungen ihrer Funktionsfähigkeit kommen. Deshalb sind diese nach einer Durchfeuchtung zu ersetzen.

## Fäulnisschäden

Sollte es aufgrund einer zu langen Durchfeuchtung der Holzkonstruktion bereits zu einem Fäulnisschaden gekommen sein, sind neben der Behebung der Ursachen für die Durchfeuchtung und den angeführten Trocknungsmaßnahmen weitere **SANIERUNGSSCHRITTE** erforderlich. Bei einem Befall durch einen Echten Hausschwamm müssen aufgrund dessen Gefährlichkeit zusätzliche Maßnahmen ergriffen werden. Aus diesem Grund ist im Vorfeld der Sanierung durch einen sachkundigen Experten die Pilzart festzustellen. Generell sind bei einem Fäulnisschaden erfahrene Sanierungsfirmen und das ausführende Holzbauunternehmen, gegebenenfalls unter Hinzuziehung eines Sachverständigen, zurate zu ziehen.

Wird die Sanierung nicht fachgerecht durchgeführt, können weitere Schäden entstehen. So traten bei einem Einfamilienhaus aus den 1990er-Jahren nach 20 Jahren Feuchteschäden an der Holzriegelkonstruktion aufgrund der fehlenden zweiten wasserführenden Ebene im Bereich der Fensterbänke auf. Mit der Sanierung wurde eine Baufirma beauftragt, die zwar preisgünstig war, aber vom Holzbau leider wenig Ahnung hatte. Im Zuge der Sanierung wurde die nasse Dämmung ersetzt und schadhaftes Holz erneuert, die Holzfeuchtigkeit des in der Außenwand verbleibenden Holzes wurde aber nicht bestimmt. Zusätzlich wurde nach dem Ausdämmen der Riegelkonstruktion außenseitig (!) eine Dampfbremse eingebaut. Darauf wurden die Bekleidung und das WDVS aufgebracht. So wurde eine ideale Voraussetzung für ein Pilzwachstum geschaffen! Die Holzfeuchtigkeit wurde zwischen zwei Folien mit hohen $s_d$-Werten eingesperrt, gleichzeitig lagen ideale Wachstumsbedingungen für holzzerstörende Pilze vor. „Zum Glück" kam es im zweiten Jahr nach der „Sanierung" zu einem Wassereintritt im Bereich der Durchführung der Elektroverkabelung des Sonnenschutzes. Im Zuge eines Lokalaugenscheins wurde die fahrlässige Sanierung aufgedeckt. Die Baufirma gab es zu diesem Zeitpunkt nicht mehr. Die Besitzer ließen die Außenwand durch ein erfahrenes Holzbauunternehmen etwas kostspieliger, dafür aber richtig sanieren.

Im Folgenden wird ein Überblick über die erforderlichen Sanierungsmaßnahmen gegeben. Grundsätzlich gilt, wie bei Trocknungsmaßnahmen, dass diese objekt- und schadensspezifisch zu betrachten sind.

Bei einer **SANIERUNG VON AUSSEN**, etwa einer geschädigten Dachkonstruktion, ist zunächst die Wettersituation zu prüfen. Es sollten nur so große Bereiche geöffnet werden, wie am selben Tag wieder verschlossen werden können, es sei denn, es wird ein funktionierender Witterungsschutz in Form einer großflächigen Zeltüberdachung angebracht, wobei auch eine ausreichende seitliche Abdichtung zur Vermeidung einer neuerlichen Durchfeuchtung durch Schlagregen einzuplanen ist. Die Ursachen der Durchfeuchtung sind zu erkunden und zu beheben. Undichtheiten in der innenseitigen luftdichten Ebene sind auszubessern. Nach dem Öffnen der Dachhaut und Kontrolle der außenseitigen Bekleidung und der Holzkonstruktion sind durchfeuchtete Wärmedämmstoffe und Holzbekleidungen zu entfernen. Insbesondere bei Bauteilöffnungen von außen kann es ratsam sein, anstelle von langwierigen Trocknungen die feuchten Konstruktionshölzer zu erneuern. Hierzu werden entsprechend den statisch-konstruktiven Möglichkeiten Bereiche mit einer Holzfeuchtigkeit > 20 M-% entfernt und anschließend die Restquerschnitte mit trockenem Konstruktionsholz aufgedoppelt. Bei einem Befall durch **HOLZZERSTÖRENDE PILZE** (feststellbar durch den charakteristischen Würfelbruch beziehungsweise Myzelstellen) sind die betroffenen Bereiche zu entfernen und zu erneuern.

Sollte es sich bei dem Befall um einen **ECHTEN HAUSSCHWAMM** handeln, so sind alle Holzbauteile – auch nicht geschädigte – bis mindestens 1,5 Meter über dem erkennbaren Befall zu entfernen. Mit Myzel überwachsenes Mauerwerk, Beton und Erdreich sind zu reinigen und anschließend auch bis mindestens 1,5 Meter über den erkennbaren Befall hinaus abzuflämmen. Bei verputztem Mauerwerk ist vor dem Abflämmen der Putz bis mindestens 1,5 Meter über dem erkennbaren Schadensbereich abzuschlagen. Die im Zuge der Arbeiten entfernten organischen und anorganischen Materialien (Pilzteile und Baustoffe) sind unverzüglich in nach Möglichkeit geschlossenen Behältern abzutransportieren und geordnet zu entsorgen. Sie dürfen keinesfalls in unmittelbarer Nähe des Gebäudes gelagert werden. Bei den abgeflämmten mineralischen Bauteilen und den verbleibenden Hölzern werden im Zuge der Sanierung chemische Schutzmaßnahmen empfohlen.

Sofern kein Befall durch einen Echten Hausschwamm vorliegt, ist das Holz über eine Länge von mindestens 30 Zentimetern über den erkennbaren Schadensbereich hinaus zu entfernen. Nach dem entsprechenden Wiederherstellen der Holzkonstruktion können neue Wärmedämmungen eingebracht und die weiteren Bauteilschichten wiederhergestellt werden.

# → Wiederverkauf – wertsteigernde und wertmindernde Faktoren: Beim Bau eines Hauses stellt sich auch die Frage, ob die Investition langfristig werthaltig ist und bei Weiterveräußerung keine Nachteile gegenüber anderen Ausführungsvarianten bringt.

**WAS ERFAHRE ICH?**



Im deutschsprachigen Raum ist der Holzbau traditionell sehr verankert. Insbesondere in den südlichen Regionen, in denen auch die Bewaldung höher ist, liegt die Holzbauquote schon deutlich über einem Viertel. Im Norden ist großes Wachstumspotenzial vorhanden; auch dort sind viele sehr erfahrene Holzbauanbieter am Markt tätig (siehe Karte auf Seite 264). Da das Angebot zu groß ist, ist es nicht einfach, eine Wahl zu treffen, mit wem und wie gebaut wird. Der Mauerwerksbau scheint baulich einfacher zu sein, obwohl auch dort verschiedene Ausführungsvarianten möglich sind und die unterschiedlichsten Steinarten mit variierenden Eigenschaften zur Auswahl stehen. Dennoch entsteht oft der Eindruck, dass man sich beim Holzbau besonders mit der Materie auseinandersetzen müsse. Es ist natürlich von Vorteil, über die vielen Möglichkeiten Bescheid zu wissen, aber das sollte niemanden abschrecken, denn das Bauen mit Holz hat sich in den letzten 40 Jahren sehr stark weiterentwickelt.

Festzustellen ist: Der moderne Holzbau ist standsicher und bauphysikalisch bei Schallschutz, Feuchteschutz und Brandschutz auf der sicheren Seite. Er berücksichtigt den Holzschutz sowie die Energieeffizienz beim Wärmeschutz. Er hält die gesetzlichen Vorgaben aus den Landesbauordnungen der 16 deutschen Bundesländer und den staatlichen Rahmenbedingungen in Österreich und der Schweiz ein. Kaum eine Bauaufgabe existiert, die nicht in Holz möglich wäre. Anhand der Entwicklung der Holzbauquoten im deutschsprachigen Raum (siehe dazu die Grafik auf der rechten Seite) ist erkennbar, wie sich die stetig steigende Nachfrage bei Holzbauten entwickelt. Insofern kann davon ausgegangen werden, dass sich eine Bau- beziehungsweise Kaufentscheidung zu Gunsten eines Holzhauses nicht nachteilig auf einen zukünftigen Wiederverkauf auswirkt.

## Langlebigkeit

Die Langlebigkeit eines Gebäudes gehört zu den wesentlichen Fragestellungen bei der Entscheidungsfindung zum Hausbau. Schon vor über zwei Jahrzehnten wurde an der Universität Leipzig zu dieser Fragestellung eine Untersuchung durchgeführt, die die Bewertung des

Verkehrswertes von Gebäuden in Holzbauweise im Vergleich zu anderen Bauweisen in den Fokus nahm. Das Ergebnis der Untersuchung: Bei modernen Holzgebäuden lässt sich genauso wie bei anderen Bauweisen von mindestens 80 bis 100 Jahren Lebensdauer auszugehen. Im Rahmen der Studie wurde festgestellt, dass zwar ältere Baujahre etwas geringere Lebensdauern aufweisen, aber spätestens für Gebäude ab dem Baujahr 1985 ziehen Holzbau und Mauerwerksbau gleich. Das begründet sich unter anderem durch das deutlich minimierte Schadensrisiko aufgrund der bei Holzbauten vorgeschriebenen Güteüberwachung für vorgefertigte Wand-, Dach- und Deckentafeln.

Einen großen Einfluss auf die Lebensdauer hat die sorgfältige Pflege von Außenbauteilen aus Holz. Doch unterscheidet sich auch hier der Holzbau kaum vom Mauerwerksbau, denn ein Großteil der modernen Holzgebäude ist außen verputzt – genauso wie die Mauerwerksbauten. Und auch die Holzbauteile im Außenbereich sind bei beiden Bauweisen die gleichen: zum Beispiel Dachüberstände, eventuell vorgestellte Balkone oder Carports sowie Pergolen. Auch Holzfenster oder Holzfassaden findet man bei allen Bauweisen. Wenn man bei den angesprochenen Außenbauteilen witterungsresistente Holzsorten, wie zum Beispiel Lärche, Douglasie oder auch Eiche, einsetzt, dann reduziert sich die Pflege im Wesentlichen auf optische Nachbesserungen – es bedarf bei richtigem konstruktiven Einbau der Bauteile keiner reinen Unterhaltungsarbeiten an solchen Stellen (siehe dazu auch die Seiten 246–252 in diesem Kapitel).

Zusammenfassend lässt sich sagen, dass der Holzbau den mineralischen Massivbauweisen in Bezug auf die Lebensdauer in nichts nachsteht. Während Gebäude, die vor 50 Jahren massiv gemauert mit der Erwartung auf mindestens 100 Jahre Lebensdauer errichtet wurden, aktuell aufwendig saniert werden müssen, um überhaupt energetisch wirtschaftlich betreibbar zu sein, sind Holzgebäude desselben Alters energetisch deutlich günstiger. Dennoch sind auch solche Gebäude nach einem halben Jahrhundert zu sanieren. Dann entsprechen sie dem heutigen Neubaustandard ohne Abstriche (siehe Tabelle unten: „Vorschlag für einen rechnerischen Ansatz der Gesamtnutzungsdauer von Gebäuden").

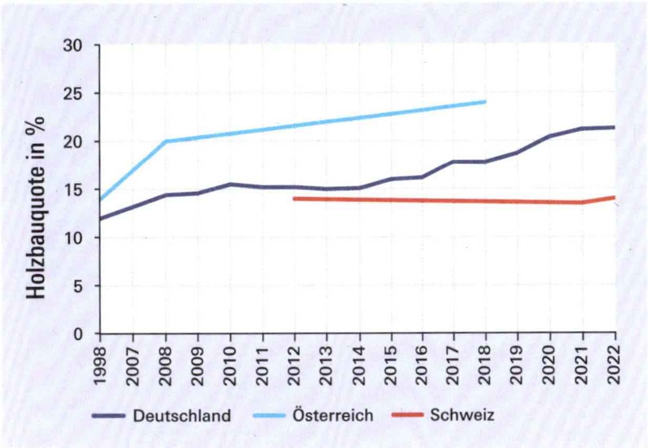


**Holzbauquoten in Deutschland, Österreich und Schweiz**

Im Grunde entscheiden bei Wohngebäuden derzeit eher die Lage und die Größe des Gebäudes über den Wert der Immobilie als die Bauweise selbst. Wertsteigernd kann sich die Wahl der eingesetzten Baustoffe auswirken, wenn auf Ökologie und Nachhaltigkeit gesetzt wird. Jedoch schränkt sich dann der Interessentenkreis auf diejenigen ein, die auf solche Materialien Wert legen.

Berücksichtigt werden muss vor allen Dingen, dass aufgrund der Energiepreisentwicklung inzwischen der **ENERGIESTANDARD** eines Gebäudes eine sehr viel größere Rolle spielt, als dies noch vor wenigen Jahren der Fall war. Unter diesem Aspekt stellt ein Effizienzhaus

### VORSCHLAG FÜR EINEN RECHNERISCHEN ANSATZ DER GESAMTNUTZUNGSDAUER VON GEBÄUDEN

| Bauweise | Baujahr | Gesamtnutzungsdauer |
|---|---|---|
| Holzrahmenbau/ Holztafelbau | 1960–1984 | 60–80 Jahre |
| | seit 1985 | 80–100 Jahre |
| Massivbau | seit 1960 | 80–100 Jahre |

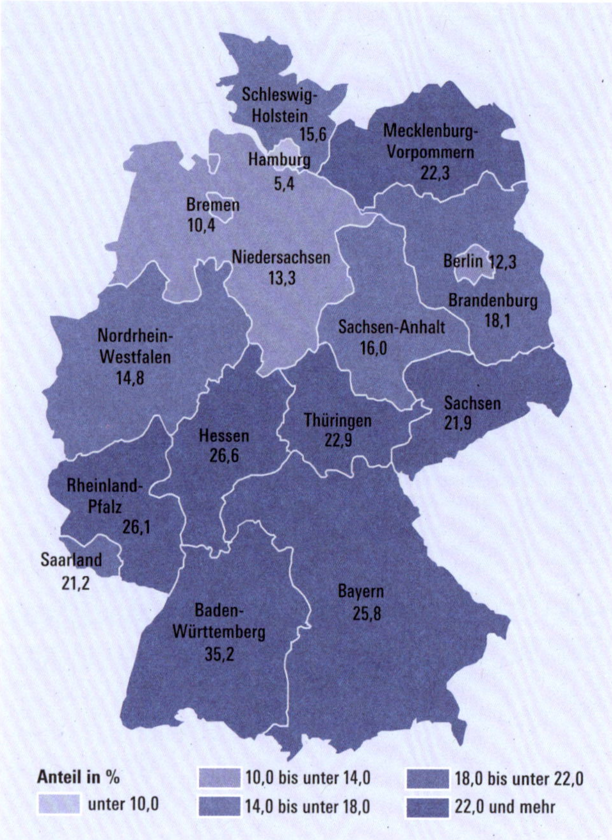


Quelle: Holzbau Deutschland, 2024

**Quoten in den einzelnen Bundesländern von neu genehmigten Wohngebäuden mit überwiegend verwendetem Baustoff Holz**

40, welches mit vorgefertigten Holzbauteilen problemlos hergestellt werden kann, eine gute Investition dar.

Die bei aus Holz errichteten Gebäuden bei gleichem Wand-U-Wert schlankeren Außenwände im Vergleich zu Mauerwerksbauten ermöglichen bei gleichbleibenden Außenmaßen mehr Nutzfläche im Gebäude. Das erhöht die Wirtschaftlichkeit des Objekts und ebenso den Wiederverkaufswert.

## Holzschutzmittel werten ältere Bestandsgebäude aus Holz ab

Seit dem Jahr 1998 können und seit dem Jahr 2012 müssen chemische Holzschutzmittel beim Bauen mit Holz vermieden werden. Aus diesem Grund kann davon ausgegangen werden, dass aktuell keine Holzschutzmittel eingebaut werden und der konstruktive Holzschutz zur sicheren langlebigen Konstruktion berücksichtigt wird (siehe dazu auch „Konstruktive Holzschutzmaßnahmen", Seite 146).

Bei der Veräußerung beziehungsweise dem Erwerb von älteren Bestandsbauten muss bedacht werden, dass zumindest tragende Holzbauteile mit chemischem Holzschutz behandelt worden sind. Das bewirkt einerseits eine mögliche Belastung der Raumluft mit Schadstoffen, und andererseits fällt bei Umbauten belastetes Altholz mit erhöhtem Entsorgungsaufwand an. Diese Aspekte können sich wertmindernd auswirken.

## Zertifizierung der Herstellung und Nachhaltigkeit werten Holzgebäude auf

Die hohe Ausführungsqualität eines Holzhauses aus vorgefertigten Holzbauteilen wird durch die bauaufsichtlich vorgeschriebene Güteüberwachung belegt. Anhand des Überwachungszertifikates wird die Übereinstimmung mit den gesetzlichen und normativen Vorgaben belegt. Darüber hinaus gibt es Gütegemeinschaften, die auf freiwilliger Basis weitere Eigenschaften von Holzhäusern unabhängig überprüfen und zertifizieren. Auch noch nach vielen Jahren können diese Zertifikate in einem Verkaufsprozess vorgelegt werden, um so den Wert des Gebäudes glaubhaft zu dokumentieren.

Zunehmend wird auch die Nachhaltigkeit von Gebäuden überprüft und zertifiziert. Meist geschieht dies im Rahmen der Erlangung von Fördergeldern für den Bau. Nachhaltigkeitszertifikate können genauso wie die Berechnungen von besonderen Energiestandards (Effizienzhaus EH55 beziehungsweise EH40 oder Passivhaus) beim Verkauf zeigen, dass auch zukünftige Standards schon erreicht werden und der Betrieb des Gebäudes mit geringem Energieaufwand möglich ist. Moderne Holzhäuser erfüllen im Regelfall die Anforderungen der vorgenannten Zertifizierungen und stellen somit eine stabile Wertanlage dar.

# → Aufstocken, anbauen, Dachgeschossausbau: Wenn Häuser zu klein werden, weil sich Nachwuchs ankündigt oder weil man für das Homeoffice zusätzlichen Raum benötigt, lässt sich mit Holzbauten relativ einfach zusätzlicher Raum schaffen.

**WAS ERFAHRE ICH?**



Die Vergrößerung von Häusern kann sich in zwei Richtungen entwickeln: entweder stockt man nach oben auf, oder es wird zur Seite angebaut. Ob das bestehende Haus massiv gemauert oder aus Holz konstruiert ist: Für Anbau oder Aufstockung bietet sich die Holzbauweise an. Insbesondere, wenn das zu erweiternde Haus bewohnt wird, kann die Arbeit mit vorgefertigten Holzbauteilen für einen schnellen Bauablauf sorgen.

## Vorteile von Holzkonstruktionen bei Anbauten und Aufstockungen

Die **KURZE BAUZEIT** von Holzbauweisen im Vergleich zu gemauerten Wänden für Anbauten oder neue Dachgeschosse ist nicht nur ein Vorteil für die Bewohner, sondern auch für den bestehenden Baukörper selbst, der nur für kurze Zeit vor Witterungseinflüssen geschützt werden muss. Darüber hinaus bringt die trockene Holzbauweise mit den neuen Bauteilen keine Baufeuchte in den Bestandsbau hinein. Nach Fertigstellung der Umbaumaßnahmen ist der Baukörper trocken.

Gerade bei der Aufstockung kann der Holzbau aufgrund der leichteren Bauweise zudem auch **STATISCH EINFACHER** realisiert werden. Denn insbesondere, wenn die bestehenden Bauteile statisch schon sehr weit ausgelastet sind, können zusätzliche Lasten aus Beton und Mauerwerk möglicherweise nicht ohne Zusatzmaßnahmen vom Altbau abgelastet werden.

Es ist wichtig, für die Begleitung eines solchen Aufstockungsprojektes aus Holz von Anfang an die richtigen Partner an Bord zu haben.

### RINGANKER AUS BETON – MUSS DAS SEIN?

Bei Mauerwerksbauten, die seit der Mitte des 20. Jahrhunderts entstanden sind, ist es üblich, dass die hölzerne Dachkonstruktion auf einem Ringanker aus Stahlbeton aufgesetzt ist. Dieser meist etwa 25 Zentimeter hohe Ringanker verläuft am oberen Ende das Mauerwerks um das Gebäude an den Trauf- und Giebelseiten. Seine statische Aufgabe besteht darin, die Lasten aus der Dachkonstruktion – hier insbesondere die Windlasten – aufzunehmen und an den darunterliegenden Baukörper weiterzuleiten.

Grundsätzlich können Gebäude ohne Betonringanker funktionieren, das beweisen die vielen Altbauten, auf deren Mauerkrone lediglich ein abschließendes Holz aufgelegt ist, auf dem die oberste Deckenbalkenlage und die Dachkonstruktion ruhen. Diese bewährte Art

**Aufstockung eines Bestandsgebäudes in Holzbauweise im innerstädtischen Kontext in Heilbronn**

zu bauen hat gezeigt, dass ein Gebäude auch ohne Betonringanker funktionieren kann. Dennoch wird heute im Regelfall für Aufstockungen in Holz ein neuer Ringanker eingeplant.

Ein Bestandsgebäude für eine Aufstockung nachträglich mit einem Betonringanker zu versehen, wäre für den Bauablauf jedoch nicht sehr förderlich. Man stelle sich ein bewohntes Gebäude vor, bei dem zunächst der gesamte Dachstuhl abgetragen wird, um anschließend rund um den Baukörper einen Ringanker zu betonieren. Dazu muss vor Ort geschalt, Bewehrung in die Schalung eingelegt und anschließend betoniert werden. Allein das dauert insgesamt mindestens eine Woche. Erst wenn dieser Ringanker fertig ist, kann für die Vorfertigung der Holzkonstruktion abschließend Maß genommen werden. Der Beton muss ohnehin abbinden, diese Zeit kann für die Produktion der Holzbauelemente genutzt werden, die dann etwa eine Woche nach dem Betonieren aufgestellt werden könnten. Mit dieser Vorgehensweise stünde der bestehende Baukörper mindestens eineinhalb bis zwei Wochen offen und müsste arbeitstäglich aufwendig zum Schutz vor Niederschlagswasser abgedeckt werden. In dieser Zeit darf es während der Arbeiten nicht regnen, denn sonst müssten Abdeckfolien laufend auf- und zugedeckt werden.

Deshalb ist bei Aufstockungen anzustreben, auf einen betonierten Ringanker zu verzichten. Die Funktion des Ringankers zur Aufnahme horizontaler Kräfte, die aus der Windbelastung resultieren, kann gleichermaßen über einen **HÖLZERNEN RINGANKER** in Verbindung mit einer aussteifenden Deckenscheibe erreicht werden. Damit verändert sich der Bauablauf erheblich. Zwar muss auch in diesem Fall das Dach zunächst abgetragen werden, was aber nur wenige Tage in Anspruch nimmt oder gar an einem einzigen Tag möglich ist. Direkt daran anschließend können dann auf der Mauerkrone oder einer bestehenden Holzbalkenlage ein horizontal liegender Brettschichtholzkranz als hölzerner Ringanker und darauf eine neue Deckenscheibe aus vorgefertigten Deckenelementen aufgelegt werden. Diese Arbeiten können in wenigen Stunden erledigt sein, wenn schon im Vorfeld der Baukörper vermessen wurde und die benötigten Holzteile vorgefertigt sind. Auch für die gesamte Aufstockung, die nun auf dieser neu eingezogenen Decke erfolgen wird, können die Elemente bereits vorgefertigt werden, sodass die Montage direkt im Anschluss erfolgen kann. Das gesamte oberste Geschoss kann so einschließlich der Deckenmontage in ein bis zwei Tagen aufgestellt sein. So reduziert sich die gesamte Bauzeit auf wenige Tage. Auf die neu gelegte Decke kann eine rutschsichere Spezialfolie aufgeklebt werden, sodass die Konstruktion schon zu diesem Zeitpunkt regensicher ist.

Der moderne Holzrahmenbau stellt ein Betätigungsfeld für jeden Meisterbetrieb des Zimmererhandwerks dar – unabhängig von der Betriebsgröße. Für die Montage einer solchen Aufstockung oder eines Anbaus werden auf der Baustelle lediglich drei bis vier, maximal fünf Personen gebraucht. Neben einem Meister oder Vorarbeiter reichen ein bis zwei gute Gesellen und ein bis zwei Helfer aus, um in wenigen Tagen ein ganzes neues Dachgeschoss aufzurichten. Dazu muss der Holzbaubetrieb nicht unbedingt selbst die Holztafeln fertigen. Es gibt mittlerweile zahlreiche Fertigungsbetriebe, die auf Bestellung individuelle Holzelemente herstellen und direkt auf die Baustelle liefern. Somit können auch lokale

Beispielprojekt vor der Aufstockung

Nach Abriss des Dachstuhls wird auf der bestehenden Außenwand ein Auflagerholz montiert und nivelliert.

Neu montierte Brettsperrholzdecke auf Auflagerhölzern

Neue Geschossdecke von oben im aufgestockten Bereich mit neuer Drempelwand

Aufstockung mit vorgefertigten Holzbauwänden

Nach Fertigstellung der Holzbau- und Dacheindeckungsarbeiten wird eine Außenwanddämmung am gesamten Baukörper aufgebracht.

**Aufstockung eines Bestandsgebäudes mit tragender Installationsebene. Die OSB-Außenbeplankung des Rahmenwerks stellt die luftdichte Ebene dar und wird im Bestand mit geeigneten Klebebändern an den bestehenden Außenputz des Bestandsgebäudes angeschlossen. Anschließend erhalten Erd- und Dachgeschoss ein Wärmedämmverbundsystem. Somit liegt die luftdichte Ebene innerhalb der Haupt-Dämmschicht.**

Betriebe komplette Holzrahmengebäude anbieten, die selbst nicht über die Voraussetzungen für eine Vorfertigung von Holztafeln verfügen.

### MAUERWERK UND HOLZ KOMBINIEREN

Zimmereien können auch bei Neubauten mit herkömmlichen Maurerbetrieben kooperieren, indem sie zum Beispiel das vollständige Dachgeschoss – also alle Dachgeschosswände und komplett fertige Dachelemente einschließlich der Dämmung bis hin zur Dachlattung und den Dachflächenfenstern – ab Oberkante oberster Geschossdecke errichten. Damit wird auch ein gemauerter Rohbau oben schnell geschlossen, und im Vergleich zum üblichen Vorgehen werden die Sparren nicht über lange Zeit der Witterung ausgesetzt, bis der Rohbauer alle schrägen Wände dem Dachverlauf angepasst hat und die Dacheindeckung abgeschlossen werden kann. Für Architekten ergeben sich so veränderte Planungsansätze und Bauabläufe, die mit dem Know-how der Ausführungsbetriebe zu Bauwerken mit verkürzten Ausführungszeiten und **BESSEREM WITTERUNGSSCHUTZ** führen und so auch die Baufeuchte insgesamt reduzieren. Gleichzeitig wirkt sich der Ersatz von Mauerwerk oder Beton durch Holzelemente positiv auf die $CO_2$-Bilanz des Gebäudes aus.

## Anbauen mit Holz

Bei nachträglichen Anbauten an Bestandsgebäude eignen sich Holzbauweisen aus mehreren Gründen. Zum einen wird der Anbau schneller in Holz als in konventioneller Nassbauweise errichtet, und die Störung während der Gebäudenutzung und für die Nachbarschaft wird deutlich geringer ausfallen. Zum anderen sind die gedämmten Außenwände bei gleichem U-Wert deutlich schlanker als Mauerwerkswände. Damit lässt sich aus der zur Verfügung stehenden Anbaufläche **MEHR NUTZFLÄCHE** generieren. Ein weiterer Aspekt ist die trockene Bauweise des Holzanbaus, die dafür sorgt, dass das Gebäude ohne Trocknungszeiten genutzt werden kann.

Ansonsten sind die Randbedingungen und Umsetzungsempfehlungen für Anbauten vergleichbar mit dem Neubau von Holzgebäuden.

### GEBÄUDEANSCHLUSS VOM ANBAU AN DEN BESTANDSBAU

Wände und je nach Gebäudehöhe auch das Dach eines neuen Anbaus schließen an den Bestandsbau an. Bei der Detailplanung spielt es eine Rolle, ob der Bestandsbau zum Zeitpunkt der Maßnahme oder in absehbarer Zeit danach gedämmt werden soll. Die Bauteilanschlüsse sind für zusätzliche Dämmung vorzubereiten. Dafür muss die geplante Dämmstärke für den Bestandsbau und die Art der vorgesehenen Fassadenbekleidung beziehungsweise Dachdeckung festgelegt sein.

Findet jedoch keine energetische Verbesserung des vorhandenen Baukörpers statt, dann muss insbesondere auf **WÄRMEBRÜCKEN** am Übergang vom Bestand zu neuen Bauteilen geachtet werden.

Da es für den Anbau bauaufsichtlich ohnehin erforderlich ist, einen Wärmeschutznachweis nach Gebäudeenergiegesetz GEG für den gesamten Baukörper erstellen zu lassen, ist zu empfehlen, dass im Rahmen der Planungsphase ein für Fördermittel zugelassener Energie-

Effizienz-Experte (EEE) aus der bei der dena geführten EEE-Liste hinzugezogen wird, der im Rahmen des Wärmeschutznachweises gleichzeitig über die Möglichkeiten der energetischen Sanierung des Bestands informiert und die erforderlichen Dämmstärken insbesondere für die Bestandssanierung ermittelt. Im Rahmen der energetischen Berechnung des Gebäudes sind auch die Wärmebrücken an den Bauteilanschlüssen zu betrachten. Dabei geht es um die Fragestellung, ob mit einem pauschalen Wärmebrückenzuschlag gerechnet wird oder ob die vorgesehenen Details mit in dem zugehörigen Regelwerk beschriebenen Standardlösungen gleichwertig sind und so ein reduzierter Wärmebrückenzuschlag angesetzt werden kann oder ob die Wärmebrücken an den jeweiligen Bauteilübergängen genau berechnet werden müssen. Mit der detaillierten **WÄRMEBRÜCKENBERECHNUNG** werden zum einen der genaue Wärmestrom ermittelt und zum anderen auch kritische Temperaturen im Bereich des Anschlusses. So kann möglicher Tauwasserausfall oder die Gefahr der Schimmelbildung erkannt und durch Optimierung der Details vermieden werden. Für diese konstruktive Planung sind Holzbaukenntnisse erforderlich. Deshalb sollte auch bei der Wahl des EEE auf dessen **KOMPETENZEN IM HOLZBAU** geachtet werden.

Alle Bauteilanschlüsse an den Bestand müssen **LUFTDICHT** ausgeführt werden. Die luftdichten Ebene des neuen Anbaus muss lückenlos an die luftdichte Ebene des vorhandenen Baukörpers angeschlossen werden. Das Thema Luftdichtheit ist erst seit Mitte der 90er-Jahre im Bauwesen thematisiert und erst in den letzten 20 Jahren vertieft worden. Bei älteren Gebäuden existiert noch keine luftdichte Ausführung. Aus diesem Grund muss bei der Anbauplanung ein Luftdichtheitskonzept für das **GANZE GEBÄUDE** erarbeitet werden. Im Rahmen der energetischen Sanierung des bestehenden Baukörpers ist ein solches Konzept dann umzusetzen.

**Anbau eines Passivhauses in Holzbauweise an ein Bestandsgebäude aus den 1960er-Jahren**

**Einbau eines Schraubfundamentes für einen leichten Anbau aus Holz**

## FUNDAMENTIERUNG VON ANBAUTEN

Die Fundamentierung eines Anbaus kann herkömmlich über Betonfundamente erfolgen. Die Details entsprechen dann denen des üblichen Neubaus. Bei kleinen eingeschossigen Anbauten können auch Schraubfundamente aus verzinktem Stahl, die als Einzelfundamente in den Boden eingeschraubt werden, zum Einsatz kommen. So wird der Eingriff in einen angelegten Garten sehr gering ausfallen, weil Grabarbeiten entfallen und kein Aushub anfällt. Außerdem sind diese unmittelbar nach dem Einschrauben im Rahmen der ermittelten Belastungswerte voll belastbar. Das bedeutet, dass die Arbeiten für den Anbau direkt weitergehen können, ohne dass die Abbindezeiten von Beton berücksichtigt werden müssen.

# Zukunft nachhaltig gesichert

**CATHARINA FINEDER ARCHITEKTUR**
**VORARLBERG, ÖSTERREICH**

Ein in die Jahre gekommenes Einfamilienhaus wurde durch Aufstockung und energetische Sanierung für die nächsten Generationen nutzbar gemacht.

Mutter und Tochter wollten das ererbte Haus der Großmutter gemeinsam nutzen. Dazu musste ein Einfamilienhaus zu einem Zweifamilienhaus erweitert werden. Das bisher nicht ausgebaute Dachgeschoss des Bestandsgebäudes aus den 1960er-Jahren wurde abgetragen und stattdessen ein Geschoss in Holzleichtbauweise aufgesetzt. Der First wurde um 90 Grad gedreht und 1,40 Meter höher gesetzt. Um den Abstands- und Höhenreglementierungen allseitig zu genügen erhielt das neue Dach seine verzogene Form.
Die neuentstandene Wohnung wird über eine schlichte Stahltreppe erschlossen. Das neue Dachgeschoss beherbergt eine Wohneinheit mit einem großzügigen Wohnraum und drei

**Fassadenverkleidung aus vorvergrauter vertikaler Holzlattung**

weiteren Zimmern. Die ungewöhnliche Dachform ist auch von innen ablesbar und gibt der Wohnung einen besonderen Charakter.
Die bestehende Gartenwohnung im Erdgeschoss wurde aufgrund der statischen Anforderungen nur geringfügig angepasst. Der Grundriss blieb strukturell weitgehend unverändert, die Wohnung wurde farblich neugestaltet und wirkt nun viel heller und großzügiger.
Die Fensteröffnungen des Bestandsgebäudes wurden weitgehend übernommen. Der vorvergraute, vertikale Holzschirm sowie das in mattem Blech gekleidete Dach unterstreichen den einfachen Charakter des Gebäudes.
Die Dämmung aller Fassaden und Decken, eine neue Erdwärmepumpe anstelle der alten Ölheizung sowie die neue Photovoltaikanlage auf dem Dach verringern den Energieverbrauch des Hauses um den Faktor 10. Somit ist das sanierte Gebäude doppelt nachhaltig: Es verbraucht massiv weniger Energie und schont durch die Nachverdichtung den Bodenverbrauch.

**Der einstöckige Bestandsbau vor Umbau und Sanierung**

Großzügiges Sitzfenster im Erdgeschoss

Der offene Wohnraum im Obergeschoss zeigt die Dachform.

**PROJEKTDATEN**

**Architektur:** Catharina Fineder
**Wohnfläche:** 240 $m^2$
**Anzahl der Vollgeschosse:** 2,5
**Energiestandard:** A++ Haus, Heizwärmebedarf HWBrk 29,5 kwh/$m^2$a
**Konstruktion und Materialien:** Bestand UG, EG: Betonhohlziegel; OG neu: Holzriegelbauweise, Fassadenschirm Fichte grau lasiert, Fenster Alu-Fichtenholz; Dämmung: Mineralwolle
**Jahr der Fertigstellung:** 2021

Loggia im Erdgeschoss

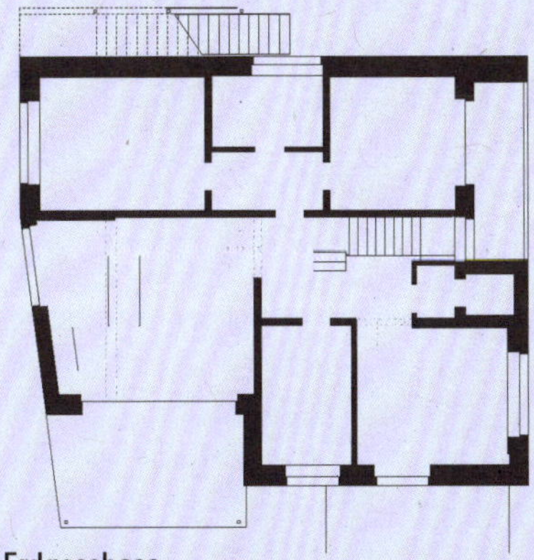
Erdgeschoss

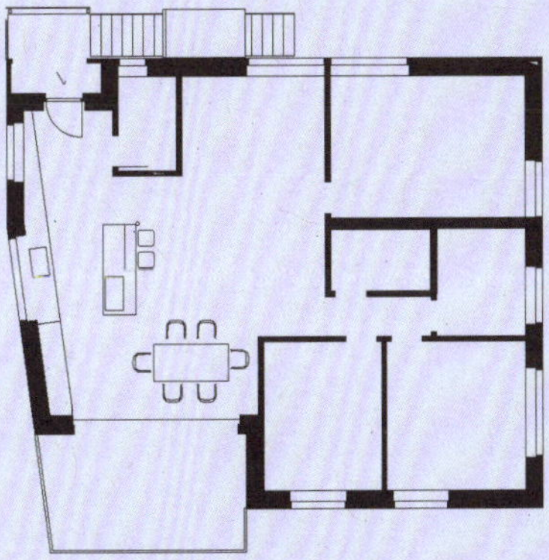
Dachgeschoss

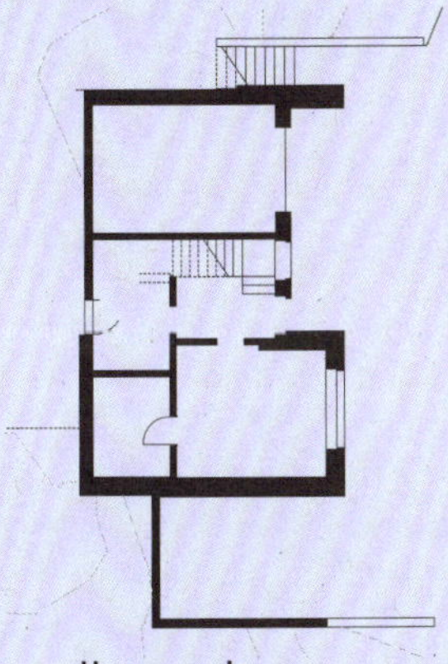
Untergeschoss

# 7

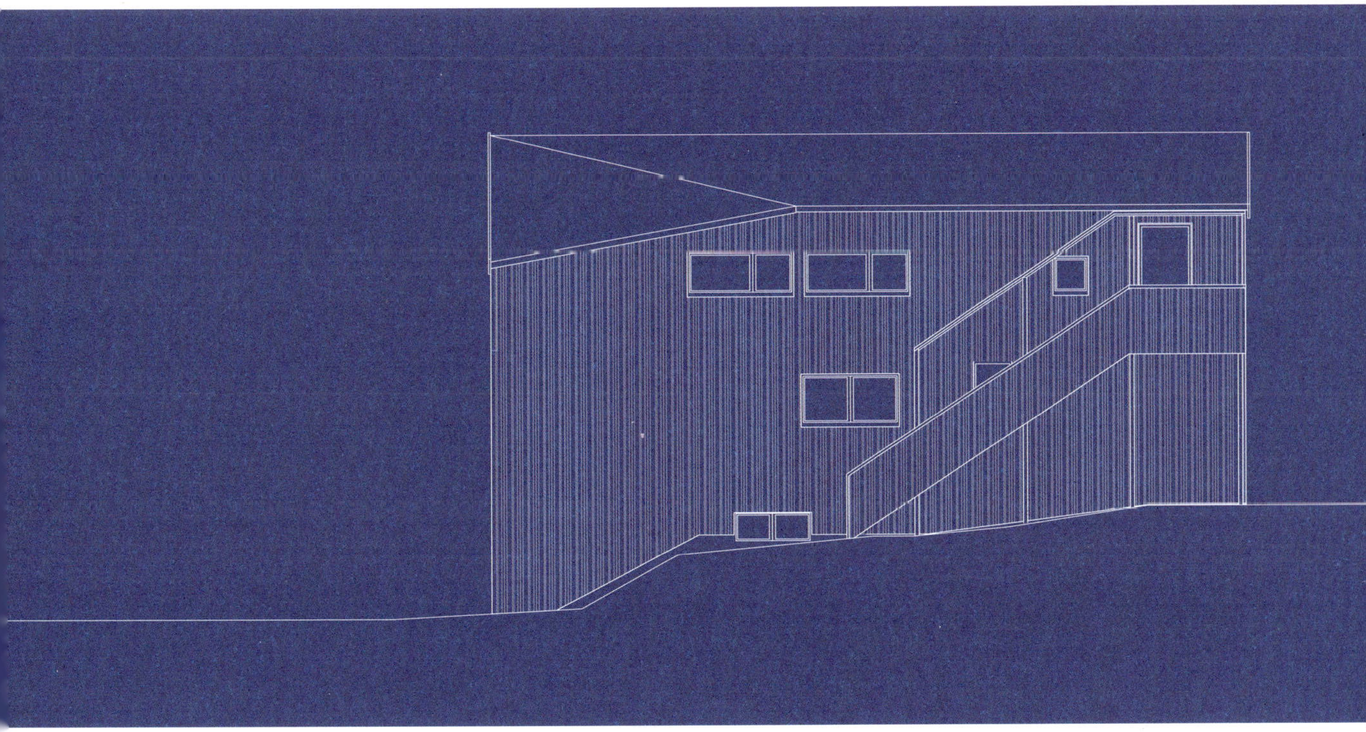

## $S_D$-WERTVERHÄLTNIS (zu S. 147)

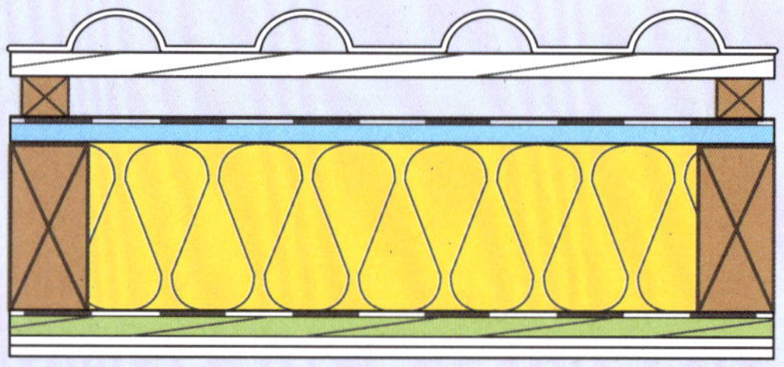

$s_d$-Wert Verhältnisse der innenliegenden Dampfbremse (in der Abbildung grün hinterlegt) und der winddichten Ebene (in der Abbildung blau hinterlegt) für nachweisfreie Holzrahmenaußenbauteile

| Regelwerk | $s_{d,e}$-Wert (außen) | $s_{d,i}$-Wert (innen) |
|---|---|---|
| DIN 4108–2 5.3.3.2 | ≤ 0,1 m | ≥ 1,0 m |
| | 0,1 m < $s_{d,e}$ ≤ 0,3m | ≥ 2,0 m |
| | 0,3 < $s_{d,e}$ ≤ 2,0 m | ≥ 6 x $s_{d,e}$ |
| ÖNORM B 8110–2 | ≤ 0,3 m | ≥ 2,0 m oder feuchtevariable Dampfbremse |
| | 0,3 m < $s_{d,e}$ ≤ 4 m | ≥ 4 x $s_{d,e}$ und ≥ 2,0 m |

## ERFORDERLICHE MINDESTDÄMMSTOFFDICKE

bei einer Massivholzwand mit gedämmter Installationsebene (zu S. 147)

| Regelwerk | Regelung | Aufbau ohne Zusatzdämmung in cm | Mindestdicke der außenliegenden Dämmung in cm |
|---|---|---|---|
| wta Merkblatt 6.8 | ≥ ⅔ von $R_T$ außerhalb der Tragebene | GKF: 1,5 cm | 18 cm |
| | | Installationsebene 5 cm mit 10% Holzanteil) | |
| | | BSP: 10 cm | |
| ÖNORM B 8110–2 | ≤ 20% von $R_T$ innerhalb der Tragebene | GKF: 1,5 cm | 18 cm |
| | | Installationsebene 5 cm mit 10% Holzanteil) | |
| | | BSP: 10 cm | |

* Wärmeleitfähigkeit der Dämmstoffe 0,04 W/mK

## Legende zu den Detailzeichnungen

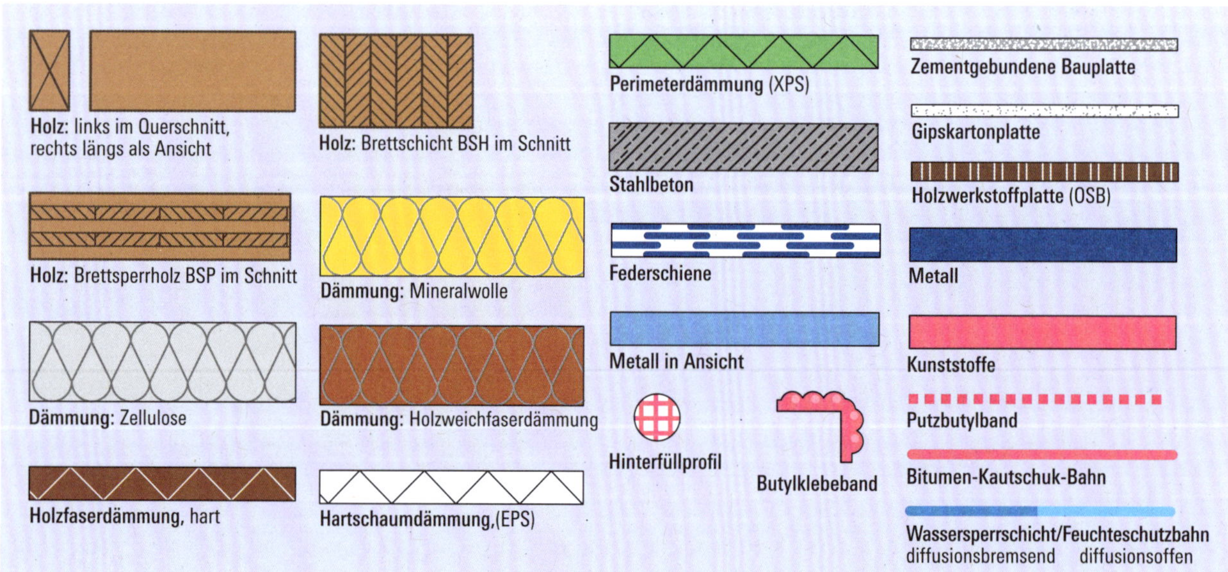

# Glossar

## A / B

**AUFDACHDÄMMUNG**: Ein Großteil der Wärmedämmung liegt außerhalb der tragenden Holzkonstruktion (Sparren).

**A/V-VERHÄLTNIS**: Kennwert zur Darstellung der Kompaktheit eines Gebäudes, der sich aus dem Verhältnis der wärmeabgebenden Oberfläche (A) zum beheizten Volumen (V) berechnet. Je kleiner der Wert, desto geringer ist der Energiebedarf des Gebäudes pro $m^3$ beheiztem Volumen.

**BALKENSCHICHTHOLZ**: besteht aus zwei bis fünf 45 bis 85 mm dicken faserparallel miteinander verklebten Lamellen. Balkenschichtholz wird vorwiegend hochkant biegebeansprucht als Deckenbalken eingesetzt.

**BLOCKBAUWEISE**: Aus waagrecht aufeinanderliegenden Holzbalken oder Rundhölzern bestehende Wände, Die Aussteifung über den Verschränkungen der Balken erfolgt an den Ecken bzw. im Anschluss zu Innenwänden. Auch Balken mit integrierter Wärmedämmung sind möglich.

**BLOWER-DOOR TEST**: Messverfahren zur Überprüfung der Luftdichtheit der Gebäudehülle und Detektion von Undichtheiten (Leckagen). Mittels eines Ventilators wird eine Druckdifferenz erzeugt und gleichzeitig die Menge an nachströmender Luft (Volumenstrom) gemessen. Die Messung besteht aus einer Unterdruck- , einer Überdruck- und einer Leckageortung (bei 50 Pa Unterdruck).

**BRETT**: Schnittholz mit einer Dicke zwischen 8 und 40 mm und einer Breite von mehr als 80 mm

**BRETTSCHICHTHOLZ (BSH)**: Tragender Holzwerkstoff, der aus faserparallel miteinander verklebten 6 bis 45 mm dicken, festigkeitssortierten Lamellen besteht. BSH kann bei entsprechender Klebstoffwahl in den Nutzungsklassen 1, 2 und 3 eingesetzt werden.

**BRETTSPERRHOLZ (BSP)**: Plattenförmiger Holzwerkstoff, der aus kreuzweise miteinander verklebten Lagen aus Brettern besteht. In der Regel handelt es sich um eine ungerade Anzahl. Da Holz quer zur Faser quillt bzw. schwindet, werden diese feuchtigkeitsbedingten Verformungen in Plattenebene gesperrt. Die Platten sind für die Nutzungsklassen 1 und 2 zugelassen.

**BRETTSTAPELBAUWEISE**: Massivholzbauweise mit hochkant stehenden parallel aneinandergefügten Brettern. Die Elemente werden hauptsächlich für Decken eingesetzt, wobei zu berücksichtigen ist, dass es sich dabei im Gegensatz zu Brettsperrholzelementen um kein flächiges Tragwerk mit vermindertem Quell- und Schwindverhalten handelt.

**BRUTTO-GRUNDFLÄCHE (BGF)**: Fläche, die vom konditionierten (im Winter beheizten) Bruttovolumen umschlossen wird.

## D

**DACHNEIGUNG**: Winkel zwischen der Horizontalen und der Dachfläche; flachgeneigtes Dach: 3 – 20 Grad, Steildach: > 20 Grad

**DAMPFBREMSE**: Baustoff, der die Wasserdampfdiffusion durch die Konstruktion aufgrund seines Wasserdampfdiffusionswiderstands verringert. Die Dampfbremse liegt innenseitig der Dämmung. Es können OSB oder. Folien eingesetzt werden.

**DARRTROCKEN**: bezeichnet absolut trockenes Holz (0 % Holzfeuchte), das durch Trocknung bei 103 Grad Celsius auf seine Trockenmasse reduziert wurde.

**DATAHOLZ.EU**: Online-Sammlung bauphysikalischer und ökologischer Daten für Holz- und Holzwerkstoffe, Baustoffe, Bauteile und Bauteilfügungen für den Holzbau.

**DIFFUSION**: beschreibt den Übergang von einer ungleichmäßigen zu einer gleichmäßigen Verteilung von Teilchen in einem System. Der Ausgleich erfolgt immer von der höheren Konzentration zur geringeren aufgrund der ungesteuerten Bewegungen der einzelnen Moleküle. Im Bauwesen spielt die Wasserdampfdiffusion eine wichtige Rolle. Es erfolgt im Winter ein Ausgleich aufgrund des Konzentrationsgefälles des Wasserdampfs von innen nach außen.

**DYNAMISCHE STEIFIGKEIT S´**: Materialkennwert etwa von Trittschalldämmplatten und Dämmungen von WDVS. Je geringer der Wert, desto besser ist die Schalldämmung des Masse-Feder-Masse Systems.

# F

**FASERSÄTTIGUNGSBEREICH**: Bereich des Holzes, wenn die Zellwände die maximal mögliche Menge an gebundenem Wasser aufgenommen haben. Der Bereich hängt von der Holzart ab und wird in der Literatur für Nadelholz zwischen 26 und 34 M-% angegeben. Über diesem Bereich wird nurmehr freies Wasser in den Zellhohlräumen aufgenommen. Zwischen dem Fasersättigungsbereich und darrtrockenem Holz kommt es zu feuchtigkeitsbedingten Dimensionsänderungen (Quellen und Schwinden).

**FÄULNIS**: Holzzerstörung, verursacht durch Pilze bei zu hoher Holzfeuchte. Durch bauliche Holzschutzmaßnahmen, die eine lang anhaltende Durchfeuchtung des Holzes verhindern, kann eine Fäulnis ausgeschlossen werden.

**FEUCHTEADAPTIVE DAMPFBREMSE**: Dampfbremse, die je nach der relativen Luftfeuchtigkeit der Umgebungsluft den sd-Wert ändert, bei 90 % relativer Luftfeuchte sd ≤ 0,5 m und bei 50 % relativer Luftfeuchte $s_d \geq 2{,}0$ m.

**FEUERWIDERSTAND**: Dauer, die ein Bauteil während eines genormten Brandversuchs unter Beanspruchung durch eine Normbrandkurve die Tragfähigkeit (R), den Raumabschluss (E) und die wärmedämmenden Eigenschaften (I) behält.

**FLADERBRETTER**: Längsbretter, bei denen die Jahrringe als geschlossene bogen- und wellenförmige Linien (Flader) sichtbar sind. Die Schnittrichtung erfolgt in Längsrichtung des Stammes entlang eines Jahrrings. Die Bretter verändern im Vergleich zu Riftbrettern bei Feuchteänderungen ihre Dimensionen stärker und neigen zum Schüsseln.

**FRÜHHOLZ**: hellerer Bereich bei den Jahrringen, der die im Frühjahr gebildeten größeren Zellen darstellt, die v. a. für den Wasser- und Nährstofftransport zuständig sind.

# G

**GEBRAUCHSKLASSEN**: Beschreibung der Einbausituation von Holz und daraus hergestellten Bauteilen in Abhängigkeit von den zu erwartenden Umweltbedingungen bei widmungsgemäßer Nutzung

**GEFACH**: Beschreibt in der Holzrahmenbauweise den Zwischenraum zwischen den Hölzern. Die Dämmung in den Zwischenräumen wird auch als Gefachdämmung bezeichnet.

**GIPSFASERPLATTEN**: aus einem Gemisch von Gips (Naturgips oder REA-Gips) und Zellulosefasern aus Altpapier unter Zugabe von Wasser hergestellte Platten. Die Fasern verleihen den Platten ihre Stabilität. Durch die höhere Rohdichte erreichen sie bessere Schalldämmwerte als GKF-Platten und ermöglichen außerdem das Aufhängen leichter Lasten mittels Schrauben. Die Entsorgung sollte aufgrund der Sulfatauswaschung möglichst auf Deponien mit Sickerwasserkontrolle erfolgen.

**GIPSKARTONPLATTEN**: bestehen aus einem Kern aus Gips, der beidseitig und an den Längsseiten von Karton ummantelt ist. Der Karton dient als äußere Armierung, die dem spröden Material Gips den erforderlichen Halt gibt. Dabei wird entweder Naturgips oder REA-Gips verwendet. Die Porosität des Ausgangsmaterials Gips wirkt mit Einschränkungen feuchtigkeitsregulierend auf die Raumluft. Je nach Verwendungszweck werden verschiedene Plattentypen angeboten, die sich hinsichtlich des verwendeten Kartons und eventuellen Zusätzen im Gipskern unterscheiden. Im Holzbau werden in der Regel GKF (Gipskarton-Feuerschutzplatten) und GKFI (Gipskarton-Feuerschutzplatten, imprägniert für Feuchträume) eingesetzt.

# H / I

**HALBRIFTBRETT**: Brett (zumindest kerngetrennt), dessen Jahrringe in einem Winkel von 60 Grad, jedoch mindestens 30 Grad auf die linke Brettseite auftreffen. Die durchschnittliche Neigung der Jahrringe ist ≥ 45 Grad.

**HEIZWÄRMEBEDARF (HWB)**: Wärmemenge, die den konditionierten Räumen zugeführt werden muss, um deren vorgegebene Solltemperatur einzuhalten. Es handelt sich um eine Bilanz zwischen Wärmeverlusten und nutzbaren Wärmegewinnen.

**HINTERLÜFTUNG**: durchgehende Luftschicht in der Dach- oder Wandkonstruktion, welche dem Feuchteabtransport mithilfe des Luftstroms dient. Bei einem Hohlraum von mehr als 20 mm zwischen der Fassade und der tragenden Wand spricht man von einer hinterlüfteten Fassade. Die Hinterlüftungsöffnungen sind mit einem Gitter vor Insekten zu schützen.

**HIRNHOLZ**: entsteht bei einem Querschnitt durch den Stamm, bei dem die Jahrringe kreisförmig sichtbar werden. Da die Holzzellen in Längsrichtung verlaufen, kann über das Hirnholz kapillar Wasser aufgenommen werden. Aus diesem Grund ist das Hirnholz konstruktiv durch Abdeckungen bzw. Abstände zu anschließenden Flächen vor Feuchteeintritt zu schützen.

**HOLZAUSGLEICHSFEUCHTE (GLEICHGEWICHTSFEUCHTE):** Holzfeuchtigkeit, die sich bei einem gewissen Umgebungsklima (Temperatur und relative Luftfeuchtigkeit) einstellt.

**HOLZFEUCHTIGKEIT:** Masse des im Holz enthaltenen Wassers, ausgedrückt als Prozentsatz der Masse des darrtrockenen Holzes [M-%]

**HOLZLASUR (LASUR):** Beschichtungsstoff für Holz, der nach vollständiger Trocknung eine transparente Beschichtung ergibt, wobei die Struktur des Holzes (Maserung) noch erkennbar bleibt. Dünnschichtlasur bildet auf der Oberfläche einen wenig wahrnehmbaren Film bis zu einer Trockenschichtdicke von 20 µµ. Mittelschichtlasur bildet einen wahrnehmbaren Film mit einer Trockenschichtdicke von 20 µm bis 60 µm. Dickschichtlasur bildet einen deutlich wahrnehmbaren (lackähnlichen) Film mit einer Trockenschichtdicke über 60 µm. Diese Produkte sollten ausschließlich bei maßhaltigen Bauteilen (Fenstern, Außentüren) eingesetzt werden. Bei Fassaden und Balkonen besteht ein erhöhtes Fäulnisrisiko, weil durch Risse eingedrungene Feuchtigkeit nicht rasch genug abtrocknen kann.

**HOLZSCHUTZ:** bauliche bzw. chemische Maßnahmen, um Holz und daraus hergestellte Bauteile während ihrer Gebrauchsdauer so zu erhalten, dass sie den Anforderungen an Funktion, Sicherheit und an allfällige dekorative Eigenschaften gerecht werden.

**HOLZFASERDÄMMSTOFFE:** Dämmstoffe, die zumindest aus 80 % Holzfasern bestehen, gegebenenfalls unter Hinzufügung von Binde- und/oder Zusatzmitteln werksmäßig im Nass- oder Trockenverfahren produziert werden und vorrangig der Wärme- und Schalldämmung von Gebäuden dienen. Die Produkte werden in Form von Rollen, Matten oder Platten vorwiegend aus Nadelhölzern hergestellt.

**HYGROSKOPISCH:** bezeichnet die von Baustoffen (z. B. Holz, Lehm), aus der Umgebung Feuchtigkeit (meist in Form von Wasserdampf aus der Luftfeuchtigkeit) aufnehmen und wieder abgeben zu können. Diese feuchtepuffernde Fähigkeit wirkt positiv auf das Raumklima.

**INSTALLATIONSEBENE:** Bereich innenseitig der Dampfbremse zum Verlegen von Elektroinstallationen etc. Dabei können auch nachträglich ohne Beschädigung der luftdichten Ebene (Dampfbremse) Arbeiten durchgeführt werden.

**I-PROFILE (DOPPELTE T-PROFILE):** aus zwei Gurten und einem dazwischen liegenden Steg bestehende stabförmige Holzwerkstoffe. Die Gurte werden vorwiegend aus festigkeitssortiertem Bauholz, Brettschichtholz oder Furnierschichtholz und die Stege aus OSB oder harten Holzfaserplatten gefertigt. Sie können als lastabtragende Bauteile in den Nutzungsklassen 1 und 2 eingesetzt werden.

## K

**KALTDACH:** überlüftete Dämmung bei einem Dach. Diese Konstruktion wurde zum Feuchteabtransport vor Vorhandensein von diffusionsoffenen Produkten eingesetzt. Da die Dämmung vom Wind unterströmt werden kann, stellt sie heute nicht mehr den Stand der Technik dar.

**KANTHOLZ:** quadratisches oder rechteckiges Schnittholz, das eine Kantenlänge von mehr als 60 mm besitzt und ein maximales Dicken-Breitenverhältnis von 1 : 3 aufweist.

**KEILGEZINKTES VOLLHOLZ:** festigkeitssortiertes, technisch getrocknetes und gehobeltes Vollholz, das mittels Keilzinkung in beliebiger Länge hergestellt werden kann.

**KONSTRUKTIONSVOLLHOLZ (KVH®):** geschützter Begriff der Überwachungsgemeinschaft Konstruktionsvollholz e. V. KVH®, bezeichnet technisch getrocknetes, festigkeitssortiertes und in der Regel keilgezinktes Vollholz aus Nadelholz. Das Produkt unterliegt zusätzlichen, über die allgemeinen bauaufsichtlichen Anforderungen hinausgehenden Kontrollen.

**KONTERLATTUNG:** in der Regel parallel zum Sparren am Unterdach bzw. der Unterspannung verlaufende Holzlattung, welche die erforderliche Hinterlüftung der Dachdeckung sicherstellt.

**KONVEKTION:** Bei der Konvektion erfolgt die Wärme- bzw. Feuchteübertragung durch strömende Flüssigkeiten oder Gase.

## L

**LATTE:** Schnittholz mit einer Querschnittsfläche kleiner als 32 $cm^2$, wobei die Dicke maximal 40 mm und die Breite maximal 80 mm beträgt. Latten werden beispielsweise als Dachlattung, Konterlattung und bei hinterlüfteten Fassaden eingesetzt.

**LEHM:** ein aus Ton, Kies, Sand und Schluff bestehendes Verwitterungsprodukt, wobei der Ton das Bindemittel und der Sandanteil den Füllstoff bilden. Der überwiegende Teil der Erdkruste besteht aus Lehm, entstanden durch die Verwitterung feldspatreicher Gesteinsarten. Lehm ist ein natürlicher, vielseitig einsetzbarer Baustoff mit vielen positiven Eigenschaften, wie angenehmer Oberflächentemperatur, schadstofffrei, in gewissem Maße wärmespeichernd und schalldämmend, brandhemmend, diffusionsoffen und hygroskopisch (gleicht die Raumluftfeuchtigkeit aus).

LUFTFEUCHTIGKEIT: Der Gehalt des Wasserdampfs in der Luft wird mit Hilfe von zwei Kennwerten angegeben: die absolute Luftfeuchtigkeit bezeichnet die Menge des Wasserdampfes der Luft bezogen auf einen $m^3$ Luftvolumen Einheit: $kg/m^3$ bzw. $g/m^3$. Die relative Luftfeuchtigkeit beschreibt das Verhältnis der vorhandenen Luftfeuchtigkeit zur maximal möglichen Luftfeuchtigkeit bei der vorherrschenden Temperatur, Einheit: %

LUFTDICHTHEIT: Eigenschaft eines Baustoffe, Bauteils oder der Gebäudehülle, nicht oder nur in geringem Maß mit Luft durchströmt zu werden. Sie verringert den unkontrollierten Luftwechsel (durch Konvektion) infolge von Druckunterschieden zwischen dem Gebäudeinneren und der Außenluft. Mangelnde Luftdichtheit erhöht die Wärmeverluste, verringert die Behaglichkeit infolge von Zugerscheinungen, verschlechtert den Schallschutz der Außenbauteile und kann zu Feuchteschäden führen. Die Überprüfung erfolgt mit dem Blower-Door-Test.

LUFTDICHTE EBENE: durchgehende, in der Regel raumseitig der Dämmebene geführte Baustoffe (z. B. OSB, Dampfbremse) mit verklebten Stößen und abgedichteten Anschlüssen sowie Durchdringungen, die eine Durchströmung der Gebäudehülle mit Raumluft von innen nach außen wirkungsvoll einschränken. Die luftdichte Ebene stellt eine qualitätssichernde Maßnahme dar und ist zu planen und konsequent umzusetzen.

# M / N

MASSE-FEDER-MASSE-SYSTEM: Mehrschalige Bauteile funktionieren schalltechnisch als sogenannte Masse-Feder-Masse-Systeme. Dabei sind zwei Massen (z. B. Bekleidungen) über eine Feder mit einer dynamischen Steifigkeit s´ miteinander gekoppelt. Bei Frequenzen, welche höher als die Resonanzfrequenz sind, kommt es zu deutlichen Verbesserungen der Schalldämmung im Vergleich zu gleichschweren einschaligen Bauteilen.

MASSIVHOLZPLATTE: Einzelne sortierte und gehobelte Nadelholzlamellen werden zu mehrschichtigen Platten, bestehend aus zueinander parallel laufenden Decklagen und aus zumindest einer um 90 Grad verdrehten Mittellage, verleimt. Die absperrende Wirkung reduziert Quell- und Schwindverformungen des Holzes.

MINERALFASERDÄMMUNG: aus geschmolzenem Gestein bzw. Glas werden Fasern geformt und Dämmfilze bzw. -platten hergestellt. Man unterscheidet Glas- und Steinwolle. Beide sind nicht brennbar, wobei Steinwolle einen Schmelzpunkt von > 1000 Grad Celsius aufweist.

MASSHALTIGE BAUTEILE: Bauteile aus Holz, bei denen auch bei einer freien Bewitterung unter Temperatur- und Feuchtigkeitseinfluss keine nennenswerte Änderung ihrer Dimensionen zulässig sind, z.B. Fenster und Außentüren

MITTELDICHTE FASERPLATTE (MDF): nach dem Trockenverfahren unter Zusatz eines synthetischen Bindemittels hergestellte Holzwerkstoffplatte für die Nutzungsklassen 1 und 2. Eine Spezialform, die im Holzbau häufig als äußere Bekleidung der Holzrahmen eingesetzt wird, ist die diffusionsoffene Faserplatte.

NASSESTRICH: Estrichmischungen aus Bindemittel, Wasser und Zuschlägen, die in nassem Zustand mit glatter, fugenloser Oberfläche verarbeitet werden.

NATÜRLICHE DAUERHAFTIGKEIT: Eigenschaft einer Holzart möglichen Holzschädlingen ohne weitere Behandlung standzuhalten. Bei der Einteilung in die fünf Dauerhaftigkeitsklassen (1 = sehr dauerhaft, 5 = nicht dauerhaft) wird die Widerstandsfähigkeit des Kernholzes gegen Pilzbefall bei Holz im ständigen Erd- oder Wasserkontakt bewertet.

NIEDRIGENERGIEHAUS: Gebäude, das einen Jahresheizwärmebedarf zwischen 35–75 $kWh/(m^2a)$ aufweist, stellt für den Neubau das absolute Qualitätsminimum dar.

NULLENERGIEHAUS: Gebäude, das im Jahresmittel genauso viel Energie erzeugt, wie es für Heizung und Warmwasser benötigt. Weiterentwicklung des Passivhauses.

NUT- FEDER-VERBINDUNG: Steckverbindung, die hauptsächlich bei Brettern und Platten eingesetzt wird. Die Verbindung ermöglicht nachträgliche feuchtigkeitsbedingte Formänderungen, indem sich die Feder in der Nut frei bewegen kann. Die Verbindung wird bei Holz- und Holzwerkstoffen, Fassadentafeln, Möbeln, Dämmstoffen oder Bodenbelägen eingesetzt.

NUTZUNGSKLASSEN (NKL): Holzprodukte werden aufgrund ihrer feuchteabhängigen Festigkeitsänderungen in drei Nutzungsklassen eingestuft. NKL 1 (Trockenbereich): beheizte Innenräume (Holzfeuchte 10 ± 5%); NKL 2 (Feuchtbereich): überdachte, offene Tragwerke (Holzfeuchte 15 ± 5%); NKL 3 (Außenbereich): frei bewitterte Tragwerke (Holzfeuchte 18 ± 6%).

# O / P

**OBERFLÄCHENBEHANDLUNG**: kann zum Schutz vor Abnutzung, Witterung und UV-Strahlung an Holzoberflächen verwendet werden. Es bedarf regelmäßiger Wartungs- bzw. Erneuerungsanstriche und behandeltes Holz stellt keinen Naturbaustoff mehr dar. Es können Lasuren, Lacke, Öle und Wachse eingesetzt werden.

**OI3-INDEX**: ökologischer Kennwert für Baustoffe, Bauteile und Gebäude. Berechnet sich aus den drei Indikatoren nicht erneuerbarer Primärenergieaufwand (PEIne), Treibhauspotenzial (GWP) und dem Versäuerungspotenzial (AP).

**ORIENTED STRAND BOARD (OSB)**: Holzwerkstoffplatte, die aus überwiegend parallel zur Plattenoberfläche ausgerichteten langen, schlanken Holzspänen (Strands) besteht. Die Platten werden als tragende und aussteifende Bekleidung für Wand-, Decken- und Dachelemente in Holzrahmenbauweise verwendet. Bei Außenbauteilen werden sie in der Regel an der Innenseite der Holzkonstruktion mit verklebten Stößen als Dampfbremse und luftdichte Ebene eingesetzt. Es gibt vier unterschiedliche Klassen, wobei im Holzbau vorwiegend OSB 3 (tragende Zwecke, Feuchtbereich) und OSB 4 (tragende Zwecke, hoch belastet, Feuchtbereich) verwendet werden. Einsatzgebiet: Nutzungsklasse 1 und 2.

**ORTGANG**: seitlicher Abschluss eines Daches, der vom First (oberste waagrechte Kante des Daches) zur Traufe (untere Tropfkante des Daches) läuft

**PASSIVHAUS**: Gebäude ohne konventionelle Heizung mit einem maximalen Jahresheizwärmebedarf von 15 kWh/m²a. Die Wärmeverluste werden aufgrund sehr geringer U-Werte, Wärmebrückenfreiheit und geringen Lüftungswärmeverlusten zum Großteil durch „passive“ Energiebeiträge (solare und interne Gewinne) ausgeglichen. Der minimale Restwärmebedarf wird über eine kontrollierte Lüftungsanlage abgedeckt.

**PLUSENERGIEHAUS**: Gebäude, welches im Mittel über das Jahr betrachtet, mehr Energie erzeugt, als es für Heizung und Warmwasser benötigt. Es stellt eine Weiterentwicklung des Passivhauses dar.

**POLYSTYROL**: Kunststoff, der als geschäumtes Material (EPS und XPS) als Dämmstoff verwendet wird. Bei aufgeschäumtem Polystyrol wird je nach Herstellungsart zwischen dem eher grobporigen EPS (Expandierter Polystyrol-Hartschaum) und dem feinporigeren XPS (Extrudierter Polystyrol-Hartschaum) unterschieden.

# R

**RADIALSCHNITT (RIFTSCHNITT)**: längs zur Stammrichtung entlang des Durchmessers durch die Markröhre laufender Schnitt. Die Jahrringe verlaufen bei diesem Schnitt als parallele Linien. Bretter dieser Schnittrichtung werden als Riftbretter bezeichnet und weisen eine höhere Formstabilität als Fladerbretter auf.

**RÄHM, RIEGEL, SCHWELLE**: Bezeichnungen der horizontalen Hölzer in der Holzrahmenbauweise. Das obere Holz wird Kopfrippe oder Kopfschwelle und das untere Holz Fußrippe bzw. Fußschwelle genannt.

**RESONANZFREQUENZ**: bezeichnet die Frequenz, bei der bei einer erzwungenen Schwingung die Erregerfrequenz mit der Eigenfrequenz übereinstimmt. Im Bereich der Resonanzfrequenz erreicht die Schwingung die maximale Amplitude. Aus diesem Grund kommt es im Fall des Schallschutzes bei der Resonanzfrequenz zu Einbrüchen in der Schalldämmung.

**RIFTBRETT**: Brett, zumindest kerngetrennt, dessen Jahrringe in einem Winkel von 90 Grad (im Idealfall), jedoch mindestens 60 Grad auf die linke Seite auftreffen. Die durchschnittliche Neigung der Jahrringe ist ≥ 75 Grad.

**ROBUSTE KONSTRUKTION**: bezeichnet die Unempfindlichkeit eines Tragwerks gegenüber lokalem Versagen und die Fähigkeit einer Konstruktion, unvorhersehbaren Ereignissen und außergewöhnlichen klimatischen Anforderungen „gutmütig“ zu widerstehen. Im Sinne des Holzschutzes und der Bauphysik handelt es sich um Holzbauteile mit hohen Trocknungsreserven, einem guten Austrocknungsvermögen und einer wärmebrückenfreien Ausführung.

# S/T

**SCHNITTHOLZ:** Holz, welches in Längsrichtung des Stammes mit einer Mindestdicke von 6 mm durch Sägen oder Zerspanen hergestellt wird. Überbegriff für: Balken, Kantholz, Bohle, Brett und Latte.

**SCHWELLENNIVEAU:** Höhe zwischen der Unterkante der Holzkonstruktion (Fußschwelle) und dem angrenzenden Außenniveau.

**SPANPLATTE:** aus Holzspänen oder aus Spänen verholzter Rohmaterialien unter Verwendung von Bindemitteln hergestellte Holzwerkstoffplatten. Es können Hydrophobierungs- und Pilzschutzmittel enthalten sein. Einsatzbereich: Nutzungsklassen 1 und 2

**SPERRHOLZPLATTE:** Holzwerkstoffplatte, die aus mindestens drei kreuzweise miteinander verklebten, maximal 7 mm dicken Furnieren besteht. Je nach Art des Klebstoffs können sie in den Nutzungsklassen 1, 2 und 3 eingesetzt werden.

**SPEZIFISCHE WÄRMEKAPAZITÄT (C):** beschreibt die Wärmemenge, die benötigt wird, um das Temperaturniveau im Baustoff um 1 K zu erhöhen. Die spezifische Wärmekapazität bildet eine Grundlage, die im Nachweis zum sommerlichen Wärmeschutz benötigt und mit der im Zusammenhang zum Flächenanteil eines Materials in einem Raum die wirksame Wärmekapazität $C_{wirk}$ ermittelt wird.

**STATISCH TRAGENDE UND/ODER AUSSTEIFENDE HOLZBAUTEILE:** Bauteile aus Holz, die aufgrund ihrer Dimension und Konstruktion dazu bestimmt sind, tragende oder aussteifende Funktionen zu übernehmen, z. B. Wandständer, Dach- und Deckenbalken, Balkonstützen.

**STATISCH NICHT TRAGENDE HOLZBAUTEILE:** Bauteile aus Holz, die aufgrund ihrer Dimension und Konstruktion nicht dazu bestimmt sind, tragende oder aussteifende Funktionen zu übernehmen, z.B. Zaunlatten, Fassadenschalungen.

**STIEL, STEHER, STÄNDER:** Bezeichnungen für die vertikalen Hölzer in der Holzrahmenbauweise

**STREBE:** schräg verlaufendes Holz in der Fachwerks- und Rahmenbauweise, welches der Aussteifung dient. Da Streben bei einfacher Verzapfung nur Druckkräfte aufnehmen, müssen in der auszusteifenden Wand jeweils zwei entgegengesetzt angeordnete Streben sein.

**TAFELBAUWEISE:** bezeichnet eine Form der Holzrahmenbauweise mit hohem Vorfertigungsgrad. Dabei werden häufig die Fassaden und Fenster in den Werken angebracht bzw. eingebaut.

**TANGENTIALSCHNITT (FLADERSCHNITT):** Längsschnitt parallel zur Stammachse, welcher als Tangente an einem Jahrring verläuft. Die Jahrringe werden als sogenannter Flader als geschlossene bogen- und wellenförmige Linien sichtbar.

**THERMOHOLZ, THERMISCH MODIFIZIERTES HOLZ:** Holzprodukte, die mit Temperaturen von 160 bis 220 Grad Celsius behandelt wurden. Die Hölzer weisen eine dunklere Farbe, eine geringere Dichte, eine höhere Dimensionsstabilität und eine erhöhte Dauerhaftigkeit, aber geringere Festigkeitseigenschaften (insbesondere Biegefestigkeiten) und eine höhere Sprödigkeit auf. Sie werden aus den Holzarten Esche und Kiefer für Terrassenbeläge eingesetzt. Thermoholz kann nicht als tragendes Bauteil eingesetzt werden.

**TRAUFE:** bezeichnet die längsseitige Tropfkante des Daches (horizontaler unterer Dachabschluss). Der Schnittpunkt zwischen Fassade und Dachhaut wird als Traufpunkt bezeichnet.

**TREMPEL (DREMPEL, KNIESTOCK):** Bezeichnung für die an der Traufseite eines Hauses über die Rohdecke des letzten Obergeschosses hinaus gehende Außenwand, auf welcher die Dachkonstruktion aufliegt. Je höher der Trempel ist, desto mehr Stellfläche steht unter der Dachschräge zur Verfügung.

# U/V/W/Z

**UMKEHRDACH:** nicht belüftetes Dach, bei dem die Wärmedämmung (XPS) oberhalb der Dachabdichtung liegt. Im Holzbau keinesfalls empfehlenswert.

**UNTERDACH:** Bezeichnung der regensicheren, winddichten und begehbaren Schicht unterhalb der Konterlattung. Das Unterdach kann aus hierfür zugelassenen Holzfaserdämmplatten oder aus einer diffusionsoffenen Folie (Unterdeckbahn), welche auf einer Holzschalung liegt, bestehen. In Österreich ist die Ausbildung eines Unterdachs bei ausgebauten Dächern normativ vorgeschrieben.

**UNTERDECKBAHN:** diffusionsoffene Folie, welche bei einem Unterdach auf der Holzschalung befestigt wird.

**UNTERSPANNBAHN**: diffusionsoffene Folie, die in der Regel direkt an der Sparrenoberseite aufgebracht wird. Dient als winddichte und regensichere Schicht bei Steildächern.

**VERBUNDABDICHTUNG**: zusätzliche flüssig zu verarbeitende oder bahnenförmige Abdichtung unter Fliesen zur Verhinderung eines Feuchteeintritts beispielsweise im Bereich der Verfugungen

**VERGRAUUNG**: Farbtonänderung von Holz bei Bewitterung, der durch photochemischen Abbau durch UV-Licht und in weiterer Folge durch Auswaschung des Lignins und mikrobiellen Bewuchs sowie Verschmutzungen verursacht ist

**VOLATILE ORGANIC COMPOUNDS (VOC)**: flüchtige organische Verbindungen mit einem Siedebereich zwischen 50–100 Grad Celsius und 240–260 Grad Celsius.

**WARMDACH**: nicht belüftete Konstruktion, bei der die Wärmedämmung entweder zwischen oder über den Sparren angeordnet wird. Stellt heute den Stand der Technik dar, wobei an der Oberseite diffusionsoffene Baustoffe (Unterspannbahn, Unterdach) einerseits die Feuchtigkeit nach außen abtrocknen lassen und andererseits das Bauteil vor einem Eindringen von Flugschnee und Spritzwasser schützen.

**WÄRMEBRÜCKEN**: örtlich begrenzte Bereiche in der Wärme übertragenden Hülle eines Gebäudes, die eine höhere Wärmestromdichte als die benachbarten ungestörten Bereiche aufweisen. Diese wärmeschutztechnischen Schwachstellen können material-, konstruktions- oder geometriebedingt sein. An der Innenseite der Wärmebrücken ergeben sich im Winter geringere Oberflächentemperaturen und gegebenenfalls kann es zu Kondensat und/oder einem Schimmelpilzbefall kommen. Mittels Infrarotthermografie können Gebäude auf allfällige Wärmebrücken untersucht werden.

**WÄRMEDÄMMVERBUNDSYSTEM (WDVS)**: mehrschichtige aufeinander abgestimmte Baustoffe zur Dämmung von Gebäuden. Sie bestehen aus Dämmstoffen, die mithilfe von Kleber und Dübeln auf der tragenden Wand angebracht werden. Auf der Dämmplatte wird eine Armierungsschicht mit einem Gewebe und anschließend der Außenputz aufgebracht. Die einsetzbaren Dämmstoffe unterscheiden sich hinsichtlich ihrer schall- und brandschutztechnischen Eigenschaften sowie in Bezug auf die Nachhaltigkeit.

**WÄRMEDURCHGANGSKOEFFIZIENT U-WERT**: Kennwert, der den Wärmedurchgang durch ein Bauteil in $W/(m^2K)$ beschreibt. Er beschreibt die Leistung in W, welche pro $m^2$ des Bauteils auf einer Seite benötigt wird, um eine Temperaturdifferenz von einem Kelvin aufrecht zu erhalten (Leistung ist Energie pro Zeiteinheit). Je geringer der U-Wert ist, desto weniger Wärme wird durch das entsprechende Bauteil geleitet.

**WÄRMEDURCHLASSWIDERSTAND**: bezeichnet den Widerstand, der von allen Baustoffschichten inklusive der Wärmeübergangswiderstände zwischen fest und gasförmig einem Wärmestrom entgegengesetzt wird. Der Wärmestrom wird auf eine Temperaturdifferenz von 1 K bei einer Fläche von 1 $m^2$ festgelegt.

**WÄRMELEITFÄHIGKEIT $\lambda$**: Materialeigenschaft, welche angibt, wie viel Wärmemenge durch einen Stoff mit einem Meter Dicke pro $m^2$ und Kelvin Temperaturunterschied dringt. Je größer dieser Kennwert, desto weniger ist der Stoff für Wärmedämmzwecke geeignet.

**WASSERDAMPFDIFFUSIONSÄQUIVALENTE LUFTSCHICHTDICKE $s_d$-WERT**: Dicke einer Luftschicht, die denselben Wasserdampf-Diffusionsdurchlasswiderstand aufweist wie ein Baustoff mit der Dicke d und der Wasserdampf-Diffusionswiderstandszahl $\mu$: $s_d = \mu \times d$.

**WASSERDAMPF-DIFFUSIONSWIDERSTANDSZAHL $\mu$-WERT**: Baustoffkennwert, der angibt, um wie viel mal größer der Diffusionswiderstand des Baustoffes gegenüber jenem einer gleich dicken Luftschicht bei gleicher Temperatur ist (Luft: $\mu = 1$)

**WASSERDAMPFTEILDRUCK (P)**: auch Partialdampfdruck genannt, Anteil des Teildrucks des Wasserdampfs am Luftdruck

**WINDDICHTE EBENE**: diffusionsoffene Schicht, welche an der Außenseite von strömungsoffenen Dämmstoffen ein Eindringen kalter Außenluft verhindert. Es können Holzwerkstoffplatten oder Fassadenbahnen mit verklebten Stößen eingesetzt werden.

**ZWISCHENSPARRENDÄMMUNG**: zwischen den Sparren eingebaute Wärmedämmung. Früher musste aufgrund nicht vorhandener diffusionsoffener Produkte an der Außenseite ein Luftspalt zum Feuchteabtransport belassen werden (siehe auch Kaltdach). Heute wird die Höhe komplett ausgedämmt, dadurch wird die Konstruktionshöhe effizienter ausgenutzt und aufgrund der außenseitigen winddichten Ausführung der Unterspannung bzw. des Unterdachs kann die Dämmeigenschaft gewährleistet werden.

# Stichwortverzeichnis

## M/N



## O/P



## Q/R



## S



## T



## U/V



## W

**Wir danken herzlich allen Bildrechtegebern für die Überlassung von Abdruckrechten für diese Publikation. Besonderer Dank geht an das Büro MAGK Architekten, Wien, und an htt15 – Holzbau Team Tirol.**

**Für die freundliche Genehmigung zum Abdruck von Bild- und Planmaterial der Beispielprojekte danken wir:**

ANDIBREUSS, Wien („Konsequent natürlich")
Catharina Fineder Architektur, Feldkirch („Zukunft nachhaltig gesichert")
firm Architekten, Lustenau („Klarer Kubus")
Hartl Haus Holzindustrie GmbH, Echsenbach („Von der Stange und doch individuell")
Holzbau Feuerstein GmbH & Co KG, Au („Beste Sicht")
Juri Troy Architects, Wien („Hybride Harmonie")
ZimmerMeisterHaus, Schwäbisch Hall:
Holzbau Kappler GmbH, Gackenbach-Dies („Tradition und Moderne")
Holzbau Lorenz GmbH, Baden-Baden („Viel Raum unterm Pultdach")
Huber Holzbau GmbH & Co. KG, Falkenberg („Viel Platz auf wenig Raum")
Zimmergeschäft Kunz GmbH, Gaildorf-Unterrot („Fassadentafeln und Lärchenschalung")

# Bildnachweis

## Pläne und Zeichnungen

ANDIBREUSS: 7, 39, 162, 203
Catharina Fineder Architektur: 77, 119, 245, 273, 275
firm Architekten: 243
Gerrit Horn: 87, 102, 105, 108, 109,
Hartl Haus: 75
Holzbau Feuerstein: 61
Juri Troy Architects: 5, 35, 37
ZimmerMeisterHaus/Holzbau Kappler: 92
ZimmerMeisterHaus/Holzbau Lorenz: 143
ZimmerMeisterHaus/Huber Holzbau: 195
ZimmerMeisterHaus/Zimmergeschäft Kunz: 117

## Fotos

bau.werk: 205;
Adolf Bereuter: 240–242;
eli/zweiraum.eu: 9 (unten links);
Ralph Feiner, Malans/LIGNUM: 187;
Romana Fürnkranz: U1, 160–163, 186;
Harald Geiger: 60–61;
getty: 208 imageBROKER/Sunny Celeste, 72 (Mitte) David Papazian, 79 Klaus Vedfelt;
Glatzl Holzbauprojekte KG, Schafferer Holzbau GmbH: 60;
Hartl Haus: 74–75, 188;
holz.fnr.de: Holz in der Kreislaufwirtschaft, Fachagentur Nachwachsende Rohstoffe e. V. (FNR): 29;
Holzbau Foidl, defrancesco: 9 (oben), 10 (Mitte);
Holzbau Saurer, Photografie Watzek: 10 (unten), 11 (unten);
Holzbau Strigl, Sabrina Gassner: 25, 189;
Gerrit Horn: S. 82, 90, 96, 102–105, 108, 109, 114, 115, 206, 207, 210–213, 222, 224, 226, 227, 266–269;
ISOCELL: 46;
Leitner Holzbau GmbH, Ludwig Auer: 10 (oben);
Lignotrend: 54, 55;
MAGK Architekten: 218;
Joachim Mohr: 91, 93, 116, 117, 140–143, 194, 196;
proHolz Austria/aag „Lebenszyklus eines Gebäudes nach DIN EN 15978 und DIN EN 15804", aus: Zuschnitt 65, März 2017: 28;
Petra Rainer: 270–273;
Rieder GmbH & Co. KG, Christian Hohlrieder: 9 (unten rechts);
Thomas Rohner, St. Gallen/LIGNUM. 41,
Bernhard Schachenhofer, Thermo Lignum: 255 (unten);
Schafferer Holzbau GmbH, Nikolaus Schletterer: 9 (Mitte rechts), 152 (unten);
Peter Schober: 121, 200 (oben);
SIGA: 148 (oben);
Martin Teibinger: 13, 15, 47, 48, 51, 57, 58, 72 (oben und unten), 73, 123, 125, 146, 148 (Mitte und unten), 149, 151 (oben und unten), 152 (oben), 159, 173, 178, 184, 199, 200 (Mitte und unten), 247, 249, 250, 252, 254 (unten), 255 (oben), 257, 260;
Juri Troy: U4, 34–37; 91–93;
Florian Tscherne: 254 (oben);
Zimmerei Koller GmbH, Hubert Dorfstetter: 9 (Mitte links), 11 (oben und Mitte)

Die Stiftung Warentest wurde 1964 auf Beschluss des Deutschen Bundestages gegründet, um dem Verbraucher durch vergleichende Tests von Waren und Dienstleistungen eine unabhängige und objektive Unterstützung zu bieten.

**Die Autoren**

Dipl.-Ing. Dr. techn. Martin Teibinger ist als Gutachter und Sachverständiger für den Holzbau tätig. Seine umfangreichen Erfahrungen gibt er als Lektor an Universitäten, Fachhochschulen und technischen Lehranstalten, als Referent im In- und Ausland und als Autor diverser Planungsbroschüren und Buchbeiträge weiter.

Dipl.-Ing. Gerrit Horn ist Architekt und Zimmermeister sowie Holzbauunternehmer und Sachverständiger für das Zimmererhandwerk. Er ist Dozent bei der Technischen Akademie Südwest TAS in Kaiserslautern, schreibt regelmäßig in Fachzeitschriften über Holzbau, Nachhaltigkeit und Energieeffizienz und hat mehrere Fachbücher zum Holzbau verfasst.



Stiftung Warentest
Lützowplatz 11–13
10785 Berlin
Telefon 0 30/26 31–0
Fax 0 30/26 31–25 25
www.test.de
email@stiftung-warentest.de

USt-IdNr.: DE136725570

Vorständin: Julia Bönisch
Weitere Mitglieder der Geschäftsleitung:
Dr. Holger Brackemann, Daniel Gläser und
Dr. Birger Venn-Hein



**Programmleitung:** Niclas Dewitz

**Autoren:** Martin Teibinger, Gerrit Horn
**Projektleitung/Lektorat:** Philipp Sperrle
**Korrektorat:** Christoph Nettersheim, Stein
**Titelentwurf:** Daniela Greven
**Layout:** Christian Königsmann
**Grafik, Satz, Infografiken:** Büro Brendel, Berlin
**Umschlagabbildungen:** Romana Fürnkranz (vorne), Juri Troy (hinten)
**Bildredaktion:** Magnus Enxing, Münster
**Produktion:** Anne-Katrin Körbi
**Verlagsherstellung:** Rita Brosius (Ltg.), Romy Alig, Susanne Beeh
**Litho:** tiff.any, Berlin
**Druck:** optimal media GmbH, Röbel

**ISBN: 978-3-7471-0782-9**

Wir haben für dieses Buch 100 % Recyclingpapier und mineralölfreie Druckfarben verwendet. Stiftung Warentest druckt ausschließlich in Deutschland, weil hier hohe Umweltstandards gelten und kurze Transportwege für geringe $CO_2$-Emissionen sorgen. Auch die Weiterverarbeitung erfolgt ausschließlich in Deutschland.